IUV-ICT技术实训教学系列丛书

IUV-三网融合 承载网技术实战指导

罗芳盛 林磊 编著

人民邮电出版社
北京

图书在版编目（C I P）数据

IUV-三网融合承载网技术实战指导 / 罗芳盛，林磊编著. -- 北京 : 人民邮电出版社, 2016.10(2023.7重印)
（IUV-ICT技术实训教学系列丛书）
ISBN 978-7-115-43601-6

Ⅰ. ①I… Ⅱ. ①罗… ②林… Ⅲ. ①无线电通信－移动通信－通信技术 Ⅳ. ①TN929.5

中国版本图书馆CIP数据核字(2016)第217822号

内容提要

本书以《IUV-三网融合全网规划部署线上实训软件》为基础，图文并茂地介绍了软件使用操作，以及专业仿真实训指导步骤，让读者在实战中加深对承载网理论知识的运用。本书通过网络规划、设备部署与联调、业务对接测试和故障处理等功能模块的实操训练，模拟出三网融合业务从规划到开通的整个流程，使读者对三网融合全网形成整体概念，由浅入深、由点及面地全面掌握三网融合网络的工程技能。

本书适用于希望通过《IUV-三网融合全网规划部署线上实训软件》平台，获得三网融合网络规划设计、网络建设、调测维护等工程项目技能的技术人员，也可作为高等院校通信技术专业宽带接入全网建设课程的教材或参考书。

◆ 编　　著　罗芳盛　林　磊
　责任编辑　乔永真
　责任印制　彭志环
◆ 人民邮电出版社出版发行　　北京市丰台区成寿寺路 11 号
　邮编　100164　　电子邮件　315@ptpress.com.cn
　网址　http://www.ptpress.com.cn
　北京天宇星印刷厂印刷
◆ 开本：787×1092　1/16
　印张：18　　　　　2016 年 10 月第 1 版
　字数：427 千字　　2023 年 7 月北京第 3 次印刷

定价：47.00 元

读者服务热线：(010)81055493　印装质量热线：(010)81055316
反盗版热线：(010)81055315

前 言

三网融合一直是全球电信业发展的一大趋势。我国从2010年起已陆续在全国54个城市尝试部署三网融合，国务院办公厅也于2015年出台了《三网融合推广方案》，从国家层面明确了三网融合的重要地位。目前，我国的三网融合已经进入大力推广阶段，截至2016年4月底，全国三网融合用户数已突破3600万。三网融合的推进，使广播电视、手机电视、数字电视、宽带上网等相关业务和功能应用更加广泛，潜在的市场空间不断扩展，预计拉动投资超过6000亿元。

2016年以来，山东、广东、浙江、天津等10多个省市的三网融合全面提速，在保持光纤宽带网络不断优化的同时，大力推动广电、电信业务的双向进入。在这个过程当中，电信设备制造企业、终端生产制造企业、内容制作与生产机构、信息分发与技术提供商平台、文化娱乐生产机构、智慧家庭服务企业将全面受益，带来的直接就业和间接就业岗位预计超过120万个。

为了满足市场的需要，IUV-ICT 教学研究所针对三网融合的初学和入门者，结合《IUV-三网融合全网规划部署线上实训软件》编写了这套交互式通用虚拟仿真（Interactive Universal Virtual，IUV）教材，旨在通过虚拟仿真技术和互联网技术提供专注于实训的综合教学解决方案。

“三网融合技术方向”和“三网融合承载网技术方向”，采用2+2+1的结构编写，即2个核心技术与2个实战指导以及1个综合实训课程。

“三网融合技术方向”的教材有《IUV-三网融合技术》《IUV-三网融合技术实战指导》；“三网融合承载网技术方向”的教材有《IUV-三网融合承载网技术》《IUV-三网融合承载网技术实战指导》；三网融合综合实训教材有《IUV-三网融合全网规划部署进阶实战》。

2个核心技术方向均采用理论和实训相结合的方式编写：一本是技术教材，注重理论和基础学习，配合随堂练习完成基础理论学习和实践；另 本实战指导则是若干结合《IUV-三网融合全网规划部署线上实训软件》所设计的相关实训案例，采用案例式学习逻辑设计，配合理论，实现理论加技能的全面学习。

综合实训课程则将三网融合全网的综合网络架构呈现在读者面前，并结合实际实训案例、全网联调及故障处理，使读者掌握三网融合全网知识和常用技能。

本套教材理论结合实践，配合线上对应的学习工具，全面学习和了解三网融合通用网络技术，涵盖三网融合全网的通信原理、网络拓扑、网络规划、工程部署、数据配置、业务调试等移动通信及承载网通信技术，对高校师生、设计人员、工程及维护人员都有很高的参考价值。

从内容上看，《IUV-三网融合承载网技术实战指导》全书分为三部分。第一部分 OTN 组网及实践，即本书的实习单元 1~5，主要内容为 OTN 网络规划和业务开通；第二部分为 IP 承载组网及实践，对应本书的实习单元 6~13，主要内容是 IP 承载网络规划和业务开通；第三部分为综合组网实践及故障排查，对应本书实习单元 14~15，包含承载网全网联调和典型故障处理流程。

主要章节说明如下。

实习单元 1~5，包含 OTN 规划和调测、拓扑规划、设备部署和业务开通等内容，重点介绍了 OTN 的几种常见的业务开通流程。

实习单元 6~13，包含 IP 承载网的规划、容量计算、设备部署和业务开通等内容，重点介绍了路由、交换的典型场景应用和配置流程、验证方法。

实习单元 14，重点介绍了 IP 承载网、光传输网如何协同工作，以及如何与无线设备、核心网对接。通过此单元的学习，读者可以全面了解三网融合网络的联调过程，巩固并加深对全网概念的理解。

实习单元 15，重点介绍了大型承载网环境下故障处理的步骤与思路，帮助读者抽茧剥丝，逐步建立故障处理的思维体系，掌握故障排查的基本方法。

目　录

第一部分　OTN 组网及实践

第二部分 IP 承载组网及实践

第三部分 综合组网实践及故障排查

第一部分　OTN 组网及实践

1.1 实习说明

1.1.1 实习目的

了解 OTN 的各种组网结构
掌握 OTN 环形网、链形网、环带链的网络拓扑搭建

1.1.2 实习任务

1. 完成链形网络拓扑规划
2. 完成环形网络拓扑规划
3. 完成环带链网络拓扑规划
4. 完成复合型网络拓扑规划

1.1.3 实习时长

1 个课时

1.2 拓扑规划

与任务相关的拓扑结构如图 1-1 所示。

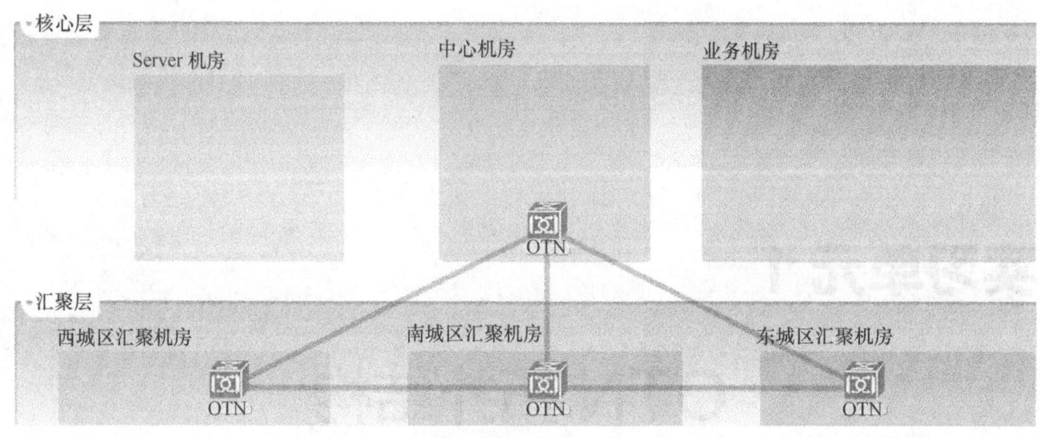

图 1-1

数据规划

无

1.3 实习步骤

1.3.1 任务一：链形网络拓扑配置

步骤 1：打开仿真软件选择最上方按钮。

步骤 2：单击软件界面右上方按钮，进入 OTN 的网络拓扑规划主界面。

步骤 3：左键单击软件界面右上方资源池按钮，按住不放，将 OTN 站点拖放置软件界面中心机房空白处，操作结果如图 1-2 所示。

步骤 4：重复步骤 3，将 OTN 站点拖放置西城区汇聚机房空白处，操作结果如图 1-3 所示。

图 1-2

图 1-3

步骤 5：单击中心机房 OTN 站点，然后再单击西城区汇聚机房 OTN 站点，完成链形网络拓扑连接，操作结果如图 1-4 所示。

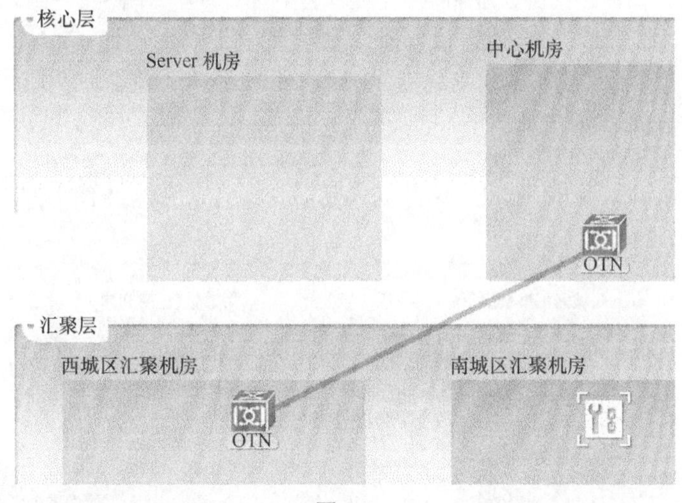

图 1-4

1.3.2　任务二：环形网络拓扑配置

步骤 1：重复任务一的步骤 4，将 OTN 站点拖放置南城区汇聚机房空白处，操作结果如图 1-5 所示。

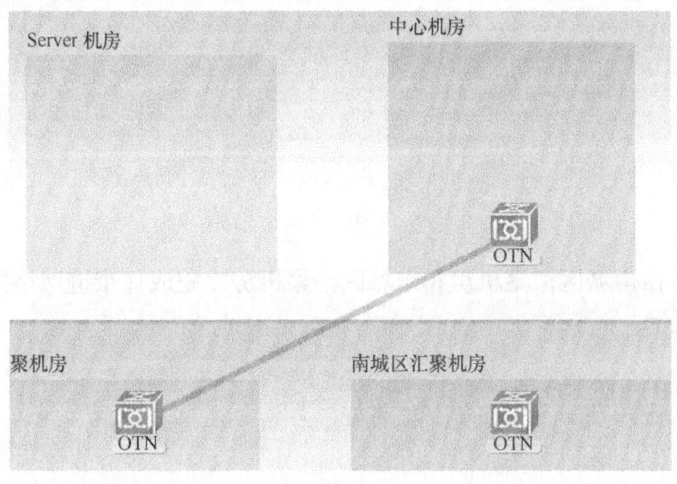

图 1-5

步骤 2：分别单击中心机房 OTN 站点和南城区汇聚机房 OTN 站点，西城区汇聚机房 OTN 站点和南城区汇聚机房 OTN 站点，完成环形网络拓扑连接，操作结果如图 1-6 所示。

1.3.3　任务三：环带链网络拓扑配置

步骤 1：重复任务一的步骤 4，将 OTN 站点拖放置东城区汇聚机房空白处，操作结果如图 1-7 所示。

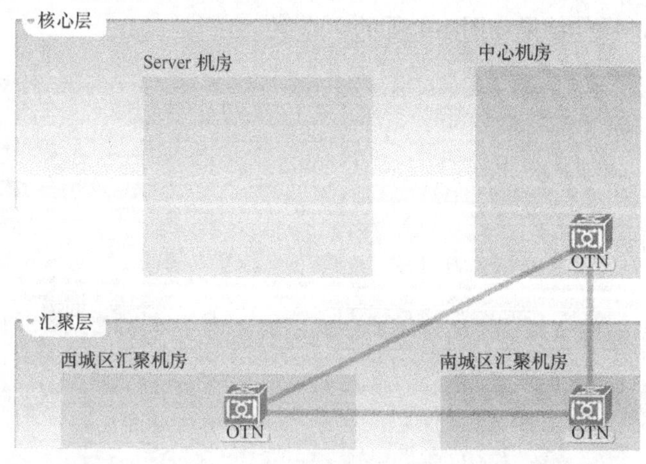

图 1-6

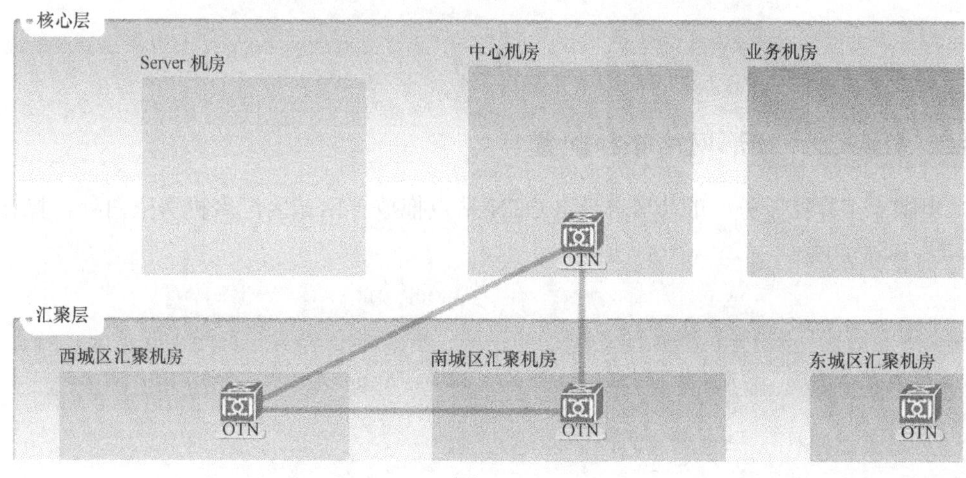

图 1-7

步骤 2：单击南城区汇聚机房和东城区汇聚机房，完成环带链网络拓扑连接，操作结果如图 1-8 所示。

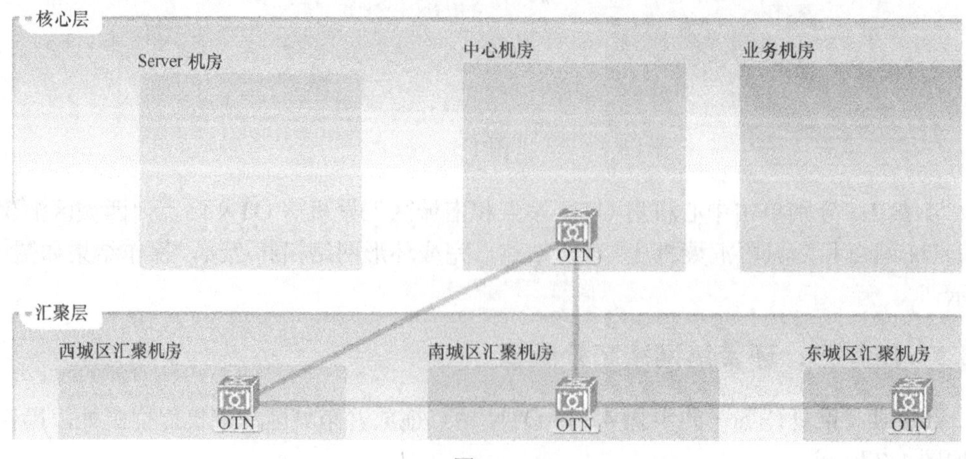

图 1-8

1.3.4　任务四：复合型网络拓扑配置

步骤 1：单击中心机房和东城区汇聚机房，完成复合型网络拓扑，操作结果如图 1-9 所示。

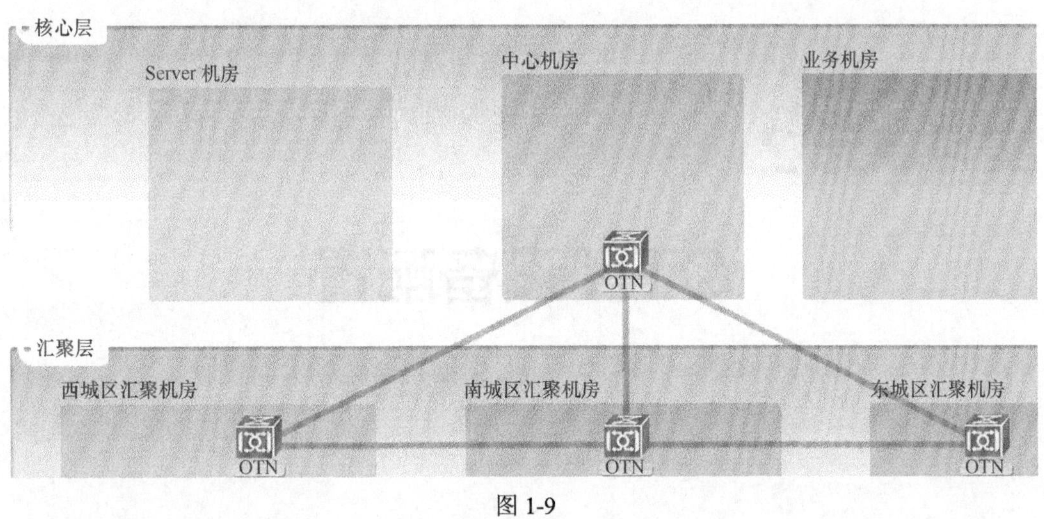

图 1-9

1.4　总结与思考

1.4.1　实习总结

网络的拓扑结构跟网络连线有关，它会随着站点数量和物理位置的变化而变化。

1.4.2　思考题

如何删除配置错误的站点或者连线？

1.4.3　练习题

请完成一个以中心机房为根节点，其他三个汇聚机房为叶节点的星型组网图。

实习单元 2

OTN 设备配置

2.1 实习说明

2.1.1 实习目的

了解 OTN 中小型设备的应用场景
掌握 OTN 各单板的主要作用和功能
掌握 OTN 内部纤缆的种类和应用
掌握 OTN 与 RT 及与 ODF 架的连纤

2.1.2 实习任务

1. 西城区汇聚机房 RT 设备及 OTN 设备的安装
2. 西城区汇聚机房 RT 设备与 OTN 设备的连接
3. 西城区汇聚机房 OTN 设备与 ODF 设备的连接

2.1.3 实习时长

3 个课时

2.2 拓扑规划

与任务相关的拓扑规划如图 2-1 所示。

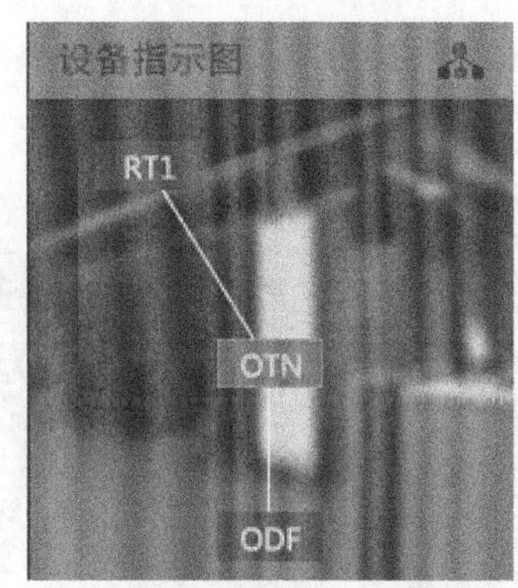

图 2-1

数据规划

站点：西城区汇聚机房（文中若无特殊说明，RT 设备默认为中型，SW 设备默认为小型，OTN 设备为中型）

产品型号：中型 RT 中型 OTN

参数规划：RT1 槽位 6 端口 10GE 速率单板为客户侧数据的发送和接收单板

OTN 槽位 14 OTU10G 单板为波分设备的客户侧数据发送和接收单板

OTN 槽位 11OBA、槽位 21OPA 为与 ODF 架对接单板

ODF 架 1T 与 1R 为与 OTN 对接端口

2.3　实习步骤

2.3.1　任务一：西城区汇聚机房 RT 设备及 OTN 设备的安装

步骤 1：打开仿真软件选择最上方设备配置按钮，如图 2-2 所示。

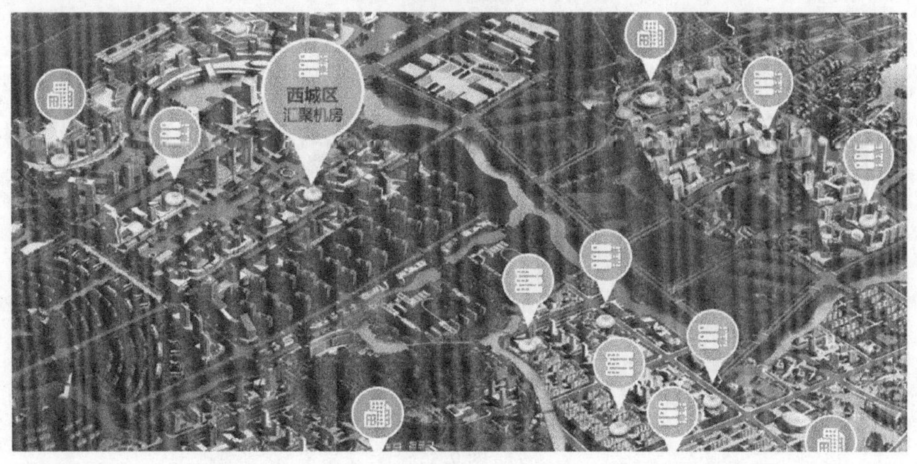

图 2-2

步骤 2：在软件界面找到西城区汇聚机房所代表的热气球，单击后进入站点，操作结果如图 2-3 所示。

图 2-3

步骤 3：单击从左往右数的第一个箭头下方的机柜（见图 2-4），进入机柜内部（见图 2-5）。

图 2-4

图 2-5

步骤 4：单击软件界面右边设备池中选择中型 RT 设备，按住不放，将 RT 设备拖放置左边第一个机柜当中，操作结果如图 2-6 所示。

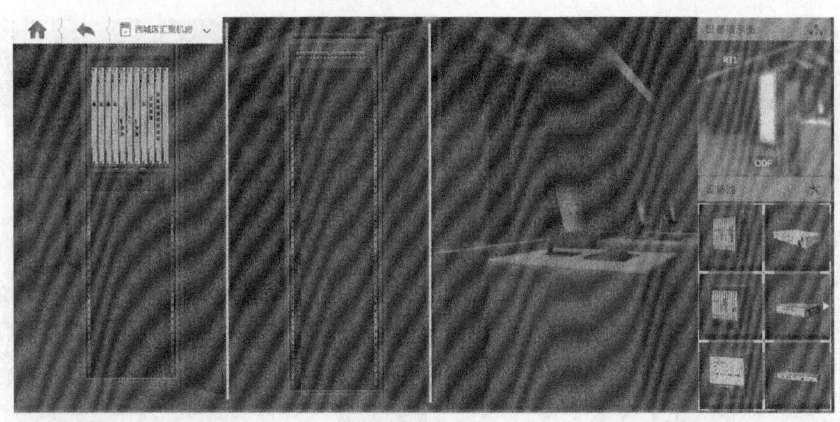

图 2-6

步骤 5：单击软件界面左上方 ↩ 按钮，返回至上一界面。

步骤 6：单击从左往右数的第二个箭头下方的机柜（见图 2-7），进入机柜内部（见图 2-8）。

图 2-7

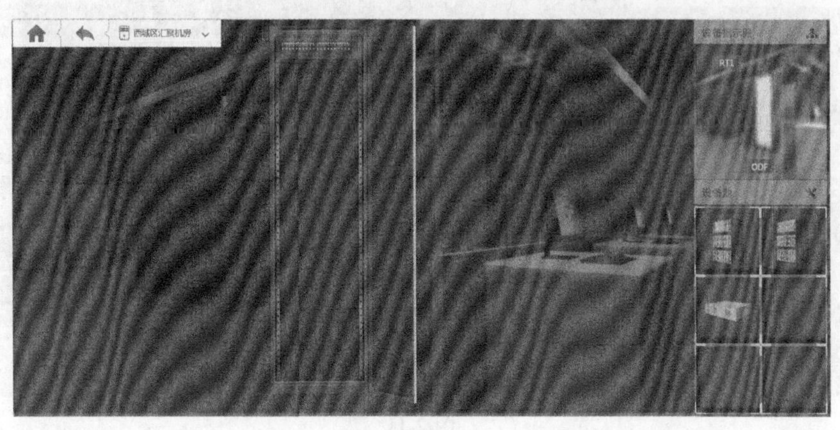

图 2-8

步骤 7：单击软件界面右边设备池选择中型 OTN 设备，将 OTN 设备拖放置左边机柜当中，操作结果如图 2-9 所示。

图 2-9

步骤 8：重复步骤 5，单击软件界面左上方 按钮，返回至上一界面，任务一完成。此时，我们可以在软件界面的右上方看到设备指示图（见图 2-10）。

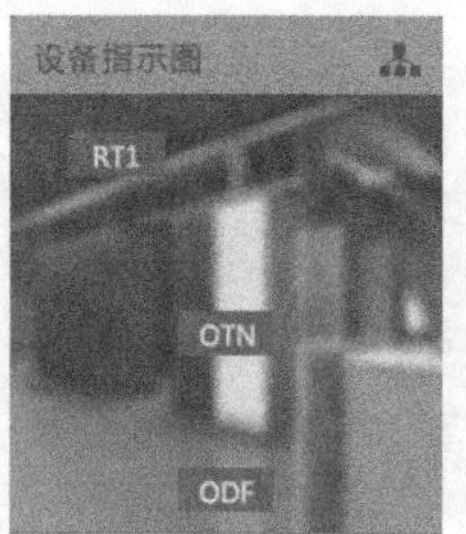

图 2-10

2.3.2 任务二：西城区汇聚机房 RT 设备与 OTN 设备的连接

步骤 1：单击软件界面右上方 RT1 ，进入 RT1 设备配置，操作结果如图 2-11 所示。

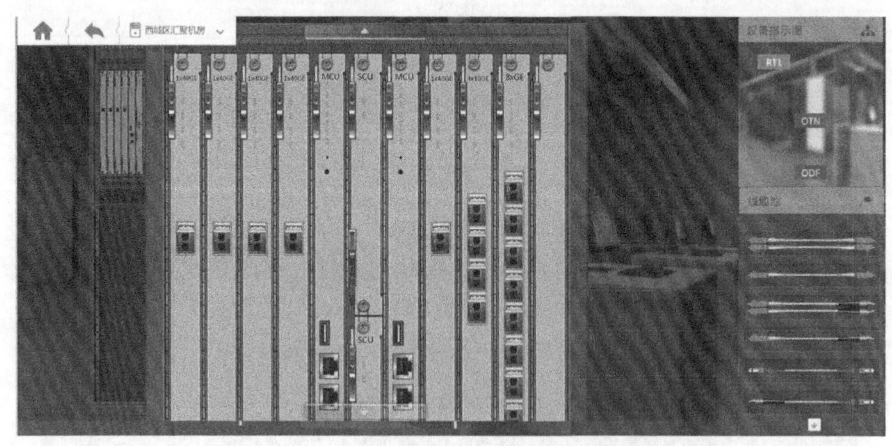

图 2-11

步骤 2：在右边的线缆池中单击 成对LC-LC光纤 ，然后再单击机框配置图从左往右数的第 9 块 10G 速率单板 1 端口，完成 RT 设备的 10G 客户侧业务的连线，操作结果如图 2-12 所示。

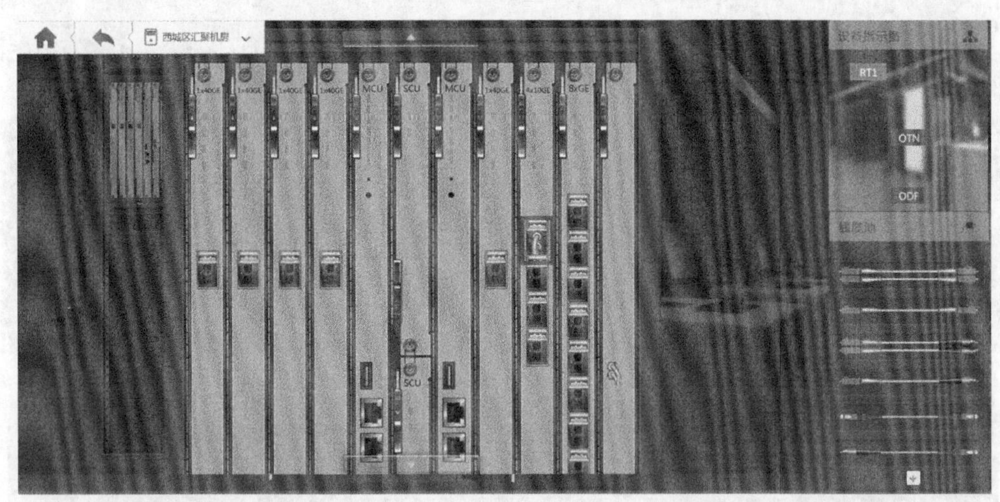

图 2-12

步骤 3：在完成步骤 2 的同时，再单击右上方设备指示图中 OTN ，进入 OTN 设备配置，操作结果如图 2-13 所示。

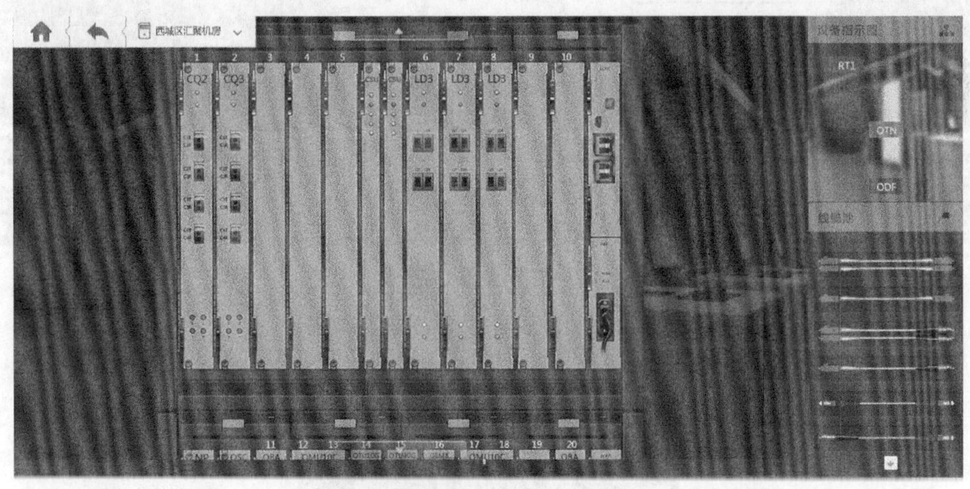

图 2-13

步骤4：将鼠标左键停放置 15 OTU10G 16 GEM8 向下箭头处，此时界面会往下滚动，到第2机框时将鼠标移开，停留在第 2 机框位置，如图 2-14 所示。

步骤 5：此时将光纤头安装在第 14 槽位 OTU10GC1T/C1R 处，如图 2-15 所示。

步骤 6：单击软件界面左上方 按钮，此时完成了任务二的任务，在设备指示图中可以看到如图 2-16 的结果。

图 2-14

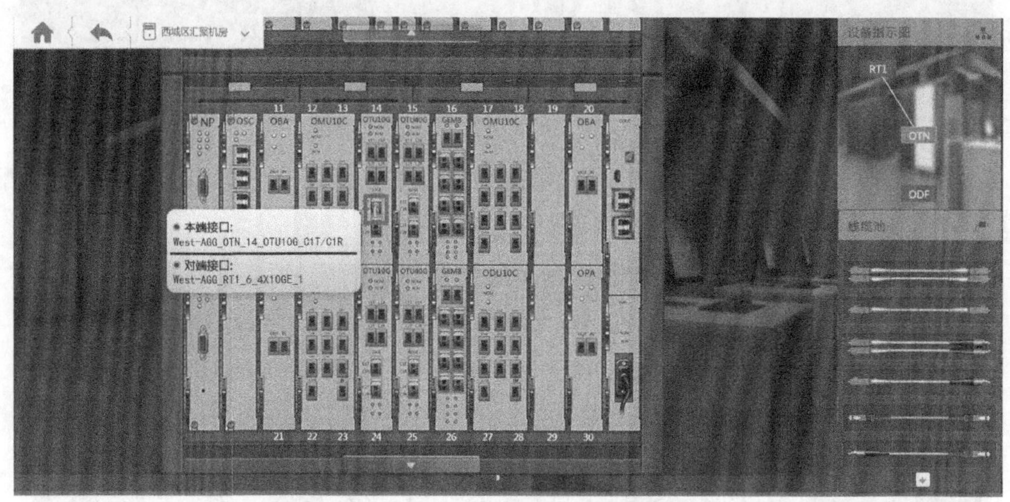

图 2-15

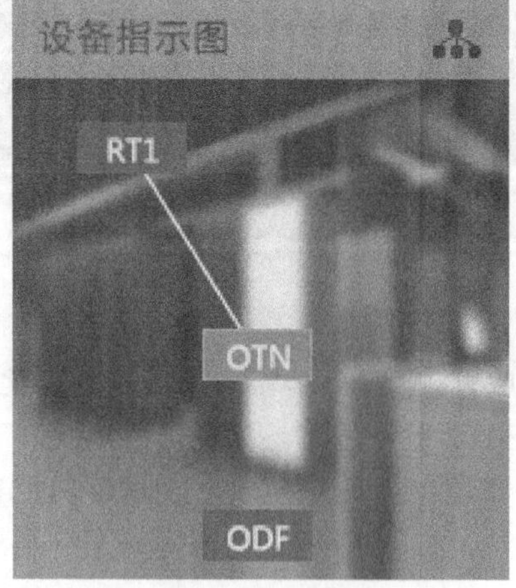

图 2-16

2.3.3　任务三：OTN 与 ODF 的对接

步骤 1：单击软件界面右上方，进入 OTN 设备配置，如图 2-17 所示。

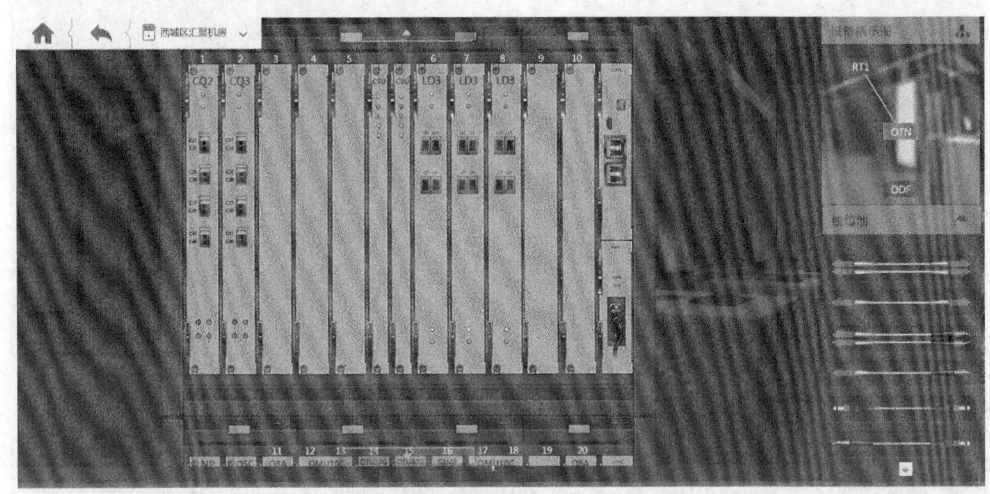

图 2-17

步骤 2：将鼠标左键停放置向下箭头处，此时界面会往下滚动，到第 2 机框时将鼠标移动开，停留在第 2 机框位置，如图 2-18 所示。

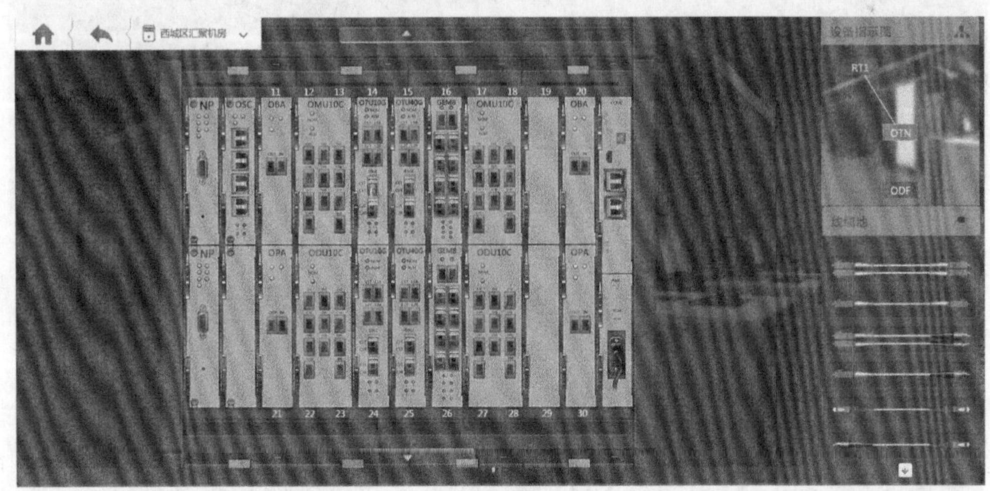

图 2-18

步骤 3：在右边的线缆池中单击，然后再单击机框配置图中第 14 槽位 OTU10G 板的 L1T 接口，将光纤的一端插在此端口上，如图 2-19 所示。

步骤 4：再单击第 12 槽位 OMU 单板，将光纤的另一端连在 CH1 端口，如图 2-20 所示。

步骤 5：重新在线缆池里另取一根 LC-LC 光纤，将其一端连在 12 槽位 OMU 的 OUT 口，另一端连在 11 槽位 OBA 的 IN 口，如图 2-21 所示。

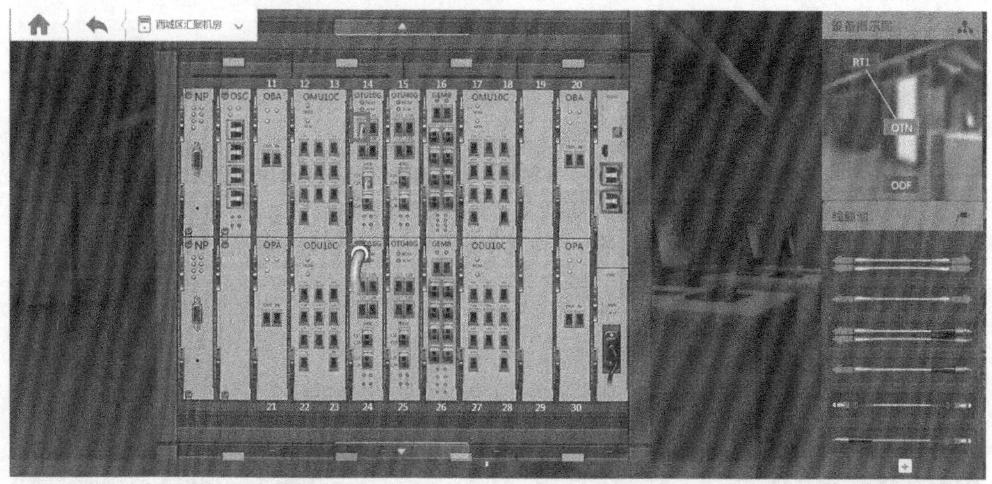

图 2-19

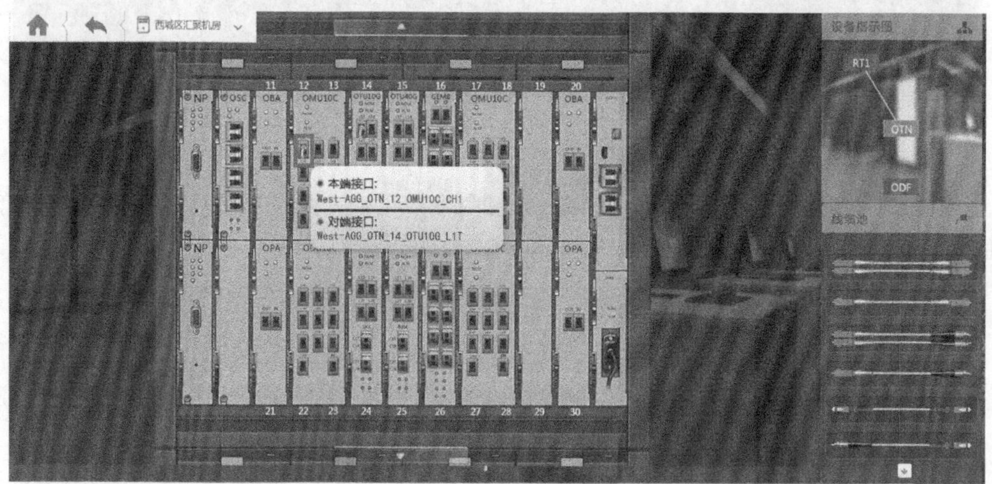

图 2-20

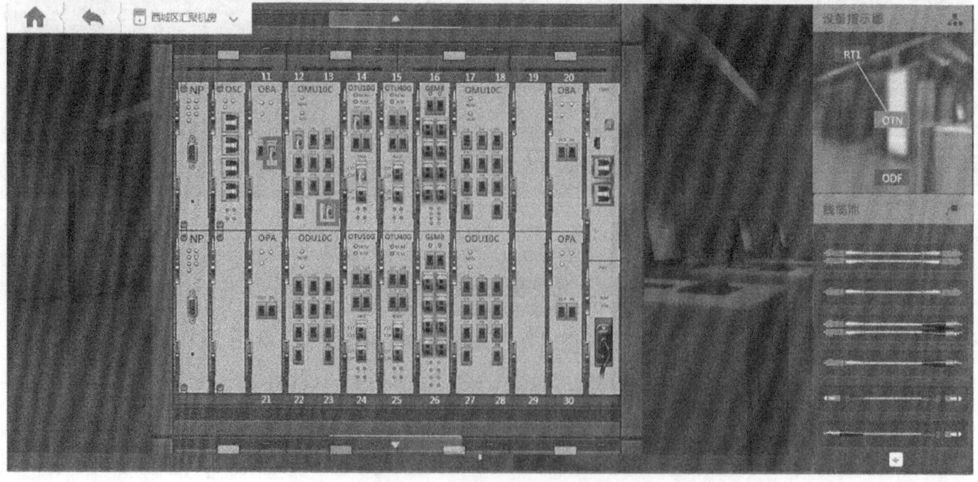

图 2-21

步骤 6：重新在线缆池里另取一根 LC-FC 光纤 LC-FC光纤 ，将其一端连在 11 槽位 OBA 的 OUT 口，然后再单击设备指示图中的 ODF ，将另一端连在 ODF 的 1T 口，如图 2-22 所示。

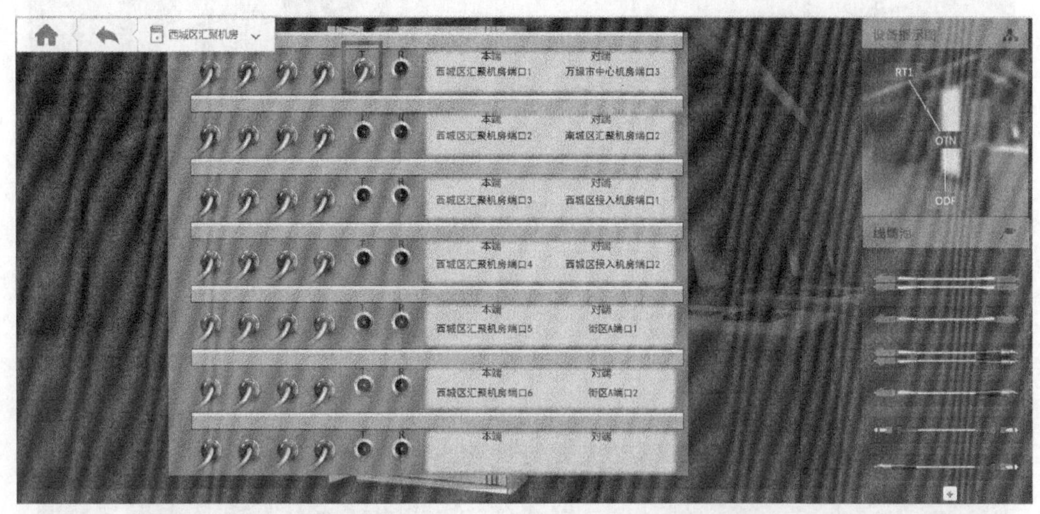

图 2-22

步骤 7：重新在线缆池里另取一根 LC-FC 光纤 LC-FC光纤 ，将其一端连在 ODF 的 1R 口，然后再点击设备指示图中的 ODF ，重复步骤 2，屏幕滚动至第 2 机框时停止，将另一端光纤连在 21 槽位 OPA 的 IN 口，如图 2-23 所示。

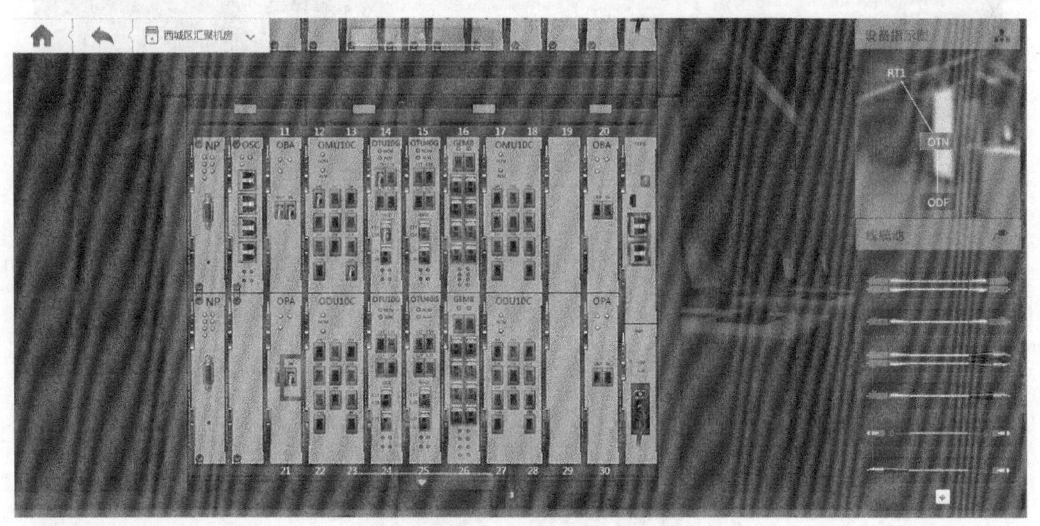

图 2-23

步骤 8：重新在线缆池里另取一根 LC-LC 光纤，将其一端连在 21 槽位 OPA 的 OUT 口，另一端连在 22 槽位 ODU 单板的 IN 口，如图 2-24 所示。

步骤 9：重新在线缆池里另取一根 LC-LC 光纤，将其一端连在 22 槽位 ODU 的 CH1 口，另一端连在 14 槽位 OTU10G 单板的 L1R 口，如图 2-25 所示。

图 2-24

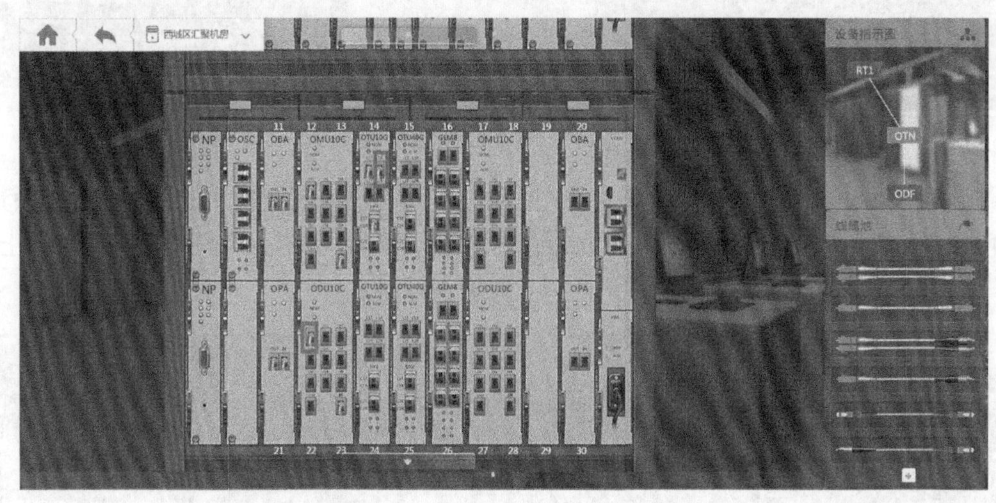

图 2-25

步骤 10：此时完成了 OTN 到 ODF 的连接，任务三完成，在设备指示图中可看到如图 2-26 的结果。

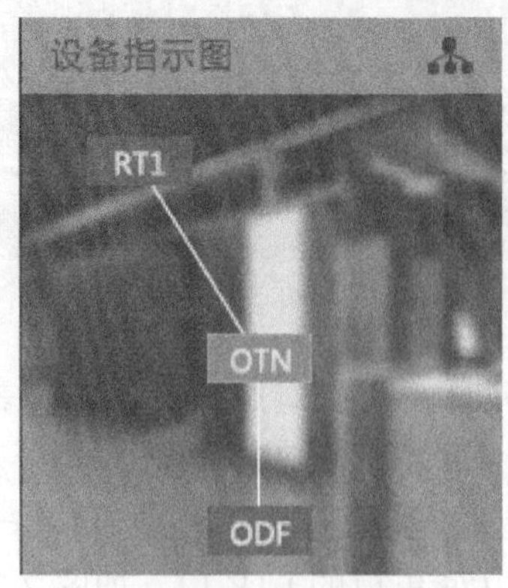

图 2-26

2.4　总结与思考

2.4.1　实习总结

波分侧的内部连线都是单根的光纤，信号流有去有回，设备的端口与选取的光纤类型有关。

2.4.2　思考题

如何删除配置错误的设备类型，以及内部光纤连线？

2.4.3　练习题

请完成东城区汇聚机房 RT-OTN-ODF1T/1R 的连线。

实习单元 3

点到点业务配置

3.1 实习说明

3.1.1 实习目的

掌握 OTN 频率的配置
掌握 OTN 点到点的组网应用
掌握光路检测工具的应用

3.1.2 实习任务

完成中心机房和西城区汇聚机房的频率配置，实现两站点之间的业务开通

3.1.3 实习时长

2 个课时

3.2 拓扑规划

与任务相关的拓扑规划如图 3-1 所示。

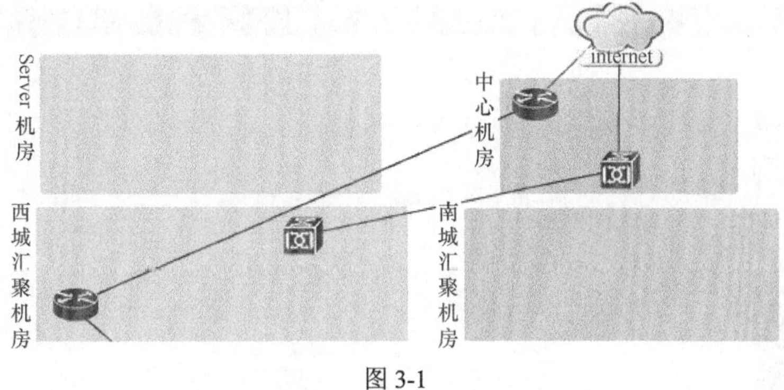

图 3-1

数据规划

站点：中心机房、西城区汇聚机房

产品型号：中型 RT 中型 OTN

参数规划：中心机房采用 192.1THz 频率，西城区汇聚机房采用 192.1THz 频率。

3.3　实习步骤

3.3.1　任务一：完成中心机房和西城区汇聚机房的频率配置，实现两站点之间的业务开通

前提条件：完成中心机房（见图 3-2）、西城区汇聚机房（见图 3-3）单站的设备配置。

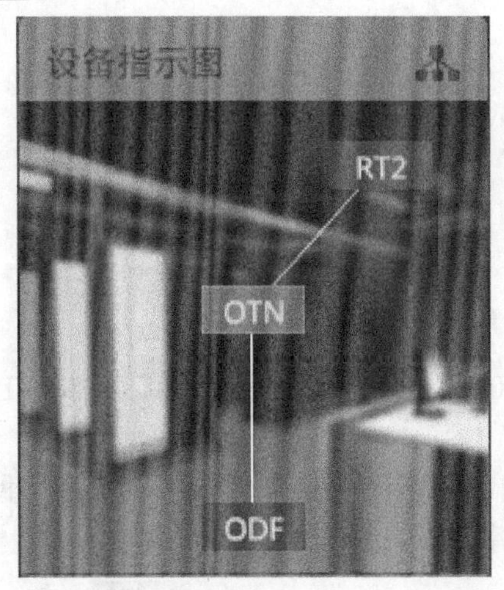

图 3-2

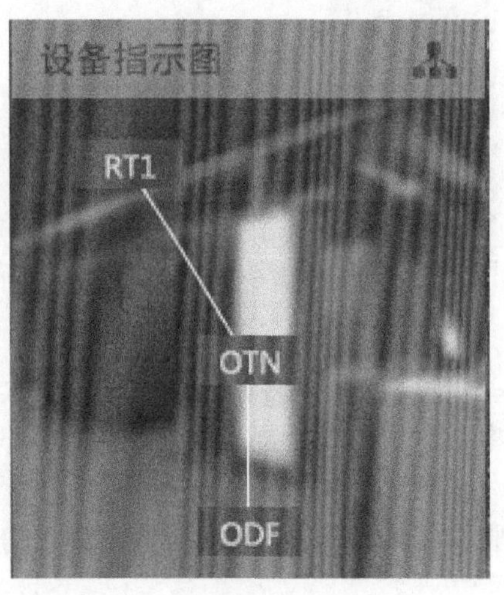

图 3-3

步骤 1：右击软件界面右上方[数据配置]按钮，进入数据配置界面，如图 3-4 所示。

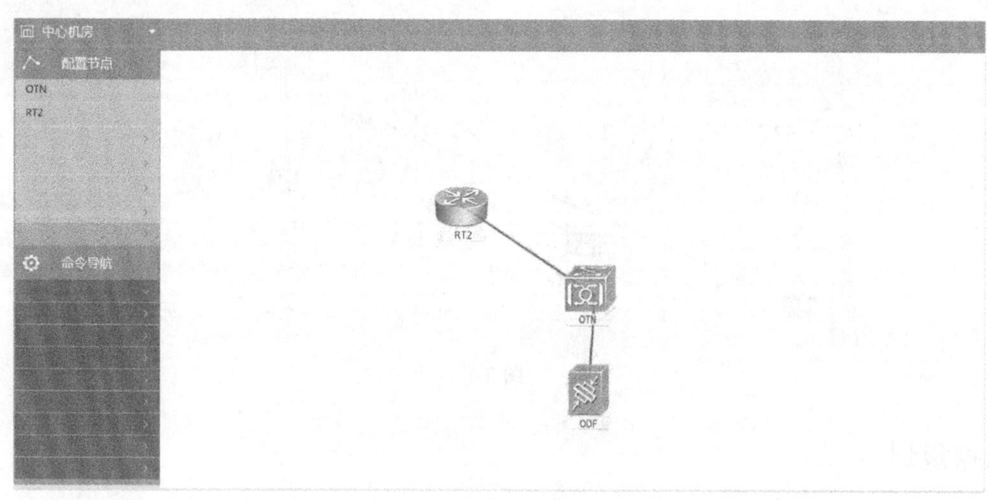

图 3-4

此时应注意界面左上角是否显示为中心机房，如果不是，则要单击左上方的 中心机房 下拉菜单，选择进入中心机房。

步骤 2：单击左上方 OTN ，进入 OTN 数据配置界面，此时在左边的命令导航里会出现 频率配置 图样，单击进入频率配置界面，如图 3-5 所示。

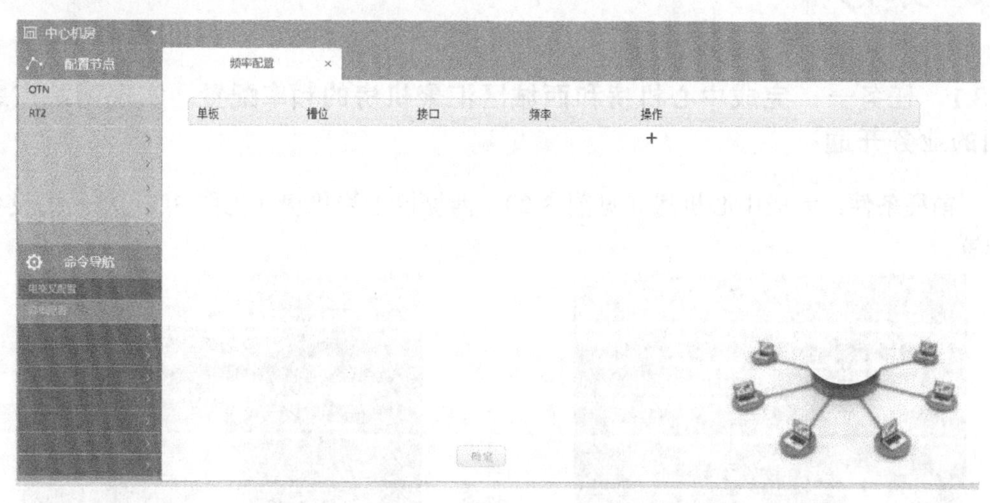

图 3-5

步骤 3：单击右边的 ＋ 号，依次选择 OTU10G 板、14 槽位、L1T 接口、192.1THz 频率，然后单击确定，操作结果如图 3-6 所示。

步骤 4：单击左上方的 中心机房 下拉菜单，选择进入西城区汇聚区机房，重复步骤 2 和步骤 3，完成西城区汇聚机房 OTN 的频率配置，操作结果如图 3-7 所示。

步骤 5：此时点到点的 OTN 业务配置完成，需单击软件界面右上角 业务调测 按钮，验证业务是否配置正确，如图 3-8 所示。

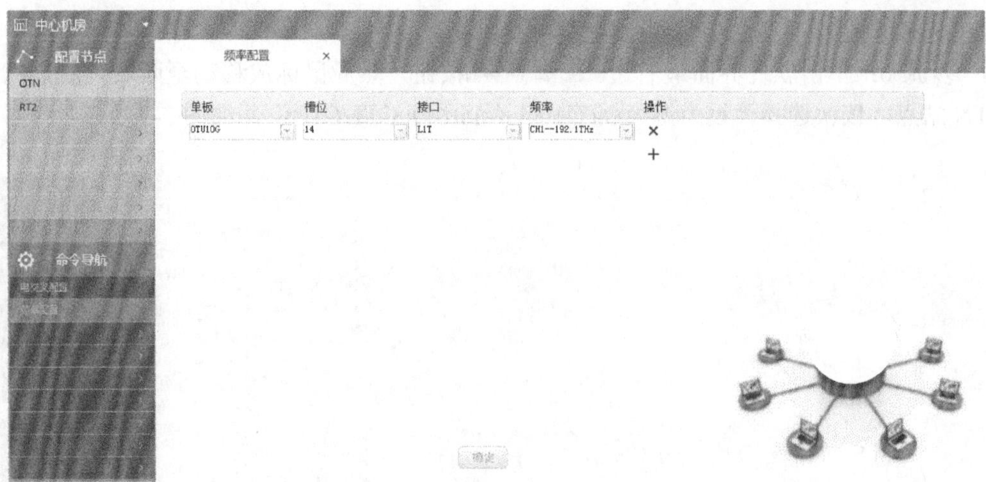
中心机房
配置节点
OTN
RT2
频率配置
单板
槽位
接口
频率
操作
OTU10G
14
L1T
CH1--192.1THz
命令导航

图 3-6

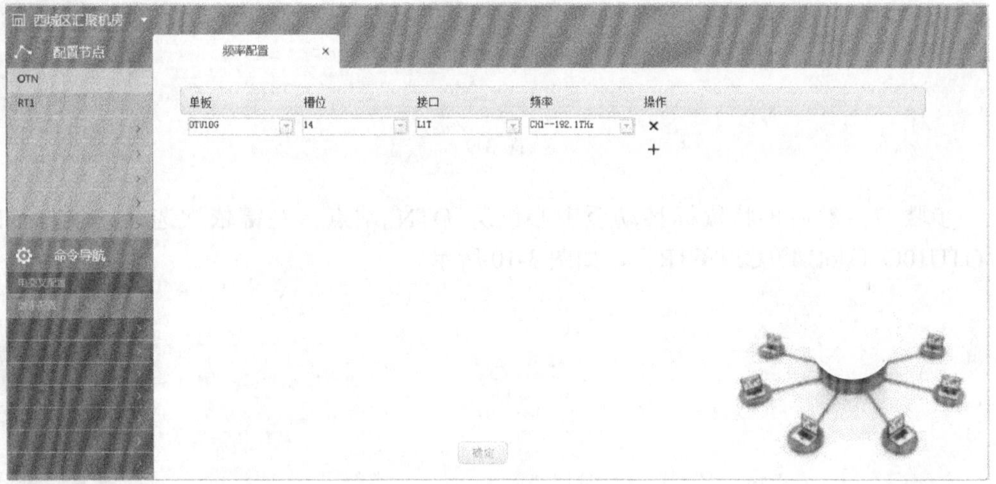
西城区汇聚机房
配置节点
OTN
RT1
频率配置
单板
槽位
接口
频率
操作
OTU10G
14
L1T
CH1--192.1THz
命令导航

图 3-7

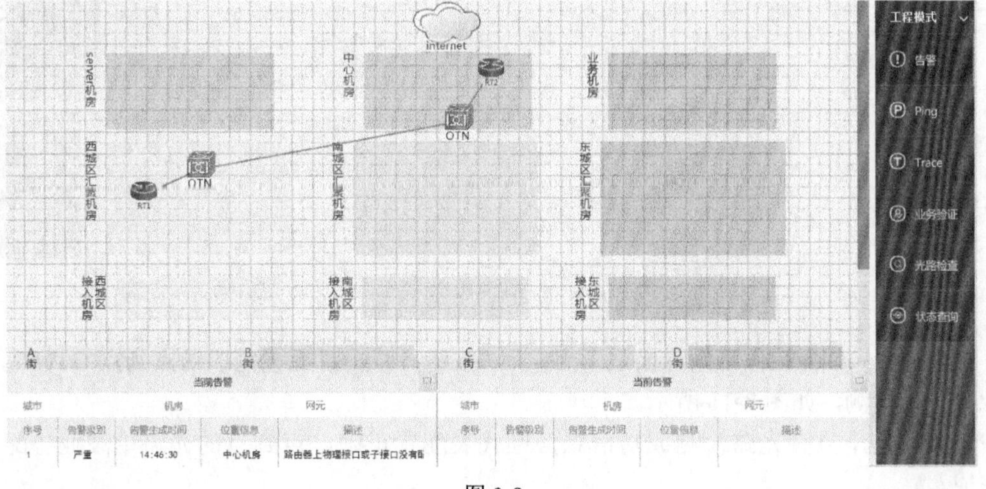
internet
server机房
中心机房
业务机房
RT2
OTN
西城区汇聚机房
南城区汇聚机房
东城区汇聚机房
RT1
西城区接入机房
南城区接入机房
东城区接入机房
工程模式
告警
Ping
Trace
业务验证
光路检查
状态查询
当前告警
城市
机房
网元
序号
告警级别
告警生成时间
位置信息
描述
1
严重
14:46:30
中心机房
路由器上物理接口或子接口没有

图 3-8

步骤 6：单击软件界面最右边 光路检查 按钮，然后鼠标放移动至西城区汇聚机房 OTN 站点，依次选择“设为源—OTU10G（slot14）C1T/C1R”，如图 3-9 所示。

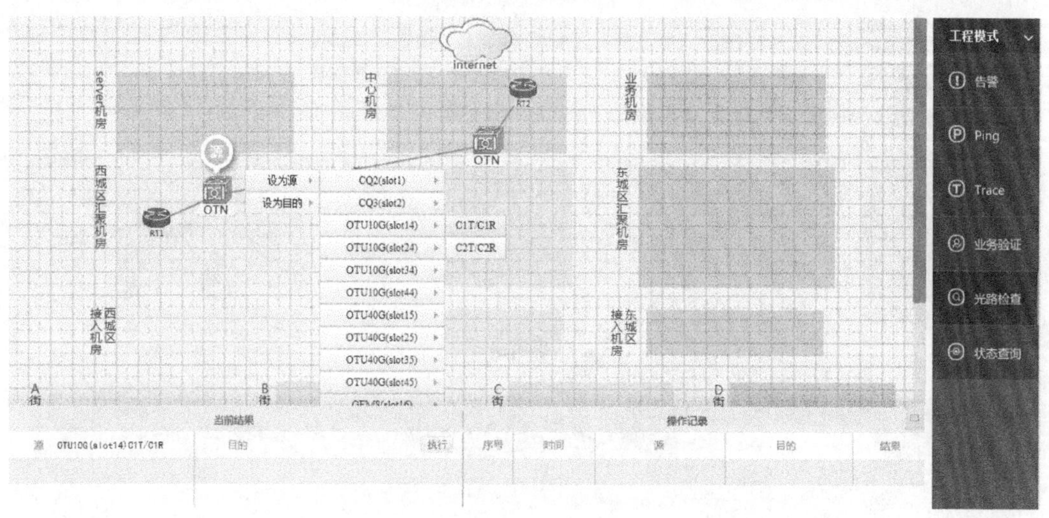

图 3-9

步骤 7：然后再将鼠标移动至中心机房 OTN 站点，左键依次选择“设为目的—OTU10G（slot14）C1T/C1R”，如图 3-10 所示。

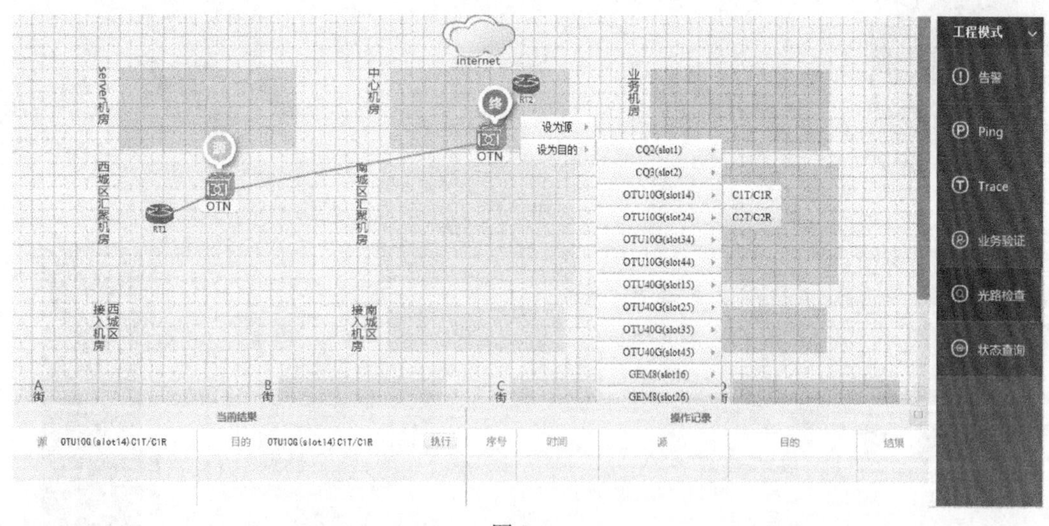

图 3-10

步骤 8：单击软件中间界面最下方 执行 按钮，开始对配置完成的点到点 OTN 光路业务进行检测，如图 3-11 所示。

看到左下方有光路检测成功信息，则代表配置正确，点到点的光路单波业务配置完成。

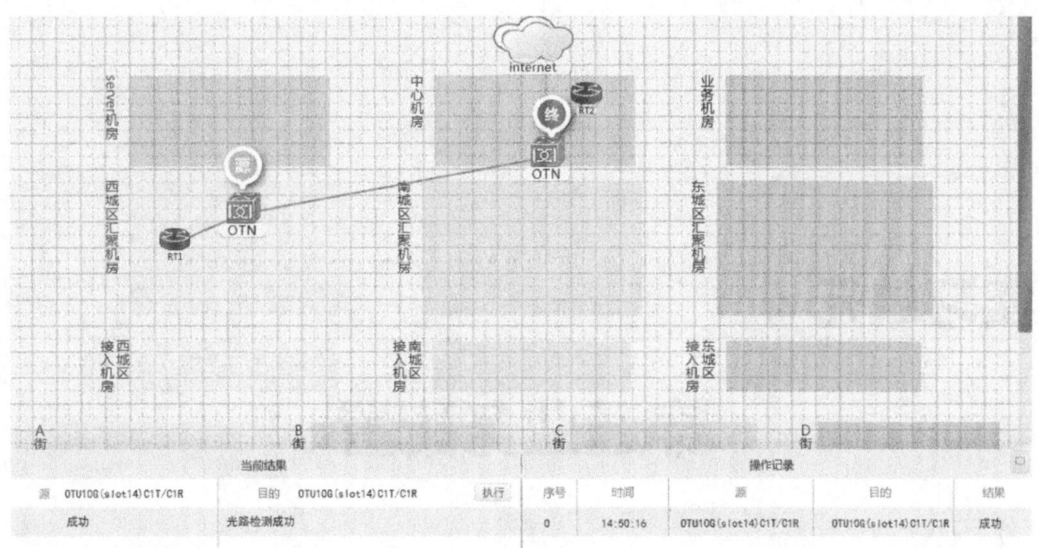

图 3-11

3.4 总结与思考

3.4.1 实习总结

频率配置的频率要与物理连线的光转发单板的频率一致，OMU 物理连线在哪个 CH 端口，频率选择就要选择哪个频率。

3.4.2 思考题

如果两端的 OTN 站点频率配置不一样，光路业务能否验证成功？

3.4.3 练习题

在不更改中心区机房的设备配置、数据配置的情况下，完成中心机房到东城区汇聚机房的点到点的单波光路业务配置，并且验证成功。

实习单元 4

穿通业务配置

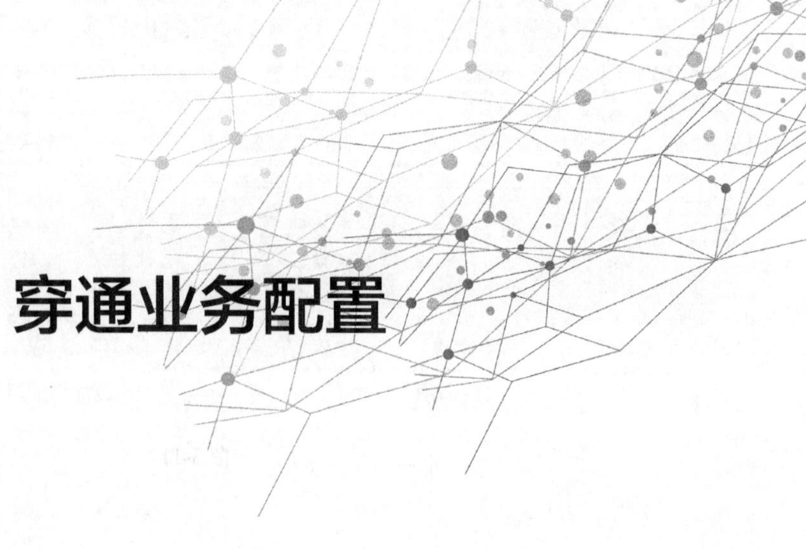

4.1 实习说明

4.1.1 实习目的

掌握 OTN 光路穿通业务的配置
掌握 OTN 穿通业务组网应用
掌握光路检测工具的应用

4.1.2 实习任务

完成西城区汇聚机房经过中心机房 OTN，到达南城区汇聚机房的频率配置和业务开通

4.1.3 实习时长

4 个课时

4.2 拓扑规划

与任务相关的拓扑规划如图 4-1 所示。

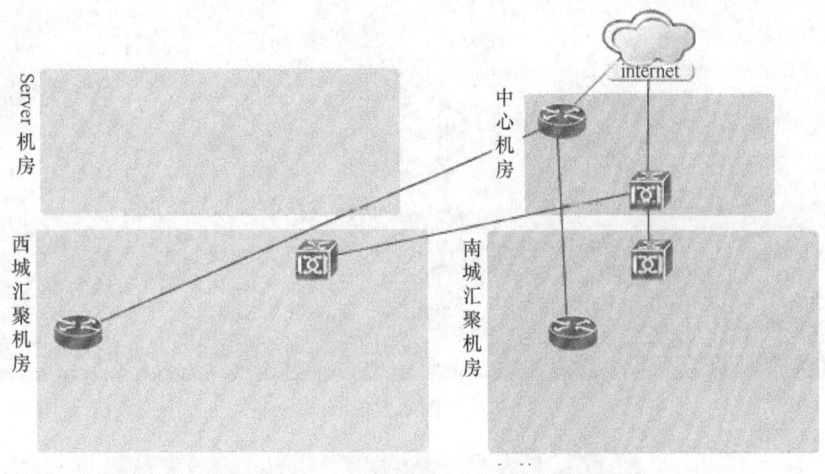

图 4-1

数据规划

业务描述：西城区汇聚机房 40G 以太网业务经过中心机房到达南城区汇聚机房

站点：西城区汇聚机房、中心机房机房、南城区汇聚机房

产品型号：中型 RT 中型 OTN

参数规划：西城区汇聚机房：RT1 采用 1 槽位 40GE 光板作为客户侧信号
OTN 采用 15 槽位 OTU 40G 光转发板
OTN 频率采用 192.1THz

南城区汇聚机房：RT1 采用 1 槽位 40GE 光板作为客户侧信号
OTN 采用 15 槽位 OTU 40G 光转发板
OTN 频率采用 192.1THz

中心机房：为过渡站点，不需要增加 OTU 光转发板

4.3 实习步骤

4.3.1 任务一：西城区汇聚机房设备配置

步骤 1：右击软件界面右上方设备配置按钮，进入设备配置界面，然后选择西城区汇聚机房，如图 4-2 所示。

步骤 2：单击打开图中最左边箭头指示机柜，如图 4-3 所示。

步骤 3：在右下角设备池中选取中型 RT 添加到左侧机柜，如图 4-4 所示。

图 4-2

图 4-3

图 4-4

步骤 4：单击打开图中从左向右第二个箭头指示机框，如图 4-5 所示。

步骤 5：在设备池中选取中型 OTN 添加到左侧机框，如图 4-6 所示。

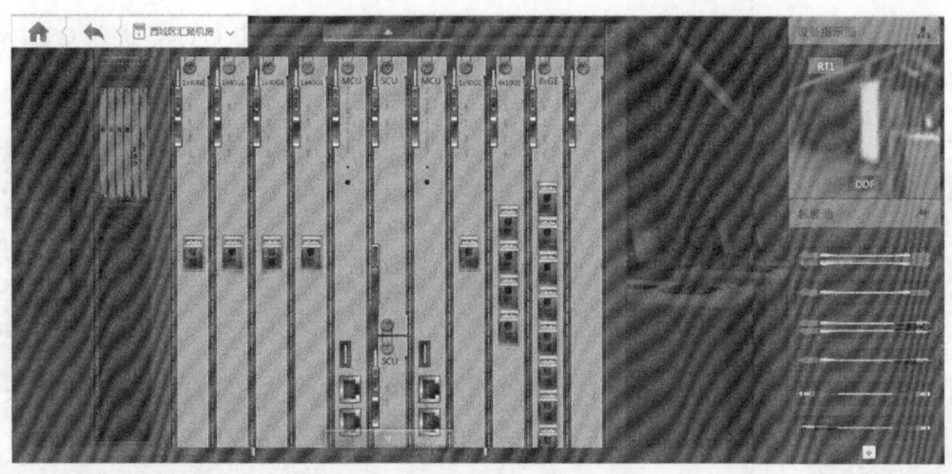

图 4-5

图 4-6

步骤 6：单击右上角 RT1 图标，在右下方线缆池中，选用成对 LC-LC 光纤连接 RT1 一槽位 40GE 端口，如图 4-7 所示。

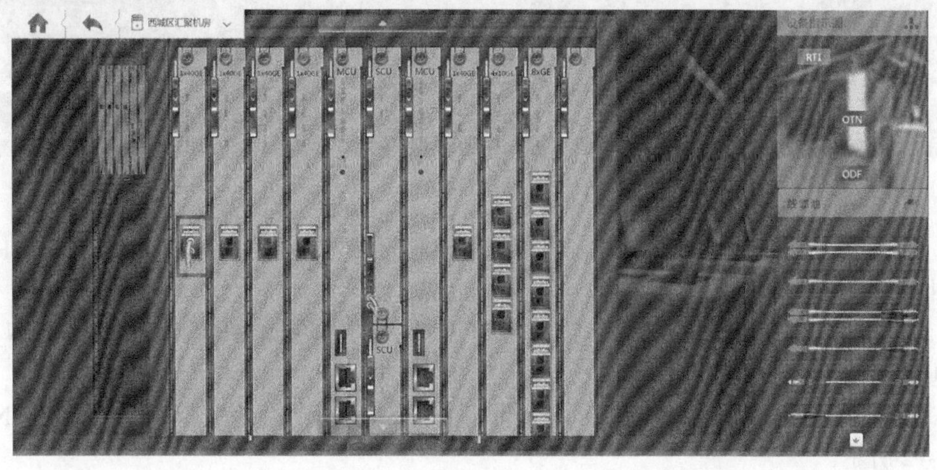

图 4-7

步骤 7：在完成步骤 6 的同时，再单击右上方设备指示图中 OTN，进入 OTN 设备配置，将所选光纤的另外一端连接到 OTN_15_OTU40G_C1T/C1R，如图 4-8 所示。

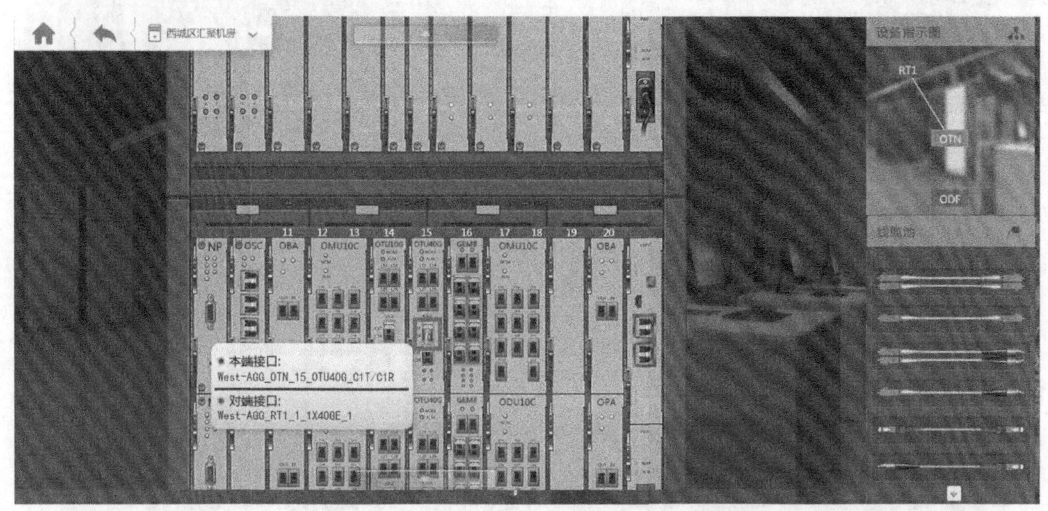

图 4-8

步骤 8：在线缆池重新选取一根 LC-LC 光纤，连接到 OTN_15_OTU40G_L1T，如图 4-9 所示。

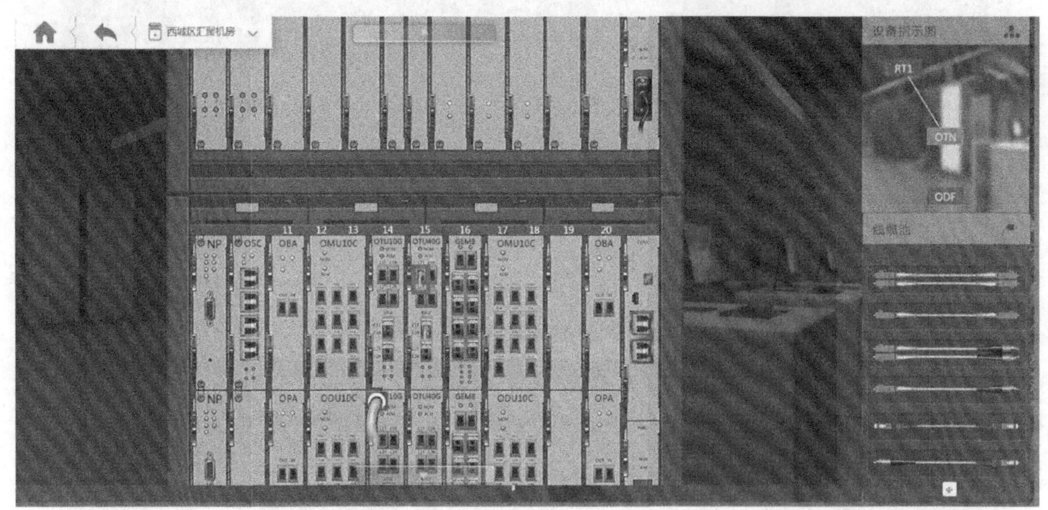

图 4-9

步骤 9：在完成步骤 8 的同时，再将光纤的另一端连接到 OTN_12_OMU10C_CH1，如图 4-10 所示。

步骤 10：在线缆池中重新选取一根 LC-LC 光纤，连接到 OTN_12_OMU10C_OUT，如图 4-11 所示。

步骤 11：在完成步骤 10 的同时，再将光纤的另一端连接到 OTN_11_OBA_IN 如图 4-12 所示。

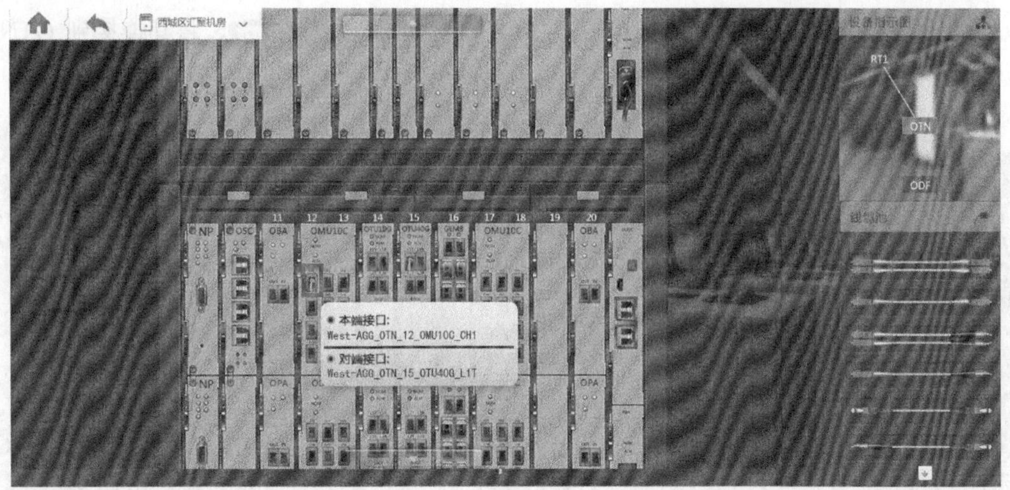

图 4-10

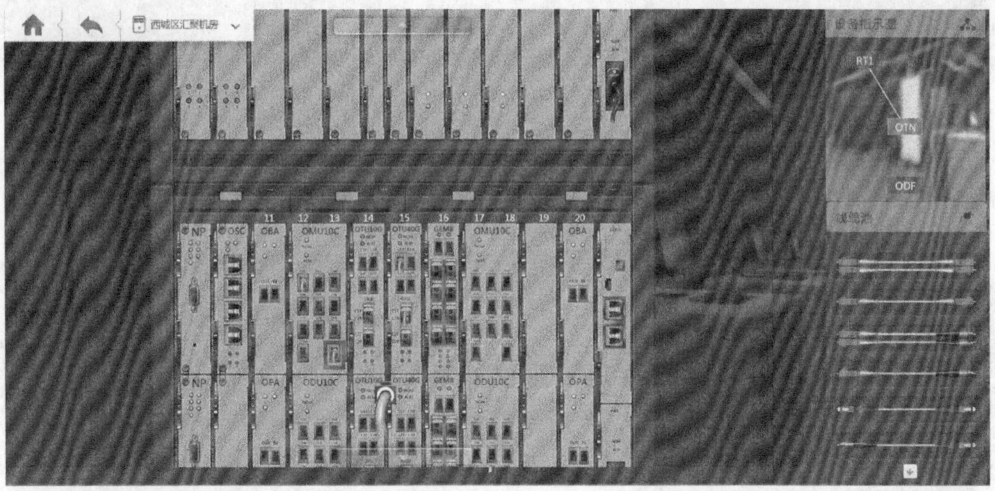

图 4-11

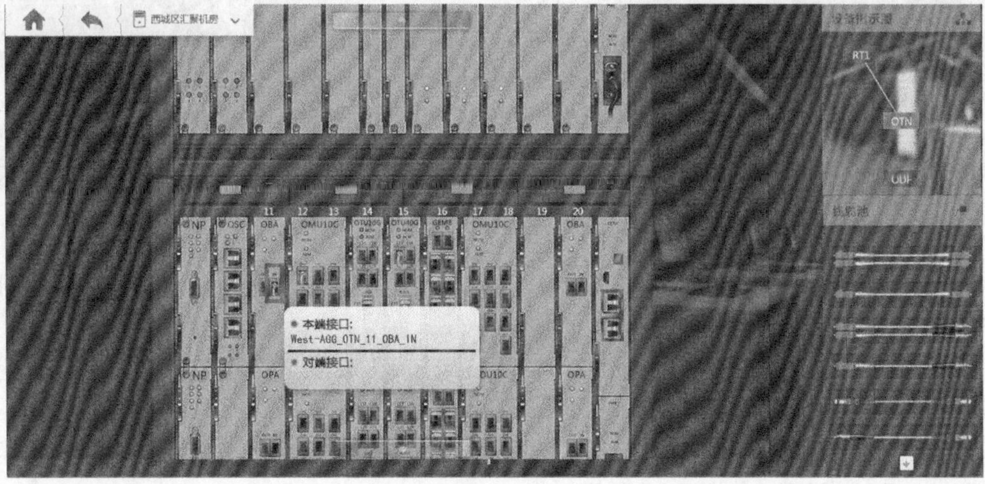

图 4-12

步骤 12：在线缆池中重新选取一根 LC-FC 光纤，将其连接到 OTN_11_OBA_OUT，如图 4-13 所示。

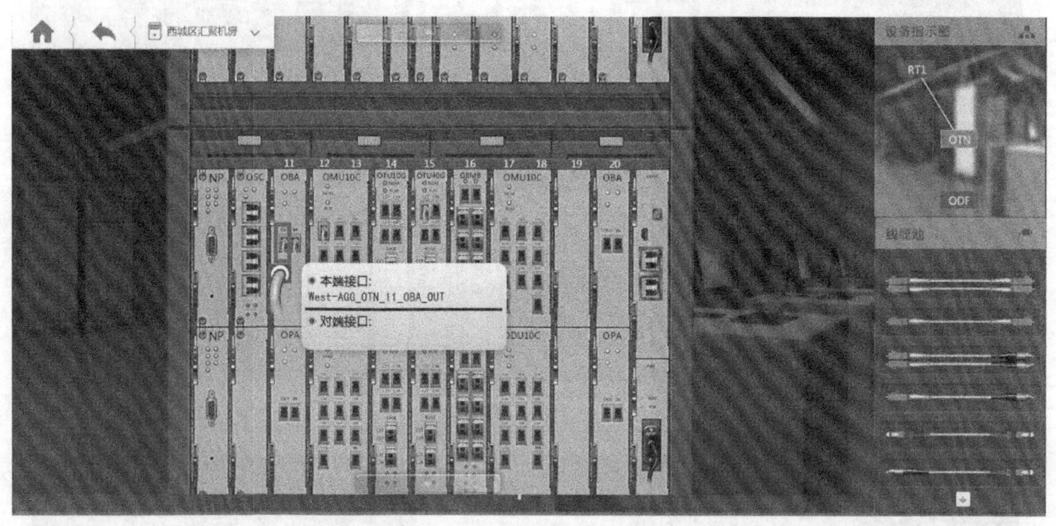

图 4-13

步骤 13：在完成步骤 12 的同时，再单击右上角图标，将光纤的另一端连接到 ODF_1T，如图 4-14 所示。

图 4-14

步骤 14：在线缆池中重新选取一根 LC-FC 光纤，将其连接到 ODF_1R，如图 4-15 所示。

步骤 15：在完成步骤 14 的同时，再单击右上角图标，将光纤的另一端连接到 OTN_21_OPA_IN，如图 4-16 所示。

步骤 16：在线缆池中重新选取一根 LC-LC 光纤，将其连接到 OTN_21_OPA_OUT，如图 4-17 所示。

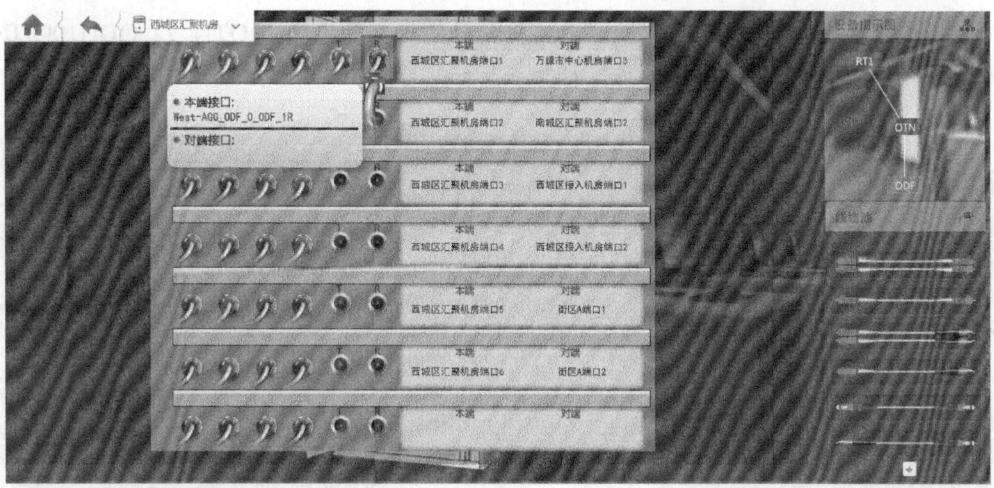

图 4-15

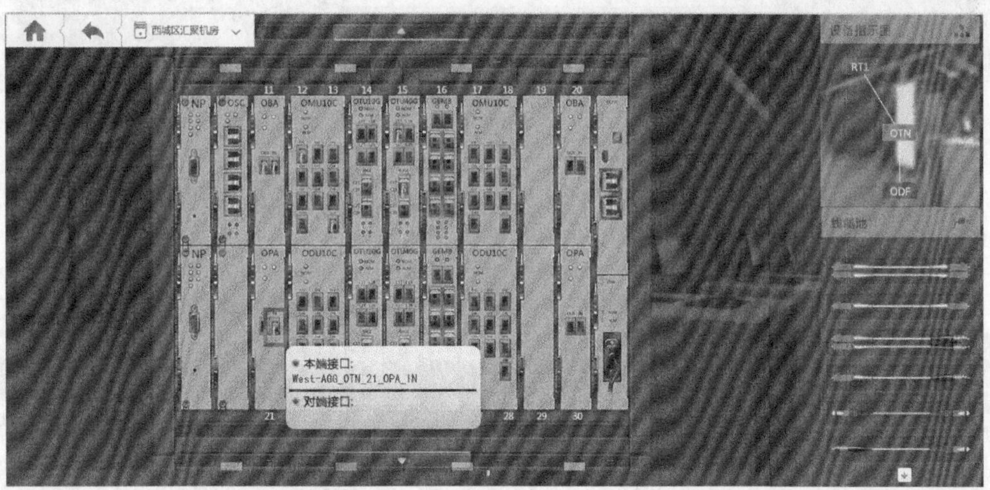

图 4-16

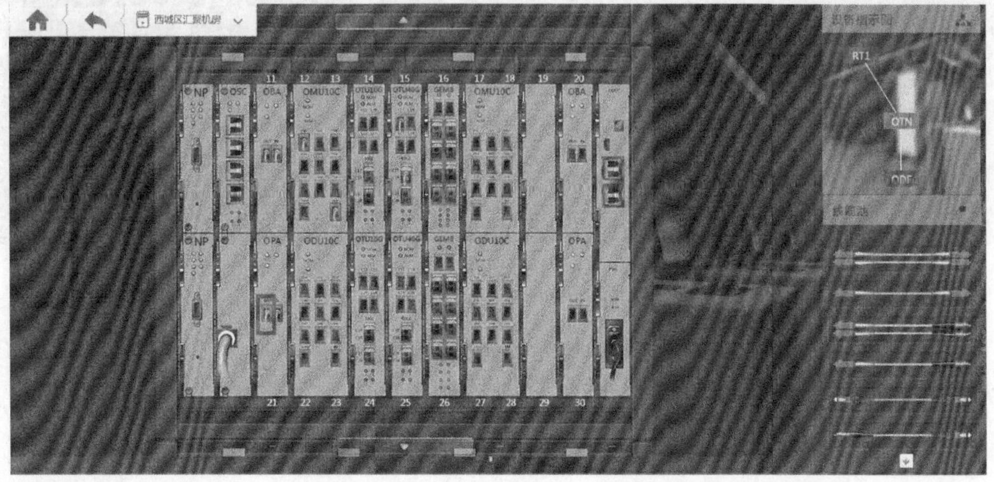

图 4-17

步骤 17：在完成步骤 16 的同时，再将光纤的另一端连接到 OTN_22_ODU10C_IN，如图 4-18 所示。

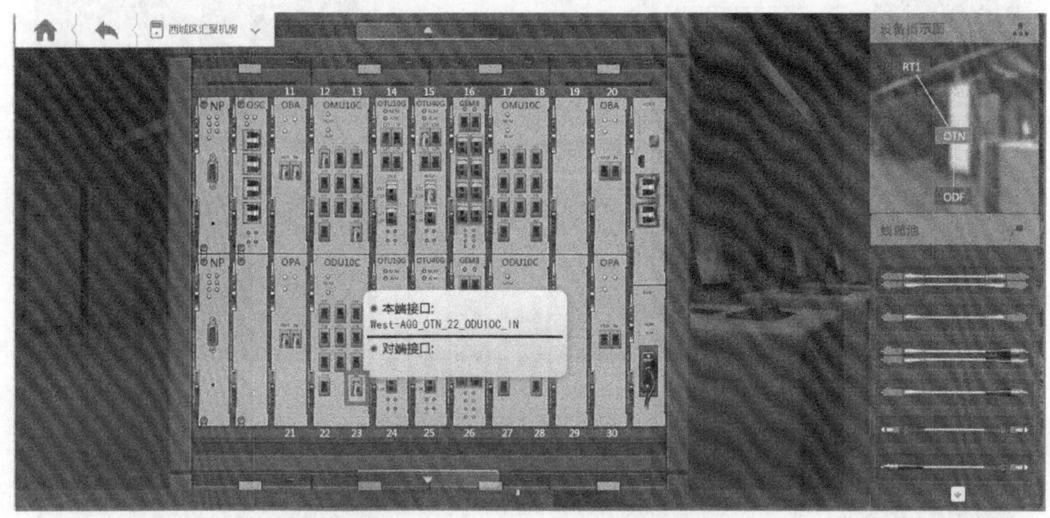

图 4-18

步骤 18：在线缆池中重新选取一根 LC-LC 光纤，将其连接到 OTN_22_ODU10C__CH1，如图 4-19 所示。

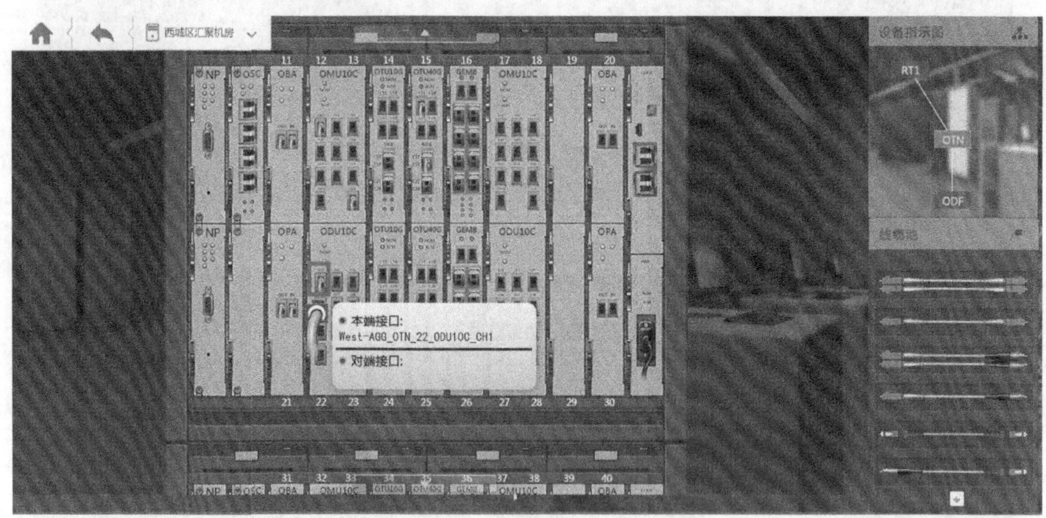

图 4-19

步骤 19：在完成步骤 18 的同时，再将光纤的另一端连接到 OTN_15_OTU40G_L1R，如图 4-20 所示。

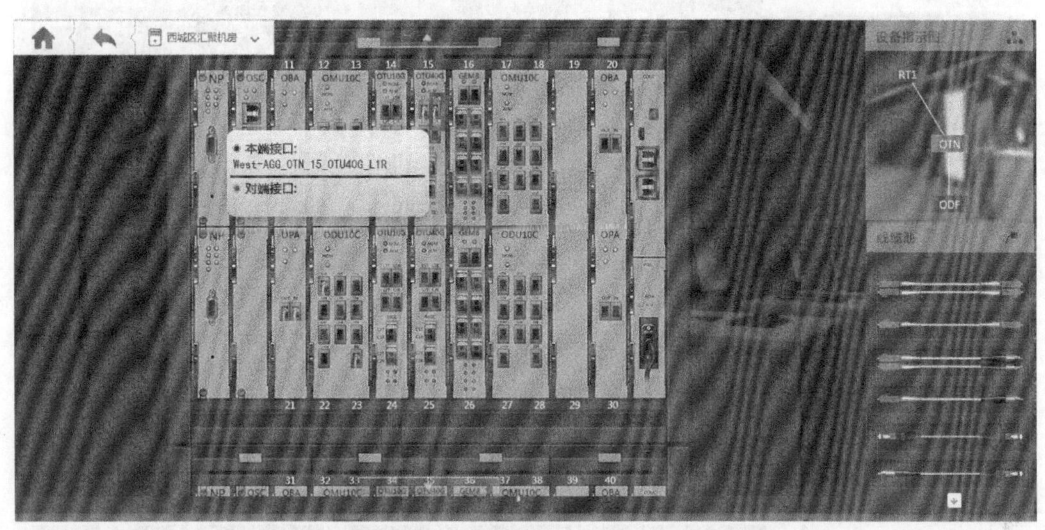

图 4-20

4.3.2　任务二：南城区汇聚机房设备配置

步骤 1：右击软件界面右上方设备配置按钮，进入设备配置界面，然后单击南城区汇聚机房，如图 4-21 所示。

图 4-21

步骤 2：单击打开图中最左边箭头指示机柜，如图 4-22 所示。

步骤 3：在右下角设备池中选取中型 RT，将其添加到左侧机柜，如图 4-23 所示。

步骤 4：单击 返回按钮，打开图中间箭头指示机框，如图 4-24 所示。

图 4-22

图 4-23

图 4-24

步骤5：在设备池中选取中型OTN，将其添加到左侧机框，如图4-25所示。

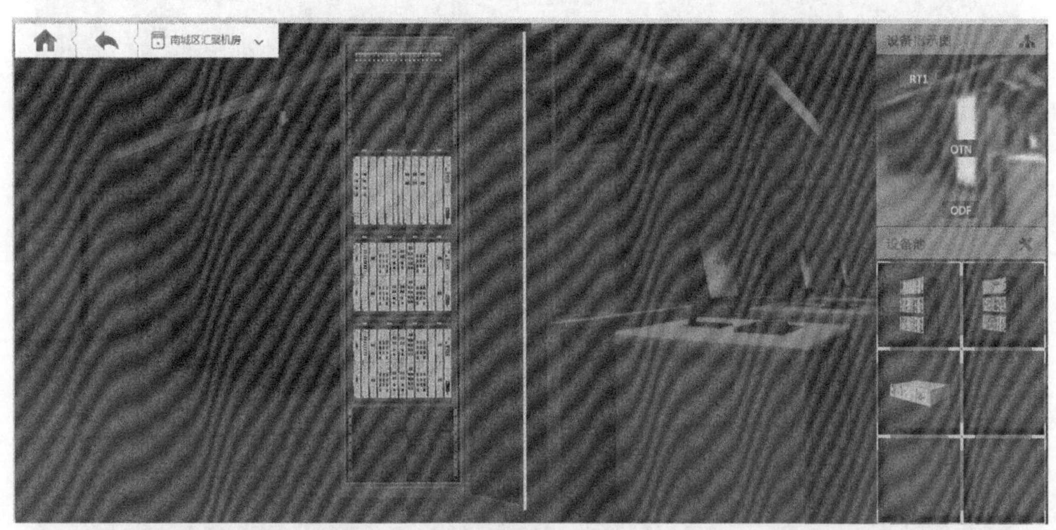

图4-25

步骤6：单击右上角RT1图标RT1，在右下方线缆池中，选用成对LC-LC光纤 成对LC-LC光纤 连接RT1一槽位40GE端口，如图4-26所示。

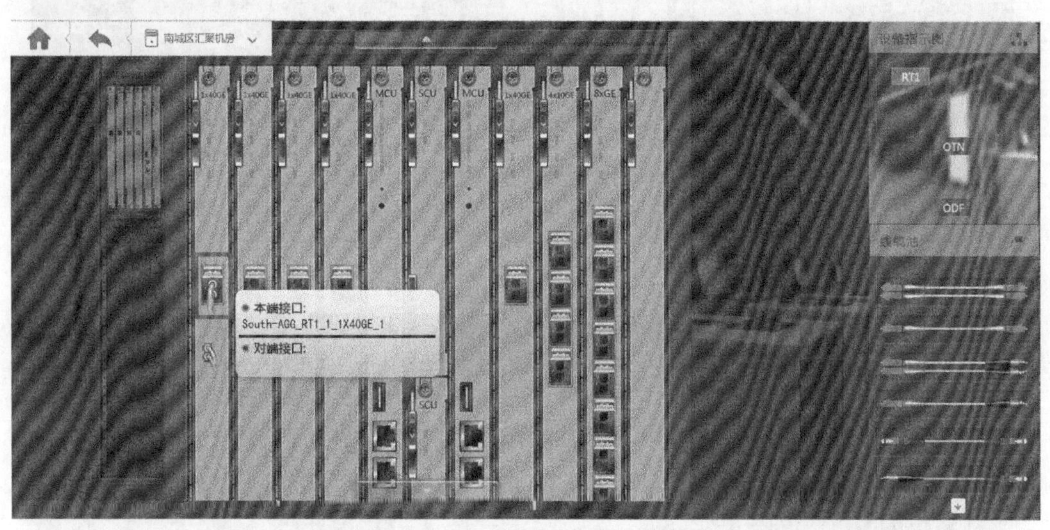

图4-26

步骤7：在完成步骤6的同时，再单击右上方设备指示图中 OTN，进入OTN设备配置，将所选光纤的另外一端连接到OTN_15_OTU40G_C1T/C1R，如图4-27所示。

步骤8：在线缆池重新选取一根LC-LC光纤 LC-LC光纤，将其连接到OTN_15_OTU40G_L1T，如图4-28所示。

步骤9：完成步骤9的同时，再将光纤的另一端连接到OTN_12_OMU10C_CH1，如图4-29所示。

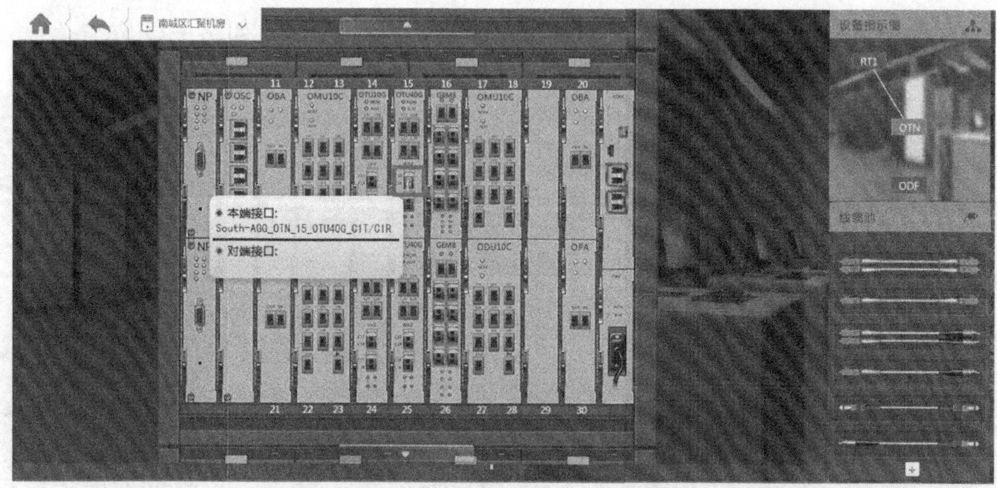

图 4-27

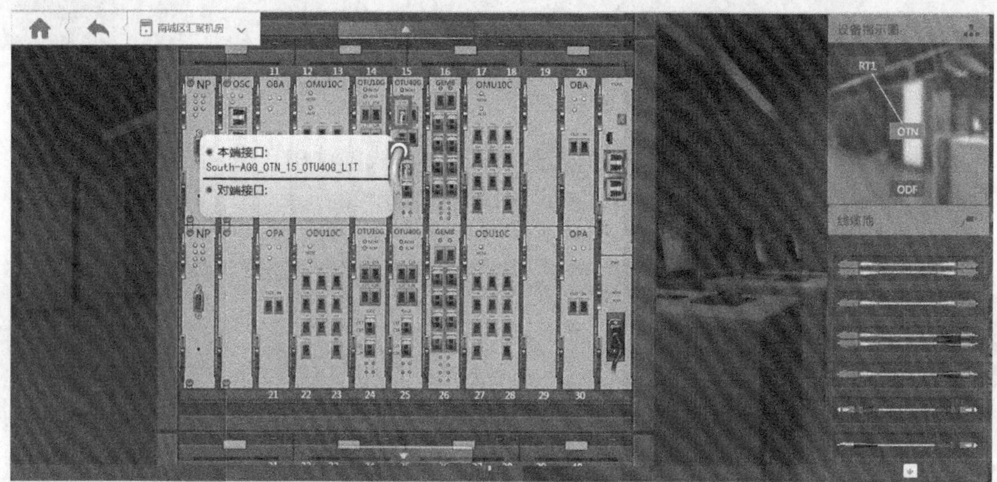

图 4-28

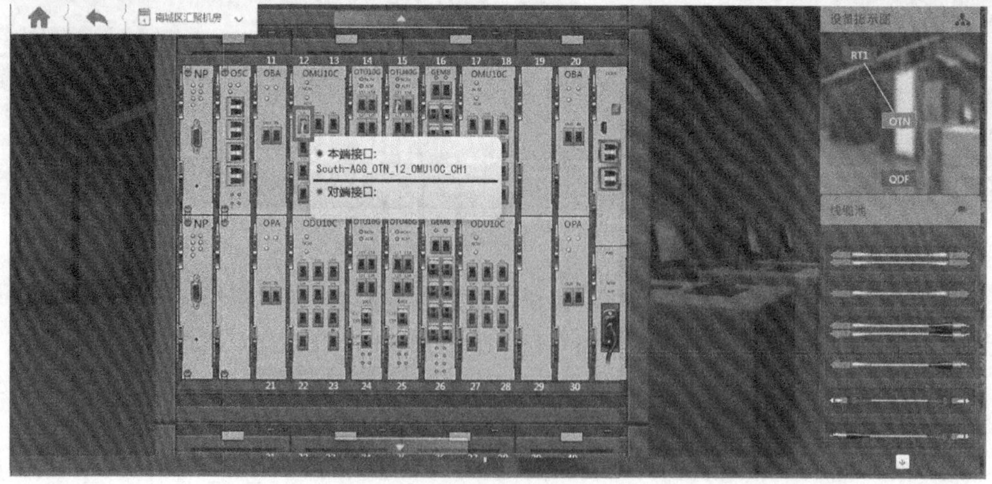

图 4-29

步骤 10：在线缆池中重新选取一根 LC-LC 光纤，将其连接到 OTN_12_OMU10C_OUT，如图 4-30 所示。

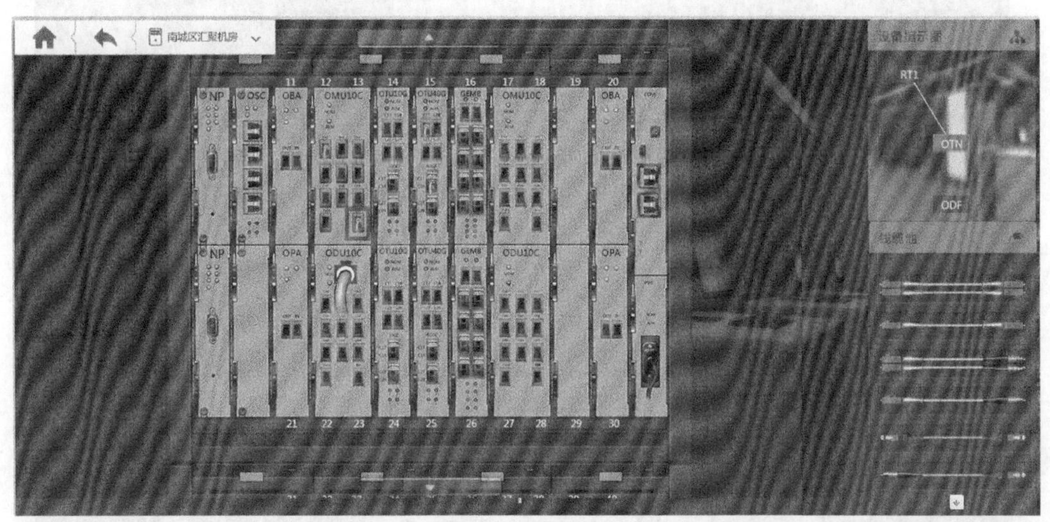

图 4-30

步骤 11：完成步骤 10 的同时，再将光纤的另一端连接到 OTN_11_OBA_IN 如图 4-31 所示。

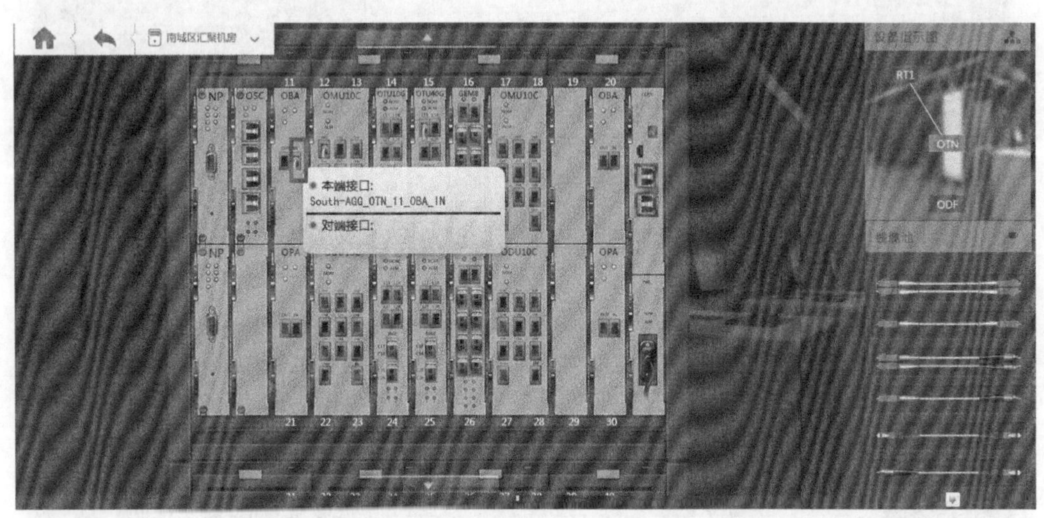

图 4-31

步骤 12：在线缆池中重新选取一根 LC-FC 光纤，将其连接到 OTN_11_OBA_OUT，如图 4-32 所示。

步骤 13：在完成步骤 12 的同时，再单击右上角图标 ODF，将光纤的另一端连接到 ODF_1T，如图 4-33 所示。

步骤 14：在线缆池中重新选取一根 LC-FC 光纤，将其连接到 ODF_1R，如图 4-34 所示。

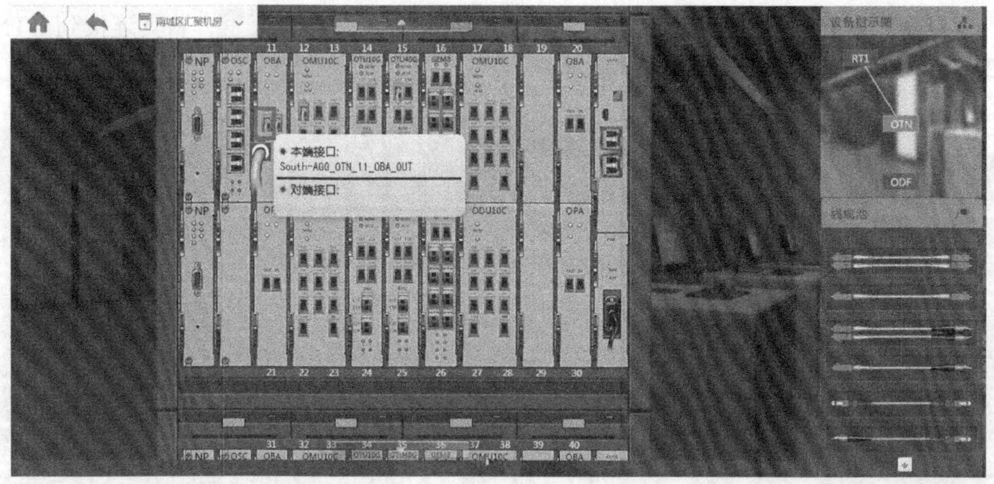

图 4-32

图 4-33

图 4-34

步骤 15：在完成步骤 14 的同时，再单击右上角图标 OTN ，将光纤的另一端连接到 OTN_21_OPA_IN，如图 4-35 所示。

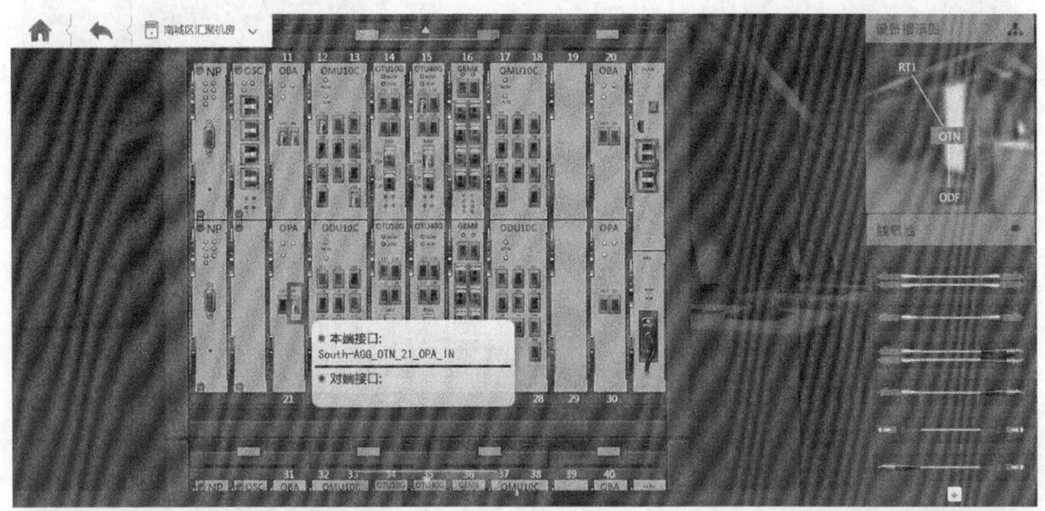

图 4-35

步骤 16：在线缆池中重新选取一根 LC-LC 光纤 ，将其连接到 OTN_21_OPA_OUT，如图 4-36 所示。

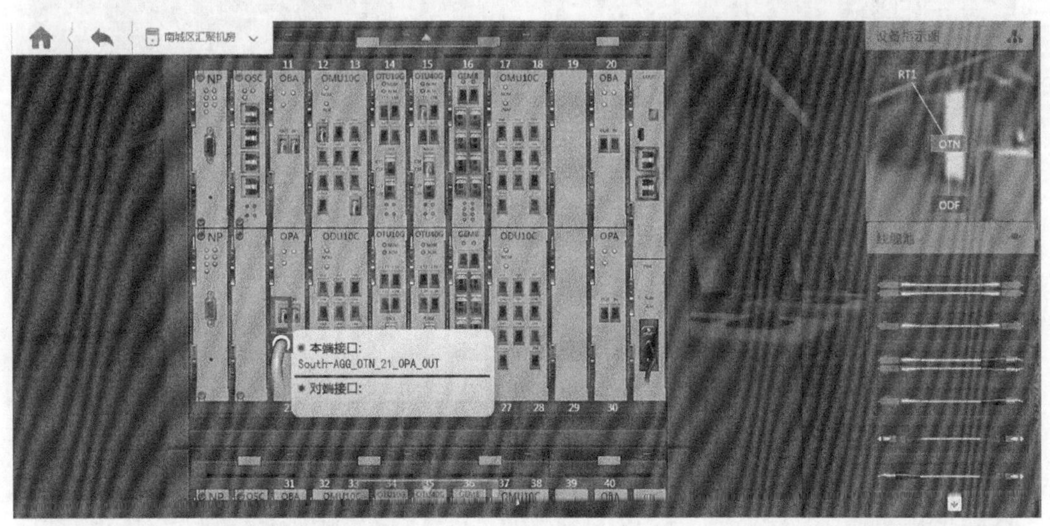

图 4-36

步骤 17：在完成步骤 16 的同时，再将光纤的另一端连接到 OTN_22_ODU10C_IN，如图 4-37 所示。

步骤 18：在线缆池中重新选取一根 LC-LC 光纤 ，将其连接到 OTN_22_ODU10C_CH1，如图 4-38 所示。

步骤 19：完成步骤 18 的同时，再将光纤的另一端连接到 OTN_15_OTU40G_L1R，如图 4-39 所示。

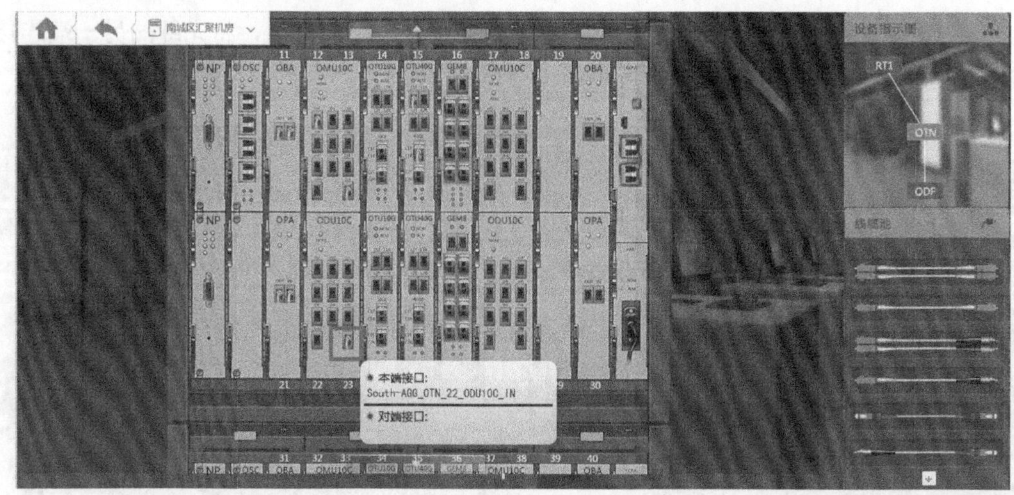

图 4-37

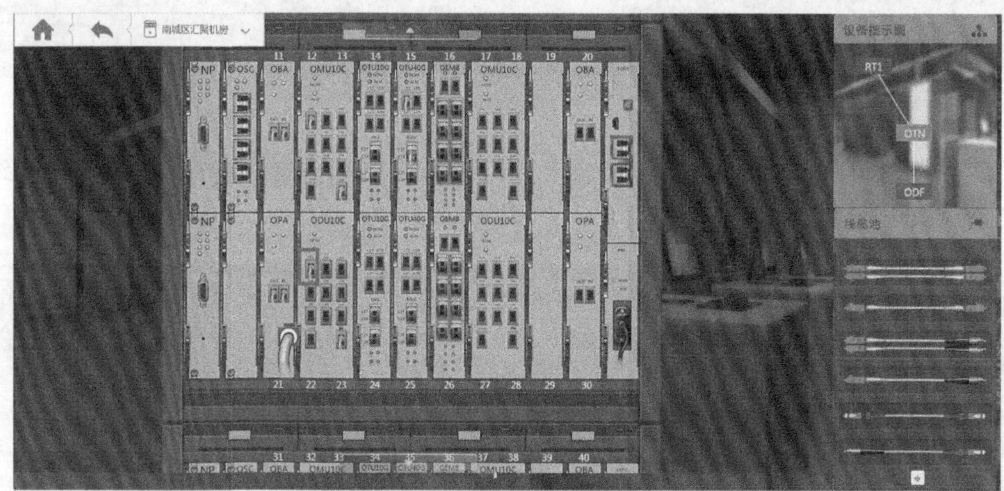

图 4-38

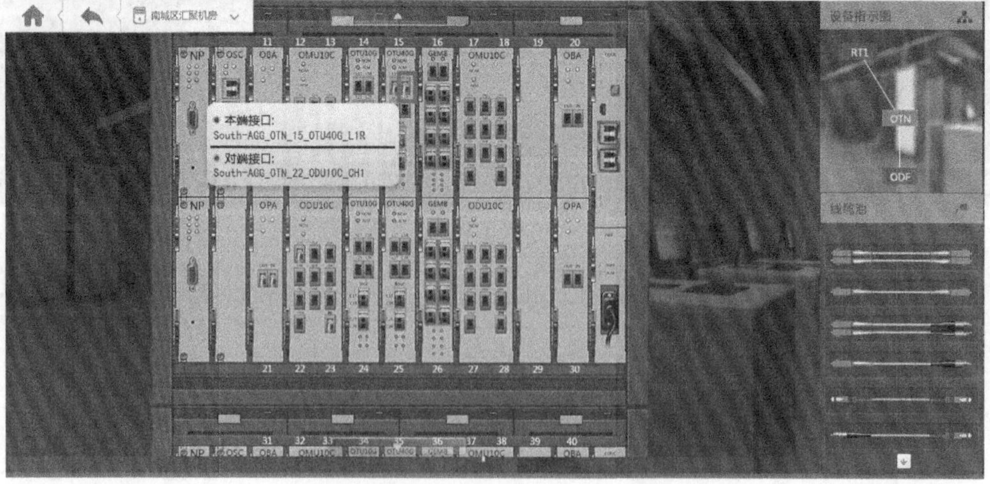

图 4-39

4.3.3　任务三：完成中心机房设备配置

步骤 1：右击软件界面右上方设备配置按钮，进入设备配置界面，然后单击中心机房，如图 4-40 所示。

图 4-40

步骤 2：单击打开图中间箭头指示机框，如图 4-41 所示。

图 4-41

步骤 3：在设备池中选取中型 OTN，将其添加到左侧机框，如图 4-42 所示。

步骤 4：单击打开右上角的 ODF 设备，如图 4-43 所示。

步骤 5：在右下角设备池中选取 LC-FC 光纤 LC-FC光纤，将设备下滑到第二个设备框，点击连接 ODF_3R，如图 4-44 所示。

图 4-42

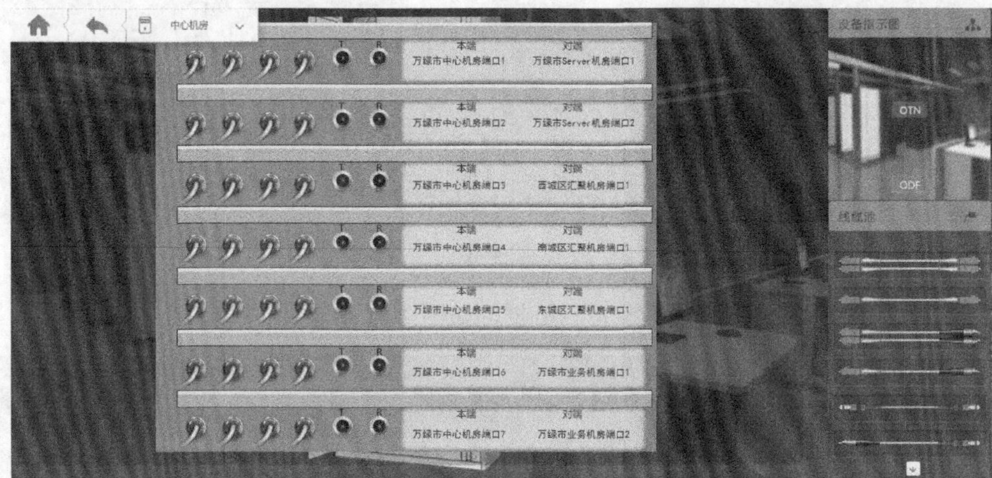

图 4-43

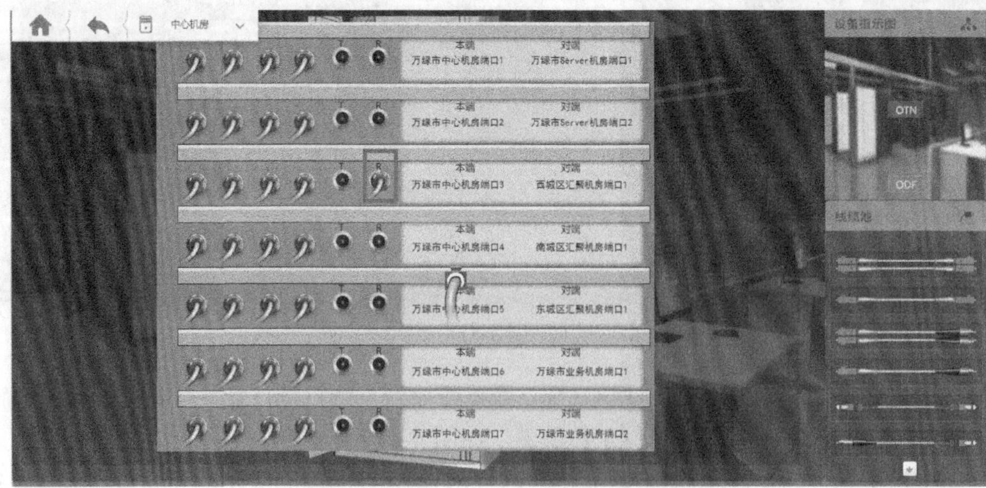

图 4-44

步骤6：在完成步骤5的同时，单击右上角OTN图标 OTN ，将光纤的另一端连接到OTN_21_OPA_IN接口，如图4-45所示。

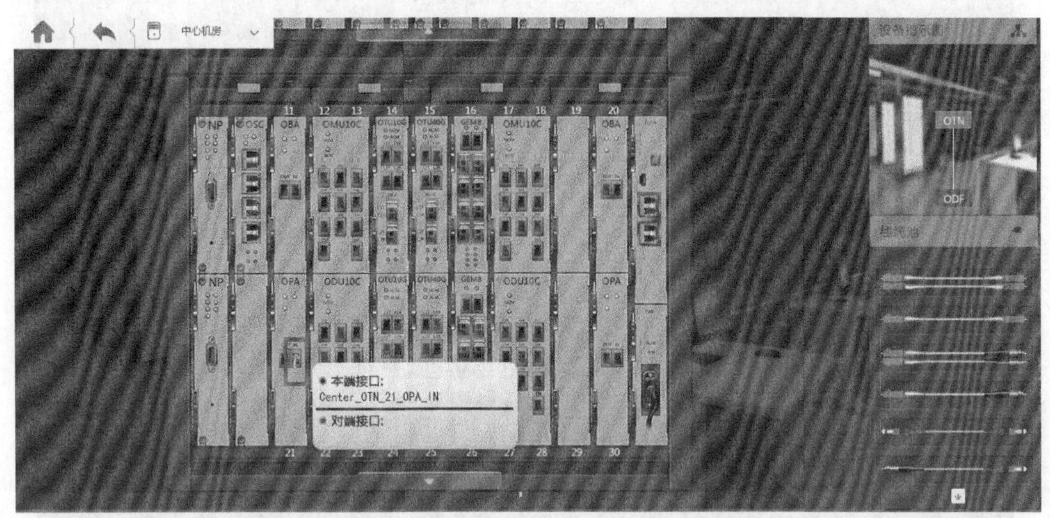

图4-45

步骤7：在右下角设备池中选取LC-LC光纤，将光纤的一端连接到OTN_21_OPA_OUT接口，如图4-46所示。

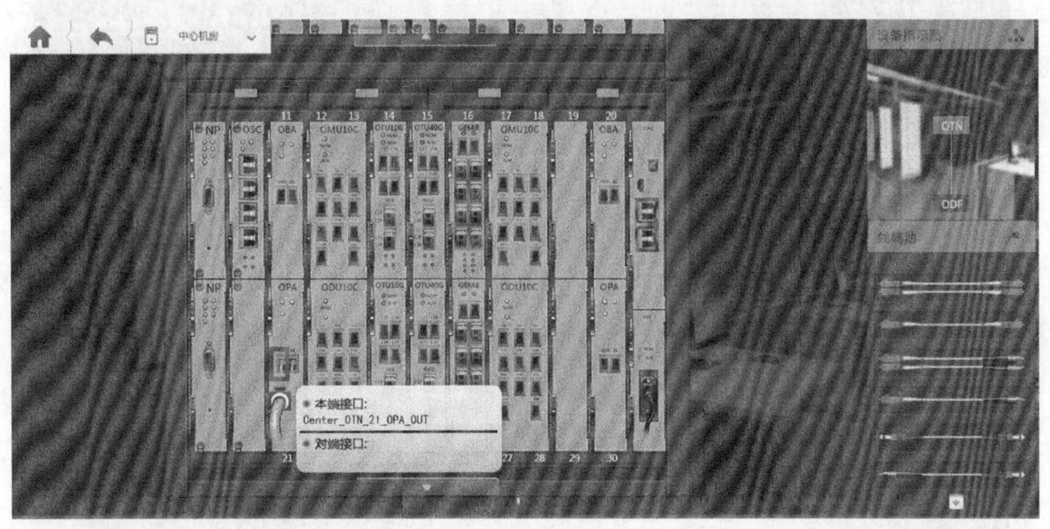

图4-46

步骤8：在完成步骤7的同时，将光纤的另一端连接到OTN_22_ODU10C_IN接口，如图4-47所示。

步骤9：在右下角设备池中选取LC-LC光纤，将光纤的一端连接到OTN_22_ODU10C_CH1接口，如图4-48所示。

步骤10：在完成步骤9的同时，将光纤连接到OTN_17_OMU10C_CH1，如图4-49所示。

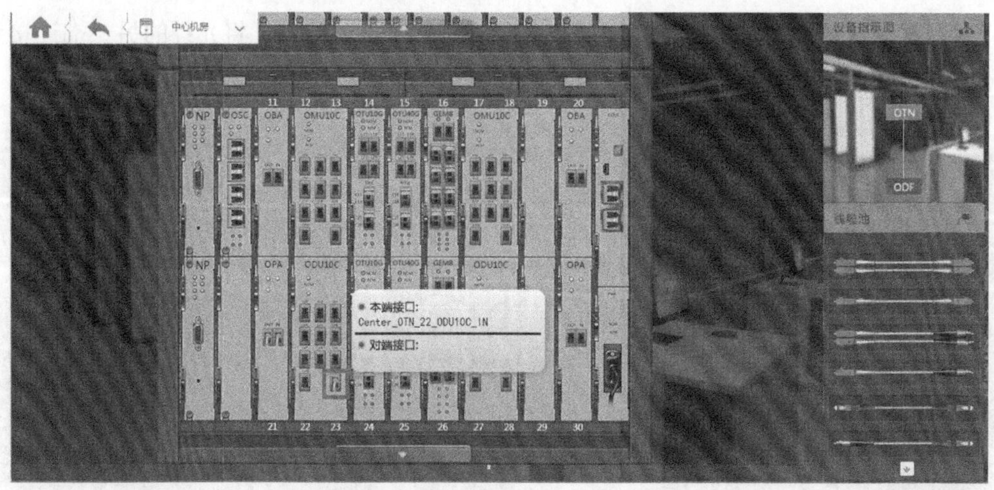

图 4-47

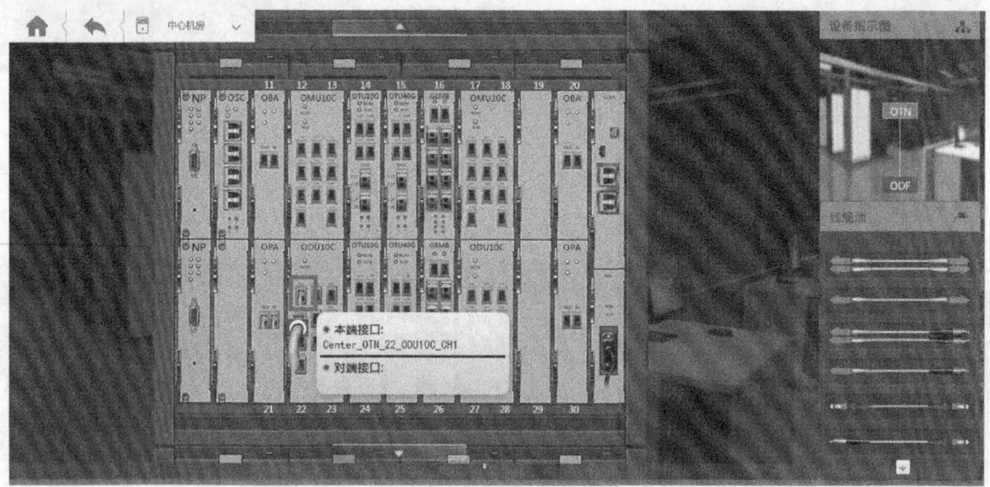

图 4-48

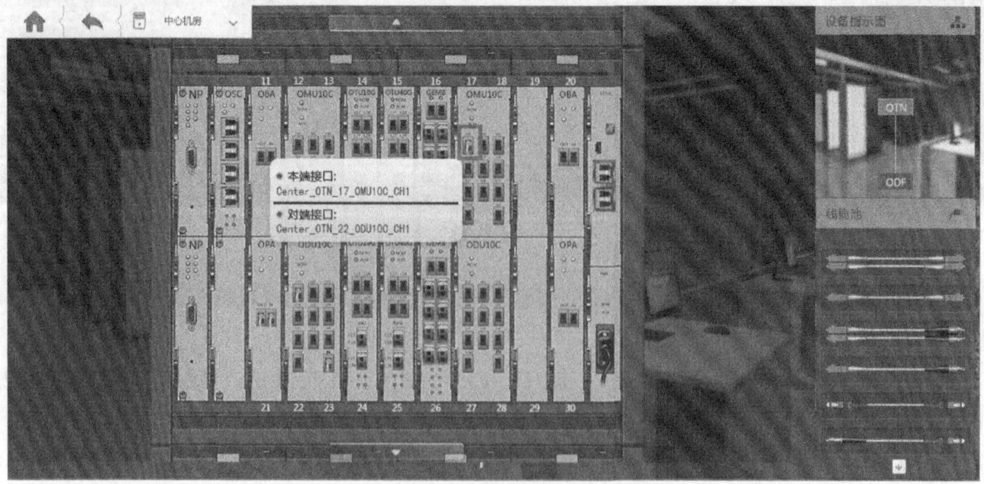

图 4-49

步骤 11：在右下角设备池中选取 LC-LC 光纤，将光纤的一端连接到 OTN_17_OMU10C_OUT 接口，如图 4-50 所示。

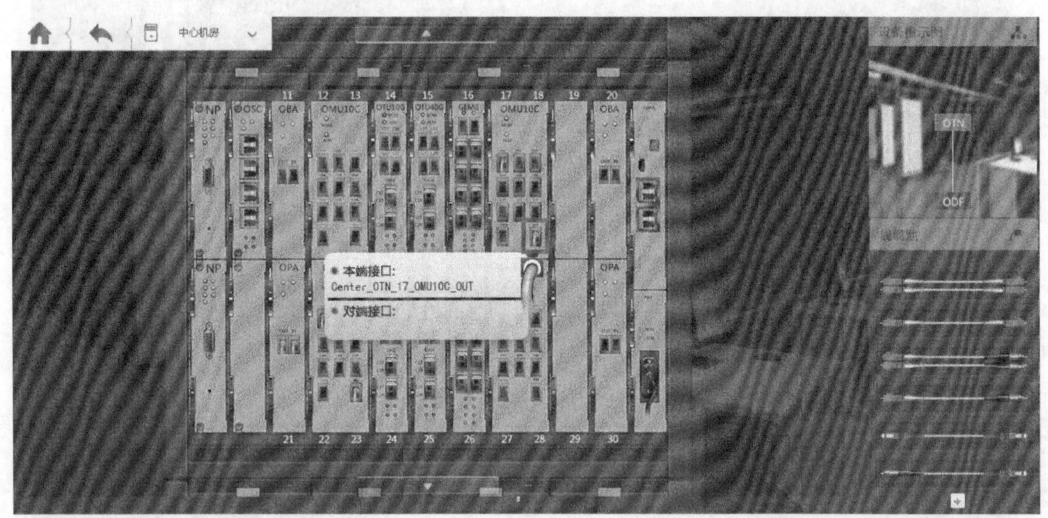

图 4-50

步骤 12：在完成步骤 11 的同时，将光纤的另一端连接到 OTN_20_OBA_IN 接口，如图 4-51 所示。

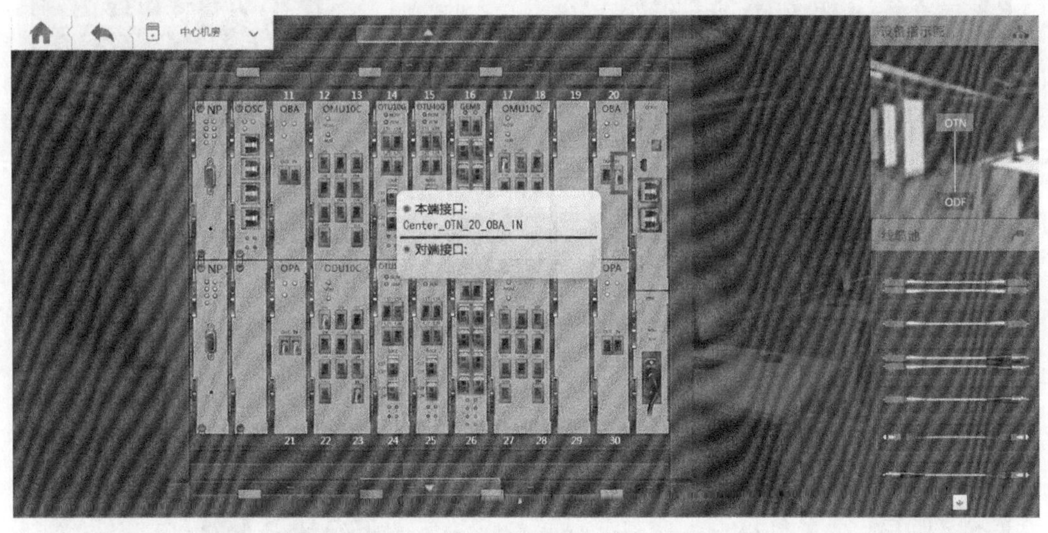

图 4-51

步骤 13：在右下角线缆池中选取 LC-FC 光纤，将光纤的一端连接到 OTN_20_OBA_OUT 接口，如图 4-52 所示。

步骤 14：在完成步骤 13 的同时，单击打开右上角 ODF 图标 ODF，将光纤的另一端连接到 ODF_4T 接口，如图 4-53 所示。

步骤 15：在右下角线缆池中选取 LC-FC 光纤，将光纤的一端连接到 ODF_4R 接口，如图 4-54 所示。

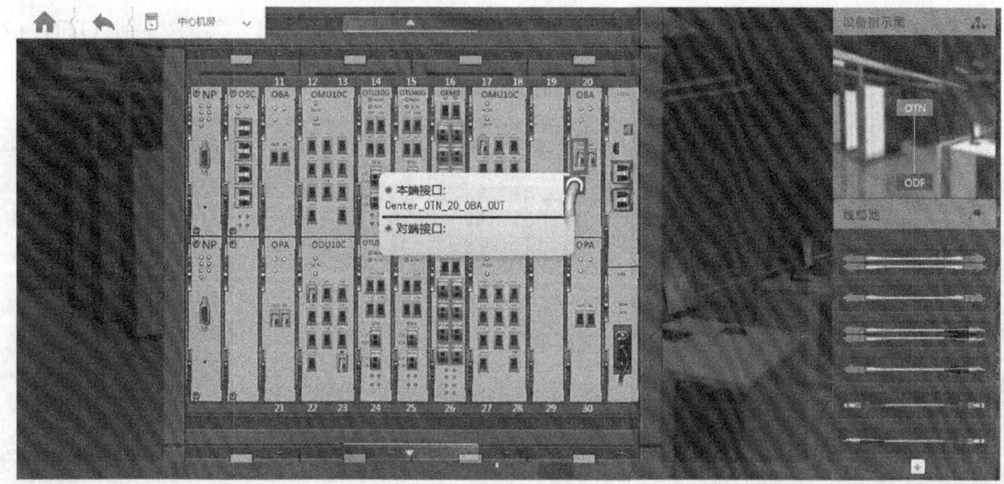

图 4-52

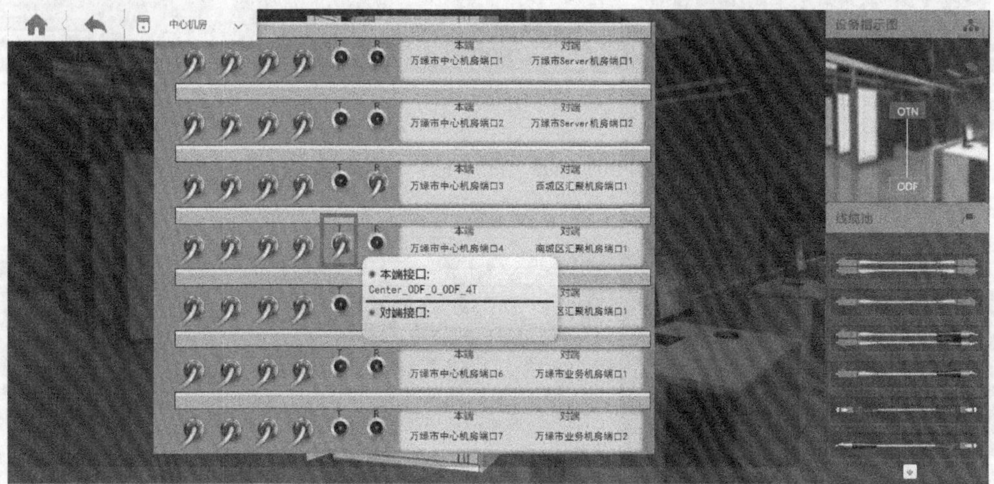

图 4-53

图 4-54

步骤16：在完成步骤15的同时，单击右上角OTN图标，将光纤的另一端口连接到OTN_30_OPA_IN接口，如图4-55所示。

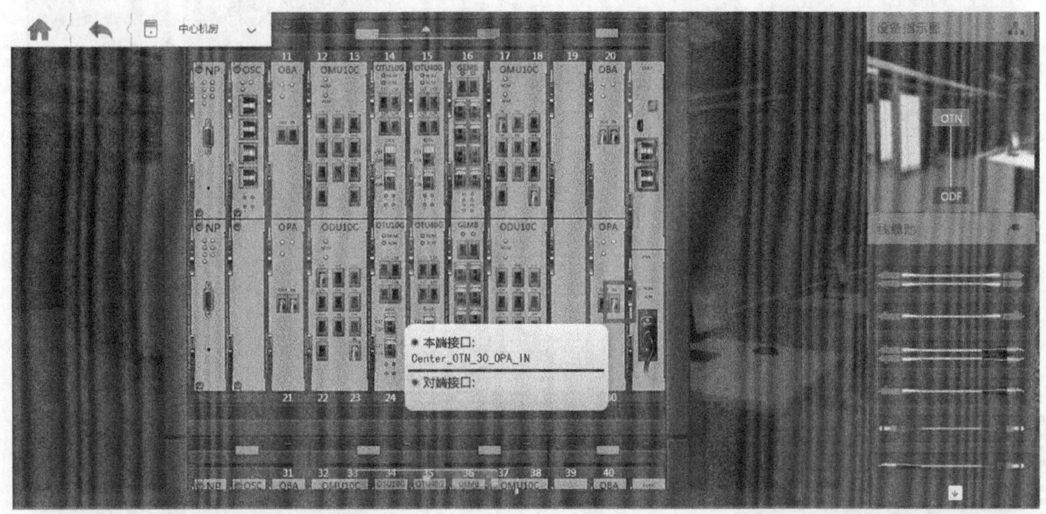

图4-55

步骤17：在右下角线缆池中选取LC-LC光纤，将光纤的一端连接到OTN_30_OPA_OUT接口，如图4-56所示。

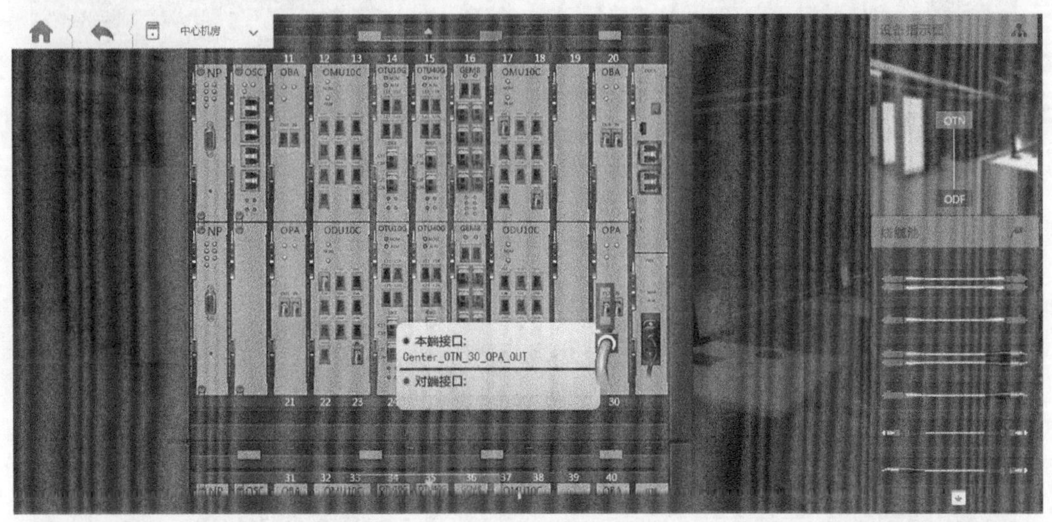

图4-56

步骤18：在完成步骤17的同时，将光纤的另一端连接到OTN_27_ODU10C_IN接口，如图4-57所示。

步骤19：在右下角线缆池中选取LC-LC光纤，将光纤的一端连接到OTN_27_ODU10C_CH1接口，如图4-58所示。

步骤20：在完成步骤19的同时，将光纤的另一端连接到OTN_12_OMU10C_CH1，如图4-59所示。

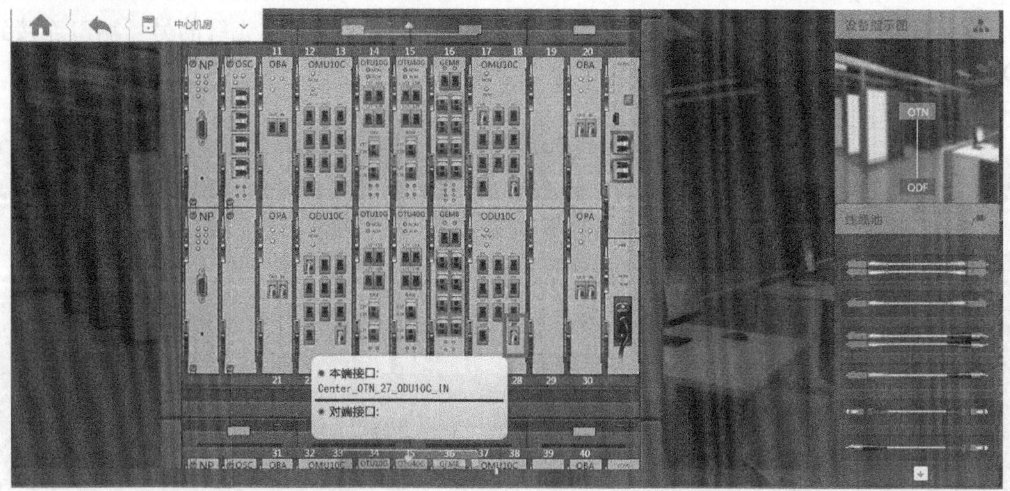

图 4-57

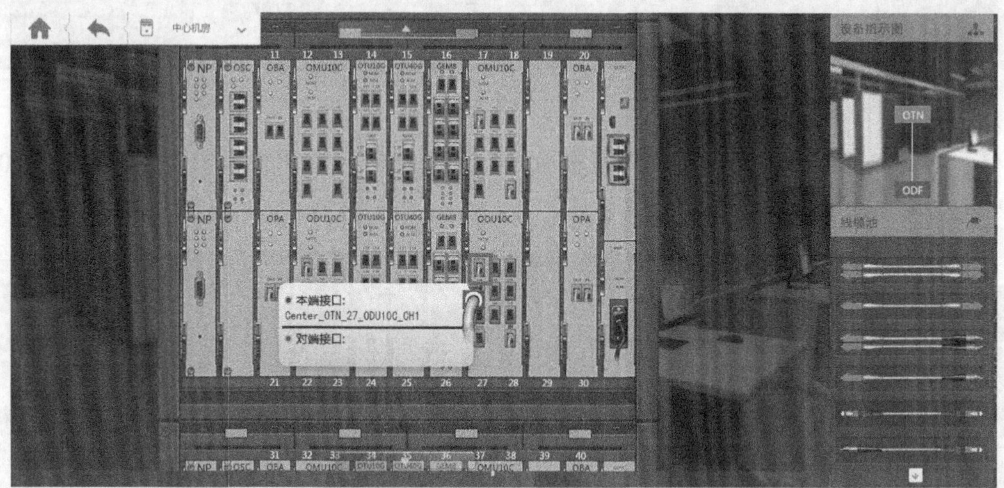

图 4-58

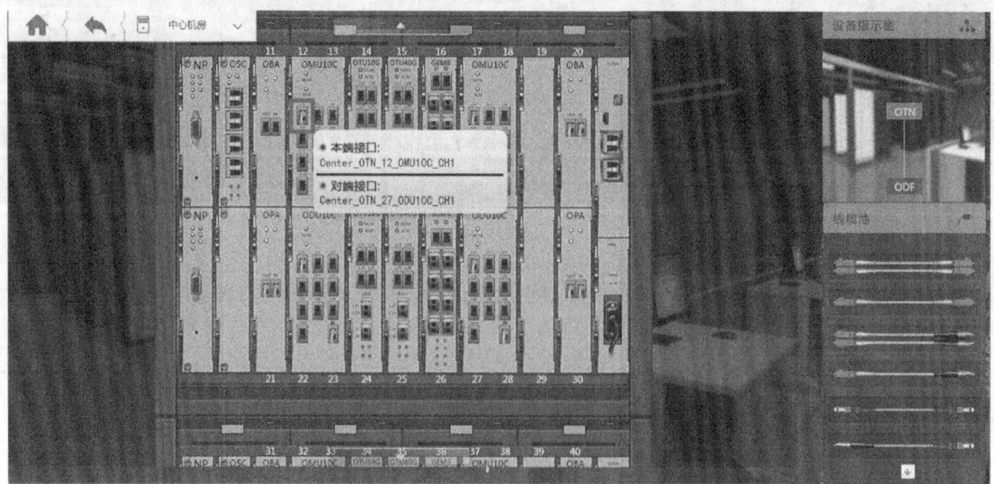

图 4-59

步骤 21：在右下角线缆池中选取 LC-LC 光纤，将光纤的一端连接到 OTN_12_OMU10C_OUT 接口，如图 4-60 所示。

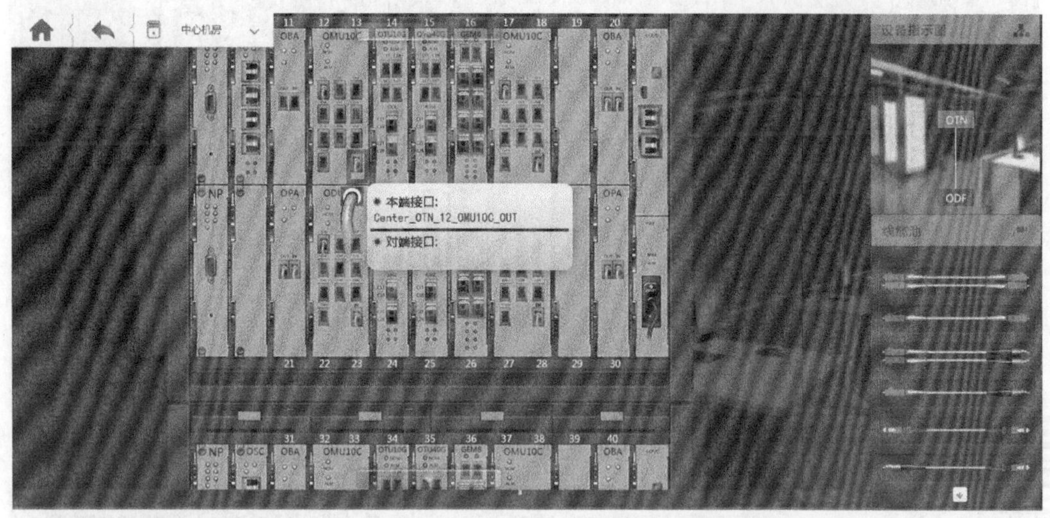

图 4-60

步骤 22：在完成步骤 21 的同时，将光纤连接到 OTN_11_OBA_IN 接口，如图 4-61 所示。

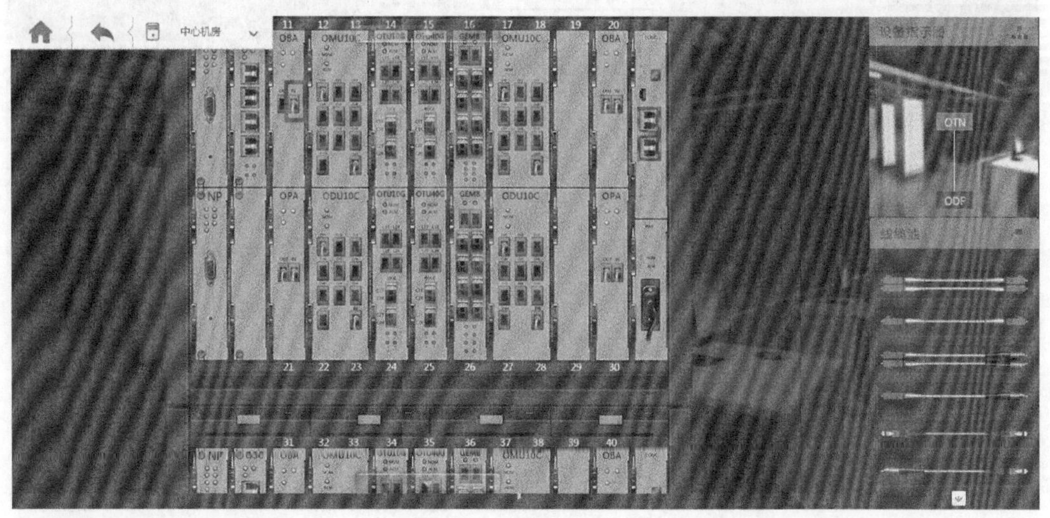

图 4-61

步骤 23：在右下角线缆池中选取 LC-FC 光纤，将光纤的一端连接到 OTN_11_OBA_OUT 接口，如图 4-62 所示。

步骤 24：在完成步骤 23 的同时，单击右上角 ODF 图标，将光纤的另一端连接到 ODF_3T 接口，如图 4-63 所示。

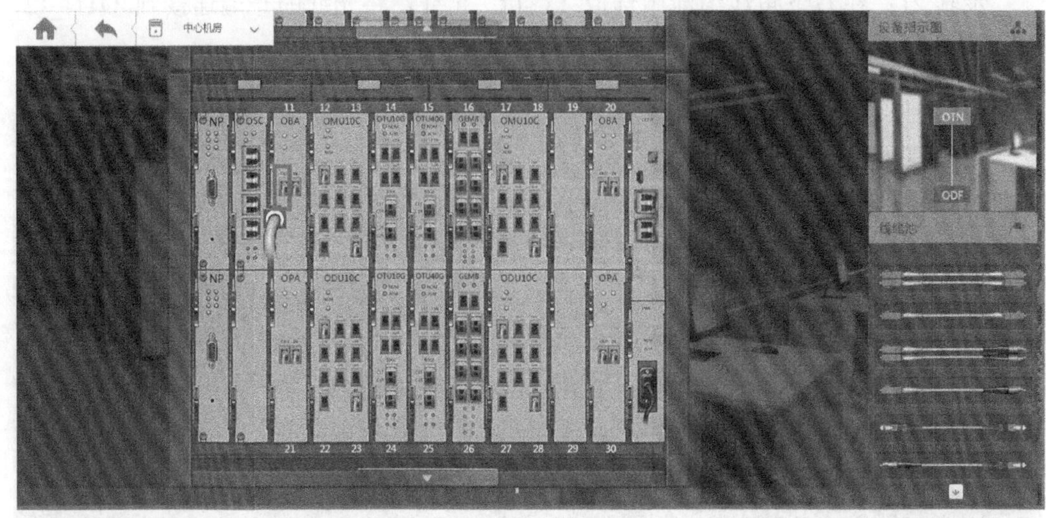

图 4-62

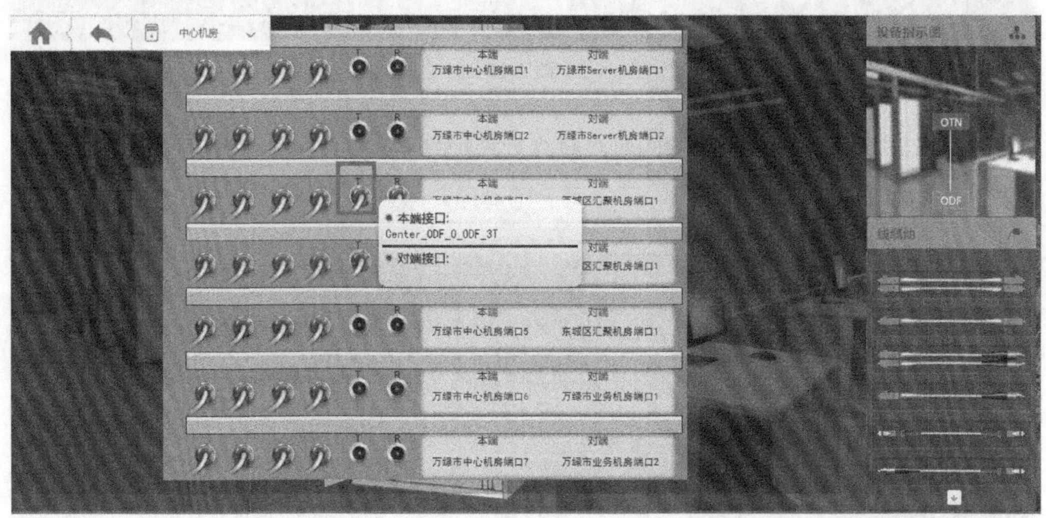

图 4-63

4.3.4 任务四：完成西城区汇聚机房与南城区汇聚机房的频率配置

步骤 1：右击软件界面右上方数据配置按钮，进入数据配置界面。此时，应注意界面右上角是否显示为西城区汇聚机房，如果不是，则要单击左上方的西城区汇聚机房下拉菜单，选择进入西城区聚区机房，进入如图 4-64 所示界面。

步骤 2：单击左上方 OTN ，进入 OTN 数据配置界面，此时在左边的命令导航里会出现频率配置图样，单击进入频率配置界面，如图 4-65 所示。

步骤 3：单击右边的 + 号，依次选择 OTU40G 板、15 槽位、L1T 接口、192.1THz 频率，然后点击确定，如图 4-66 所示。

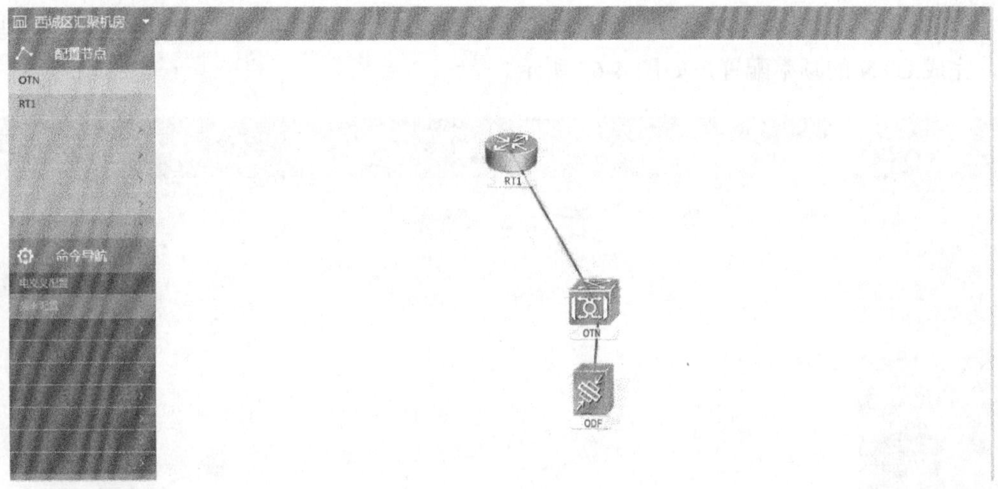

图 4-64

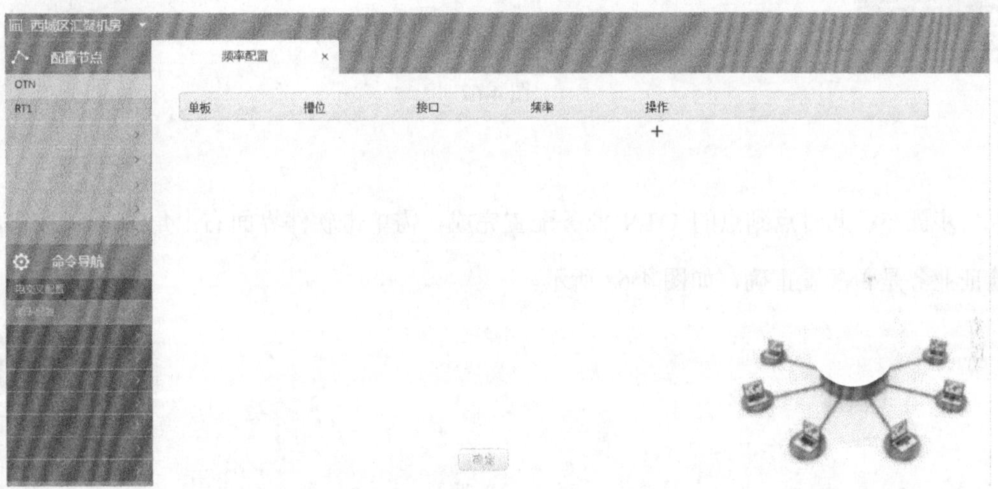

图 4-65

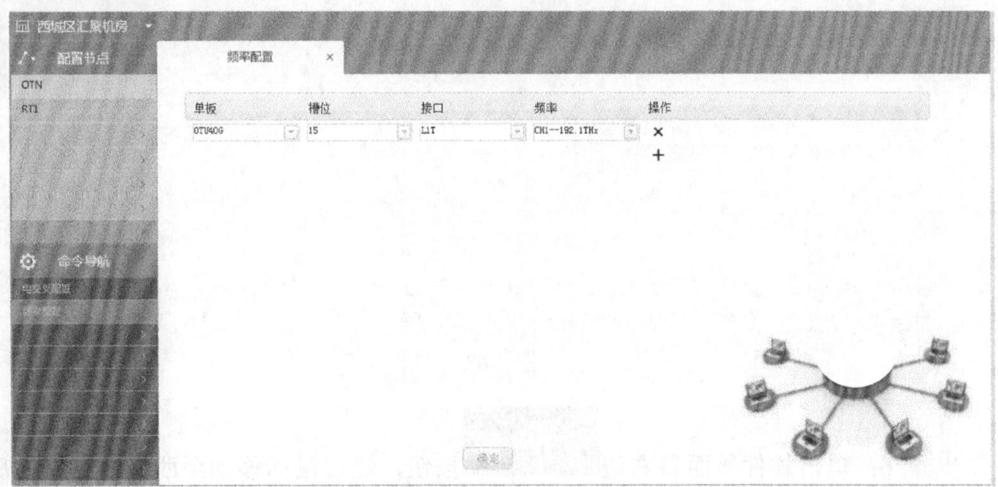

图 4-66

步骤 4：点击左上方的下拉菜单，选择进入南城区汇聚区机房，重复步骤 2 和步骤 3，完成 OTN 的频率配置，如图 4-67 所示。

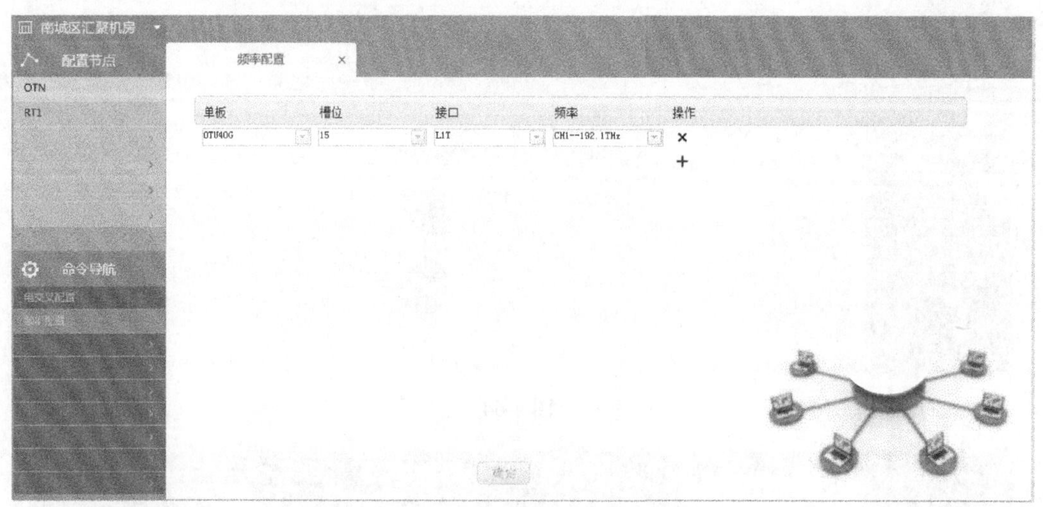

图 4-67

步骤 5：此时点到点的 OTN 业务配置完成，需单击软件界面右上角 业务调测 按钮，验证业务是否配置正确，如图 4-68 所示。

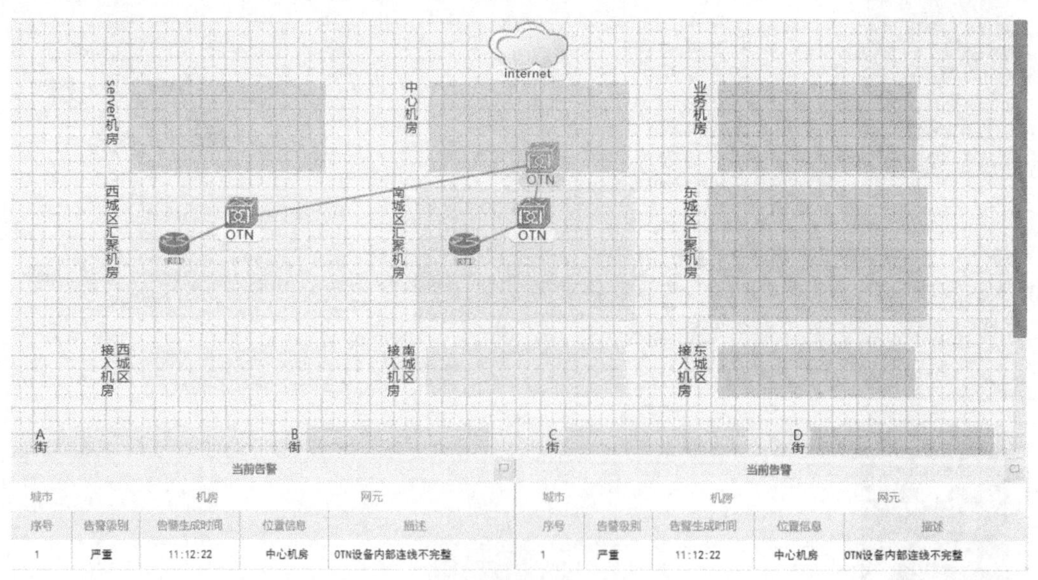

图 4-68

步骤 6：单击软件界面最右边 光路检查 按钮，然后鼠标移动至西城区汇聚机房 OTN 站点，左键依次选择“设为源—OTU40G（slot15）C1T/C1R”，如图 4-69 所示。

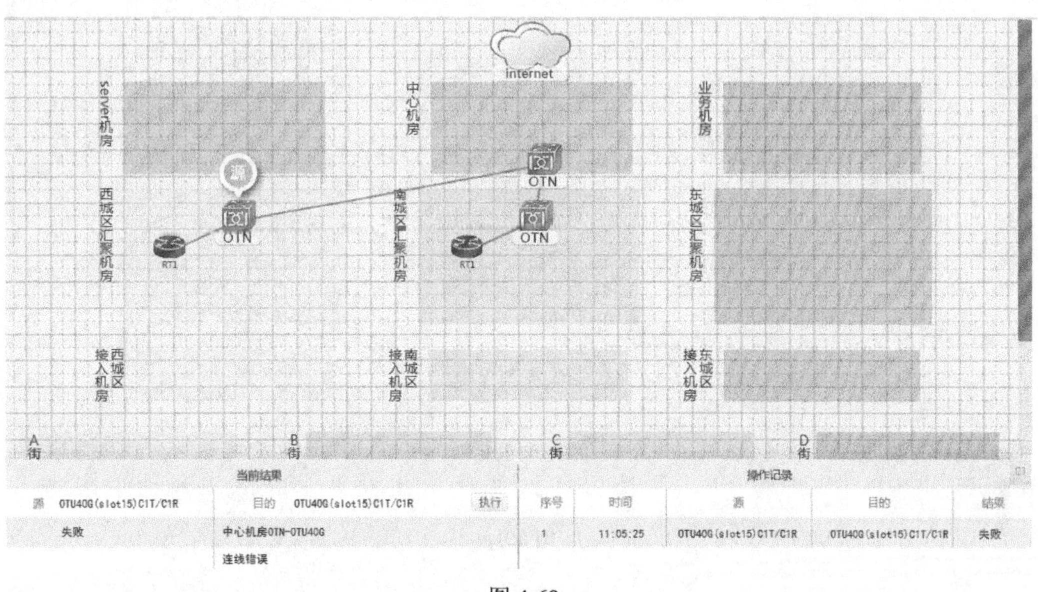

图 4-69

步骤 7：然后再将鼠标移动南城区汇聚机房 OTN 站点，左键依次选择“设为目的—OTU40G（slot15）C1T/C1R”，如图 4-70 所示。

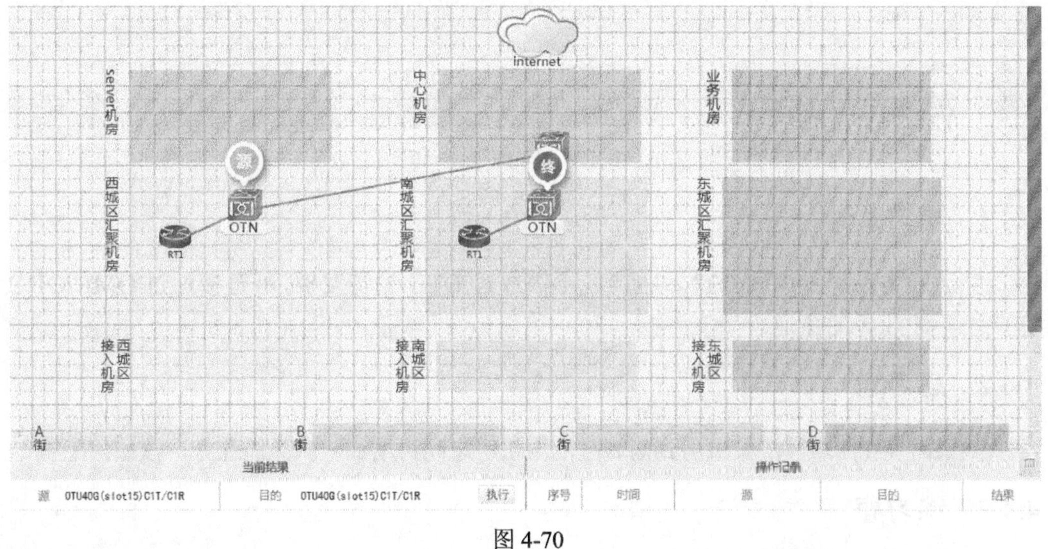

图 4-70

步骤 8：单击软件中间界面最下方 执行 按钮，开始对配置完成的点到点 OTN 光路业务进行检测，如图 4-71 所示。

步骤 9：看到左下方有光路检测成功信息，则代表配置正确，点到点的光路单波业务配置完成，如图 4-72 所示。

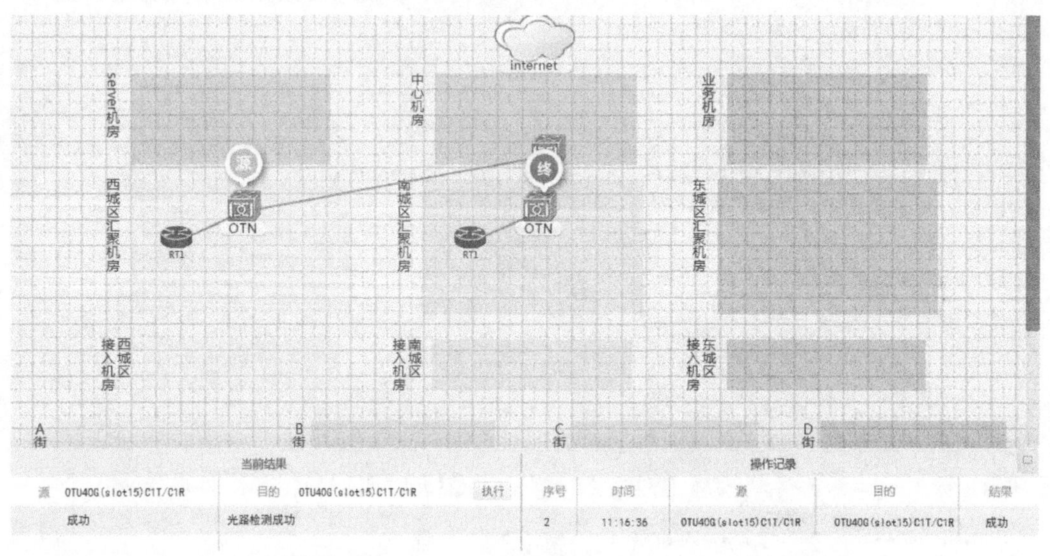

图 4-71

当前结果			操作记录				
源 OTU40G(slot15)C1T/C1R	目的 OTU40G(slot15)C1T/C1R	执行	序号	时间	源	目的	结果
成功	光路检测成功		2	11:16:36	OTU40G(slot15)C1T/C1R	OTU40G(slot15)C1T/C1R	成功

图 4-72

4.4 总结与思考

4.4.1 实习总结

穿通业务在经过中间 OTN 站点时，不需经过 OTU 光转发板，可直接通过 OMU/ODU 完成上下波业务的穿通。

4.4.2 思考题

如果需要在西城区汇聚机房到南城区汇聚机房之间再增加一次穿通业务，该如何配置？

4.4.3 练习题

在完成以上任务的前提下，新增加东城区汇聚机房 OTN 站点，然后配置南城区汇聚机房经过中心机房到东城区汇聚机房的一次穿通业务，并且验证成功。

实习单元 5

电交叉业务配置

5.1 实习说明

5.1.1 实习目的

掌握 OTN 光路电交叉业务的配置
掌握 OTN 电交叉业务组网应用
掌握光路检测工具的应用

5.1.2 实习任务

1. 完成西城区汇聚机房到达中心机房一次电交叉业务的设备连线
2. 完成西城区汇聚机房到达中心机房一次电交叉业务数据配置

5.1.3 实习时长

4 个课时

5.2 拓扑规划

与任务相关的拓扑规划如图 5-1 所示。

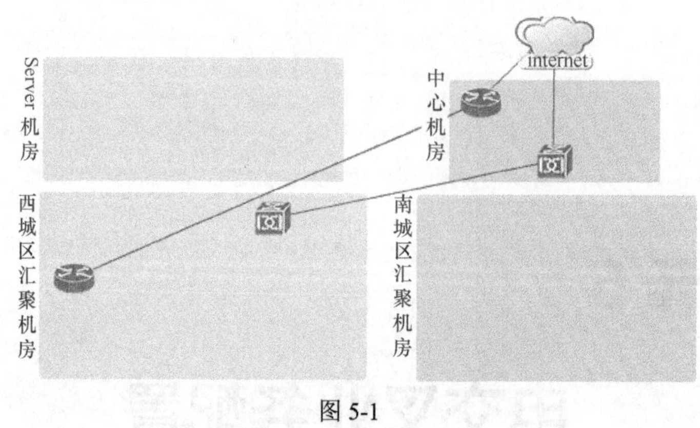

图 5-1

数据规划

业务描述：西城区汇聚机房中型 RT40G 以太网业务直接到达中心机房大型 RT1。

站点：西城区汇聚机房、中心机房

产品型号：西城区汇聚机房：中型 RT、中型 OTN

中心机房：大型 RT、大型 OTN

参数规划：西城区汇聚机房：RT1 采用 2 槽位 40GE 光板作为客户侧信号发送板

OTN 采用 2 槽位 CQ3 作为客户侧信号接收板

OTN 频率采用 192.1THz

中心机房：RT1 采用 6 槽位 40GE 光板作为客户侧信号

OTN 采用 2 槽位 CQ3 作为客户侧信号接收板

OTN 频率采用 192.1THz

5.3 实习步骤

5.3.1 任务一：完成西城区汇聚机房到达中心机房一次电交叉业务的设备连线

前提条件：完成西城区汇聚机房和中心机房 RT/OTN 站点设备安装。

步骤 1：右击软件界面右上方"设备配置"按钮，进入设备配置界面，然后单击西城区汇聚机房，如图 5-2 所示。

步骤 2：单击热气球进入西城区汇聚机房后，选择软件界面最右方"RT1"按钮，进入 RT 设备配置界面，如图 5-3 所示。

步骤 3：在右下方线缆池中，选用"成对LC-LC光纤"，将其一端连接到 RT1 2 槽位 40GE 端口，如图 5-4 所示。

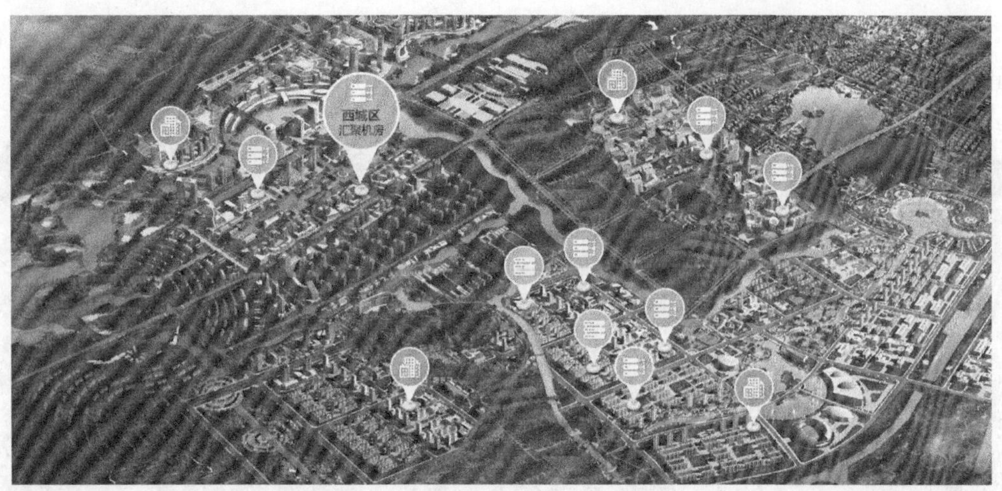
西城区
汇聚机房

图 5-2

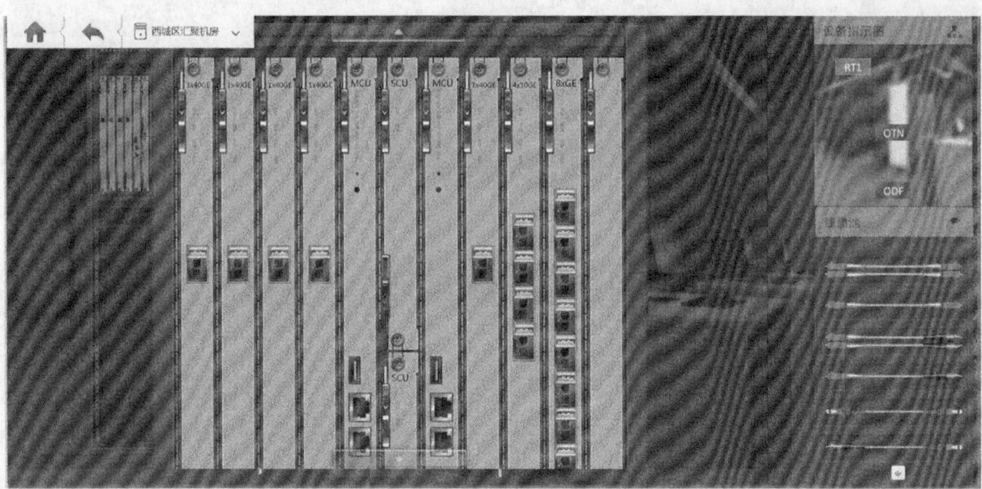
西城区汇聚机房
MCU
SCU
MCU
8xGE
SCU
RT1
OTN
ODF

图 5-3

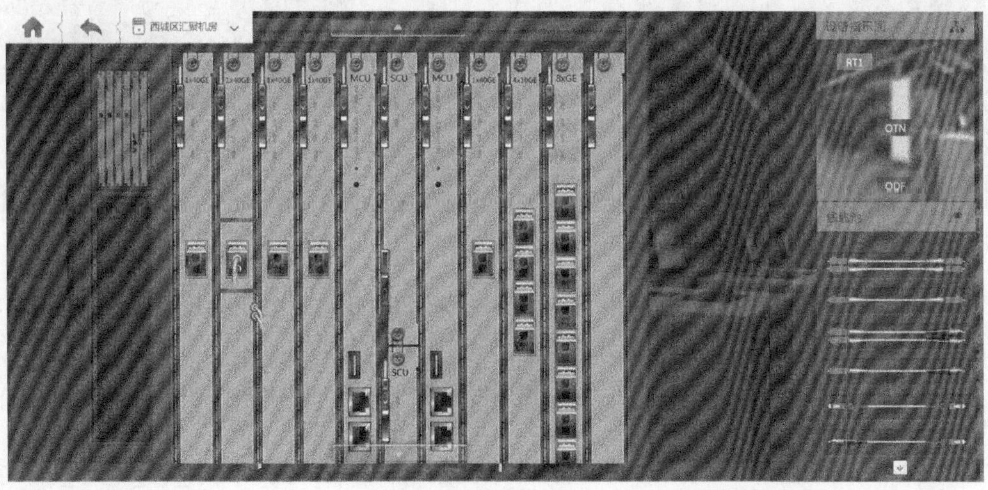
西城区汇聚机房
MCU
SCU
MCU
8xGE
SCU
RT1
OTN
ODF

图 5-4

步骤 4：在完成步骤 3 的同时，再单击右上方设备指示图中 OTN ，进入 OTN 设备配置将所选光纤的另外一端连接到 OTN_2_CQ3_C1T/C1R，如图 5-5 所示。

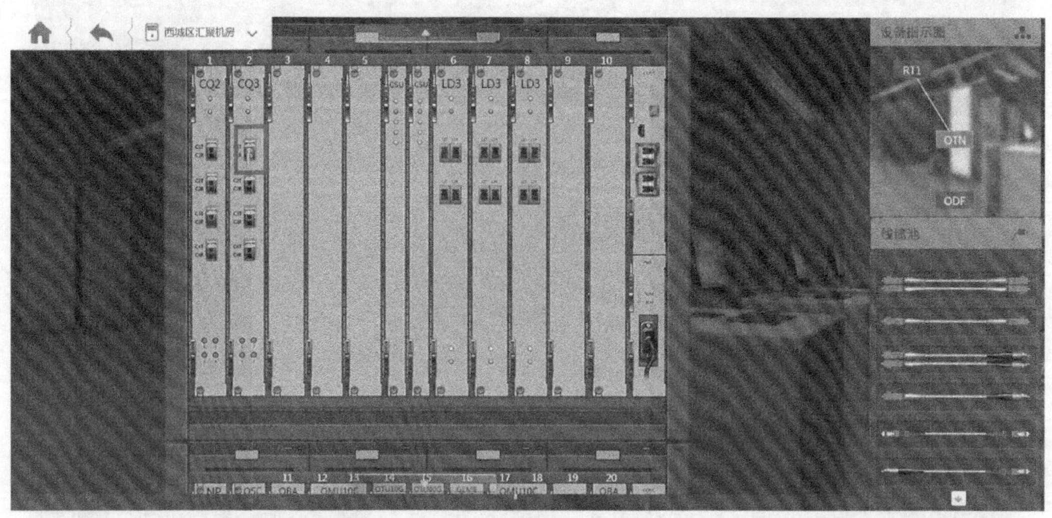

图 5-5

步骤 5：在线缆池重新选取一根 LC-LC光纤 ，将其一端连接到 OTN_6_LD3_L1T，如图 5-6 所示。

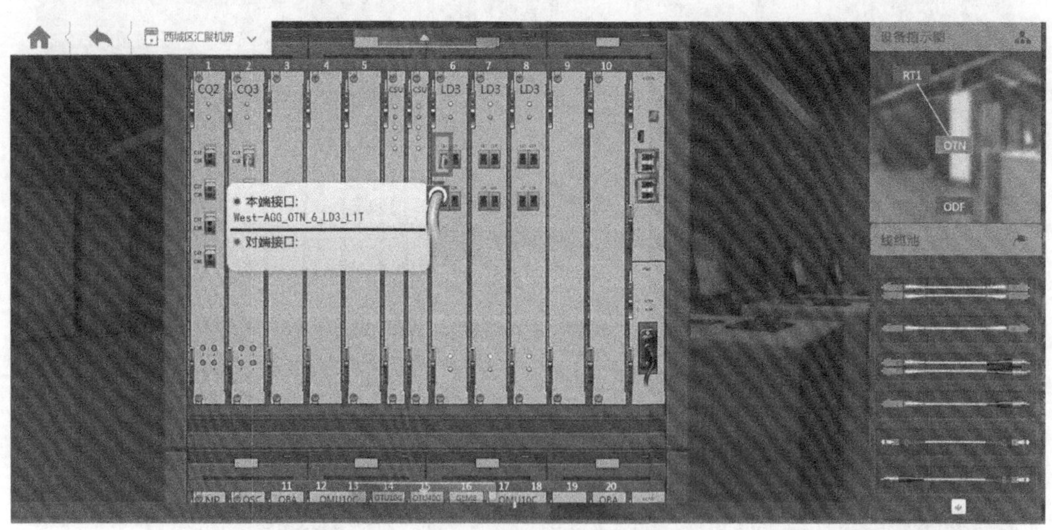

图 5-6

步骤 6：在完成步骤 5 的同时，将鼠标往下移动，界面停留在 OTN 第 2 机框，再将光纤的另一端连接到 OTN_17_OMU10C_CH1，如图 5-7 所示。

步骤 7：在线缆池中重新选取一根 LC-LC光纤 ，将其一端连接到 OTN_17_OMU10C_OUT，如图 5-8 所示。

步骤 8：完成步骤 7 的同时，再将 LC-LC 光纤另一端连接 OTN_20_OBA_IN，如图 5-9 所示。

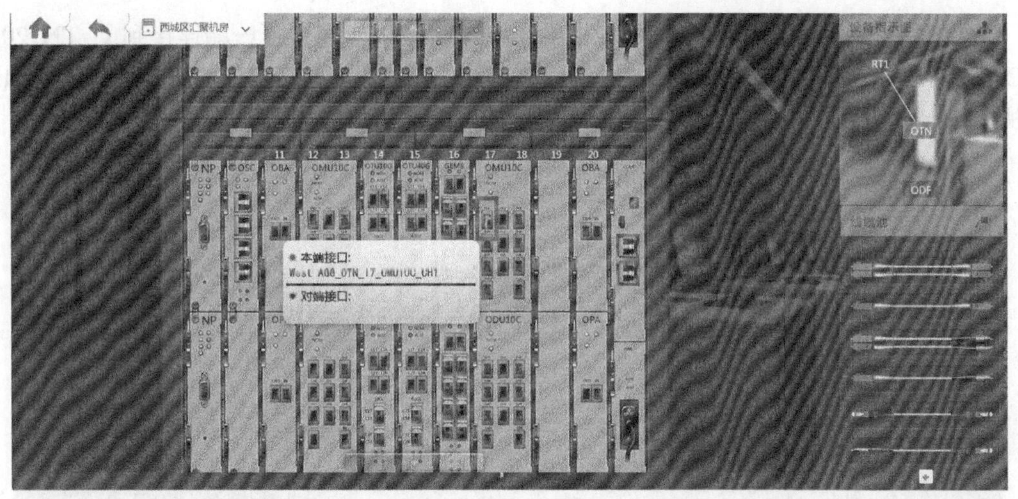
西城区汇聚机房
本端接口:
West_AGG_OTN_17_OMU10C_CH1
对端接口:
RT1
OTN
ODF

图 5-7

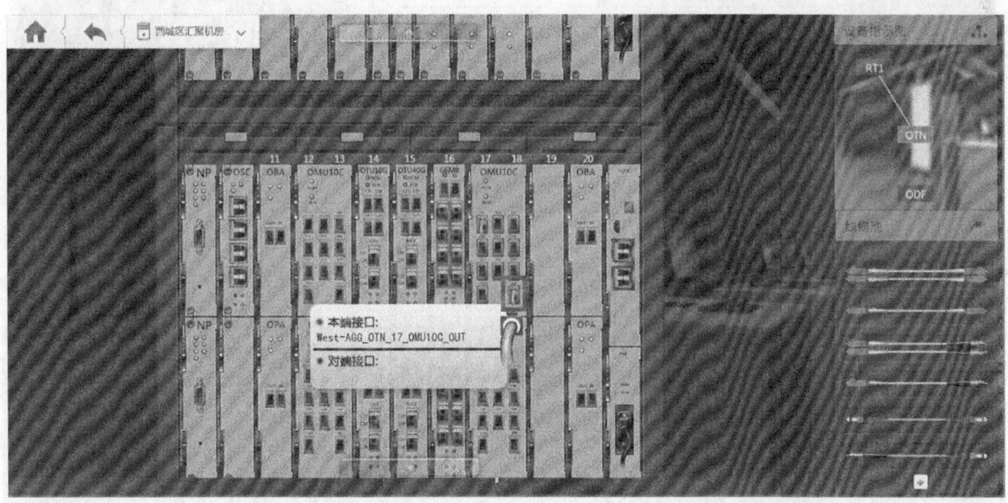
西城区汇聚机房
本端接口:
West-AGG_OTN_17_OMU10C_OUT
对端接口:
RT1
OTN
ODF

图 5-8

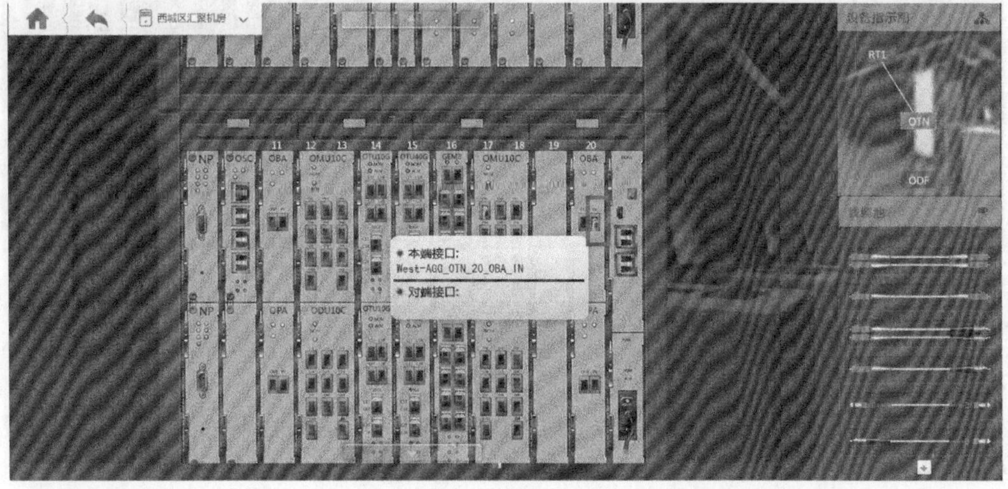
西城区汇聚机房
本端接口:
West-AGG_OTN_20_OBA_IN
对端接口:
RT1
OTN
ODF

图 5-9

步骤 9：在线缆池中重新选取一根 ，将光纤一端连接到 O TN_20_OBA_OUT，然后再单击软件界面右上方 ，将光纤的另一端连接到 ODF_1T，如图 5-10 所示。

图 5-10

步骤 10：在线缆池中重新选取一根 ，将光纤一端连接到 ODF_1R，然后再单击软件界面右上方 ，将鼠标往下移动，界面停留在 OTN 第 2 机框，再将光纤的另一端连接到 OTN_30_OPA_IN，如图 5-11 所示。

图 5-11

步骤 11：在线缆池中重新选取一根 ，将光纤一端连接到 OTN_30_OPA_OUT，另一端连到 OTN_27_ODU10C_IN，如图 5-12 所示。

步骤 12：在线缆池中重新选取一根 ，将光纤一端一头连到 OTN_27_ODU10C_CH1，如图 5-13 所示。

步骤 13：将鼠标往上移动，滚动屏幕至第 1 机框，将光纤的另一头连到 OTN_6_

LD3_L1R，如图 5-14 所示。

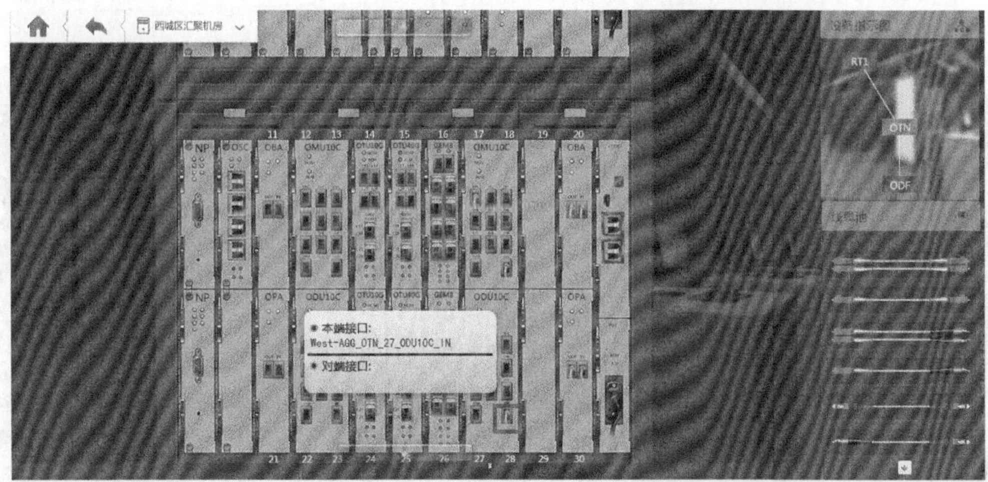

图 5-12

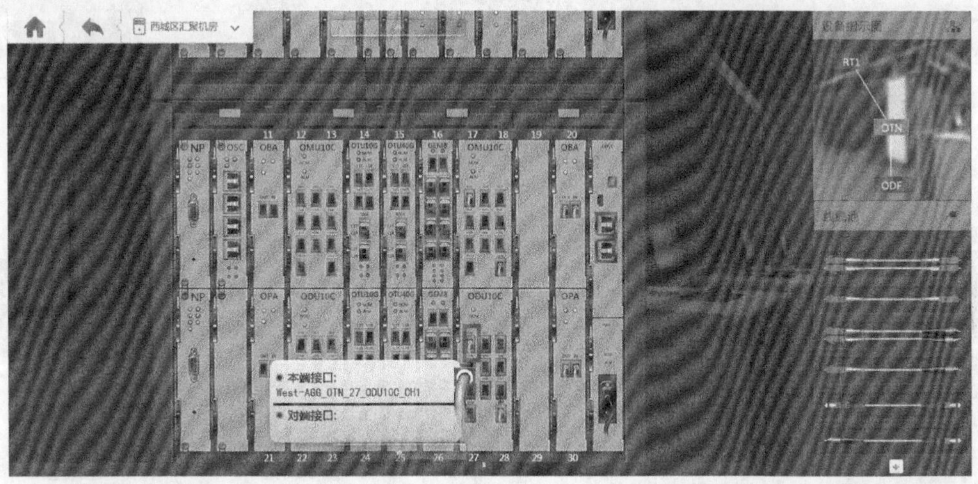

图 5-13

图 5-14

步骤 14：将鼠标箭头移动到左上角 西城区汇聚机房 ，单击切换到中心机房，如图 5-15 所示。

图 5-15

步骤 15：单击右边设备指示图中 RT1 按钮，进入 RT 设备，如图 5-16 所示。

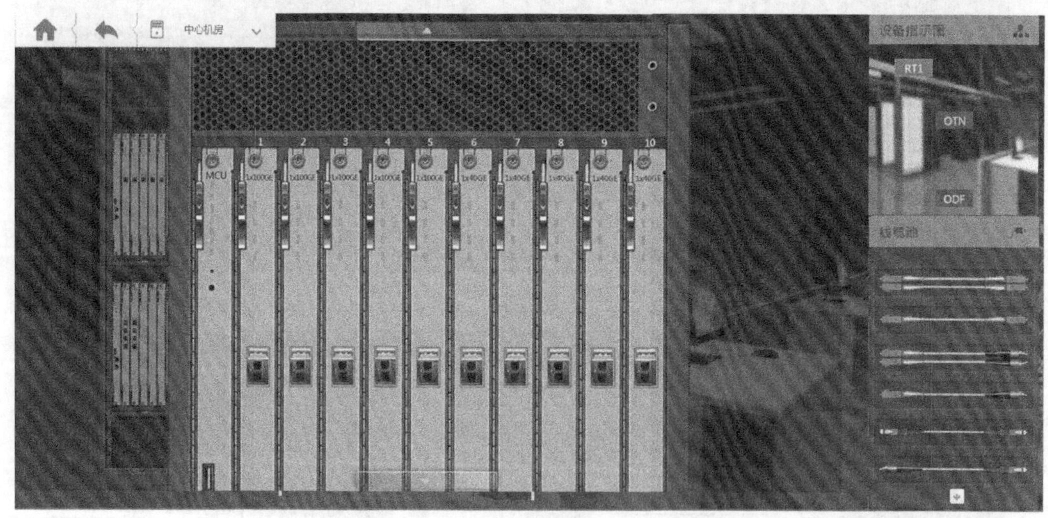

图 5-16

步骤 16：在右边线缆池中选用 成对LC-LC光纤 ，将光纤连接到第六槽位 40GE1 端口光板上，如图 5-17 所示。

步骤 17：在完成步骤 16 的同时，再单击右上方设备指示图中 OTN ，进入 OTN 设备配置，将所选光纤的另外一端连接到 OTN_2_CQ3_C1T/C1R，如图 5-18 所示。

步骤 18：在线缆池重新选取一根 LC-LC光纤 ，将光纤一端连接到 OTN_6_LD3_L1T，如图 5-19 所示。

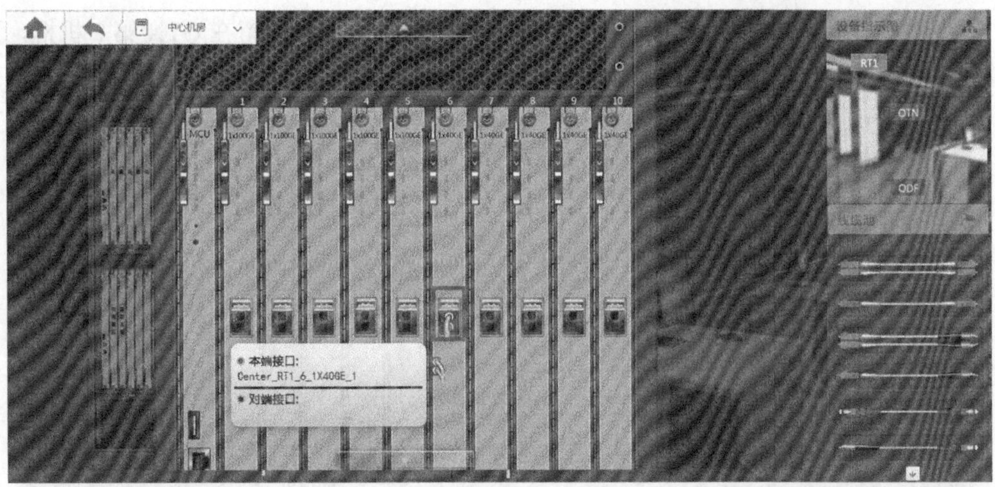

图 5-17

图 5-18

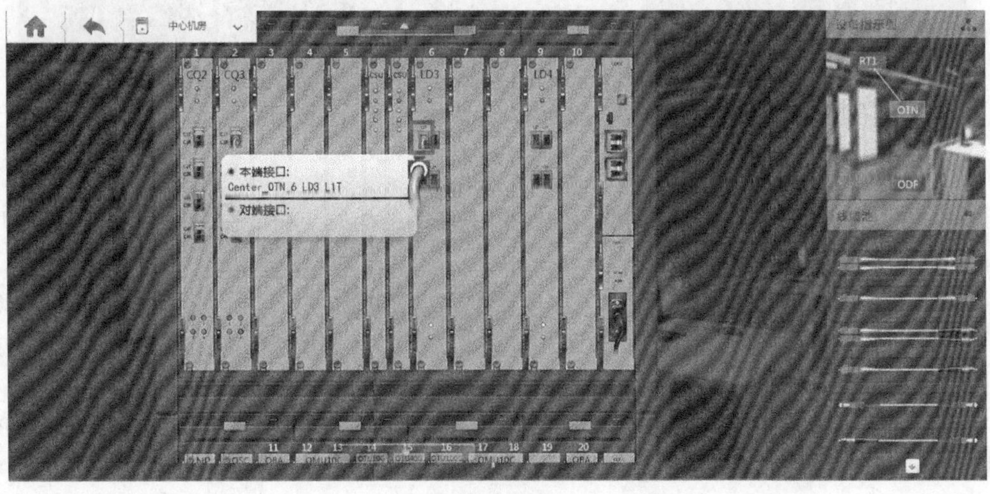

图 5-19

步骤 19：在完成步骤 18 的同时，将鼠标往下移动，界面停留在 OTN 第 2 机框，再将光纤的另一端连接到 OTN_17_OMU10C_CH1，如图 5-20 所示。

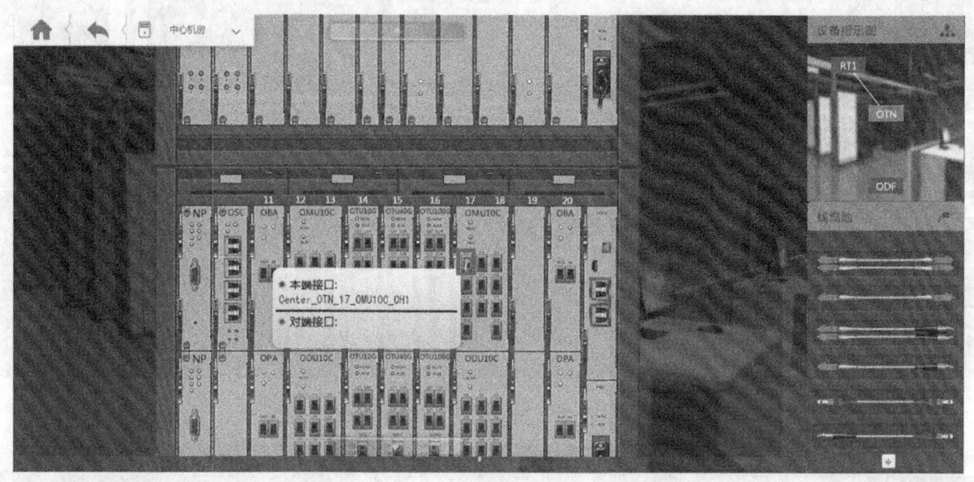

图 5-20

步骤 20：在线缆池中重新选取一根 LC-LC光纤，将光纤连接到 OTN_17_OMU10C_OUT，如图 5-21 所示。

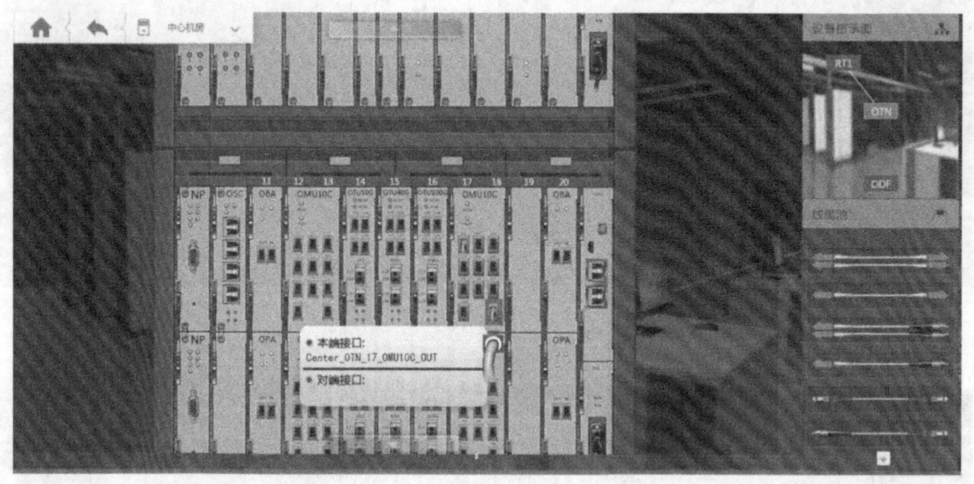

图 5-21

步骤 21：在完成步骤 20 的同时，再将 LC-LC 光纤另一端连接 OTN_20_OBA_IN，如图 5-22 所示。

步骤 22：在线缆池中重新选取一根 LC-FC光纤，将光纤一端连接到 O TN_20_OBA_OUT，然后再单击软件界面右上方 ODF，将光纤的另一端连接到 ODF_3T，如图 5-23 所示。

步骤 23：在线缆池中重新选取一根 LC-FC光纤，将光纤一端连接到 ODF_3R，然后再单击软件界面右上方 OTN，将鼠标往下移动，界面停留在 OTN 第 2 机框，再将光纤的另一端连接到 OTN_30_OPA_IN，如图 5-24 所示。

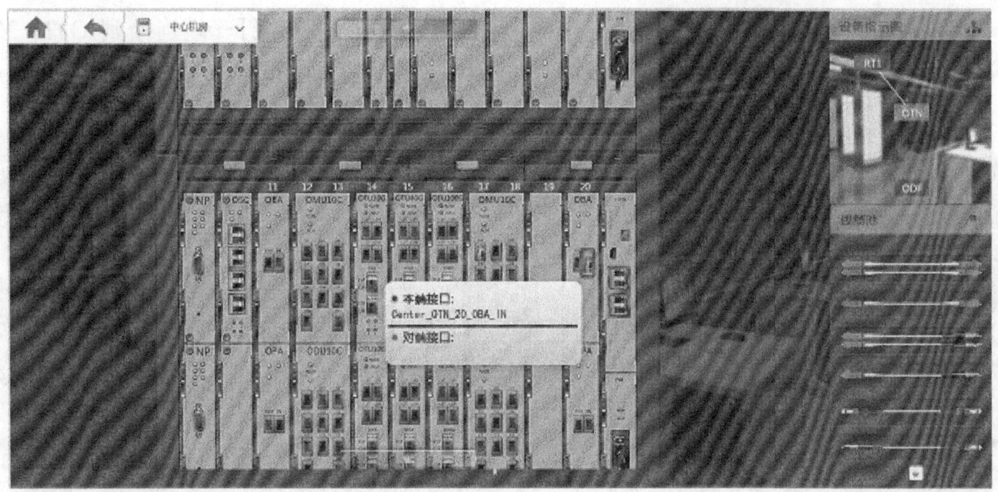

图 5-22

图 5-23

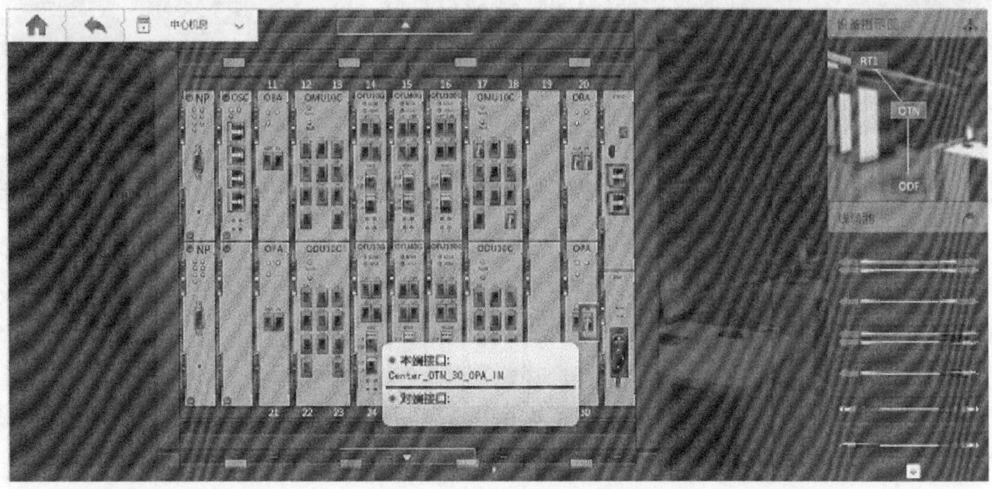

图 5-24

步骤 24：在线缆池中重新选取一根成对LC-LC光纤，将光纤一端连接到 OTN_30_OPA_OUT，另一头连到 OTN_27_ODU10C_IN，如图 5-25 所示。

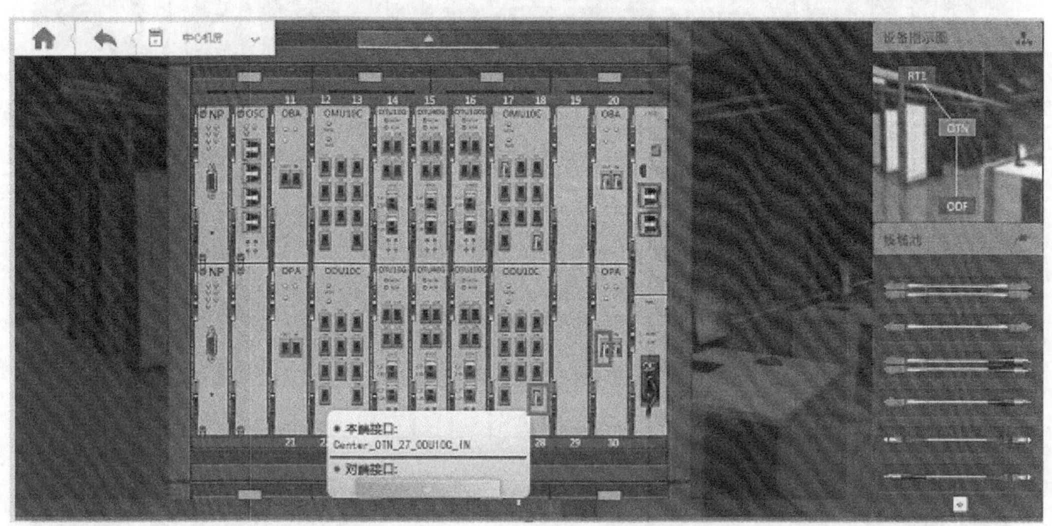

图 5-25

步骤 25：在线缆池中重新选取一根成对LC-LC光纤，将光纤一端连到 OTN_27_ODU10C_CH1，如图 5-26 所示。

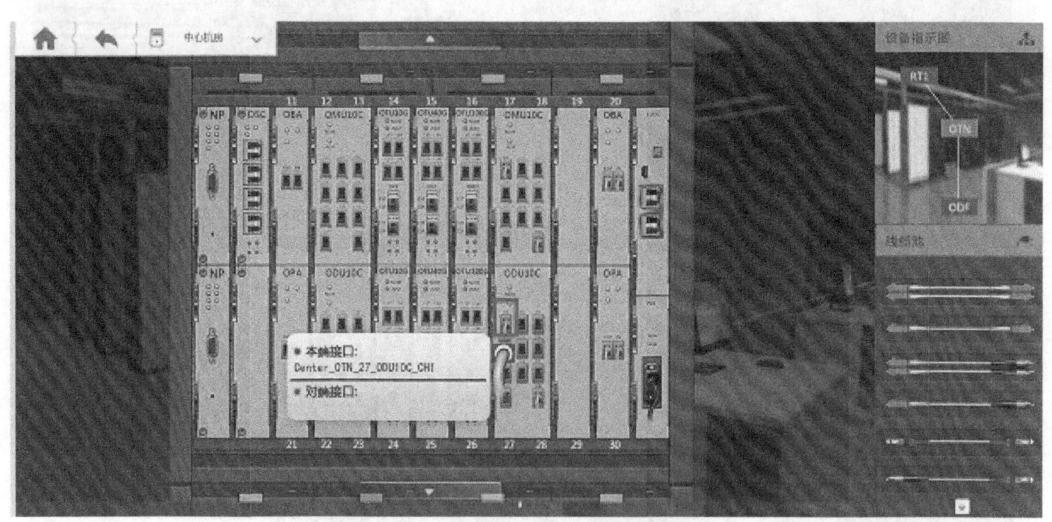

图 5-26

步骤 26：将鼠标往上移动，滚动屏幕至第 1 机框，再将光纤的另一端连到 OTN_6_LD3_L1R，如图 5-27 所示。

步骤 27：此时任务一设备连线配置完成，需单击软件界面右上角业务调测按钮，查看连线是否正确，如图 5-28 所示。

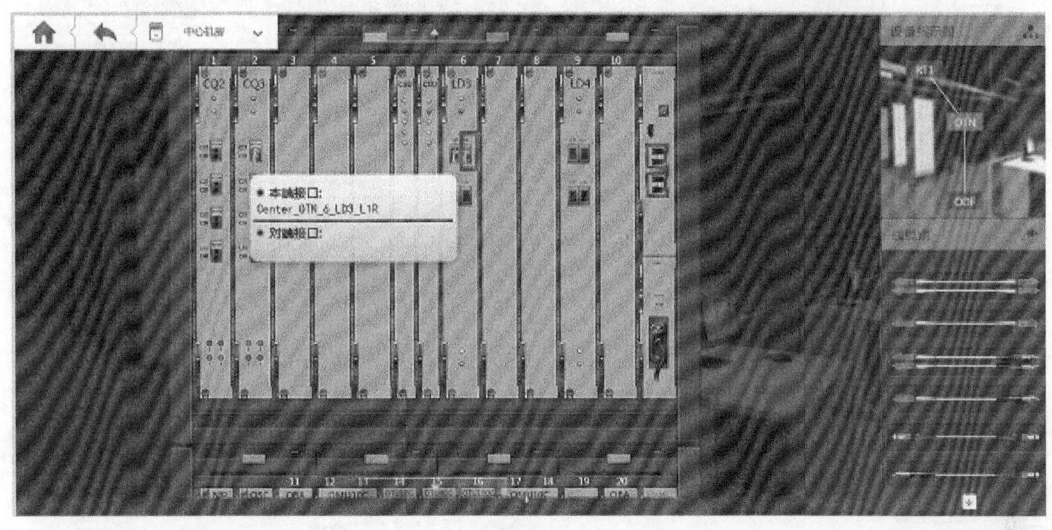

图 5-27

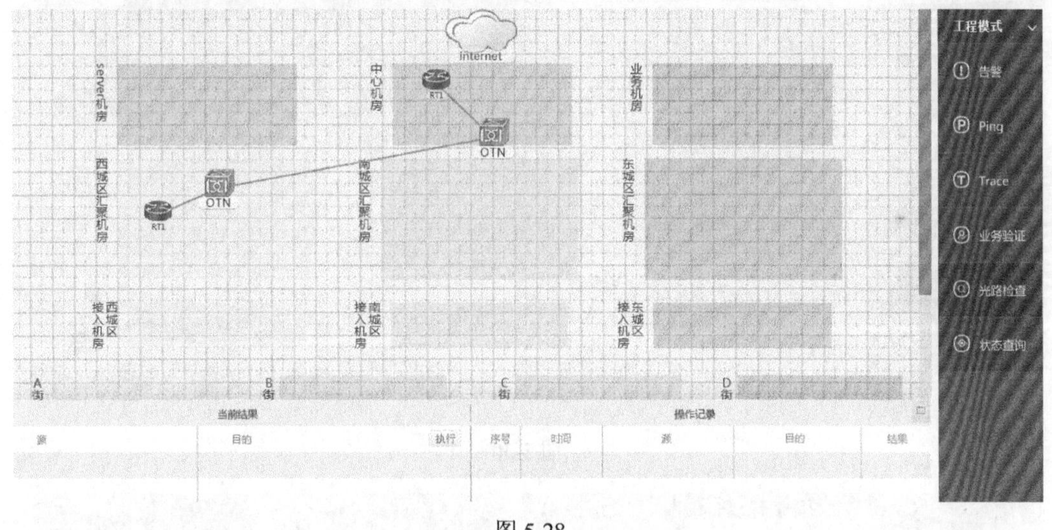

图 5-28

5.3.2　任务二：完成西城区汇聚机房到达中心机房一次电交叉业务数据配置

步骤 1：右击软件界面右上方数据配置按钮，进入数据配置界面。此时，应注意界面右上角是否显示为西城区汇聚机房，如果不是，则要单击左上方的中心机房下拉菜单，选择进入西城区汇聚区机房，进入如图 5-29 所示界面。

步骤 2：单击左上方 OTN，进入 OTN 数据配置界面，此时在左边的命令导航里会出现图样，单击进入频率配置界面，如图 5-30 所示。

步骤 3：单击右边的 ＋ 号，依次选择 LD3 板、6 槽位、L1T 接口、192.1THz 频率，然后单击确定，如图 5-31 所示。

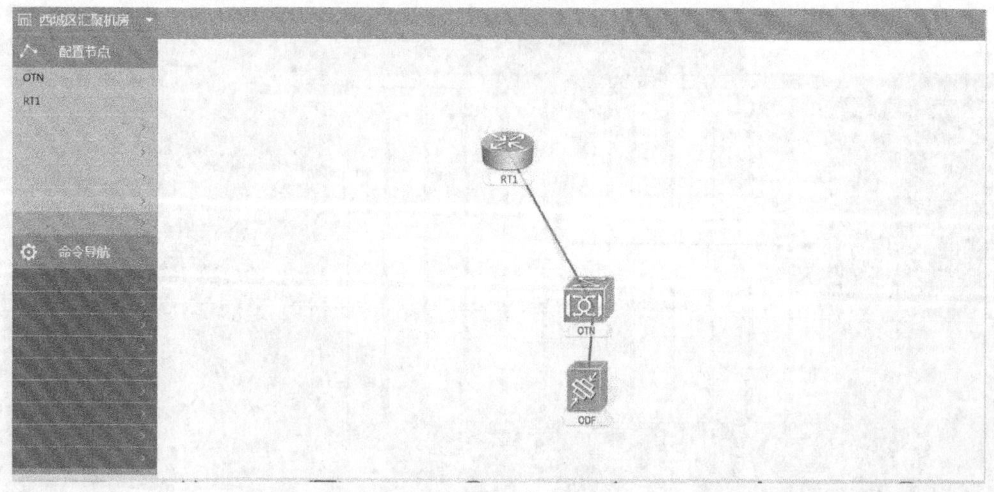

图 5-29

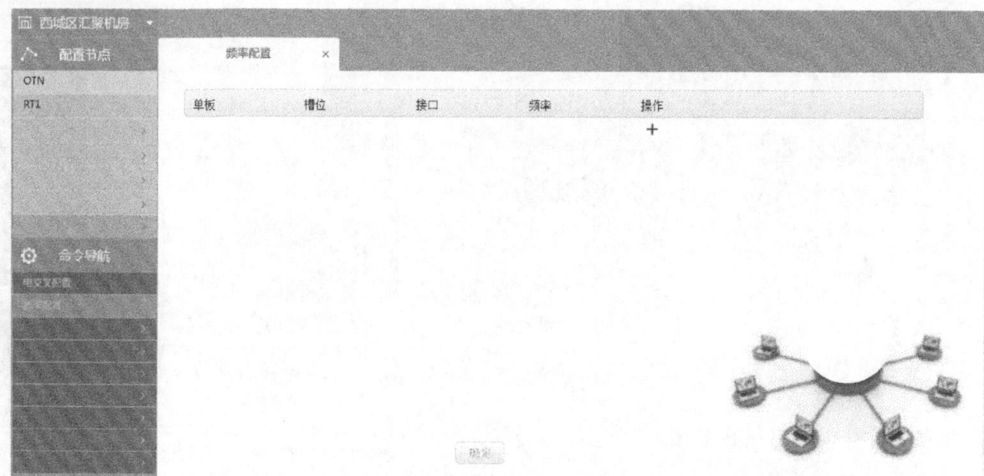

图 5-30

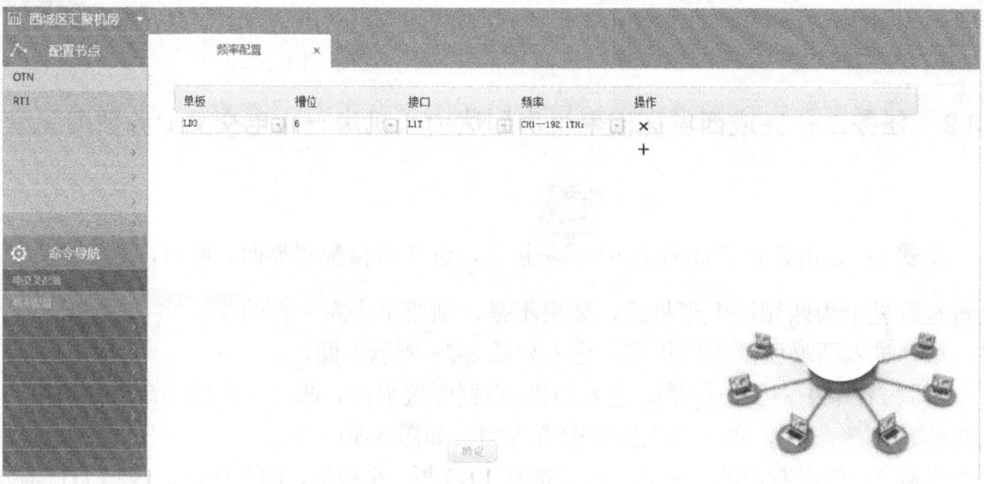

图 5-31

步骤 4：单击左方[电交叉配置]图样，进入电交叉配置界面，如图 5-32 所示。

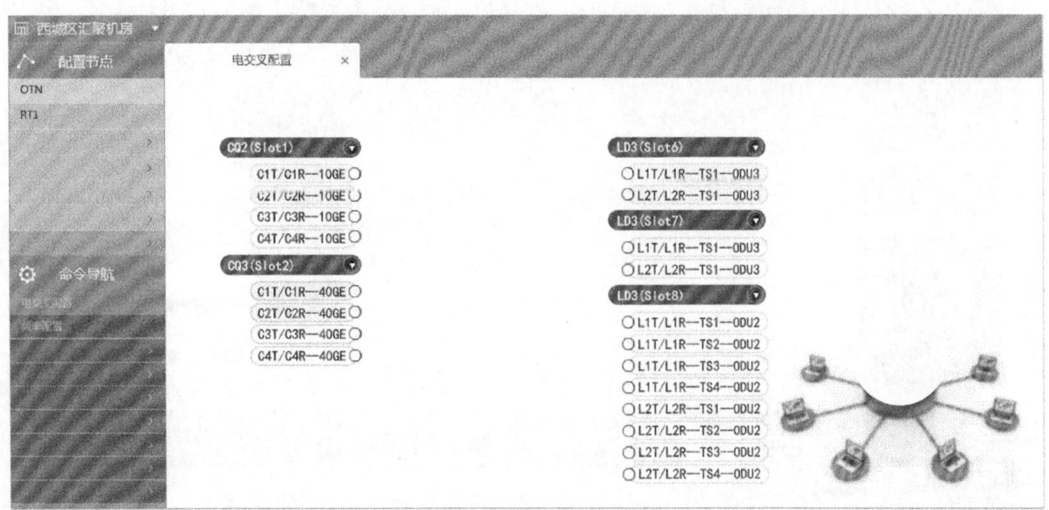

图 5-32

步骤 5：鼠标左键单击 CQ3（slot2）/C1T/C1R-40GE 和 LD3（slot6）/L1T/L1R，建立交叉连接，如图 5-33 所示。

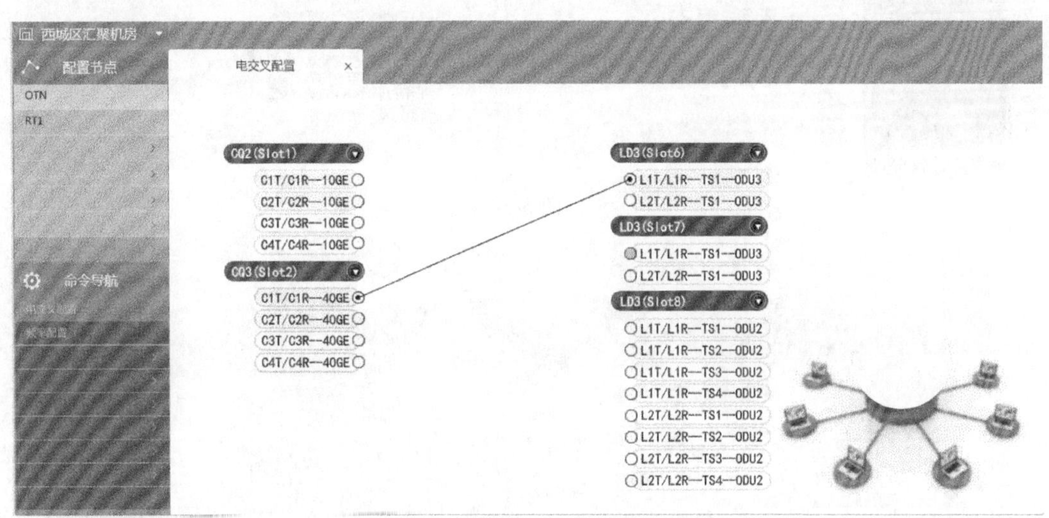

图 5-33

步骤 6：单击左上方的下拉菜单，选择进入中心机房，重复步骤 2～5，完成中心机房 OTN 的频率配置和电交叉配置，如图 5-34 所示。

步骤 7：此时点到点的 OTN 业务配置完成，需单击软件界面右上角[业务调测]按钮，验证业务是否配置正确，如图 5-35 所示。

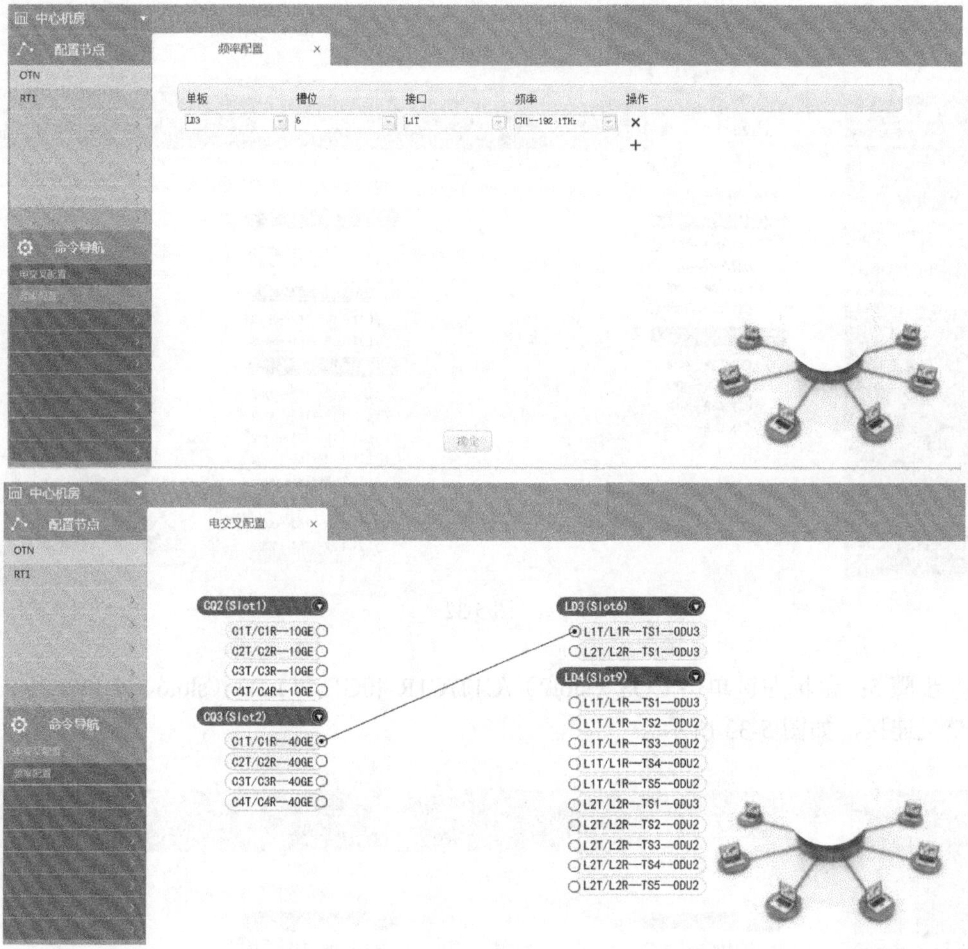

图 5-34

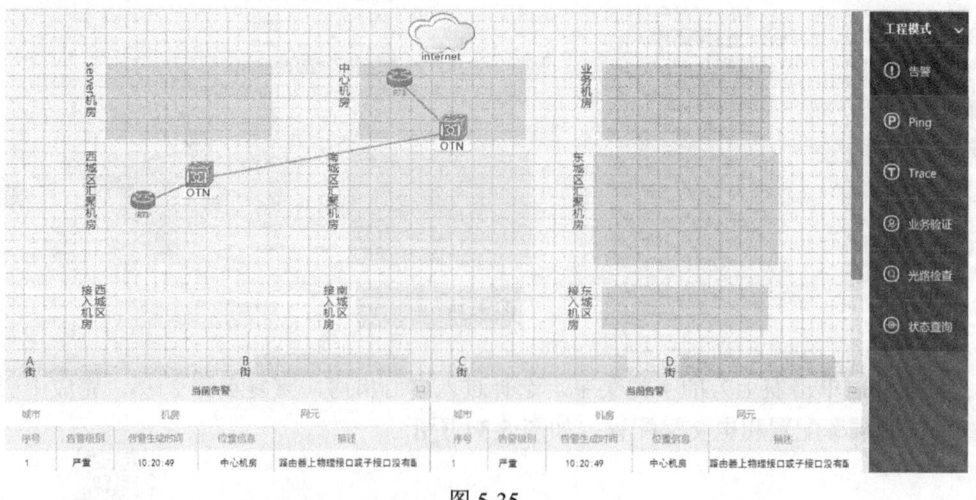

图 5-35

步骤 8：单击软件界面最右边“光路检查”按钮，然后鼠标移动至西城区汇聚机房 OTN 站点，左键依次选择“设为源—CQ3（slot2）C1T/C1R”，如图 5-36 所示。

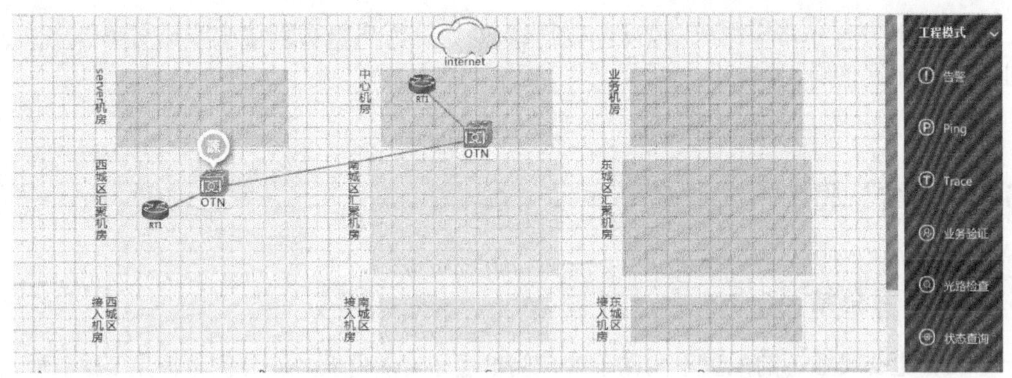

图 5-36

步骤 9：然后再将鼠标移动中心机房 OTN 站点，左键依次选择“设为目的—CQ3（slot2）C1T/C1R”，如图 5-37 所示。

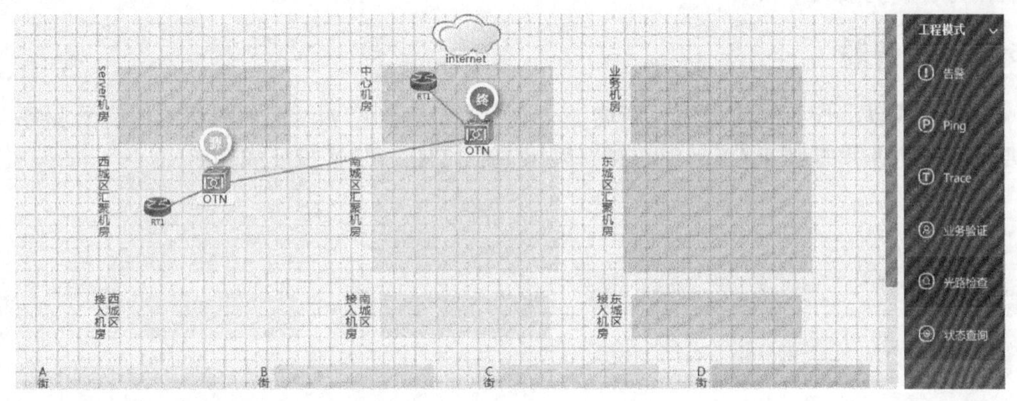

图 5-37

步骤 10：单击软件中间界面最下方 执行 按钮，开始对配置完成的点到点 OTN 光路业务进行检测，返回如图 5-38 所示。

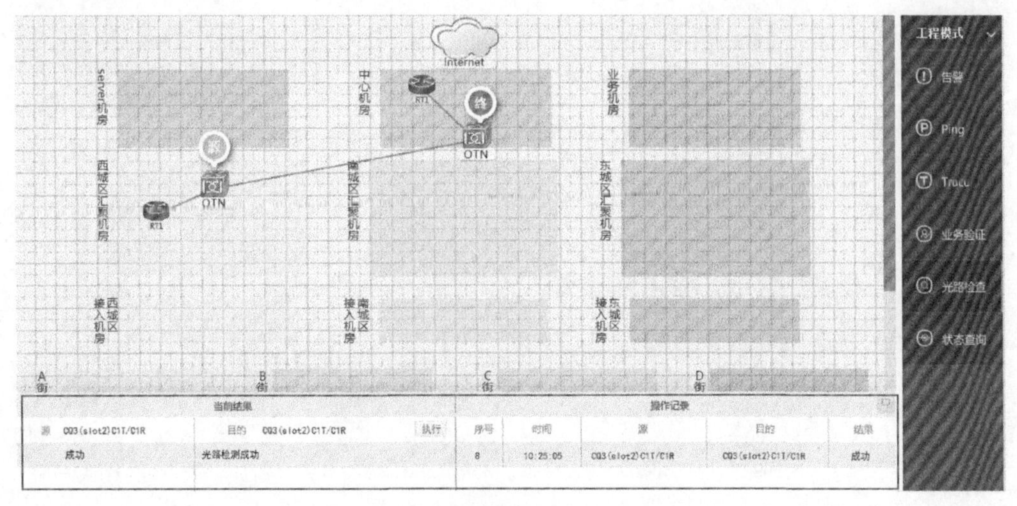

图 5-38

看到下方有光路检测成功信息，则代表西城区汇聚机房到达中心机房单波电交叉业务数据配置正确。

5.4 总结与思考

5.4.1 实习总结

波分电交叉业务的配置不同在于客户侧单板是CQ单板，波分侧单板是LD单板。

5.4.2 思考题

如果上述电交叉业务配置RT客户侧发送的速率等级是10GE，波分侧该选取哪种单板作为客户侧接收单板？

5.4.3 练习题

在完成以上任务的前提下，新增加一次中心机房到南城区汇聚机房的电交叉业务，要求客户侧速率等级40GE，中心频率采用192.1THz，并且验证成功。

第二部分　IP 承载组网及实践

实习单元 6　网络拓扑规划
实习单元 7　设备配置
实习单元 8　IP 地址配置
实习单元 9　VLAN 配置
实习单元 10　VLAN 间路由
实习单元 11　直连路由
实习单元 12　静态路由
实习单元 13　OSPF 路由协议

实习单元 6

网络拓扑规划

6.1 实习说明

6.1.1 实习目的

了解计算机网络中的各种拓扑结构、各自的特点及应用场景

掌握三网融合仿真软件中星形、树形、环形、复合型四种网络拓扑的搭建方法

6.1.2 实习任务

1. 完成星形网络拓扑的搭建
2. 完成树形网络拓扑的搭建
3. 完成环形网络拓扑的搭建
4. 完成复合型网络拓扑的搭建

6.1.3 实习时长

1 学时

6.2 拓扑规划

与任务相关的拓扑规划如图 6-1 所示。

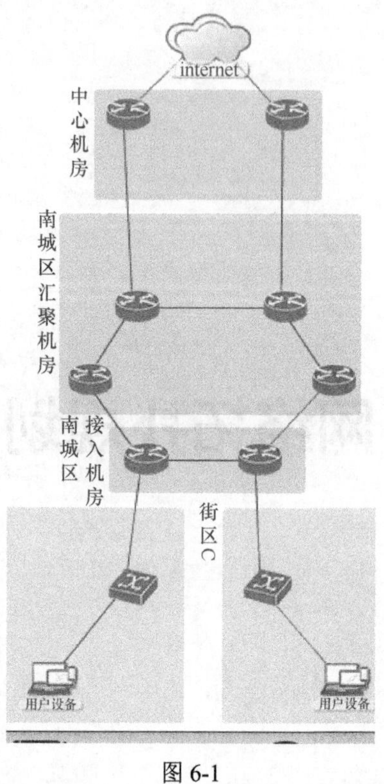

图 6-1

数据规划

无

6.3 实习步骤

6.3.1 实习任务一：星形网络拓扑规划

步骤 1：单击界面右上方按钮，进入网络拓扑规划主界面。

步骤 2：按照拓扑图，用鼠标左键单击软件右侧资源池中的 RT 设备图标并拖住不放，将其移动到所要拖放站点（例如南城区汇聚机房）机房处，松开鼠标完成设备的布放，操作结果如图 6-2 所示。

步骤 3：单击软件右侧资源池中的 RT 设备图标，按照步骤 2 的方法完成南城区汇聚机房另一个 RT 设备的布放，操作结果如图 6-3 所示。

步骤 4：单击软件右侧资源池中的 RT 设备图标，完成中心机房 RT 设备的布放，操作结果如图 6-4 所示。

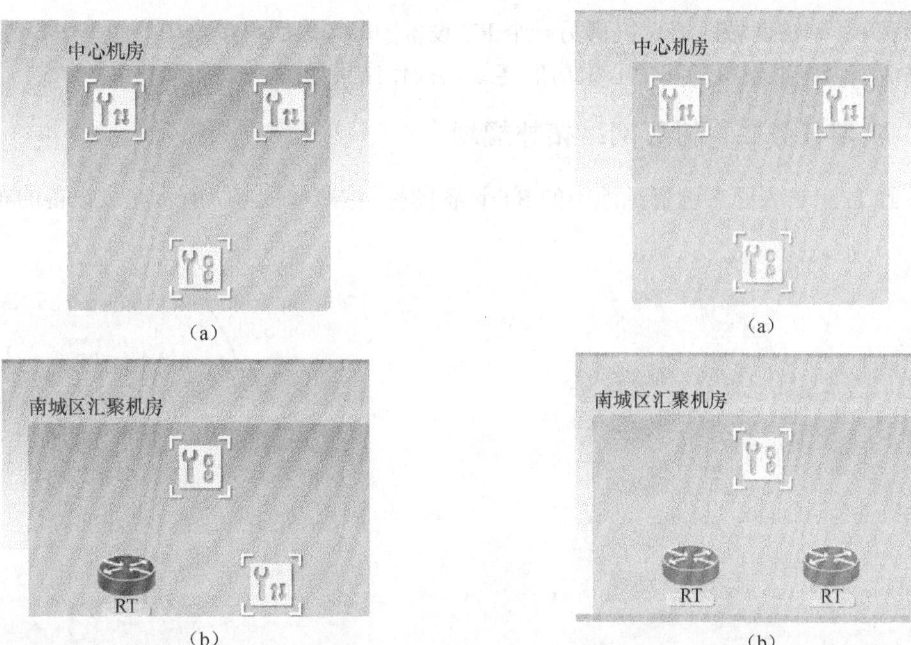

（a）　　（a）

（b）　　（b）

图 6-2　　图 6-3

步骤 5：单击南城区汇聚机房 RT 设备图标，然后再单击中心机房 RT 设备图标，完成南城区汇聚机房与中心机房的连线，操作结果如图 6-5 所示。

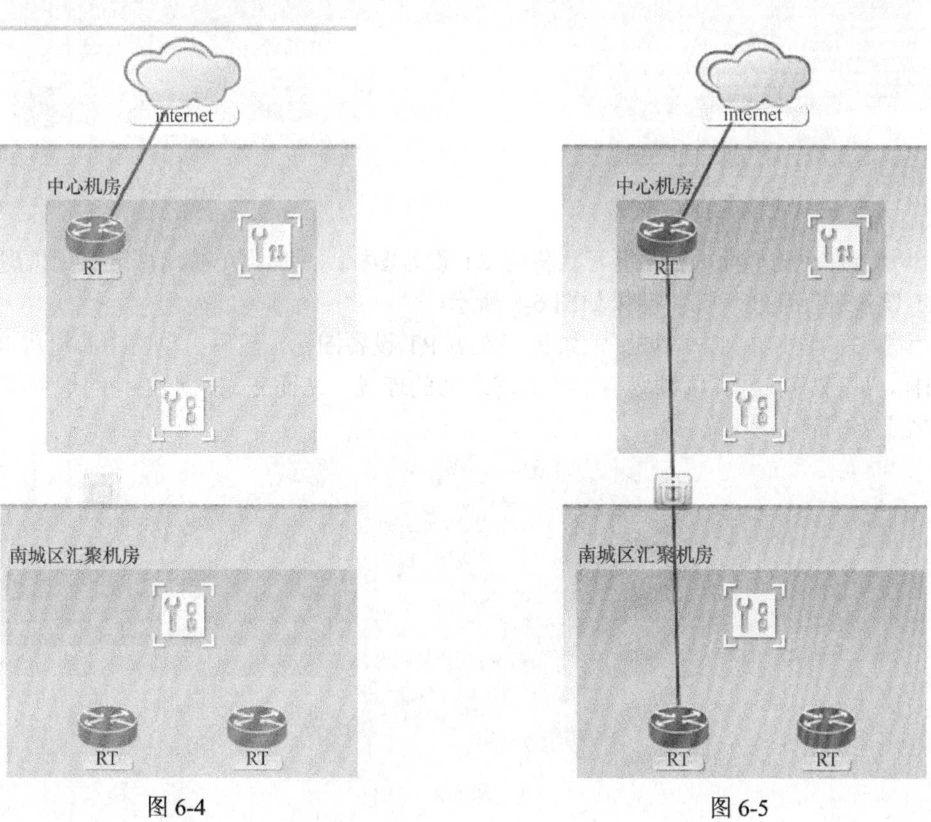

图 6-4　　图 6-5

步骤 6：单击西城区汇聚机房另一个 RT 设备图标，然后再单击中心机房 RT 设备图标，完成南城区汇聚机房和中心机房的连线，操作结果如图 6-6 所示。

6.3.2 实习任务二：树形网络拓扑规划

步骤 1：单击界面右侧资源池中的 RT 设备图标，按照如图 6-7 所示完成设备的布放。

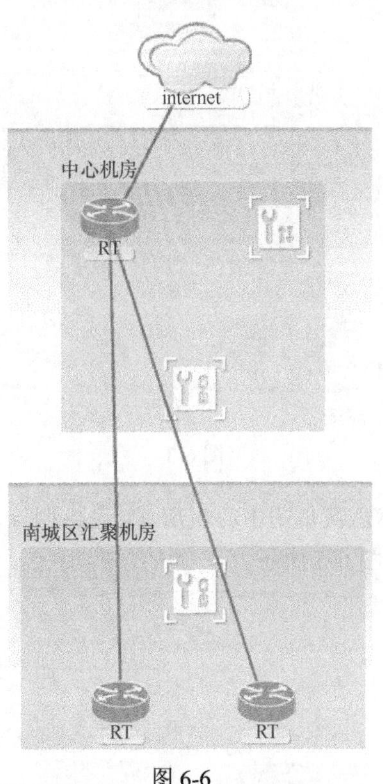

图 6-6

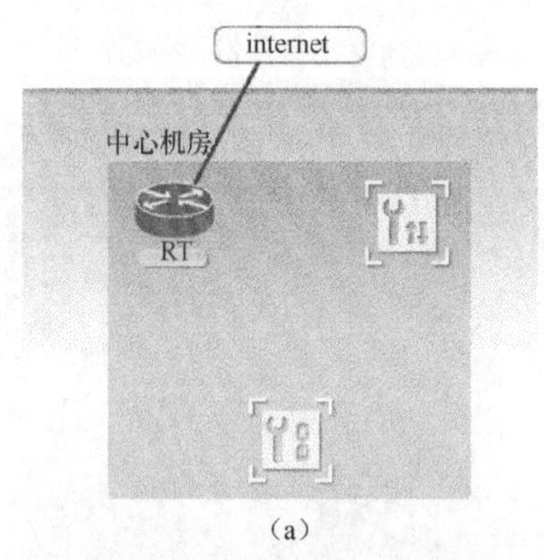

(a)

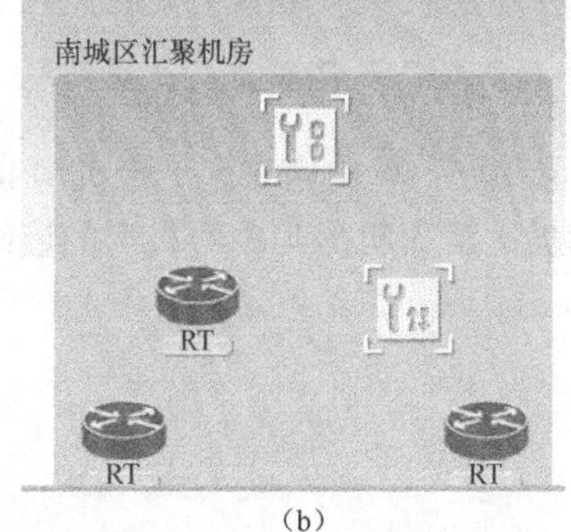

(b)

图 6-7

步骤 2：单击界面中南城区汇聚机房 RT 设备图标，然后再单击南城区汇聚机房其他的 RT 设备进行连线，操作结果如图 6-8 所示。

步骤 3：单击界面中南城区汇聚机房左侧 RT 设备图标，然后再单击中心机房 RT 设备图标，完成南城区汇聚机房与中心机房之间的连线，从而完成树形拓扑的规划搭建，操作结果如图 6-9 所示。

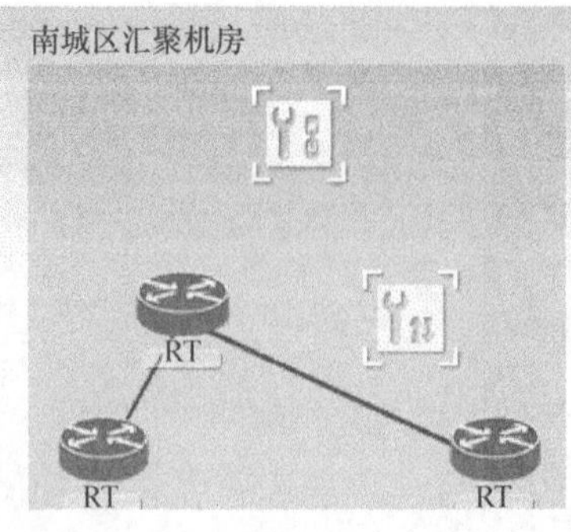

图 6-8

6.3.3 实习任务三：环形网络拓扑规划

拖入 RT 设备到南城区汇聚机房以及接入机房，分别单击 RT 设备进行连线，从而完成环形拓扑的规划搭建，操作结果如图 6-10 所示。

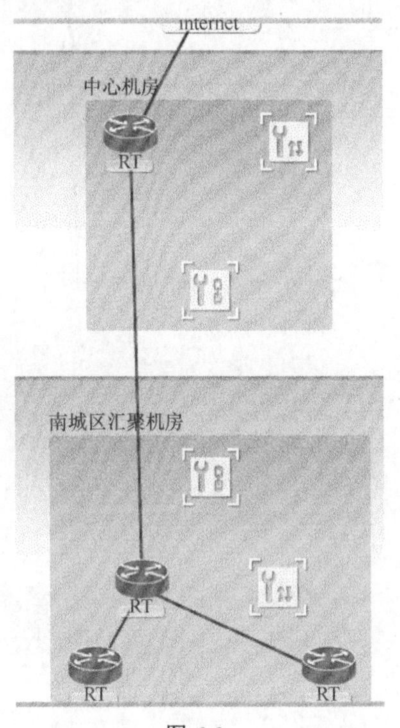

图 6-9

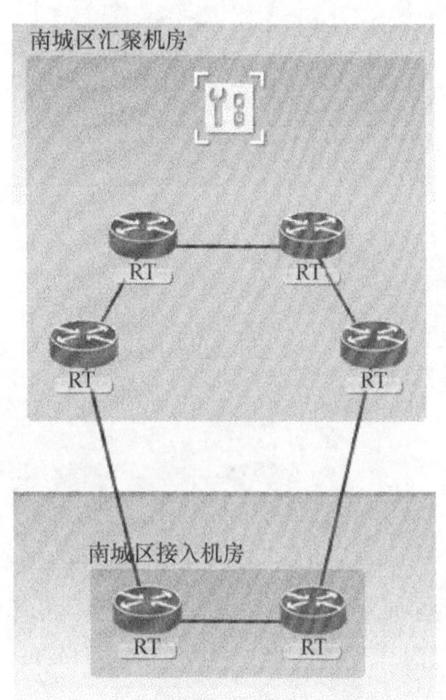

图 6-10

6.3.4 实习任务四：复合型网络拓扑规划

步骤 1：单击界面右侧设备池中 RT 设备，拖放至南城区汇聚机房与接入机房和中心机房，并且把南城区汇聚机房与接入机房的 RT 设备连成一个环形，操作结果如图 6-11 所示。

步骤 2：单击界面中心机房左侧 RT 设备，单击南城区汇聚机房左侧 RT 设备图标，完成两台 RT 设备的拓扑连线，操作结果如图 6-12 所示。

步骤 3：重复步骤 2，中心机房与南城区汇聚机房右侧 RT 设备相连，操作结果如图 6-13 所示。

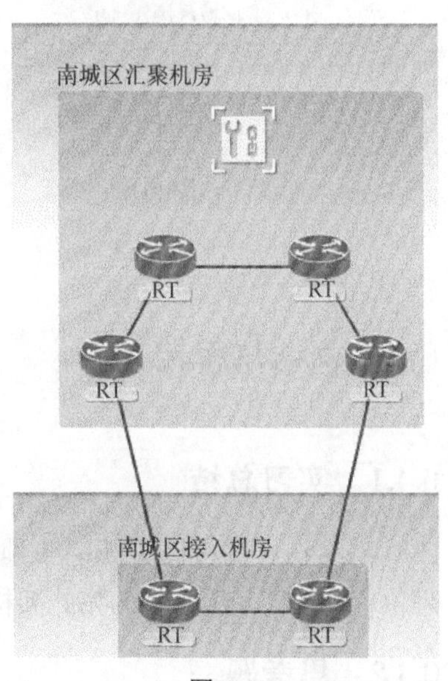

图 6-11

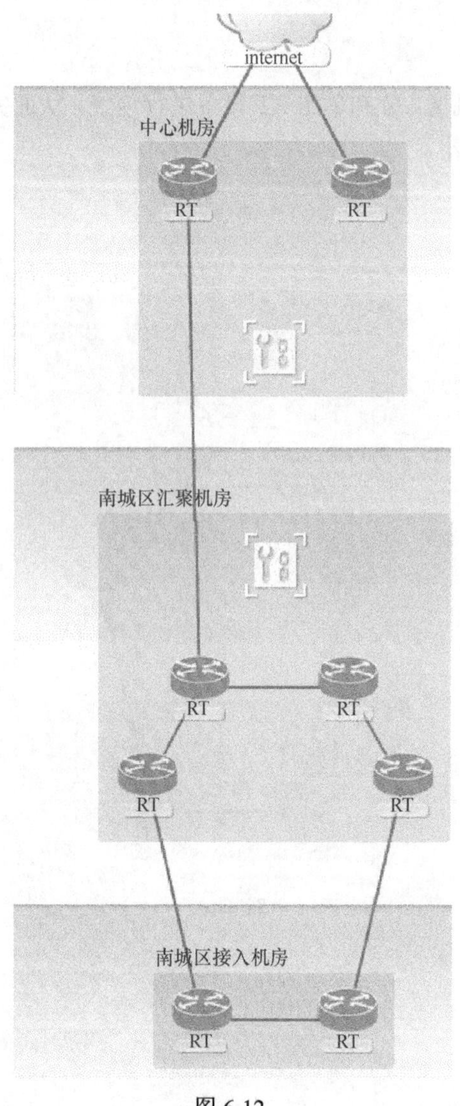

图 6-12

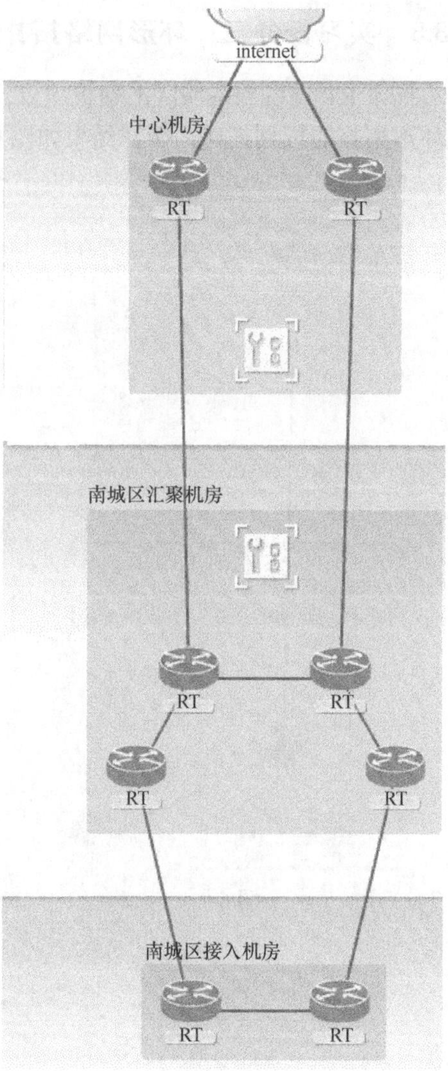

图 6-13

6.4 总结与思考

6.4.1 实习总结

网络拓扑图可以直观明了地标识出网络中各个节点之间的链接，网络设备所处的物理位置决定了其所采用的拓扑架构，拓扑设计的好坏对网络的性能和经济性有重大的影响。

6.4.2 思考题

1. 不同的网络拓扑结构所应用的场景分别是什么？

2．在软件中如何删除相应的设备及连线？

6.4.3 练习题

在实习任务四基础之上，完成图 6-14 所示复合型拓扑结构中的设备布放及连线。

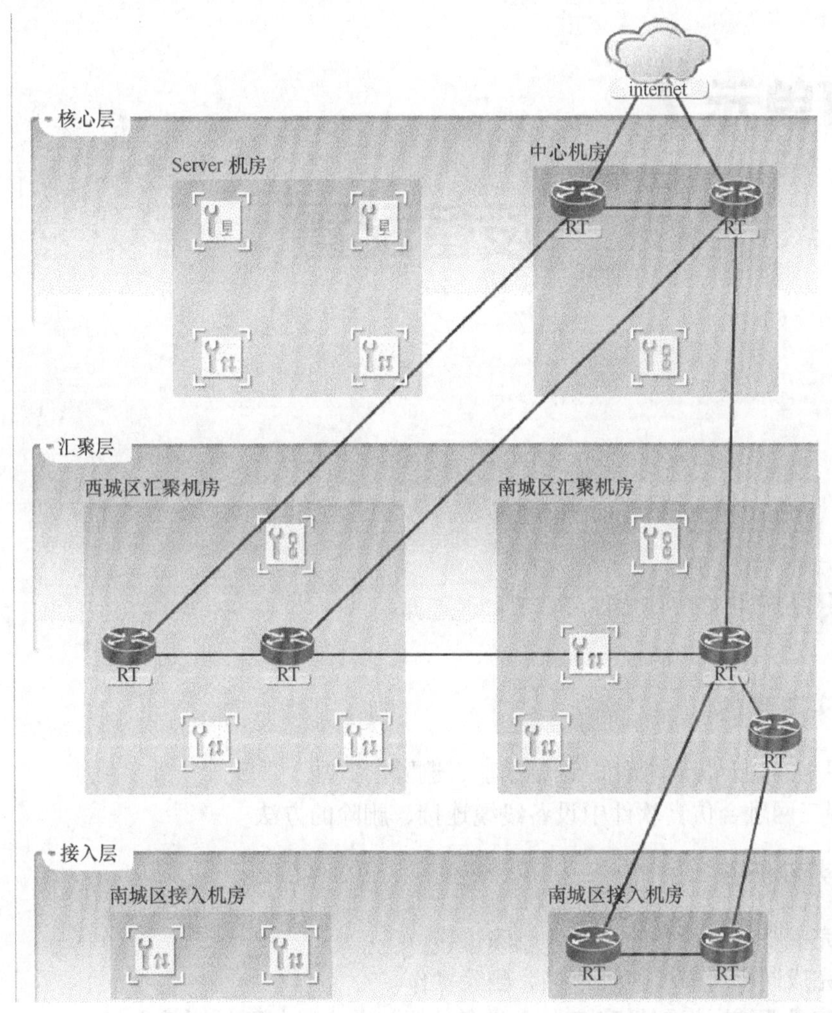

图 6-14

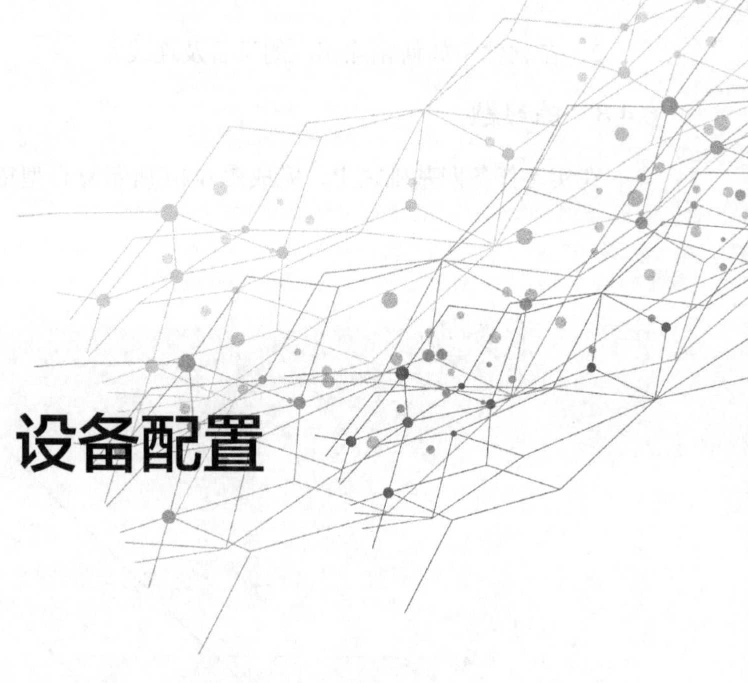

实习单元 7

设备配置

7.1 实习说明

7.1.1 实习目的

掌握三网融合仿真软件中设备添加、删除的方法

掌握三网融合仿真软件中设备线缆连接、删除的方法

7.1.2 实习任务

1．完成某机房设备的添加、删除操作

2．完成同机房设备线缆连接、删除操作

3．完成西城区汇聚机房 BRAS 设备的添加并完成与西城区接入机房 OLT 设备之间的连线

7.1.3 实习时长

4 课时

7.2 拓扑规划

与任务相关的拓扑规划如图 7-1 所示。

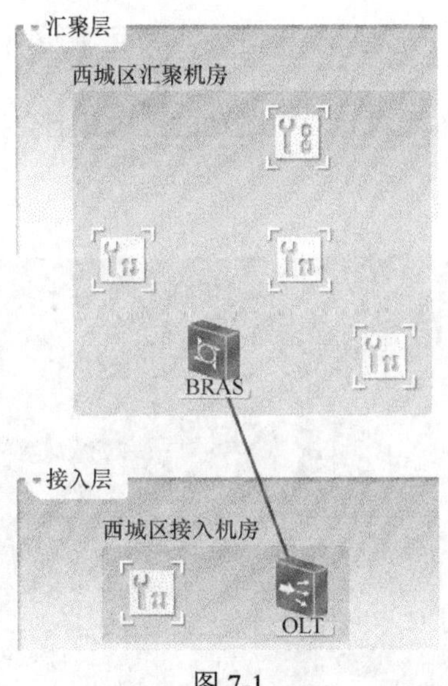

图 7-1

数据规划

无

7.3　实习步骤

7.3.1　实习任务一：设备添加、删除操作

步骤 1：打开并登录仿真软件后，选择最顶端设备配置页签，进入设备配置界面，如图 7-2 所示。

图 7-2

步骤 2：将鼠标放至设备配置界面中跳动的上会提示出机房的名称，如图 7-3 所示。

图 7-3

步骤 3：单击小气球图标进入到机房内部如图 7-4 所示最右边箭头指示位置（房屋的门），可进入机房内部。

图 7-4

步骤 4：进入机房后，机房内显示有箭头指示的机柜为设备所要安装的机柜，如图 7-5 所示。

图 7-5

步骤 5：单击机柜图标进入到机柜内部，在界面右下角显示设备池，如图 7-6 所示，添加时在设备池中选择对应的设备［将鼠标放至对应设备侧会显示该设备相关性能参数（若设备种类一页显示不全，可点击设备池左右侧指示箭头进行翻页）］。

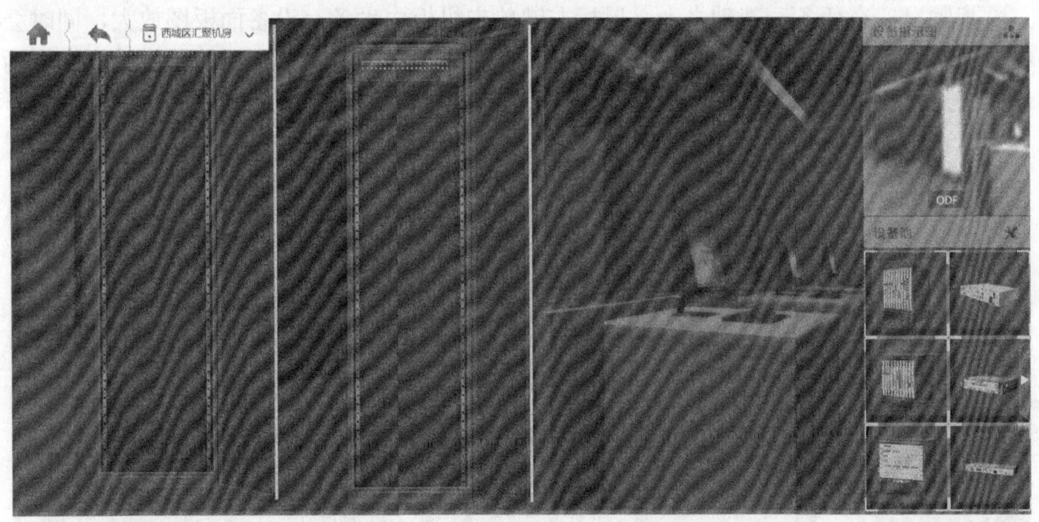

图 7-6

步骤 6：在右下角设备池中找到大型 BRAS 设备后，选中该设备并按住鼠标左键不放，将鼠标移至机柜内，松开鼠标，完成设备添加，操作结果如图 7-7 所示。

步骤 7：若设备添加错误，需将设备删除，进入机柜后选中待删除设备并按住鼠标左键不放，将设备拖至机柜外部，弹出如图 7-8 提示，单击确定按钮将设备删除。

图 7-7

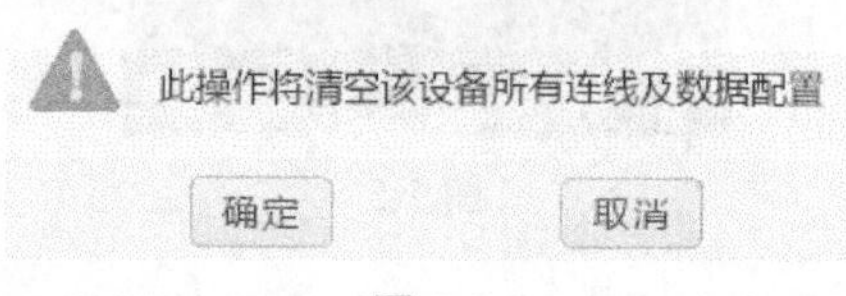

图 7-8

7.3.2 实习任务二：设备线缆连接操作

步骤 1：在任务一基础之上，鼠标左键单击机柜内设备，设备面板图放大，同时会在界面右下角显示线缆池，操作后结果如图 7-9 所示（面板图放大后将鼠标放至上下两侧箭头处可使设备面板进行上下移动，从而完整的显示出设备所有的板卡）。

图 7-9

步骤 2：鼠标单击线缆池中所要使用的线缆后，将鼠标移至线缆所要连接的端口处单击鼠标左键（此时线缆可使用端口会变成黄色），线缆即插至该端口，如图 7-10 所示。

图 7-10

步骤 3：用鼠标单击右上角（设备指示图，见图 7-11）中线缆所要连接的另外一端设备名称按钮。

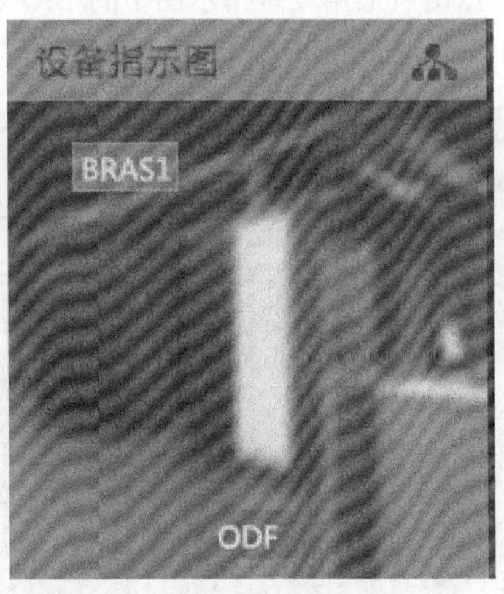

图 7-11

步骤 4：鼠标单击界面中显示的待连接设备面板对应端口，完成设备的连线，如图 7-12 所示。

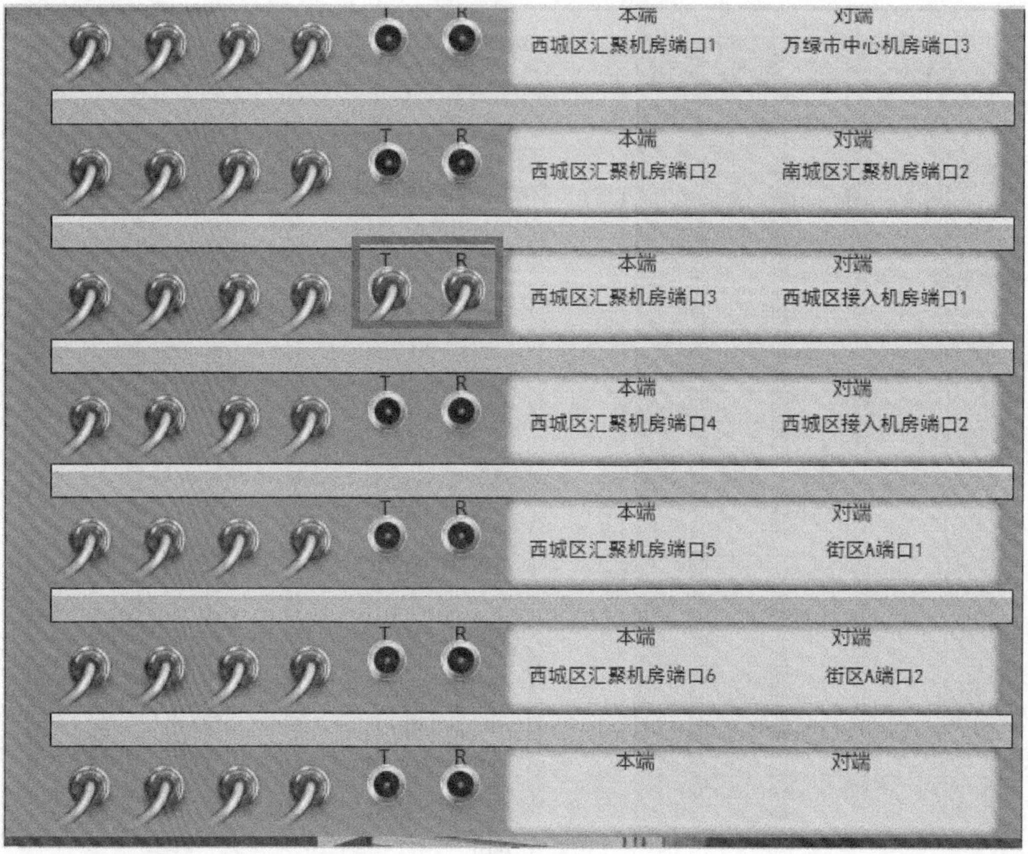

图 7-12

设备线缆拆除操作：

步骤 1：进入机房后，点击右上角设备指示图中的 BRAS 设备按钮，进入设备面板图，如图 7-13 所示。

图 7-13

步骤 2：将鼠标放至待拆除设备端口后，按住鼠标左键不放，将线缆移动出该端口后松开鼠标，完成线缆拆除，操作结果如图 7-14 和图 7-15 所示。

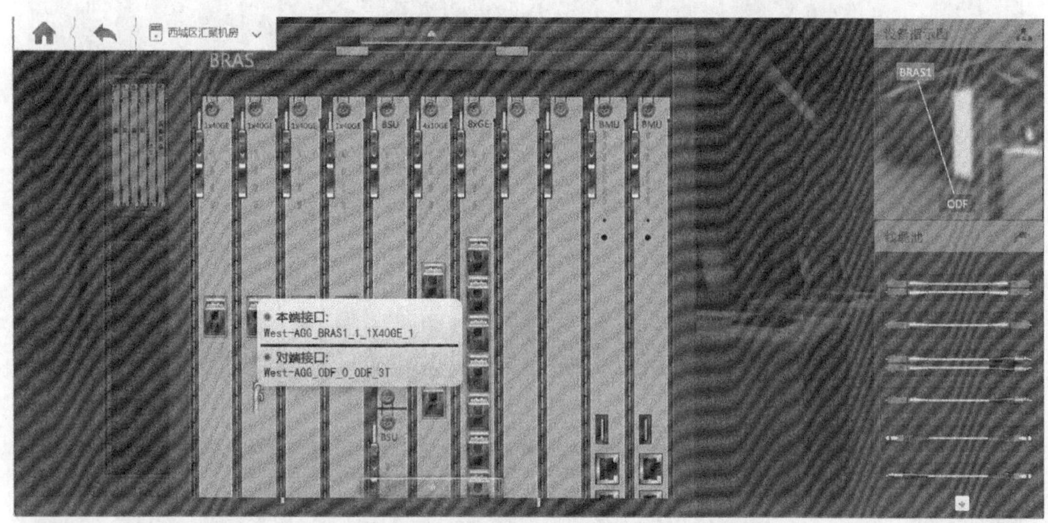

图 7-14

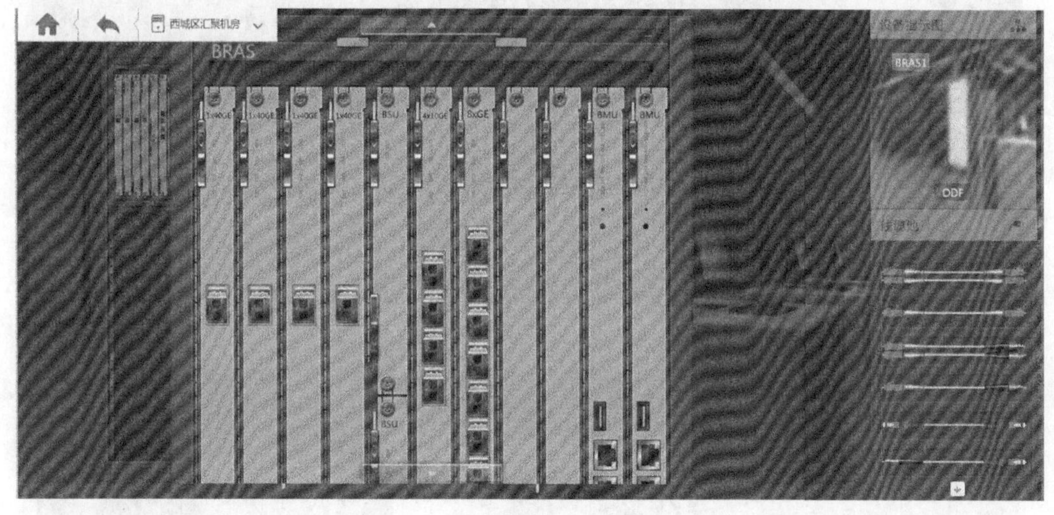

图 7-15

7.3.3　实习任务三：西城区汇聚机房 BRAS 与西城区接入机房 OLT 连接

步骤 1：参照实习任务一进入西城区汇聚机房 BRAS 设备的添加，操作结果如图 7-16 所示。

步骤 2：将鼠标移至界面左上角机房名称处在下拉列表中选择西城区接入机房，进入该机房，操作结果如图 7-17 所示。

步骤 3：单击机房内如图 7-18 所示机柜图标进入设备机柜。

图 7-16

图 7-17

图 7-18

步骤4：单击机柜图标后，在右下角设备池中选择拓扑规划中的OLT设备并将其拖放至机柜中，操作结果如图7-19所示。

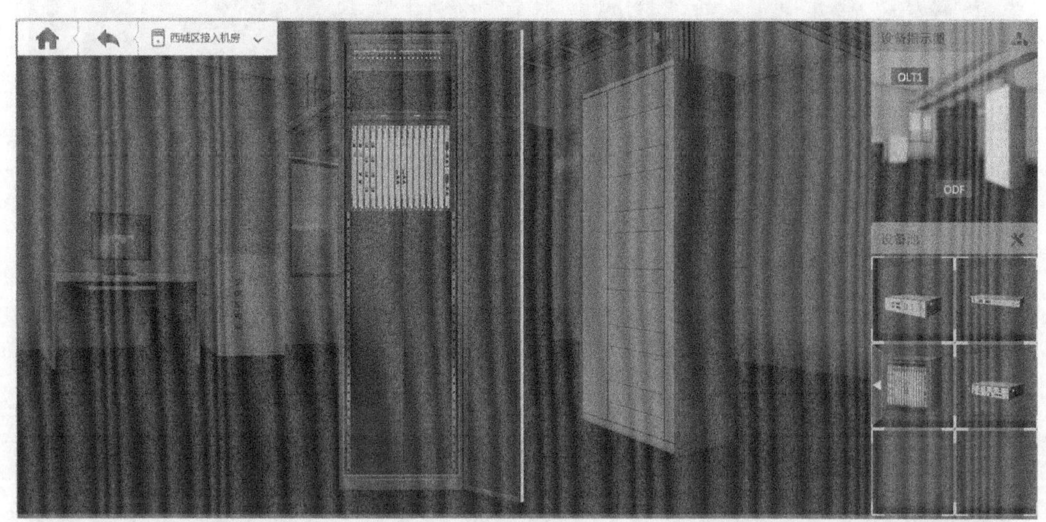

图7-19

步骤5：在设备指示图中若无ODF按钮，单击左上角按钮，返回机房机架显示图界面，单击图7-20中箭头所指示白色机柜，然后再单击左上角按钮，此时ODF机架会在右上角设备指示图中显示。

图7-20

步骤6：在图7-21中单击设备指示图中的OLT设备按钮，显示出OLT设备面板图，操作结果如图7-21所示。

步骤7：单击线缆池中成对LC-FC光纤，将尾纤一段连接至OLT设备面板图中1槽位1端口，操作结果如图7-22所示。

步骤8：单击设备指示图中ODF图标，将尾纤连接至如图7-23所示位置。

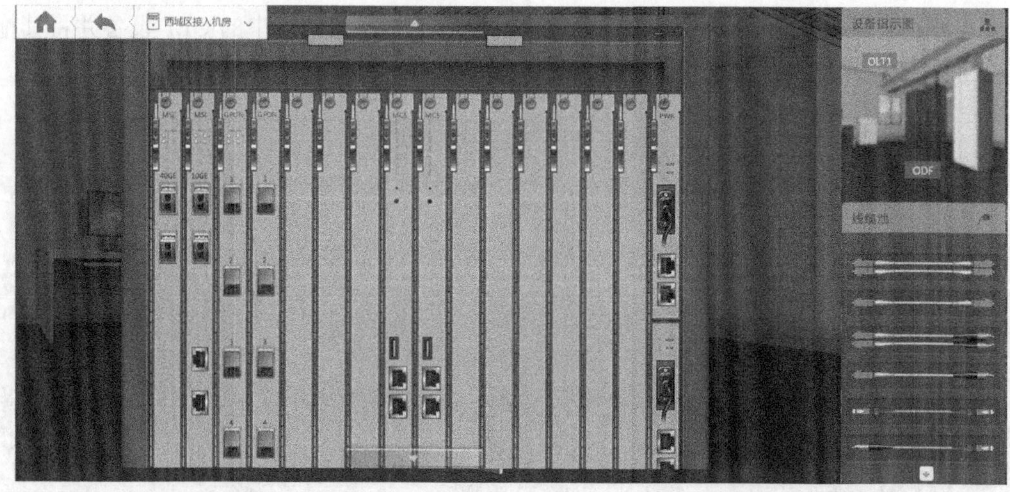

图 7-21

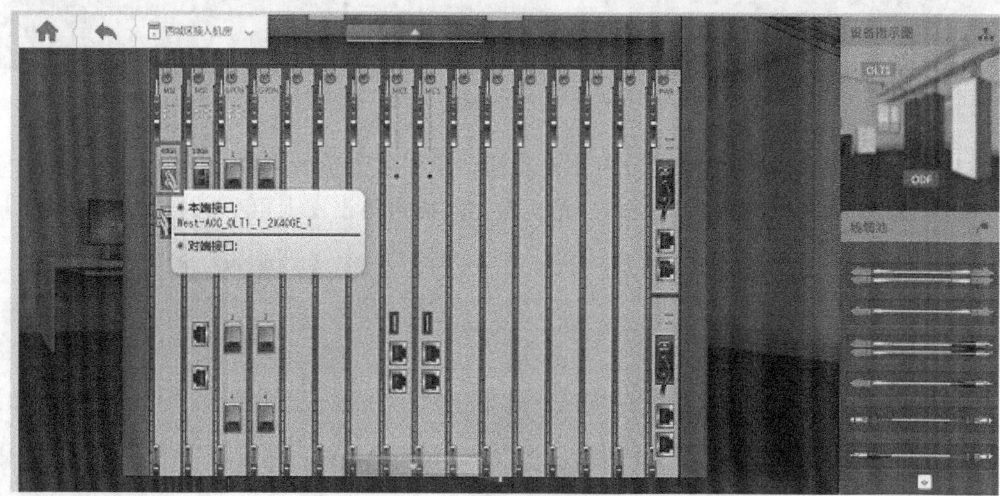

图 7-22

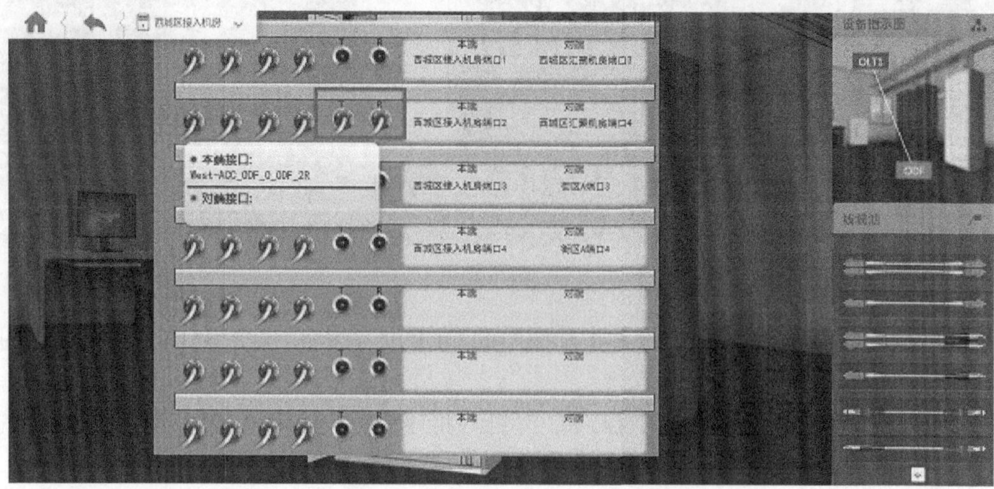

图 7-23

步骤 9：参照步骤 2 中机房切换方法，从接入机房切换至汇聚机房，如图 7-24 所示。

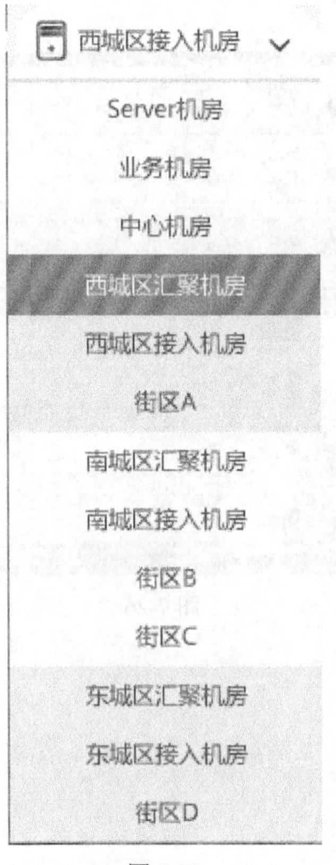

图 7-24

步骤 10：单击设备指示图中 BRAS 设备按钮，在线缆池中选择成对 LC-FC 光纤，将尾纤一端连接至 BRAS 设备面板图中 1 槽位 1 端口，操作结果如图 7-25 所示。

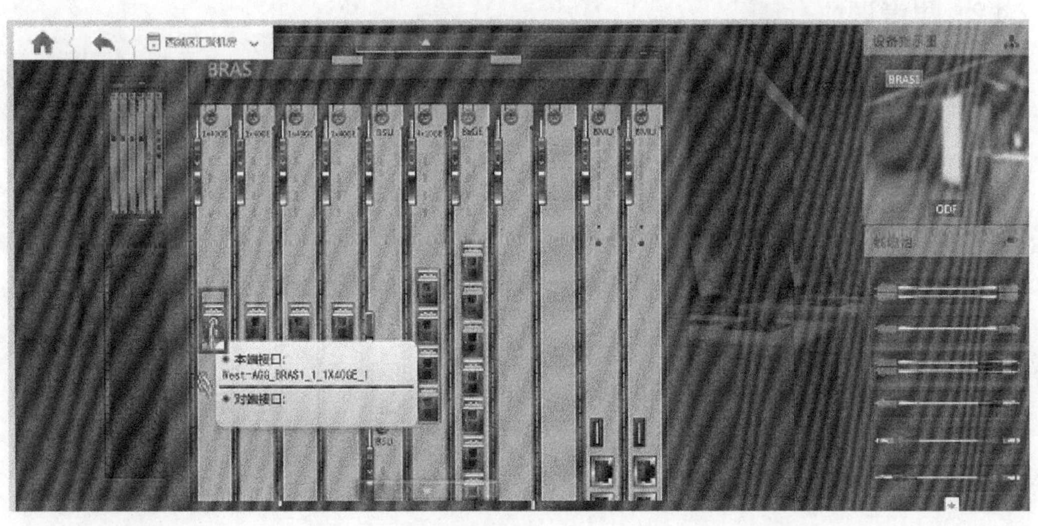

图 7-25

步骤 11：单击设备指示图中 ODF 设备按钮，将尾纤另一端连接至如图 7-26 所示位置。

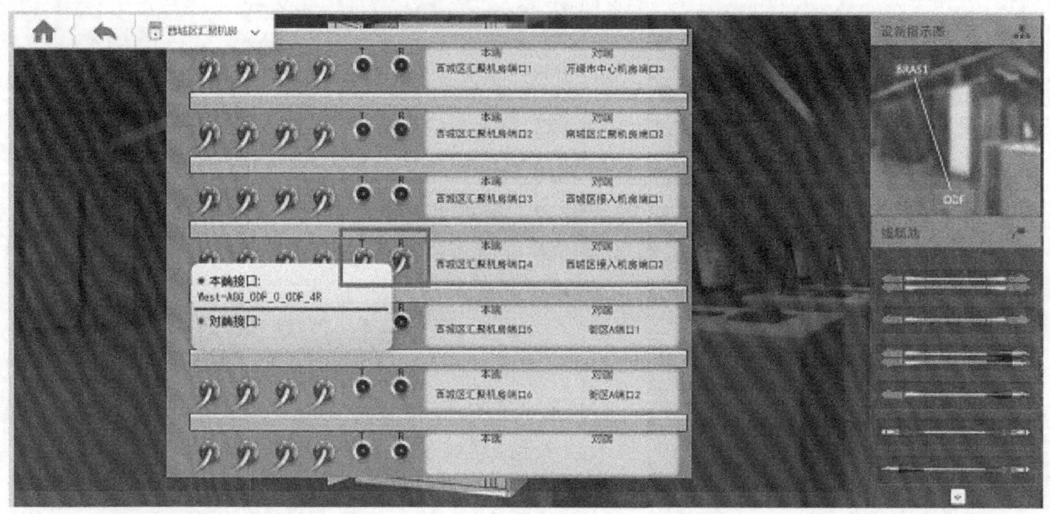

图 7-26

7.4 总结与思考

7.4.1 实习总结

在数据配置之前，必须先进行设备的安装及连纤，设备连纤正确与否关系到设备之间是否能够正常的通信，在进行线缆连接时要根据实际的应用场景来选择合适的线缆。

7.4.2 思考题

1．在设备进行连线时，LC-FC 光纤的应用场景是什么？LC-LC 的应用场景是什么？
2．在设备连线时如果识别端口的速率级别，不同速率级别端口连线是否能够连接？
3．汇聚层设备与 OTN 设备连纤时如何进行连接？

7.4.3 练习题

参照实习拓扑规划，完成拓扑中剩余部分设备的添加及连线。

实习单元 8

IP 地址配置

8.1 实习说明

8.1.1 实习目的

掌握三网融合仿真软件中路由器、SW 设备 IP 地址的配置方法
熟悉 IP 地址规划的原则

8.1.2 实习任务

1. 路由器接口 IP 地址配置
2. 路由器子接口 IP 地址配置
3. SW 接口 IP 地址配置
4. SW、路由器设备 loopback 地址配置

8.1.3 实习时长

1 学时

8.2 拓扑规划

无

数据规划

与任务相关的数据规划分别如表 8-1 和表 8-2 所示。

表 8-1　中心机房路由器设备 IP 规划

端口	IP 地址	子网掩码
100G-1/1	172.16.1.1	255.255.255.252
100G-2/1.1（VLAN 30）	172.16.1.5	255.255.255.252
100G-2/1.2（VLAN 40）	172.16.1.9	255.255.255.252
loopback1	1.1.1.1	255.255.255.255

表 8-2　中心机房 SW 设备 IP 及 VLAN 规划

端口	IP 地址	子网掩码
40G-1/1（VLAN 10）	172.17.1.1	255.255.255.252
40G-2/1（VLAN 20）	172.17.1.5	255.255.255.252
loopback1	2.2.2.2	255.255.255.255

8.3　实习步骤

8.3.1　实习任务一：路由器接口 IP 地址配置（以中心机房为例）

步骤 1：打开并登录软件，进入设备配置页签，将鼠标放至界面中任意一个跳动的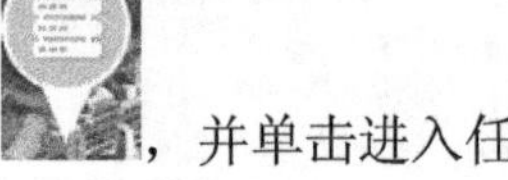，并单击进入任一机房。

步骤 2：将鼠标放至界面左上角显示有机房名称的位置会显示机房列表，将鼠标移至要进入的机房后单击鼠标左键进入该机房（中心机房）。

步骤 3：进入机房后参照实习单元 7 设备增加方法进行路由器的添加，其操作过程及结果如图 8-1～图 8-4 所示。

图 8-1

图 8-2

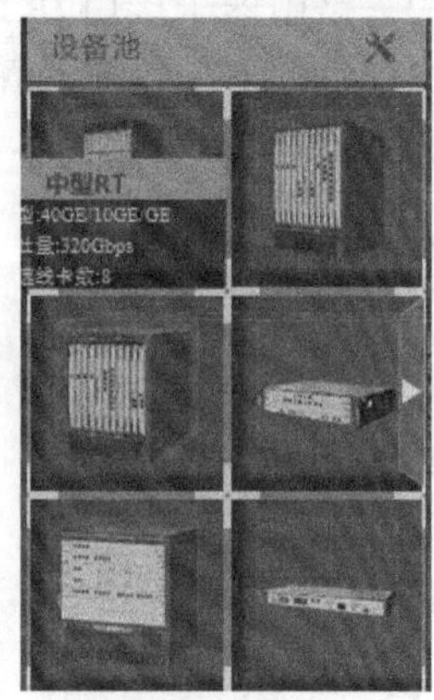

图 8-3

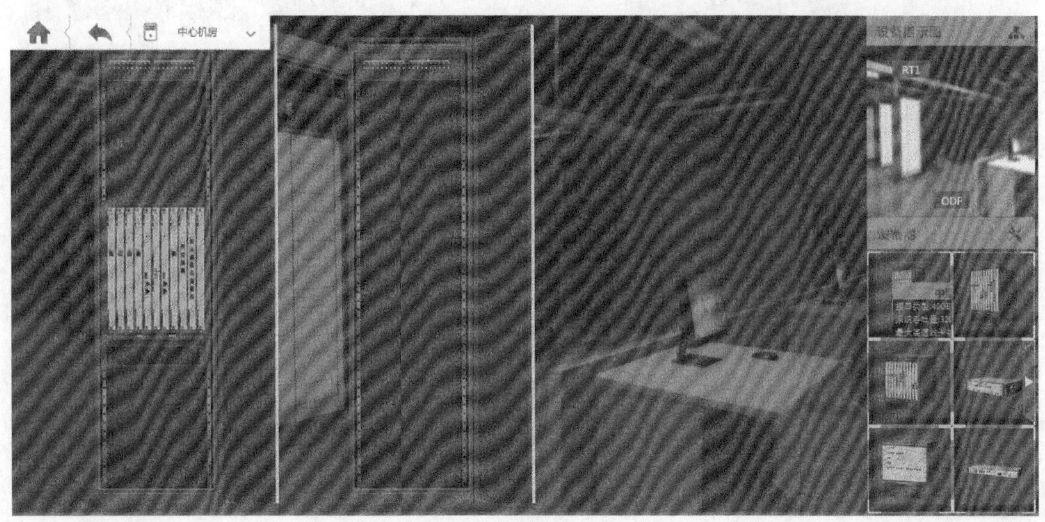

图 8-4

步骤 4：单击界面上方 数据配置 页签，进入数据配置界面，操作结果如图 8-5 所示。

图 8-5

步骤 5：单击界面左侧 RT1 选项，在命令导航框中会显示路由器配置相关信息，操作结果如图 8-6 所示。

步骤 6：单击命令导航列表中第一项 物理接口配置 ，在界面右侧显示路由器所有接口的信息，如图 8-7 所示。

步骤 7：按照数据规划表中的相关信息将 100GE-1/1 口进行 IP 地址及子网掩码的输入，操作结果如图 8-8 所示。

中心机房
配置节点
RT1
命令导航
物理接口配置
逻辑接口配置
配置loopback接口
配置子接口
静态路由配置
OSPF路由配置
OSPF全局配置
OSPF接口配置
RT1
ODF

图 8-6

中心机房
配置节点
RT1
命令导航
物理接口配置
逻辑接口配置
配置loopback接口
配置子接口
静态路由配置
OSPF路由配置
OSPF全局配置
OSPF接口配置
物理接口配置
接口ID 接口状态 光/电 IP地址 子网掩码 接口描述
100GE-1/1 down 光
100GE-2/1 down 光
100GE-3/1 down 光
100GE-4/1 down 光
100GE-5/1 down 光
40GE-6/1 down 光
40GE-7/1 down 光
40GE-8/1 down 光
40GE-9/1 down 光
40GE-10/1 down 光
10GE-11/1 down 光
10GE-11/2 down 光
10GE-11/3 down 光
10GE-11/4 down 光
确定

图 8-7

中心机房
配置节点
RT1
命令导航
物理接口配置
逻辑接口配置
配置loopback接口
配置子接口
静态路由配置
OSPF路由配置
OSPF全局配置
OSPF接口配置
物理接口配置
接口ID 接口状态 光/电 IP地址 子网掩码 接口描述
100GE-1/1 down 光 172.16.16.1 255.255.255.252
100GE-2/1 down 光
100GE-3/1 down 光
100GE-4/1 down 光
100GE-5/1 down 光
40GE-6/1 down 光
40GE-7/1 down 光
40GE-8/1 down 光
40GE-9/1 down 光
40GE-10/1 down 光
10GE-11/1 down 光
10GE-11/2 down 光
10GE-11/3 down 光
10GE-11/4 down 光
确定

图 8-8

步骤 8：输入完毕后，单击下方确定按钮，进行输入信息的确认与保存。

8.3.2　实习任务二：路由器子接口配置

在进行路由器配置时有时需将路由器的物理接口划分成多个逻辑子接口进行 IP 地址的配置，其配置步骤如下所示。

步骤 1：在路由器配置界面，鼠标单击左侧命令导航中 逻辑接口配置 菜单选项（若菜单项后为>，单击将菜单项展开）。

步骤 2：单击逻辑接口配置选项中配置子接口菜单项，界面右侧显示子接口配置信息，如图 8-9 所示。

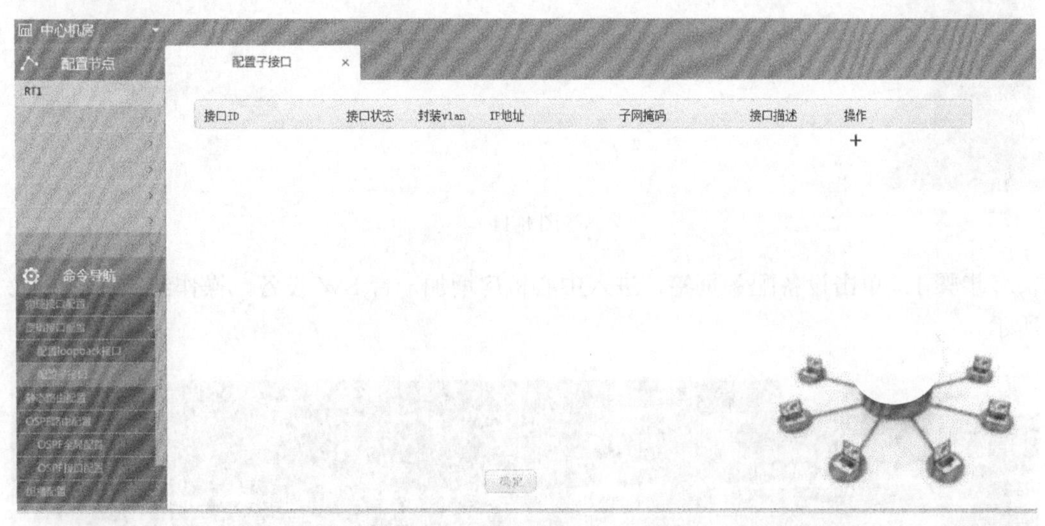

图 8-9

步骤 3：单击右侧界面中操作菜单下的 + 按钮，进行子接口的增加，操作结果如图 8-10 所示。

接口ID	接口状态	封装vlan	IP地址	子网掩码	接口描述	操作
▾ .			. . .	. . .		×
						+

图 8-10

步骤 4：在接口 ID 项中，在下拉菜单中进行端口的选择，接口 ID 小数点后方框进行子接口 ID 的输入，封装 VLAN 菜单下进行 VLAN 的输入，IP 地址及子网掩码菜单下进行 IP 地址及掩码的输入（参照数据规划进行填写），操作结果如图 8-11 所示。

步骤 5：单击下方确定按钮，完成子接口相关信息的保存，此时接口状态菜单会显示目前该端口的状态是否正常。

8.3.3　实习任务三：SW 接口 IP 地址配置

由于 SW 设备核心为三层交换机，交换机设备无法在接口下直接配置 IP 地址，只能将 IP 地址配置在 VLAN 中，然后再将 VLAN 与接口进行关联。

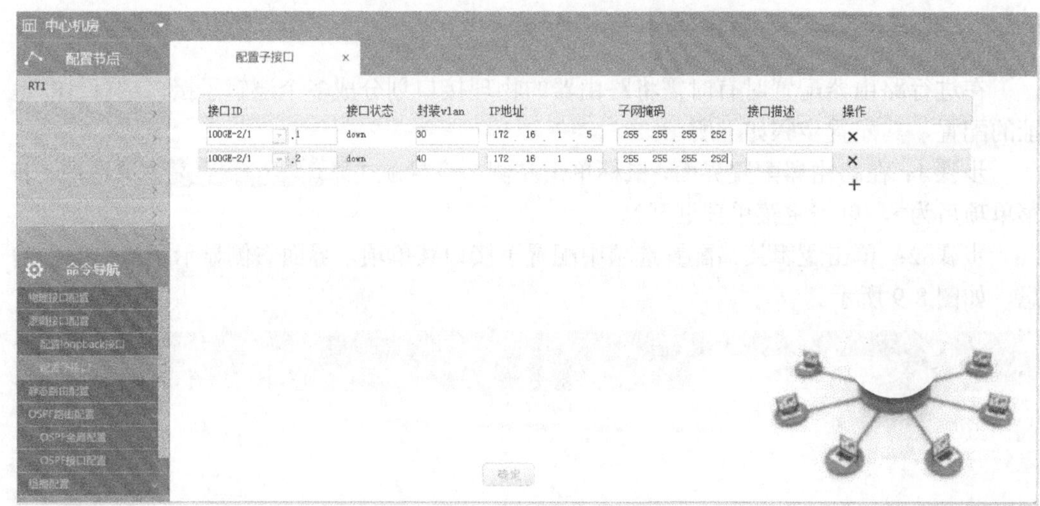

中心机房
配置节点
RT1
配置子接口
接口ID
接口状态
封装vlan
IP地址
子网掩码
接口描述
操作
100GE-2/1 .1 down 30 172.16.1.5 255.255.255.252
100GE-2/1 .2 down 40 172.16.1.9 255.255.255.252
命令导航
物理接口配置
逻辑接口配置
配置loopback接口
配置子接口
静态路由配置
OSPF路由配置
OSPF全局配置
OSPF接口配置

图 8-11

步骤 1：单击设备配置页签，进入中心机房增加一台 SW 设备，操作结果如图 8-12 所示。

图 8-12

步骤 2：单击界面上方数据配置页签，将鼠标放至界面左上角承载页签，在下拉列表中选择中心机房，操作结果如图 8-13 所示。

步骤 3：进入该机房数据配置界面，单击界面左侧配置节点下 SW 选项，在命令导航框中会显示 SW 配置相关信息，操作结果如图 8-14 所示。

步骤 4：单击命令导航中第一项物理接口配置，在界面右侧会显示 SW 所有接口的信息，操作结果如图 8-15 所示。

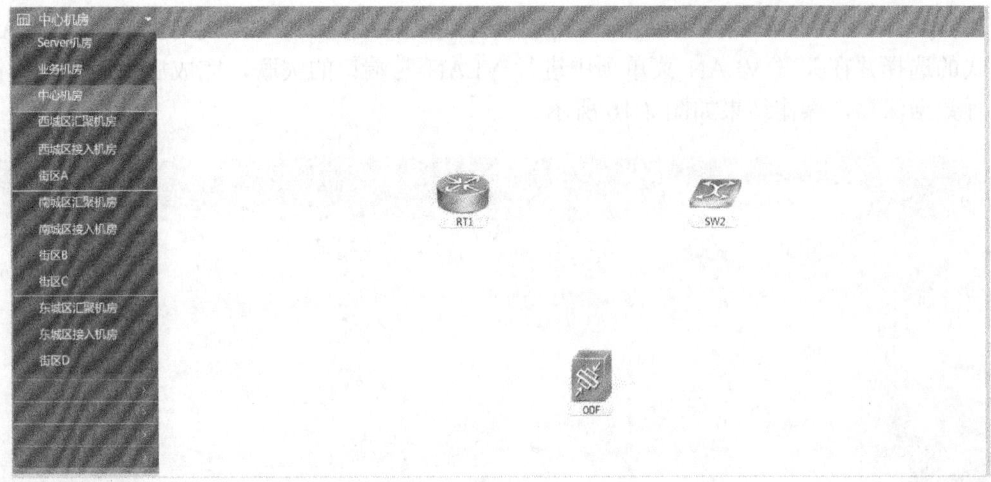

图 8-13

图 8-14

中心机房
配置节点
RT1
SW2
命令导航
物理接口配置

接口ID	接口状态	光/电	VLAN模式	关联VLAN	接口描述
40GE-1/1	down	光	access	1	
40GE-1/2	down	光	access	1	
40GE-1/3	down	光	access	1	
40GE-1/4	down	光	access	1	
10GE-2/1	down	光	access	1	
10GE-2/2	down	光	access	1	
10GE-2/3	down	光	access	1	
10GE-2/4	down	光	access	1	
10GE-2/5	down	光	access	1	
10GE-2/6	down	光	access	1	
10GE-2/7	down	光	access	1	
10GE-2/8	down	光	access	1	
GE-3/1	down	光	access	1	
GE-3/2	down	光	access	1	

确定

图 8-15

步骤 5：在界面右侧显示的接口中找到对应端口，在 VLAN 模式列表中进行 VLAN 模式的选择并在关联 VLAN 菜单项中进行 VLAN 与端口的关联，完成后单击确定按钮进行数据保存，操作结果如图 8-16 所示。

中心机房
配置节点
RT1
SW2
命令导航
物理接口配置
逻辑接口配置
配置loopback接口
配置VLAN三层接口
静态路由配置
OSPF路由配置
OSPF全局配置
OSPF接口配置

物理接口配置 ×

接口ID	接口状态	光/电	VLAN模式	关联VLAN	接口描述
40GE-1/1	down	光	access	10	
40GE-1/2	down	光	access	20	
40GE-1/3	down	光	access	1	
40GE-1/4	down	光	access	1	
10GE-2/1	down	光	access	1	
10GE-2/2	down	光	access	1	
10GE-2/3	down	光	access	1	
10GE-2/4	down	光	access	1	
10GE-2/5	down	光	access	1	
10GE-2/6	down	光	access	1	
10GE-2/7	down	光	access	1	
10GE-2/8	down	光	access	1	
GE-3/1	down	光	access	1	
GE-3/2	down	光	access	1	

确定

图 8-16

步骤 6：点击左侧命令导航逻辑接口配置菜单下的 配置VLAN三层接口 选项，右侧会显示配置 VLAN 三层接口界面，操作结果如图 8-17 所示。

配置VLAN三层接口 ×

接口ID	接口状态	IP地址	子网掩码	接口描述	操作
					+

图 8-17

步骤 7：单击操作菜单下 + 按钮，进行 VLAN 三层接口的配置，操作结果如图 8-18 所示。

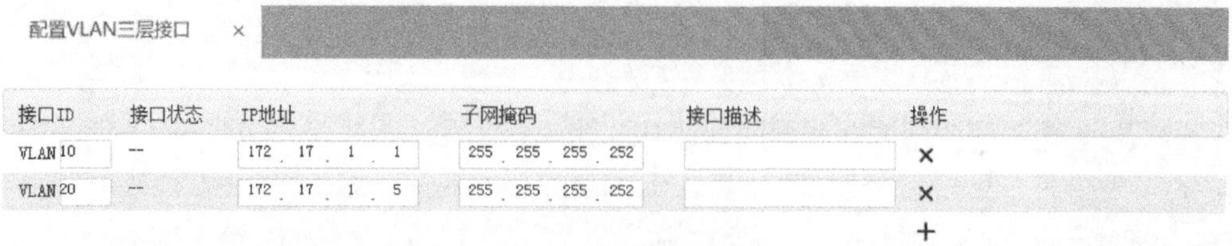

配置VLAN三层接口 ×

接口ID	接口状态	IP地址	子网掩码	接口描述	操作
VLAN 10	--	172.17.1.1	255.255.255.252		×
VLAN 20	--	172.17.1.5	255.255.255.252		×
					+

图 8-18

步骤 8：单击确定按钮进行相关信息的确认与保存。

8.3.4 实习任务四：SW 或路由器设备 loopback 地址配置

步骤 1：参照上述任务进入到 SW 设备或者路由器设备配置界面（以 SW 设备为例，

路由器与 SW 配置过程相同）。

步骤 2：在命令导航框中选择逻辑接口配置下的配置 loopback 接口选项，如图 8-19 所示。

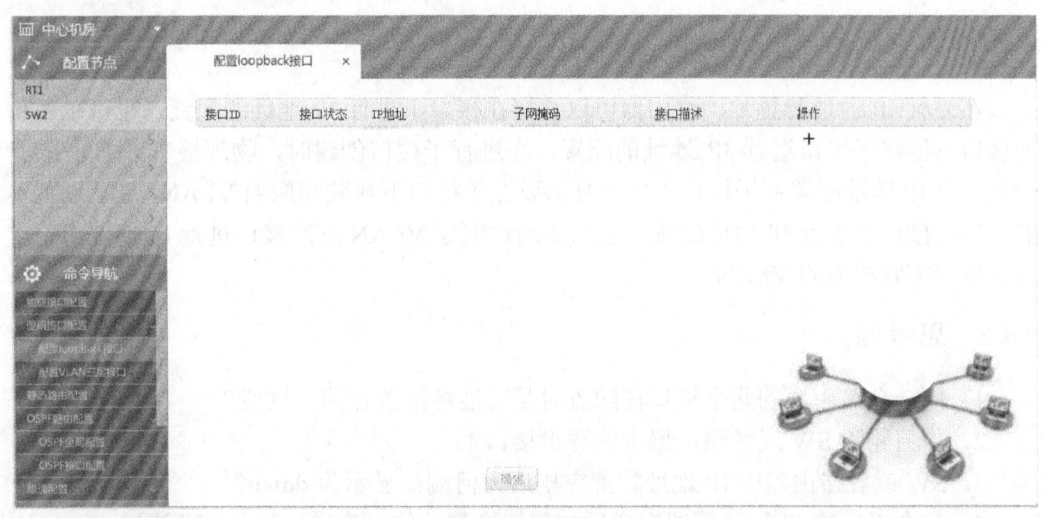

图 8-19

步骤 3：在界面右侧显示的配置 loopback 接口界面中，单击操作菜单下的 + 按钮进行 loopback 接口的增加，操作如图 8-20 所示。

图 8-20

步骤 4：按照数据规划表中的内容进行 loopback 编号、IP 地址、子网掩码的输入，操作如图 8-21 所示。

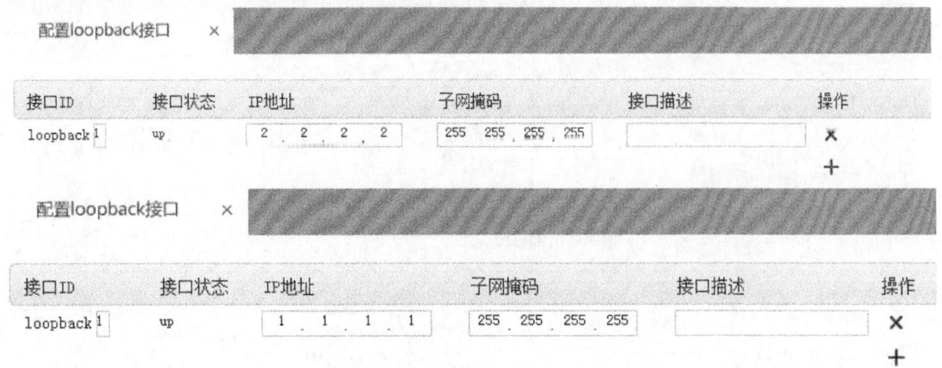

图 8-21

步骤 5：单击界面下方确定按钮，进行相关配置信息的确认和保存。

8.4 总结与思考

8.4.1 实习总结

在进行 IP 地址配置时，路由器可以直接在接口下进行 IP 地址的配置，也可以在物理接口下创建子接口进行 IP 地址的配置；在进行子接口创建时，物理接口下不配置 IP 地址，将 IP 地址配置在子接口下，并且需要在子接口下封装相应的 VLAN。SW 设备不能直接在接口下进行 IP 地址配置，它只能通过创建 VLAN 三层接口进行 IP 地址的配置并在接口关联相应的 VLAN。

8.4.2 思考题

1．同一台路由器的两个接口在配置时是否能够配置在同一网段？
2．如何删除 SW 或者路由器中的逻辑接口？
3．SW 或者路由器中 IP 地址配置完毕后为何端口显示为 down？
4．一个机房的 IP 地址配置完成后如何切换到其他机房进行相关 IP 配置？

8.4.3 练习题

1．完成如图 8-22 所示拓扑中设备的添加、连线。
2．进行设备 IP 地址及相关 VLAN 的规划。
3．配置完毕后查看相连接口的状态是否为 up。

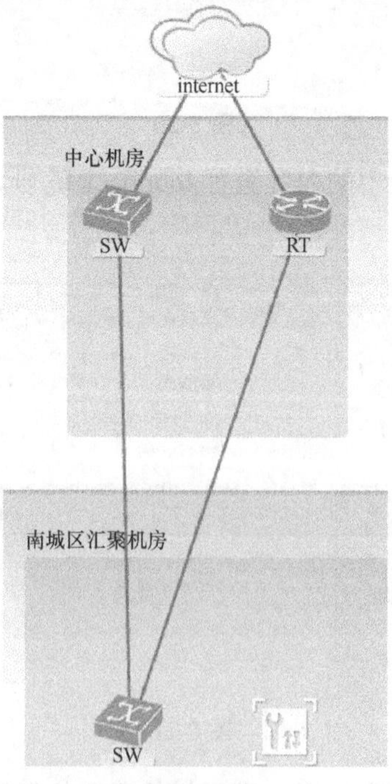

图 8-22

实习单元 9

VLAN 配置

9.1 实习说明

9.1.1 实习目的

掌握交换机接口的几种 VLAN 模式
熟悉交换机 VLAN 转发原则
熟悉不同 VLAN 模式的应用场景

9.1.2 实习任务

1. 单交换机下 VLAN 之间的通信
2. 跨交换机 VLAN 之间的通信

9.1.3 实习时长

2 课时

9.2 拓扑规划

与任务相关的拓扑规划如图 9-1（单交换机）和图 9-2 所示（跨交换）。

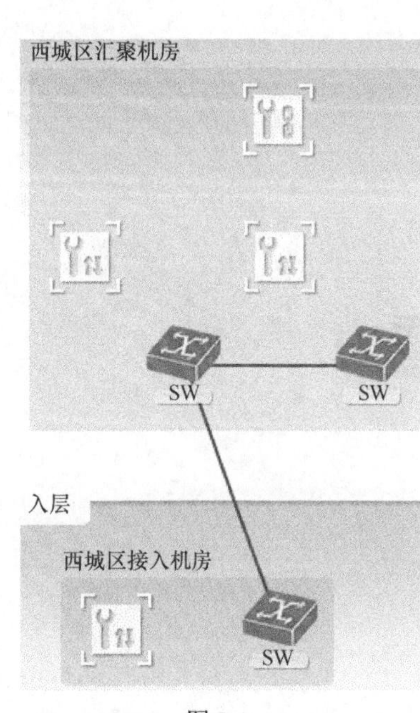

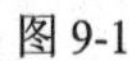
图 9-1

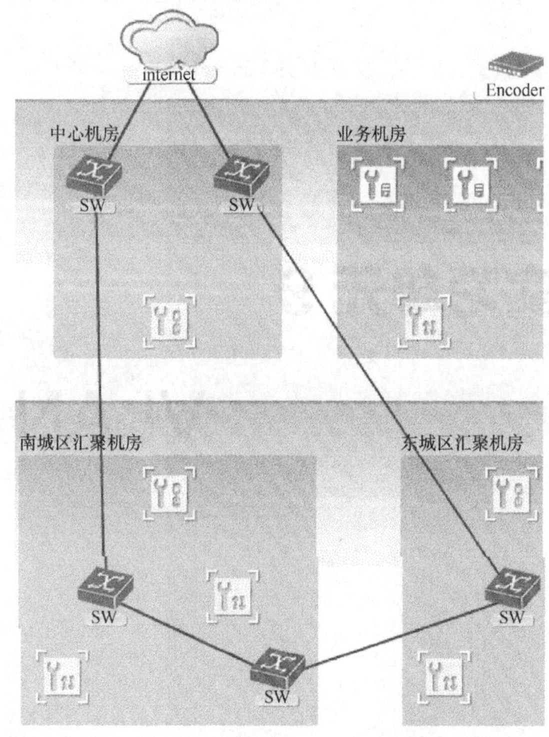

图 9-2

数据规划

与任务相关的数据规划如表 9-1 和表 9-2 所示（文中若无其他说明，SW 设备统一为小型）。

表 9-1　西城区拓扑数据规划

设备名称	本端端口	端口 IP	端口 VLAN	端口模式	对端设备
西城区接入机房	10GE-1/1	192.168.1.1/24	2	Access	汇 SW-1
西城区汇聚机房 SW-1	10GE-1/1	无	10	Access	汇 SW-2
西城区汇聚机房 SW-1	10GE-1/2	无	10	Access	接入
西城区汇聚机房 SW-2	10GE-1/1	192.168.1.2/24	3	Access	汇 SW-1

表 9-2　南城区、东城区及中心机房拓扑数据规划

设备名称	本端端口	端口 IP	端口 VLAN	端口模式	对端设备
南城区汇聚机房 SW-4	10GE-1/1	无	10	Access	东城区汇聚机房 SW
南城区汇聚机房 SW-4	10GE-1/2	无	10，20	Trunk	南城区汇聚机房 SW-1
东城区汇聚机房 SW	10GE-1/2	无	20	Access	中心 SW-2
南城区汇聚机房 SW-1	10GE-1/1	无	10	Access	中心 SW-1
南城区汇聚机房 SW-1	10GE-1/2	无	10，20	Trunk	南汇 SW-4
东城区汇聚机房	10GE-1/1	192.168.2.1/24	4	Access	南汇 SW-4
中心机房 SW-1	10GE-1/1	192.168.2.2/24	5	Access	南汇 SW-1
中心机房 SW-2	10GE-1/1	192.168.2.3/24	6	Access	东汇 SW

9.3　实习步骤

9.3.1　实习任务一：单交换机下 VLAN 通信

步骤 1：打开并登录软件，按照拓扑表及数据规划表中相关信息进行设备添加及设备连线。

步骤 2：单击界面上方数据配置按钮，查看拓扑搭建是否与图 9-1 一致。

步骤 3：单击界面上方数据配置页签，将鼠标移至左上角承载菜单处，在下拉列表中选择西城区接入机房，进入该机房数据配置界面，操作结果如图 9-3 所示。

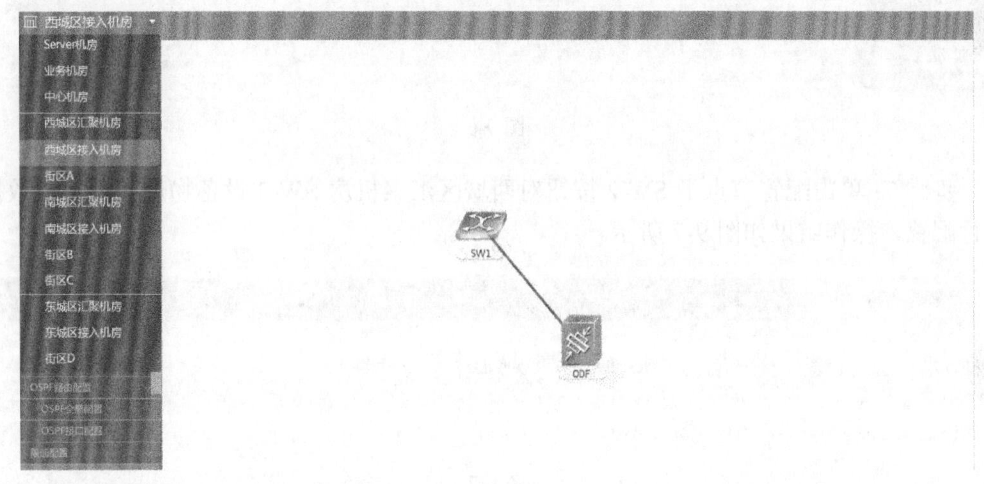

图 9-3

步骤 4：单击配置节点下 SW 设备按钮，在命令导航中单击物理接口配置菜单，按照数据规划表进行物理接口数据配置，操作结果如图 9-4 所示。

接口ID	接口状态	光/电	VLAN模式	关联VLAN	接口描述
10GE-1/1	up	光	access	2	
10GE-1/2	down	光	access	1	

图 9-4

步骤 5：单击命令导航中逻辑接口配置选项下的配置 VLAN 三层接口菜单项进行相关数据配置，操作结果如图 9-5 所示。

配置VLAN三层接口 ×

接口ID	接口状态	IP地址	子网掩码	接口描述	操作
VLAN 2	--	192.168.1.1	255.255.255.0		×
					+

图 9-5

步骤 6：单击界面上方页签切换至西城区汇聚机房对 SW-1 设备物理接口进行数据配置，操作结果如图 9-6 所示。

西城区汇聚机房

配置节点

SW1

SW2

命令导航

物理接口配置

接口ID	接口状态	光/电	VLAN模式	关联VLAN	接口描述
10GE-1/1	up	光	access	10	
10GE-1/2	up	光	access	10	
10GE-1/3	down	光	access	1	
10GE-1/4	down	光	access	1	
GE-1/5	down	光	access	1	
GE-1/6	down	光	access	1	
GE-1/7	down	光	access	1	
GE-1/8	down	光	access	1	
GE-1/9	down	光	access	1	
GE-1/10	down	光	access	1	
GE-1/11	down	光	access	1	
GE-1/12	down	光	access	1	
GE-1/13	down	电	access	1	
GE-1/14	down	电	access	1	

确定

图 9-6

步骤 7：单击配置节点下 SW-2 按钮对西城区汇聚机房 SW-2 设备物理接口相关数据进行配置，操作结果如图 9-7 所示。

物理接口配置

接口ID	接口状态	光/电	VLAN模式	关联VLAN	接口描述
10GE-1/1	up	光	access	3	
10GE-1/2	down	光	access	1	

图 9-7

步骤 8：单击命令导航中逻辑接口配置选项下的配置 VLAN 三层接口，进行相关数据配置，操作结果如图 9-8 所示。

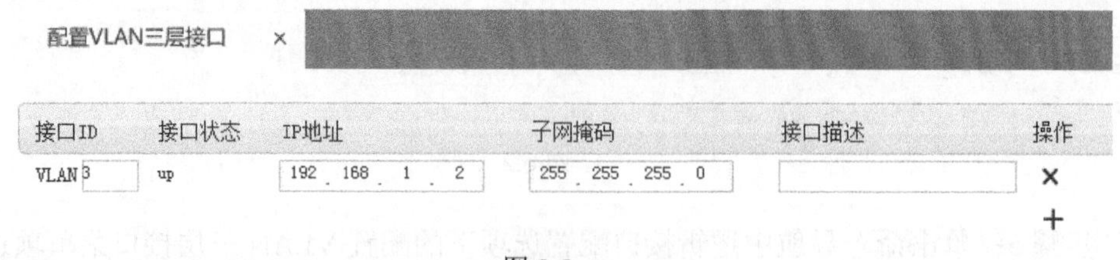
配置VLAN三层接口

接口ID	接口状态	IP地址	子网掩码	接口描述	操作
VLAN 3	up	192.168.1.2	255.255.255.0		× +

图 9-8

步骤 9：操作完成后，单击界面上方“业务调测”页签后进入业务调试界面，操作结果如图 9-9 所示。

步骤 10：单击界面右侧 ping 选项进行测试（在进行 ping 命令测试时，先将鼠标放至一个待测试节点后在弹出的列表中将该节点 IP 地址作为源或者目的，若该节点作为源，则将对端要测试的地址按照同样的方法选为目的)，操作过程如图 9-10 和图 9-11 所示。

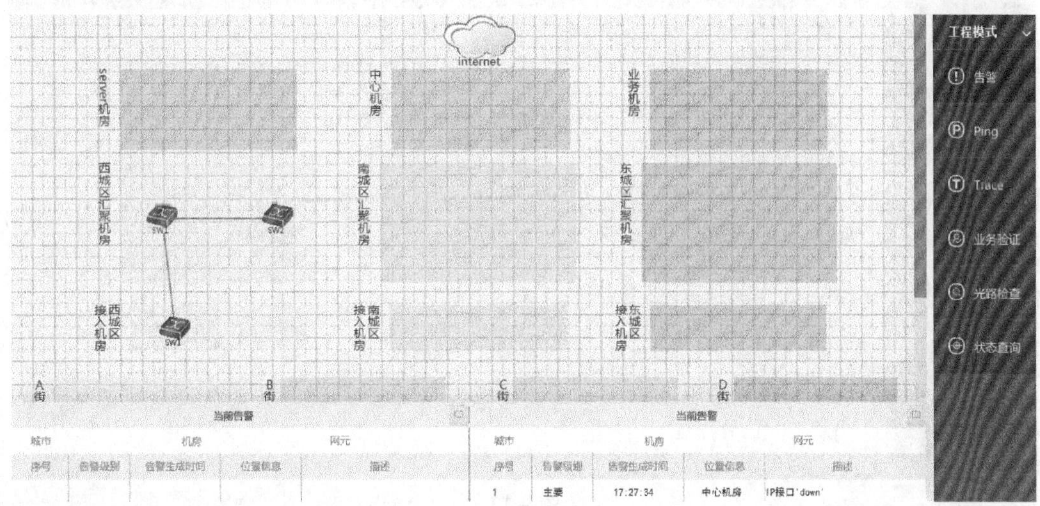

图 9-9

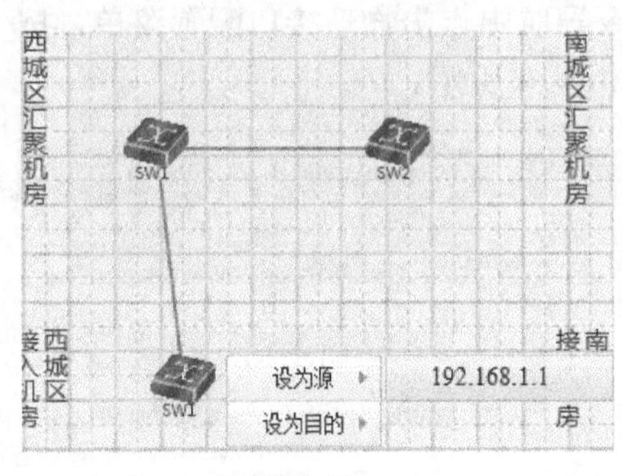

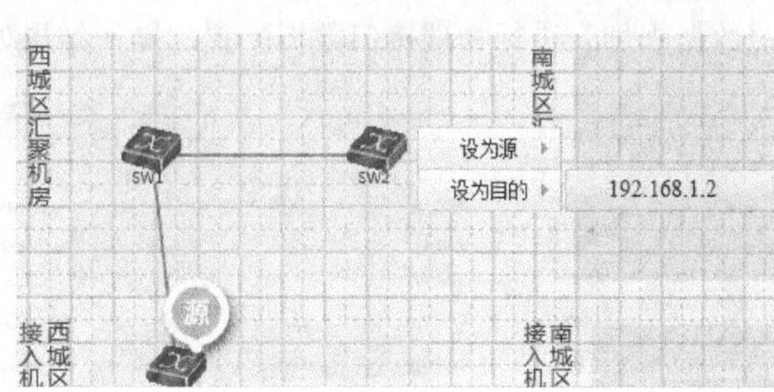

图 9-10　　　　图 9-11

步骤 11：单击界面左下角执行按钮进行测试结果查看，若能够 ping 通，则在右下角操作记录中显示成功，如图 9-12 所示，如 ping 不通则显示为失败。

当前结果

源地址 192.168.1.1　目的地址 192.168.1.2　执行

192.168.1.2 的Ping 统计信息：

数据包：已发送=4，已接收=4，丢失=0 0%丢失

操作记录

城市　结束时间

序号	时间	源地址	目的地址	结果
1	17:29:40	192.168.1.1	192.168.1.2	成功

图 9-12

9.3.2　实习任务二：跨交换机 VLAN 通信

步骤 1：打开并登录软件，按照拓扑表及数据规划表中相关信息进行设备添加及设备连线。

步骤 2：单击界面上方业务调测按钮，查看拓扑搭建是否与拓扑图一致。

步骤 3：单击界面上方数据配置页签，在下拉列表中选择南城区汇聚机房机房，进入该机房数据配置界面，操作结果如图 9-13 所示。

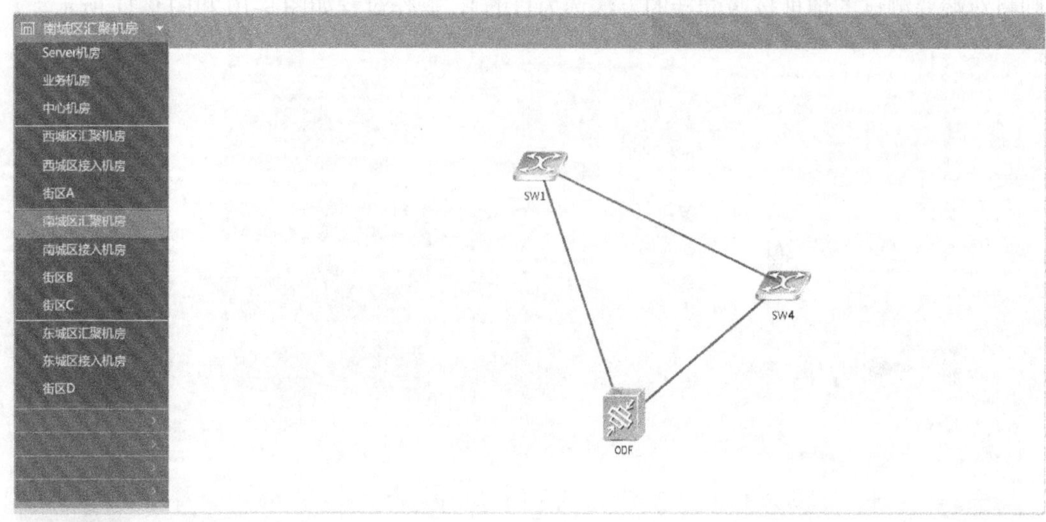

图 9-13

步骤 4：单击配置节点下 SW4 设备按钮，在命令导航中点击物理接口配置菜单，按照数据规划表进行物理接口数据配置，操作结果如图 9-14 所示。

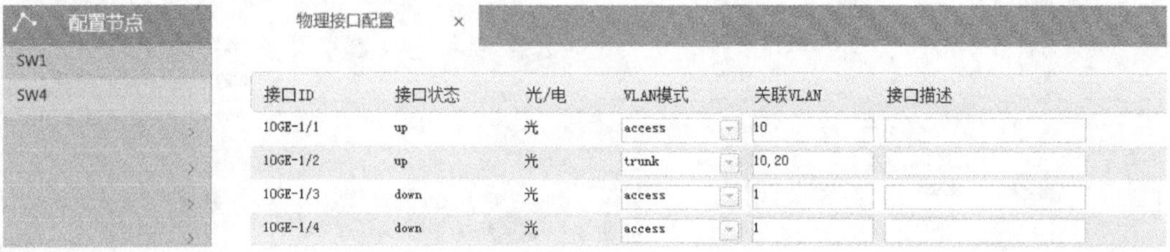

配置节点

SW1

SW4

物理接口配置 ×

接口ID	接口状态	光/电	VLAN模式	关联VLAN	接口描述
10GE-1/1	up	光	access	10	
10GE-1/2	up	光	trunk	10, 20	
10GE-1/3	down	光	access	1	
10GE-1/4	down	光	access	1	

图 9-14

步骤 5：单击配置节点下 SW1 进行配置，操作结果如图 9-15 所示。

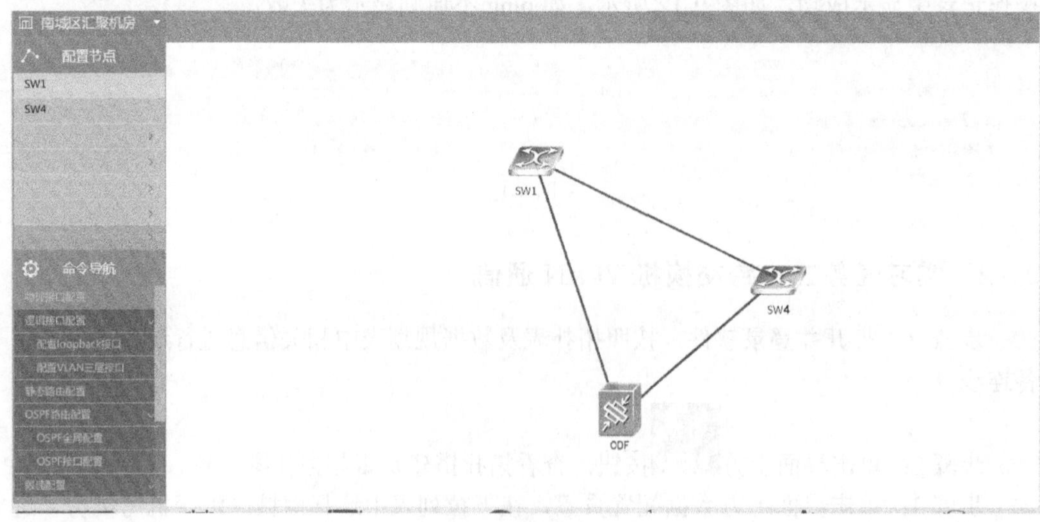

图 9-15

步骤 6：点击配置界面下 SW1 设备按钮，进入 SW1 设备配置界面，在命令导航中单击物理接口配置菜单，参照数据规划进行相关数据的配置，操作结果如图 9-16 所示。

图 9-16

步骤 7：单击界面上方页签，切换至东城区汇聚机房数据配置界面，操作结果如图 9-17 所示。

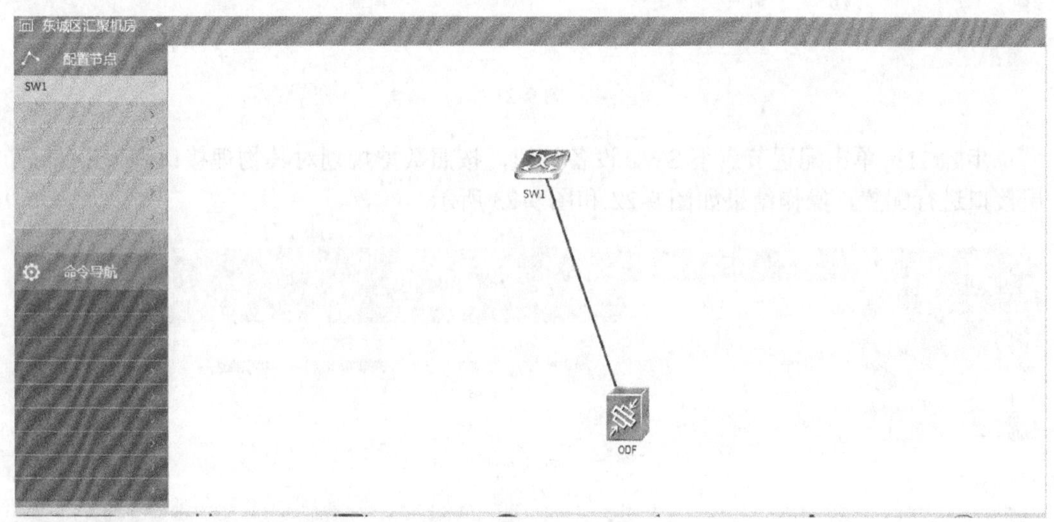

图 9-17

步骤 8：单击配置节点下 SW1 设备按钮，在命令导航中单击物理接口配置菜单，按照数据规划进行相关数据的配置，操作结果如图 9-18 所示。

接口ID	接口状态	光/电	VLAN模式	关联VLAN	接口描述
10GE-1/1	up	光	access	4	

图 9-18

步骤 9：单击命令导航中逻辑接口配置选项下的配置 VLAN 三层接口菜单，按照数据规划进行相关数据配置，操作结果如图 9-19 所示。

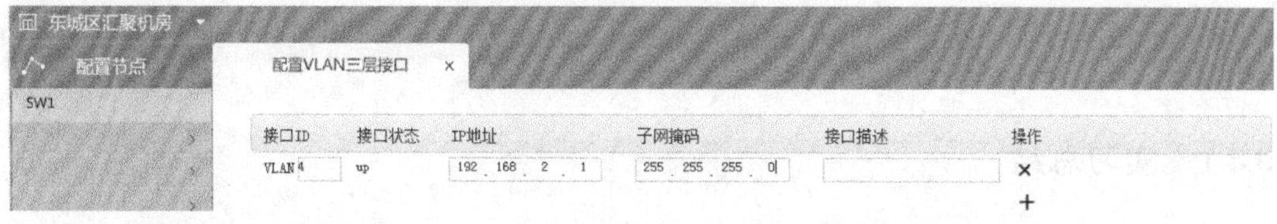

图 9-19

步骤 10：单击界面上方页签切换至中心机房，对 SW1 设备物理接口、VLAN 三层接口配置按照数据规划表中的数据进行相关配置，操作结果如图 9-20 和图 9-21 所示。

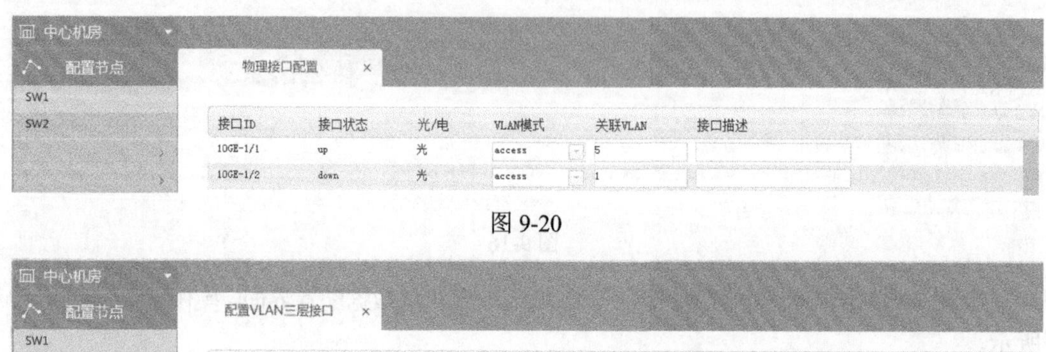

图 9-20

图 9-21

步骤 11：单击配置节点下 SW2 设备按钮，按照数据规划对其物理接口和 VLAN 三层接口进行配置，操作结果如图 9-22 和图 9-23 所示。

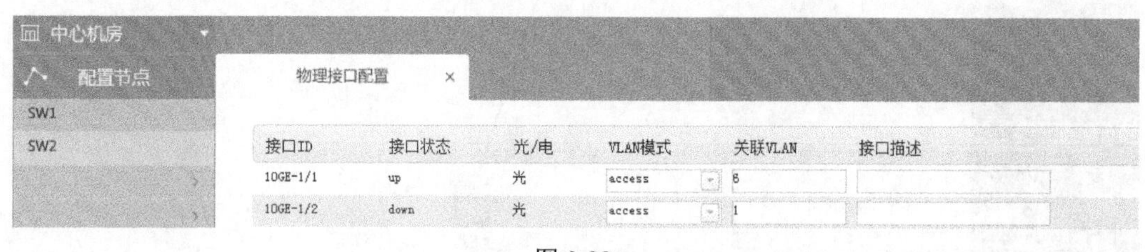

图 9-22

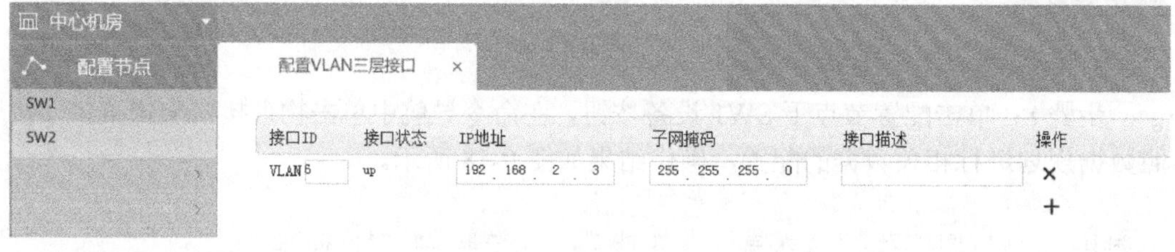

图 9-23

步骤 12：数据配置完毕后，参照任务一步骤 5～7 进行 ping 测试，通过操作记录查看哪些设备之间可以 ping 通，哪些设备之间不能 ping 通。

9.4 总结与思考

9.4.1 实习总结

同一台交换机下相同 VLAN 之间可以通信，不同 VLAN 之间不能够进行通信，VLAN

通信时不受物理位置的限制，可以实现跨交换机 VLAN 的通信。

9.4.2　思考题

1．两个交换机直接相连，互联端口在同一网段不同 VLAN 下是否可以进行通信？为什么？

2．交换机端口 VLAN 转发原则是什么（access、trunk）？

实习单元 10

VLAN 间路由

10.1 实习说明

10.1.1 实习目的

了解 VLAN 间路由方式应用场景

掌握 VLAN 间路由的配置方法及特点

10.1.2 实习任务

1. 普通 VLAN 间路由配置方法
2. 单臂路由配置方法
3. 三层交换机 VLAN 间路由配置方法

10.1.3 实习时长

4 学时

10.2 拓扑规划

与任务相关的拓扑规划分别如图 10-1～图 10-3 所示。

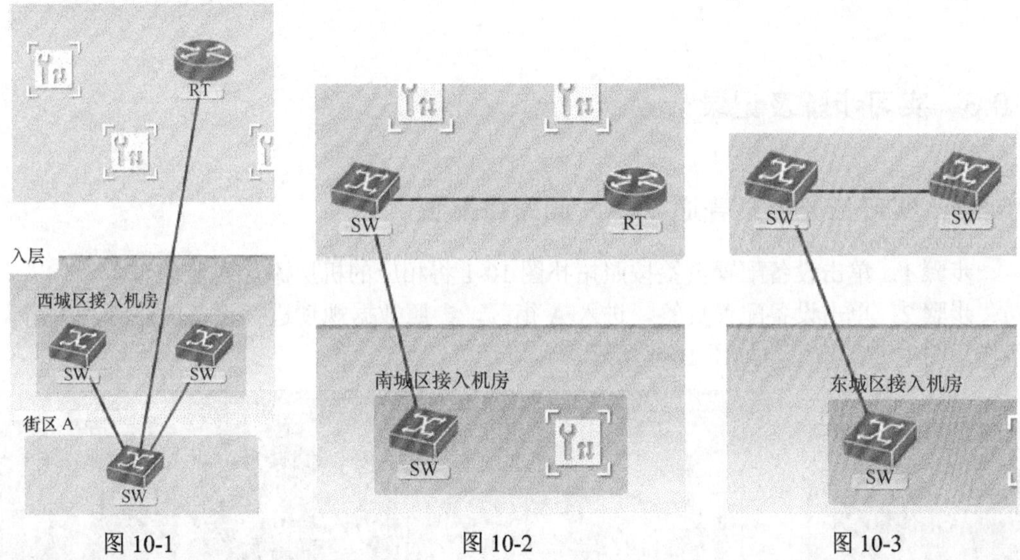

图 10-1　　图 10-2　　图 10-3

数据规划

与任务相关的数据规划分别如表 10-1～表 10-3 所示（文中若无特殊说明，则默认 SW 设备为小型，RT 设备为中型）。

表 10-1　相关街区等数据规划

设备名称	本端端口	VLAN-ID	IP 地址	对端设备及端口
街区 A	10GE-1/1	10	无	西汇聚机房 6/1
街区 A	10GE-1/2	20	无	西汇聚机房 6/2
街区 A	10GE-1/3	10	无	西接入 SW1 10GE-1/1
街区 A	10GE-1/4	20	无	西接入 SW2 10GE-1/1
西接入 SW1	10GE-1/1	3	192.168.1.1/24	街区 A 10GE-1/1
西接入 SW2	10GE-1/1	4	192.168.2.1/24	街区 A 10GE-1/2
西汇聚 RT	10GE-6/1	无	192.168.1.254/24	街区 A 10GE-1/3
	10GE-6/2		192.168.2.254/24	街区 A 10GE-1/4

表 10-2　南城区数据规划

设备名称	本端端口	VLAN-ID	IP 地址/VLAN	对端设备及端口
南城区接入机房 SW	10GE-1/1	3	192.168.3.1/24	南城区汇聚机房 SW 10GE-2/1
南城区汇聚机房 SW	10GE-2/1	10	access	南城区接入机房 SW 10GE-1/1
南城区汇聚机房 SW	10GE-2/2	10	trunk	南城区汇聚机房 RT 10GE-6/1
南城区汇聚机房 RT	10GE-6/1.1	10	192.168.3.2/24	南城区汇聚机房 SW 10GE-2/2

表 10-3　东城区数据规划

设备名称	本端端口	VLAN-ID	IP 地址	对端设备及端口
东城区接入机房	10GE-1/1	6	192.168.3.1/24	东城区汇聚机房 SW1 10GE-1/1
东城区汇聚机房 SW1	10GE-1/1	30	192.168.3.2/24	东城区接入机房 10GE-1/1
东城区汇聚机房 SW1	10GE-1/2	40	192.168.4.2/24	东城区汇聚机房 SW2 10GE-1/1
东城区汇聚机房 SW2	10GE-1/1	7	192.168.4.1/24	东城区汇聚机房 SW1 10GE-1/2

10.3 实习步骤及记录

10.3.1 实习任务一：普通 VLAN 间路由配置

步骤 1：单击设备配置页签按照拓扑图 10-1 将相应的机房添加对应的设备。

步骤 2：单击设备配置页签，进入 A 街区，参照数据规划进行设备的连纤，单击设备指示图中 SW 按钮，如图 10-4 所示。

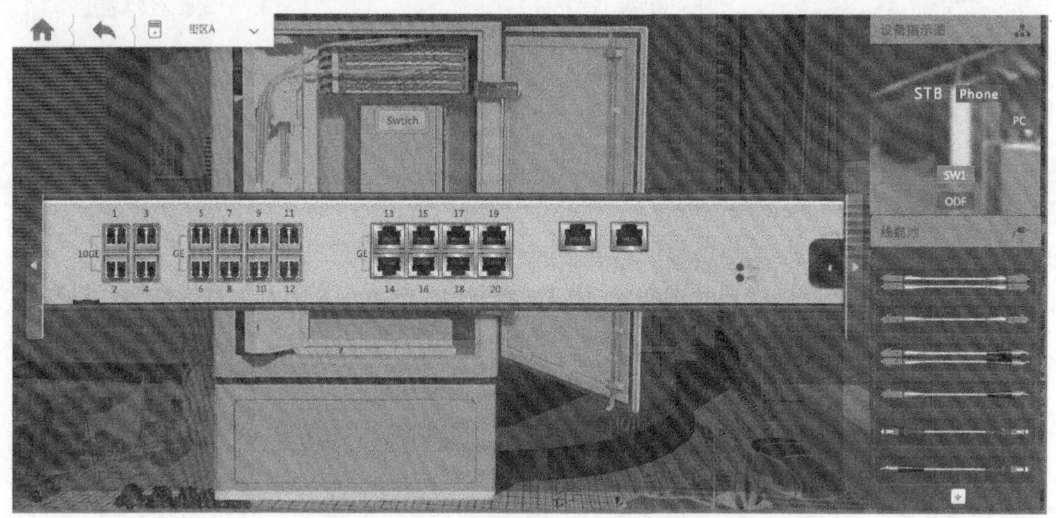

图 10-4

步骤 3：在线缆池中选择成对 LC-FC 尾纤，将尾纤一头连接至 SW1 设备 1 槽位 1 端口，操作结果如图 10-5 所示。

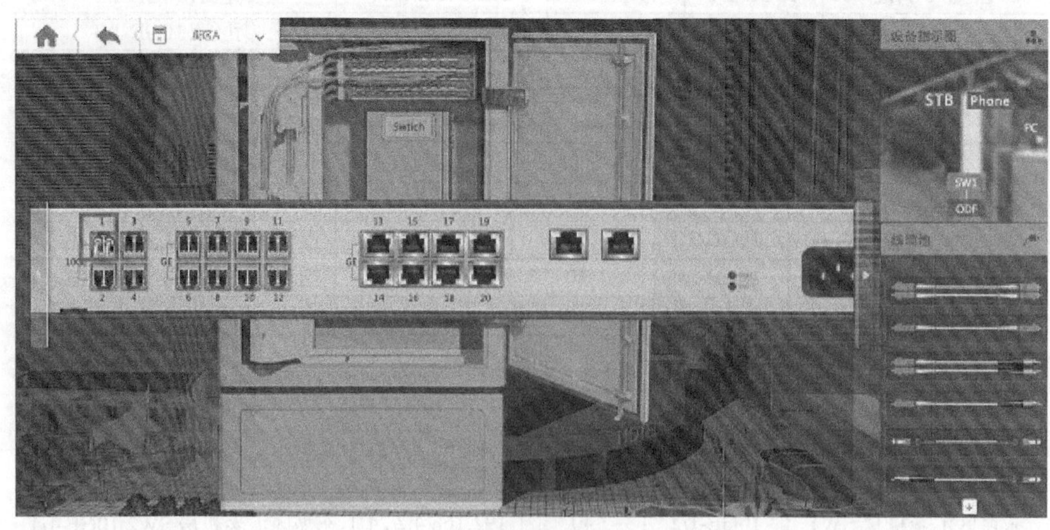

图 10-5

步骤 4：单击 ODF 按钮，用尾纤一段连接至如图 10-6 所示位置。

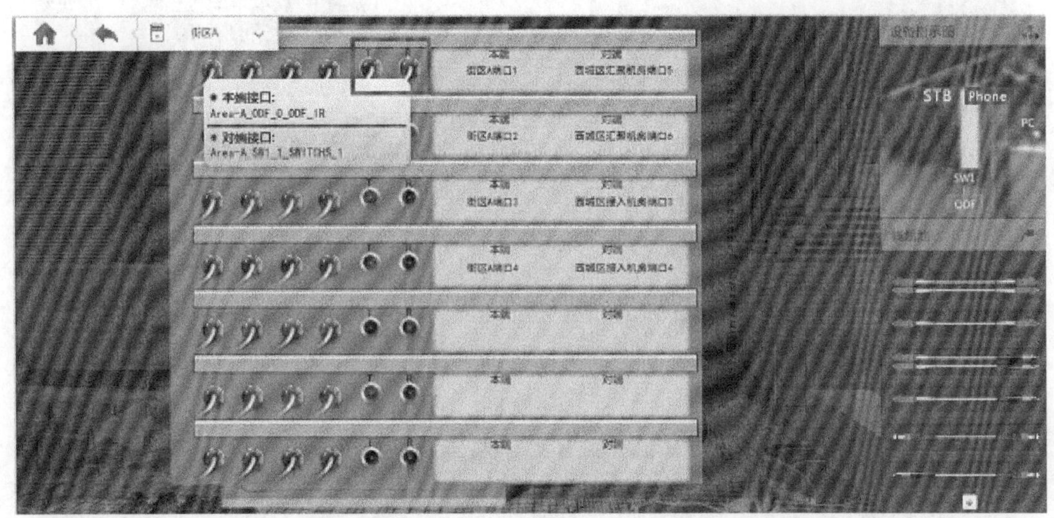

图 10-6

步骤 5：单击 SW1 设备按钮，选择成对 LC-FC 光纤，将光纤一头连接至 SW1 设备 1 槽位 2 端口，操作结果如图 10-7 所示。

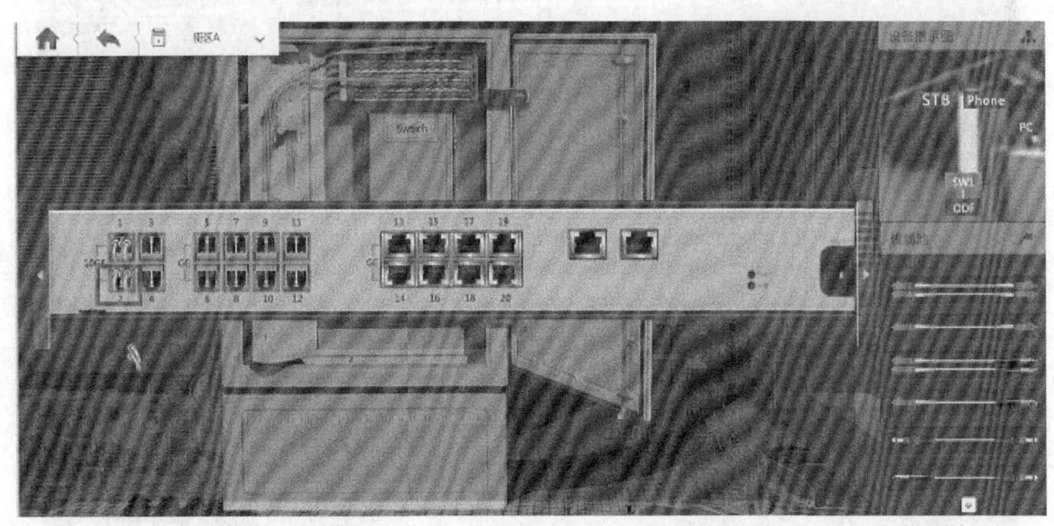

图 10-7

步骤 6：单击 ODF 按钮，将尾纤另外一头连接至如图 10-8 所示位置。

步骤 7：单击 SW1 按钮，选择成对 LC-FC 尾纤，将尾纤一头连接至 SW1 设备 1 槽位 3 端口，操作结果如图 10-9 所示。

步骤 8：单击 ODF 按钮，将尾纤另一端连接至如图 10-10 所示位置。

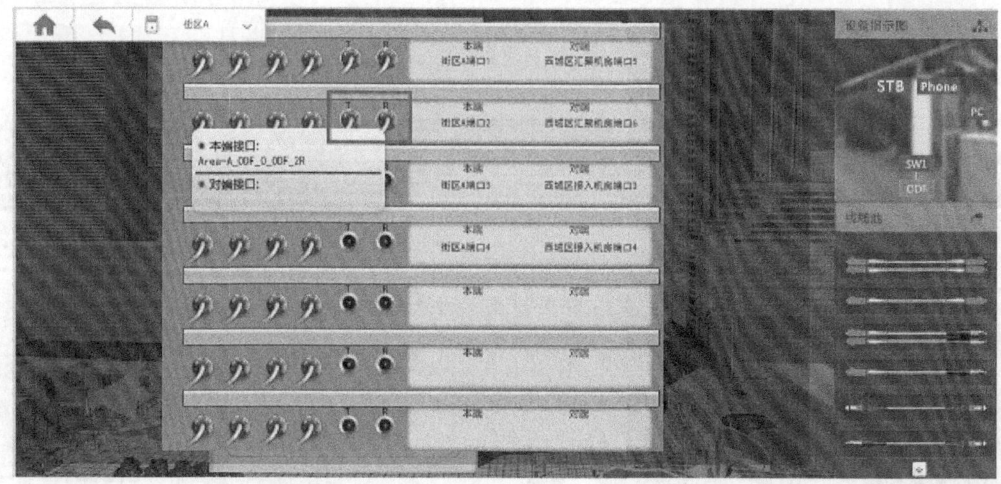

图 10-8

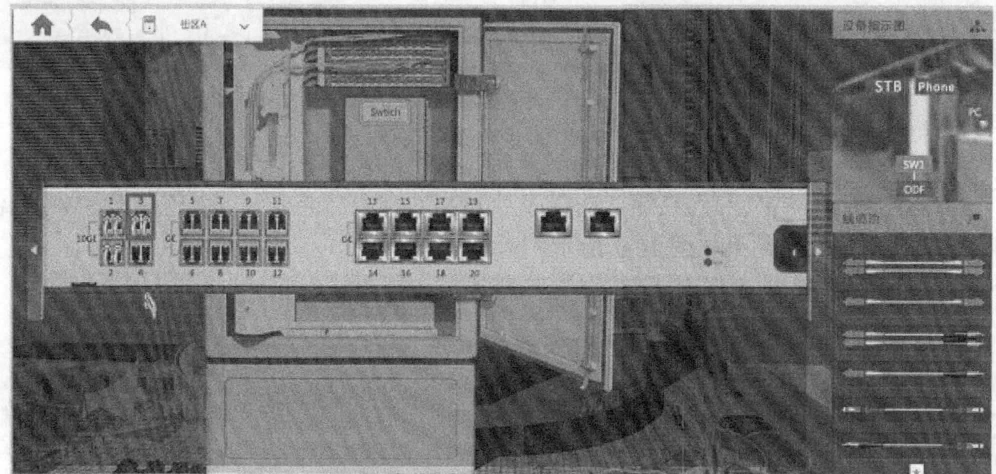

图 10-9

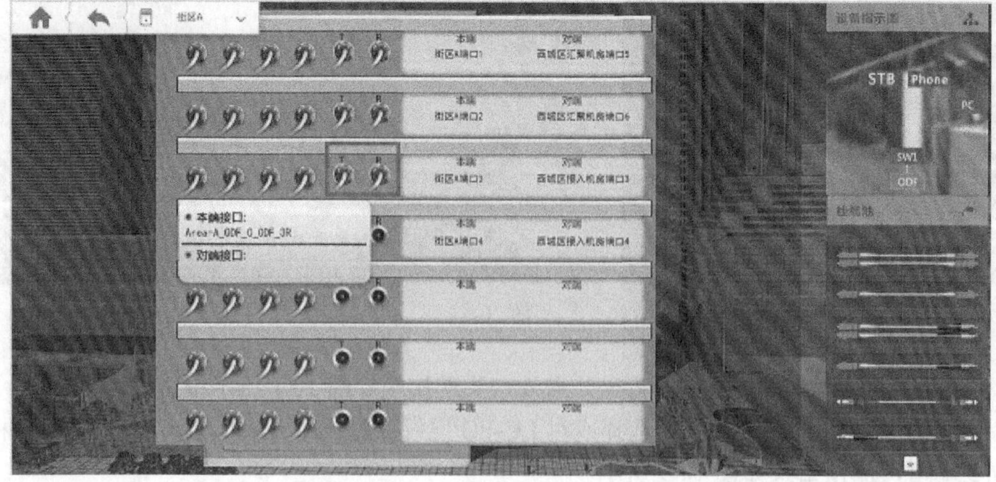

图 10-10

步骤 9：单击 SW1 设备按钮，选择成对 LC-FC 尾纤，将尾纤一端连接至 SW1 设备 1 槽位 4 端口，操作结果如图 10-11 所示。

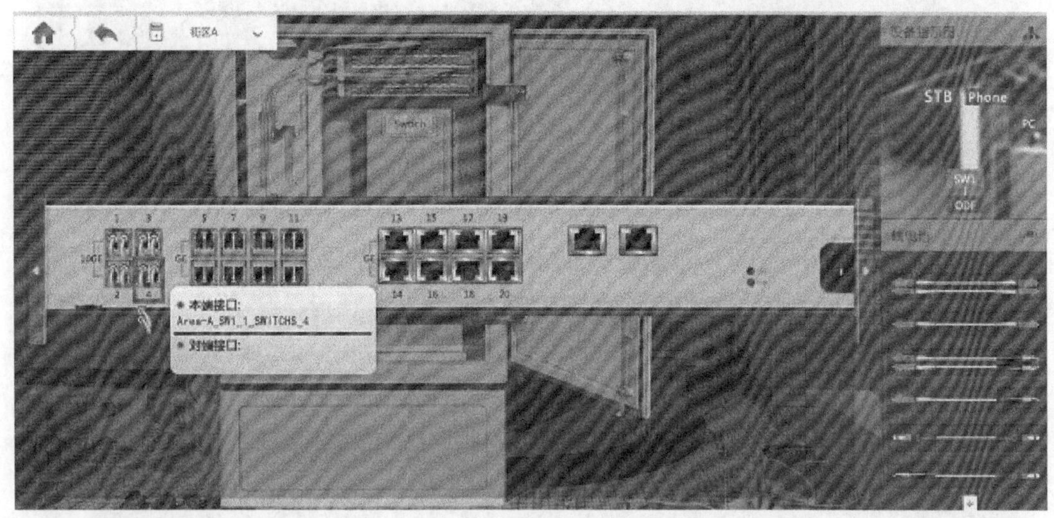

图 10-11

步骤 10：单击 ODF 按钮，将尾纤另一端连接至如图 10-12 所示位置。

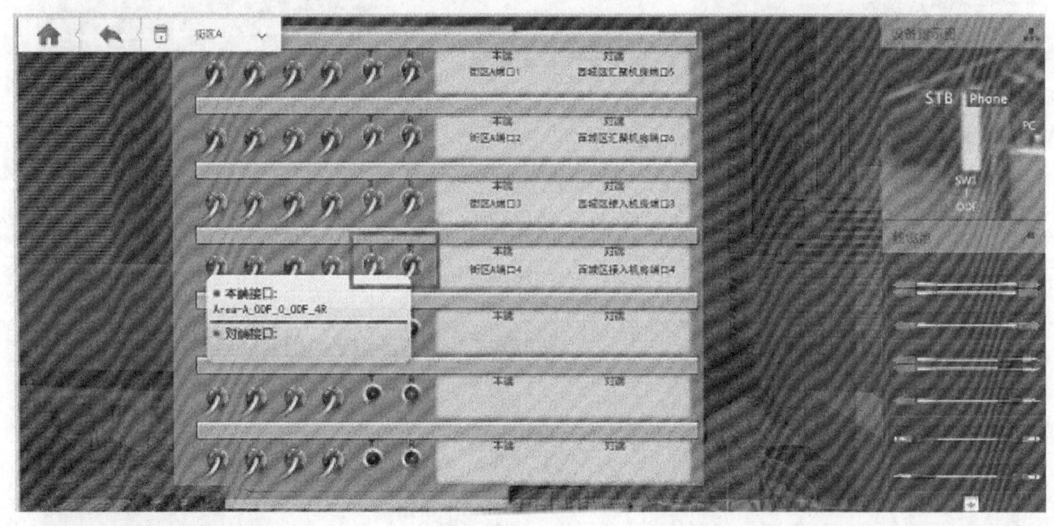

图 10-12

步骤 11：单击左上角显示机房名称菜单处，选中并单击西城区接入机房进入该机房，单击设备指示图中 SW1 设备，在线缆池中选择成对 LC-FC 尾纤，将尾纤一头连接至 SW1 设备 1 槽位 1 端口，操作结果如图 10-13 所示。

步骤 12：单击 ODF 按钮，将尾纤另一头连接至如图 10-14 所示位置。

步骤 13：单击 SW2 设备按钮，选择线缆池中成对 LC-FC 尾纤，将尾纤一头连接至 SW2 设备 1 槽位 1 端口，操作结果如图 10-15 所示。

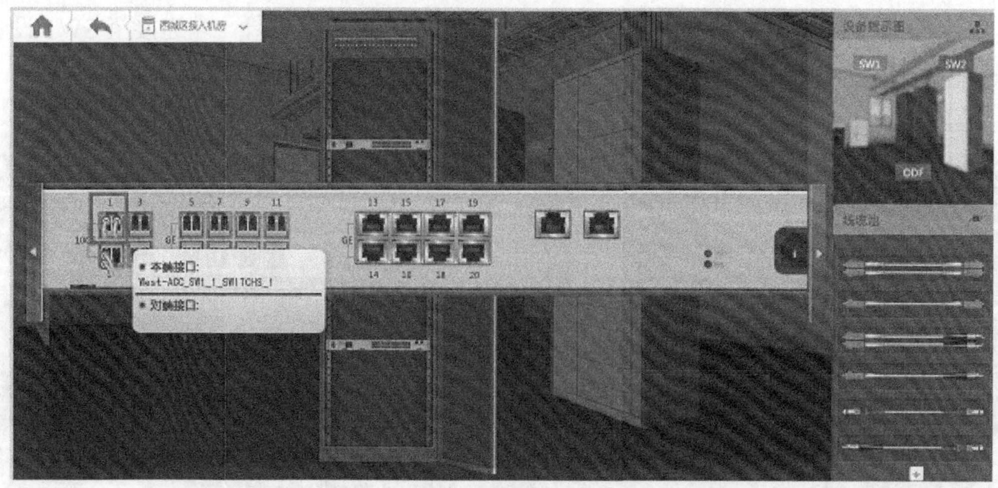

图 10-13

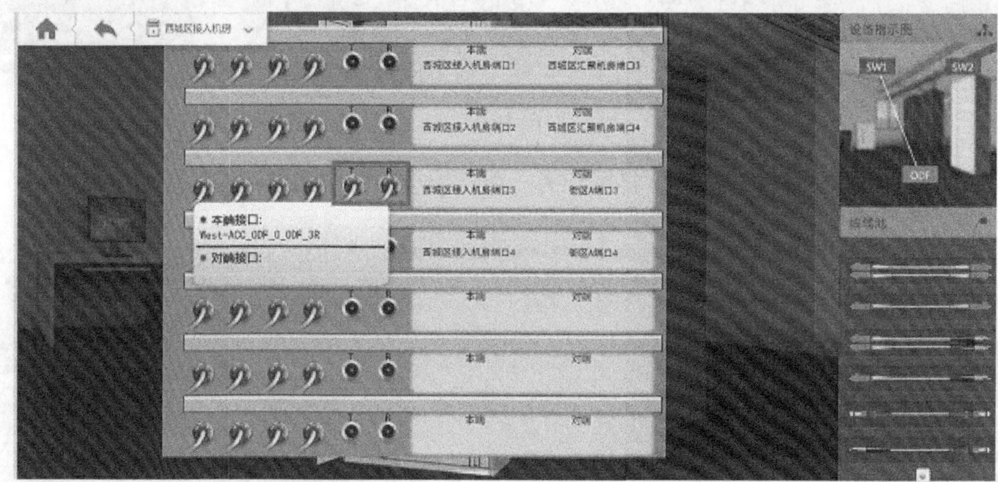

图 10-14

图 10-15

步骤 14：单击 ODF 按钮，将尾纤另一端连接至如图 10-16 所示位置。

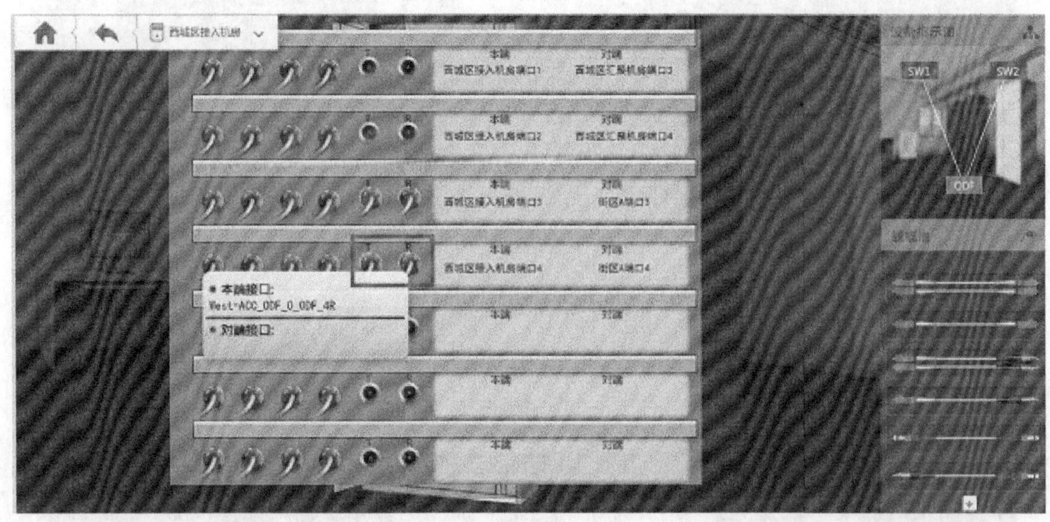

图 10-16

步骤 15：切换至西城区汇聚机房，单击设备指示图中 RT2 设备按钮，选择成对 LC-FC 尾纤，将尾纤一头连接至 RT 设备 9 槽位 1 端口，操作结果如图 10-17 所示。

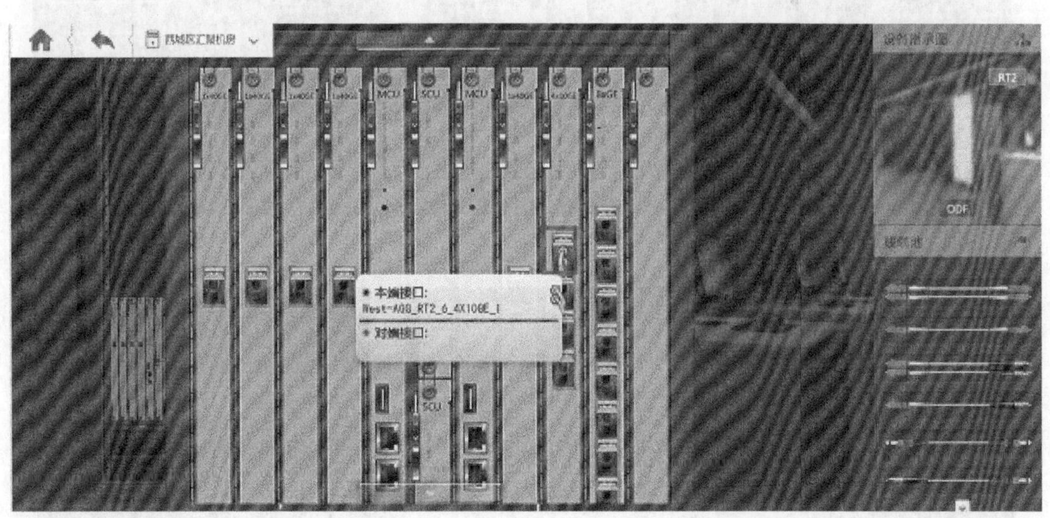

图 10-17

步骤 16：单击 ODF 按钮，将尾纤另一端连接至如图 10-18 所示位置。

步骤 17：单击 RT 设备按钮，选择线缆池中成对 LC-FC 尾纤，将其一段连接至 RT 设备 6 槽位 2 端口，操作结果如图 10-19 所示。

步骤 18：单击 ODF 按钮，将尾纤另外一段连接至如图 10-20 所示位置。

图 10-18

图 10-19

图 10-20

步骤 19：单击数据配置页签，并切换至西城区接入机房，根据数据规划进行物理端口数据配置，操作结果如图 10-21 所示。

西城区接入机房

配置节点：SW1、SW2

物理接口配置

接口ID	接口状态	光/电	VLAN模式	关联VLAN	接口描述
10GE-1/1	up	光	access	3	
10GE-1/2	down	光	access	1	
10GE-1/3	down	光	access	1	
10GE-1/4	down	光	access	1	
GE-1/5	down	光	access	1	
GE-1/6	down	光	access	1	
GE-1/7	down	光	access	1	
GE-1/8	down	光	access	1	
GE-1/9	down	光	access	1	
GE-1/10	down	光	access	1	
GE-1/11	down	光	access	1	
GE-1/12	down	光	access	1	
GE-1/13	down	电	access	1	
GE-1/14	down	电	access	1	

确定

图 10-21

步骤 20：单击命令导航中逻辑接口配置下的配置 VLAN 三层接口，进行 VLAN 接口配置，操作结果如图 10-22 所示。

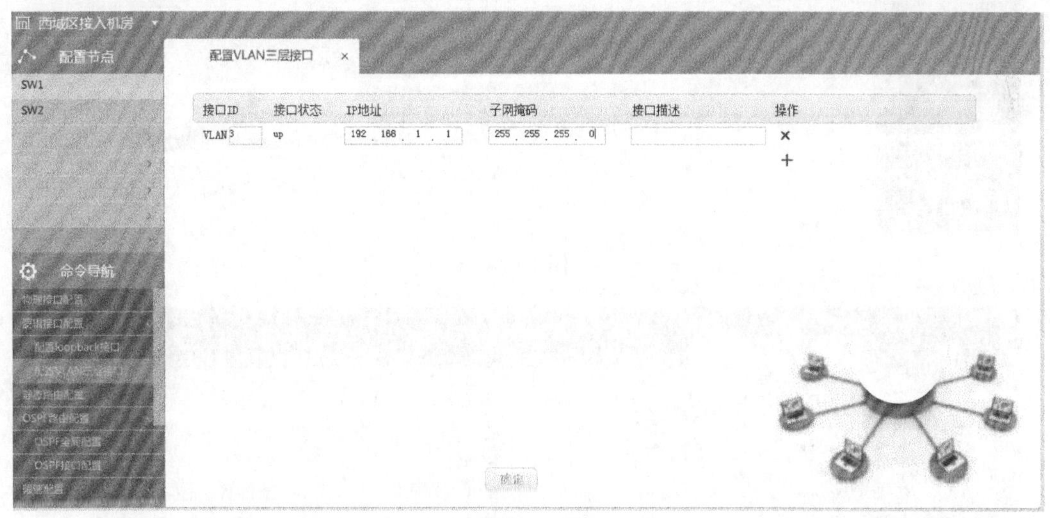

图 10-22

步骤 21：切换至 SW2，根据数据规划进行物理端口数据配置，操作结果如图 10-23 所示。

步骤 22：单击命令导航中逻辑接口配置下的配置 VLAN 三层接口，进行 VLAN 接口配置，操作结果如图 10-24 所示。

步骤 23：切换至街区 A，根据数据规划进行物理端口数据配置，操作结果如图 10-25 所示。

图 10-23

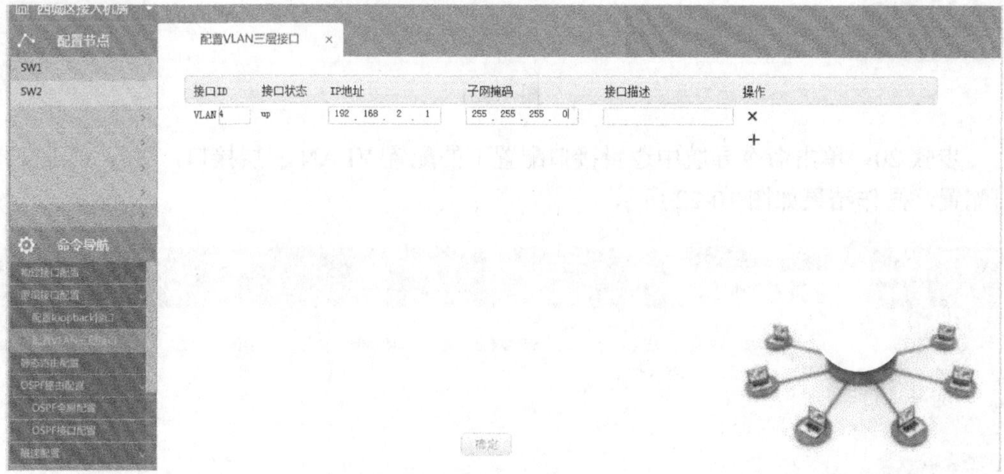

图 10-24

图 10-25

步骤 24：切换至西城区汇聚机房，根据数据规划进行物理端口数据配置，操作结果如图 10-26 所示。

接口ID	接口状态	光/电	IP地址	子网掩码	接口描述
40GE-1/1	down	光			
40GE-2/1	down	光			
40GE-3/1	down	光			
40GE-4/1	down	光			
40GE-5/1	down	光			
10GE-6/1	up	光	192.168.1.254	255.255.255.0	
10GE-6/2	up	光	192.168.2.254	255.255.255.0	
10GE-6/3	down	光			
10GE-6/4	down	光			
GE-7/1	down	光			
GE-7/2	down	光			
GE-7/3	down	光			
GE-7/4	down	光			
GE-7/5	down	光			

图 10-26

步骤 25：单击界面上方业务调试按钮，单击 ping 测试进行西城区接入机房与西城区汇聚机房的 IP 地址互通测试。

10.3.2　实习任务二：单臂路由配置方法

步骤 1：单击设备配置页签，按照拓扑图 10-2 将相应的机房添加对应的设备。

步骤 2：单击设备配置页签，进入南城区接入机房进行备的连纤，单击设备指示图中 SW，操作结果如图 10-27 所示。

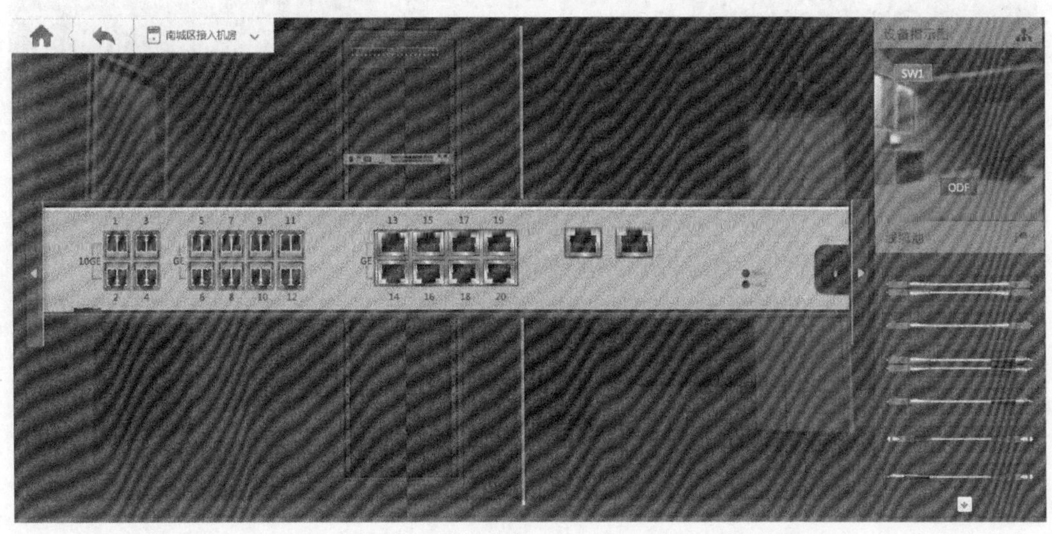

图 10-27

步骤 3：在线缆池中选择成对 LC-FC 尾纤，将尾纤一头连接至 SW 槽位 1 端口，操作结果如图 10-28 所示。

图 10-28

步骤 4：单击 ODF 按钮，用尾纤的另外一端连接至如图 10-29 所示位置。

图 10-29

步骤 5：单击左上角显示机房名称菜单处，选中并单击南城区聚机房，添加大型交换机及中型路由器，单击设备指示图中 SW1 在线缆池中选择成对 LC-FC 尾纤，将尾纤一头连接至 SW1 的 2 槽位 1 端口，操作结果如图 10-30 所示。

步骤 6：单击 ODF 按钮，将尾纤另一头连接至图 10-31 所示位置。

步骤 7：单击 SW1 按钮，选择线缆池中成对 LC-LC 尾纤，将尾纤一头连接至 SW1 的 2 槽 2 端口，操作结果如图 10-32 所示。

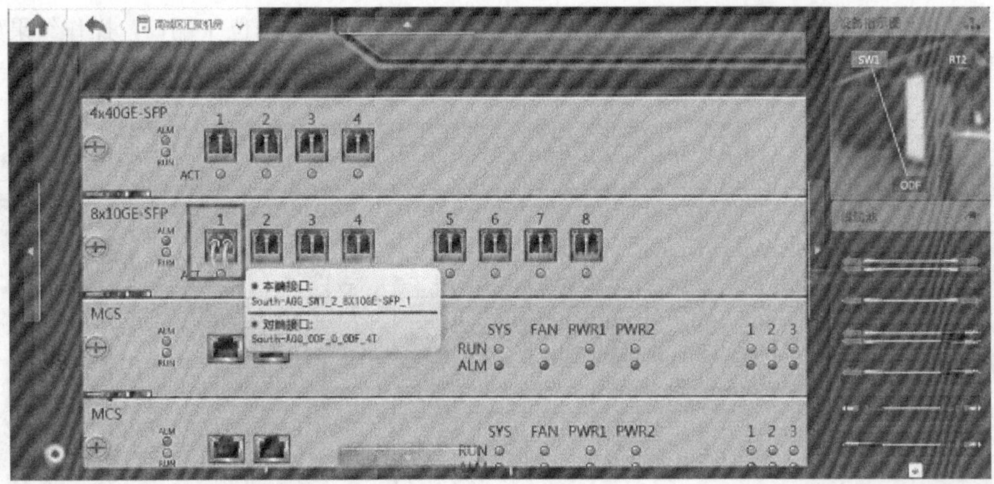

图 10-30

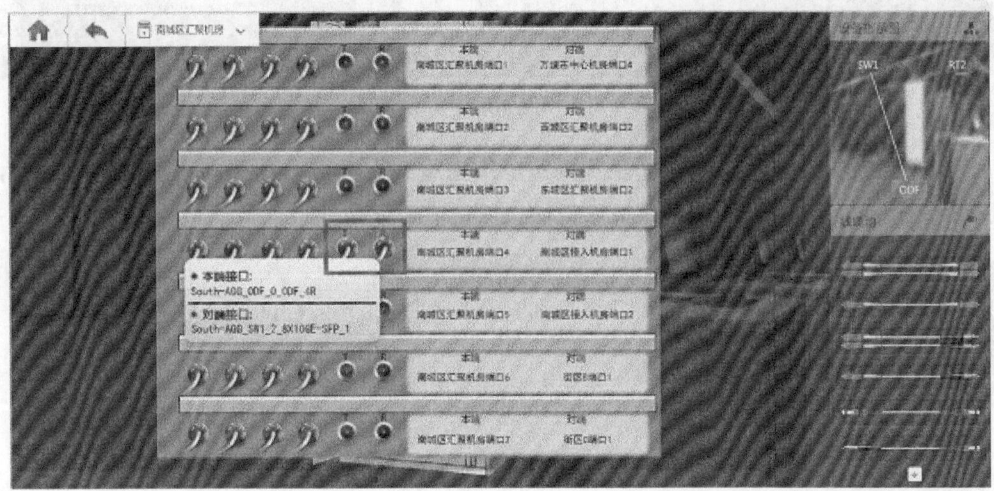

图 10-31

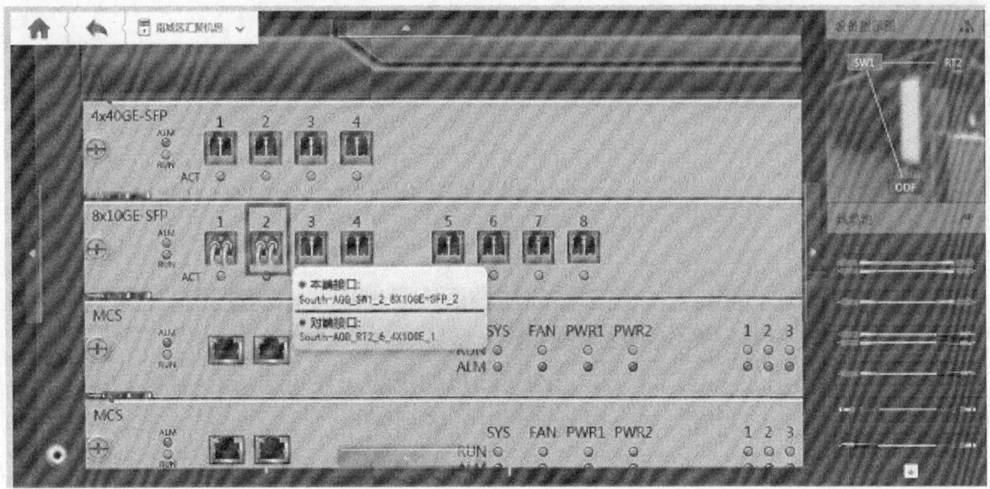

图 10-32

步骤 8：单击 RT2 按钮，将尾纤另一端连接至 RT 设备 6 槽位 1 端口，操作结果如图 10-33 所示。

图 10-33

步骤 9：单击界面上方数据配置页签，单击承载下拉菜单项选中南城区接入机房，进入该站点数据配置界面，操作结果如图 10-34 所示。

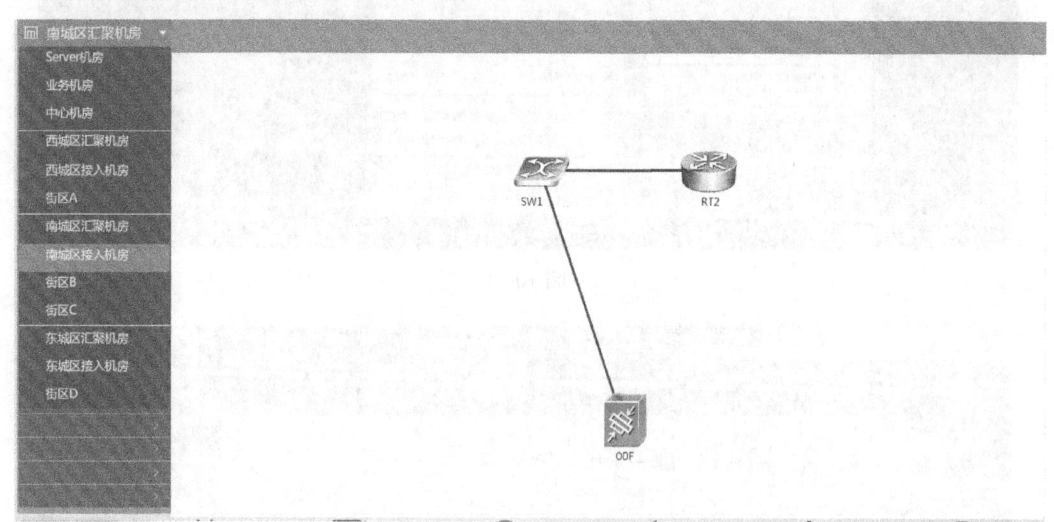

图 10-34

步骤 10：单击配置节点中 SW1 按钮，在命令导航中单击物理接口配置，根据规划进行相关物理接口配置，操作结果如图 10-35 所示。

步骤 11：在左侧命令导航框中，点击逻辑接口配置下的配置 VLAN 接口选项，按照数据规划进行相关数据配置，操作结果如图 10-36 所示。

步骤 12：切换至南城区汇聚机房，单击配置节点中的 SW1 按钮，根据数据规划进行物理端口数据配置，操作结果如图 10-37 所示。

接口ID	接口状态	光/电	VLAN模式	关联VLAN	接口描述
10GE-1/1	up	光	access	3	
10GE-1/2	down	光	access	1	
10GE-1/3	down	光	access	1	
10GE-1/4	down	光	access	1	
GE-1/5	down	光	access	1	
GE-1/6	down	光	access	1	
GE-1/7	down	光	access	1	
GE-1/8	down	光	access	1	
GE-1/9	down	光	access	1	
GE-1/10	down	光	access	1	
GE-1/11	down	光	access	1	
GE-1/12	down	光	access	1	
GE-1/13	down	电	access	1	
GE-1/14	down	电	access	1	

图 10-35

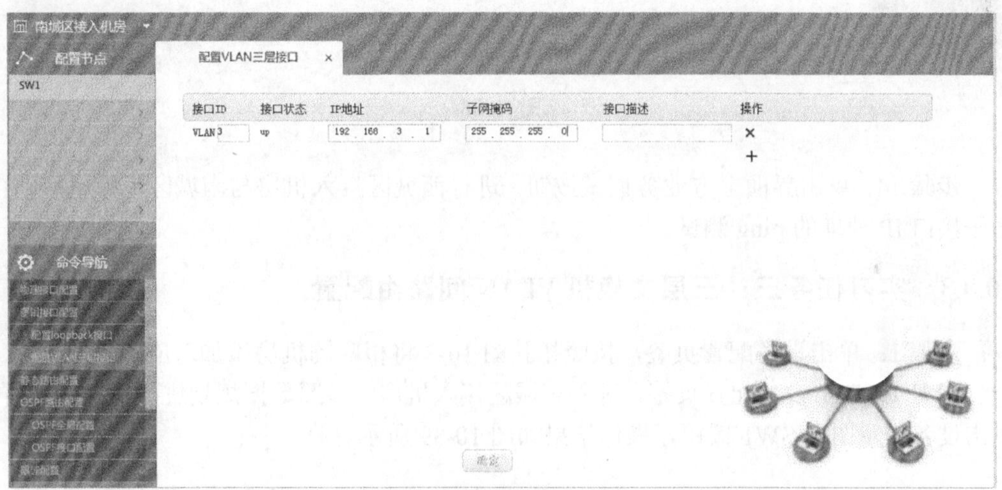

接口ID	接口状态	IP地址	子网掩码	接口描述	操作
VLAN 3	up	192.168.3.1	255.255.255.0		× +

图 10-36

接口ID	接口状态	光/电	VLAN模式	关联VLAN	接口描述
40GE-1/1	down	光	access	1	
40GE-1/2	down	光	access	1	
40GE-1/3	down	光	access	1	
40GE-1/4	down	光	access	1	
10GE-2/1	up	光	access	10	
10GE-2/2	up	光	trunk	10	
10GE-2/3	down	光	access	1	
10GE-2/4	down	光	access	1	
10GE-2/5	down	光	access	1	
10GE-2/6	down	光	access	1	
10GE-2/7	down	光	access	1	
10GE-2/8	down	光	access	1	
GE-3/1	down	光	access	1	
GE-3/2	down	光	access	1	

图 10-37

步骤 13：单击配置节点下的路由器 2 按钮后，单击命令导航下的逻辑接口配置，再单击子接口配置进行子接口的创建及相关数据的配置，操作结果如图 10-38 所示。

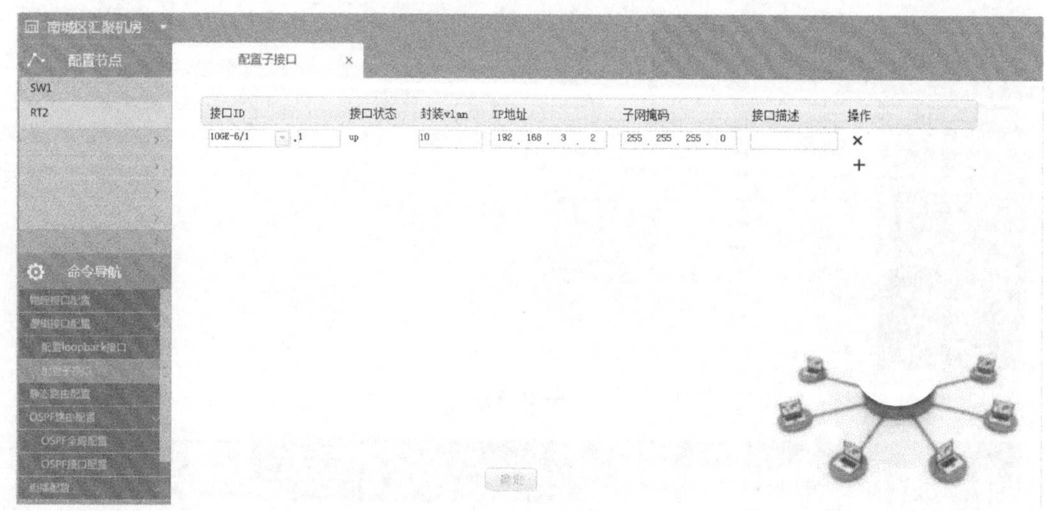

图 10-38

步骤 14：单击界面上方业务调试按钮，进行西城区接入机房与南城区汇聚机房路由器子接口 IP 地址的 ping 测试。

10.3.3 实习任务三：三层交换机 VLAN 间路由配置

步骤 1：单击设备配置页签，按照拓扑图 10-3 将相应的机房添加对应的设备。

步骤 2：单击设备配置页签，进入东城区接入机房，参照数据规划进行设备的连纤，点击设备指示图中 SW1 按钮，操作结果如图 10-39 所示。

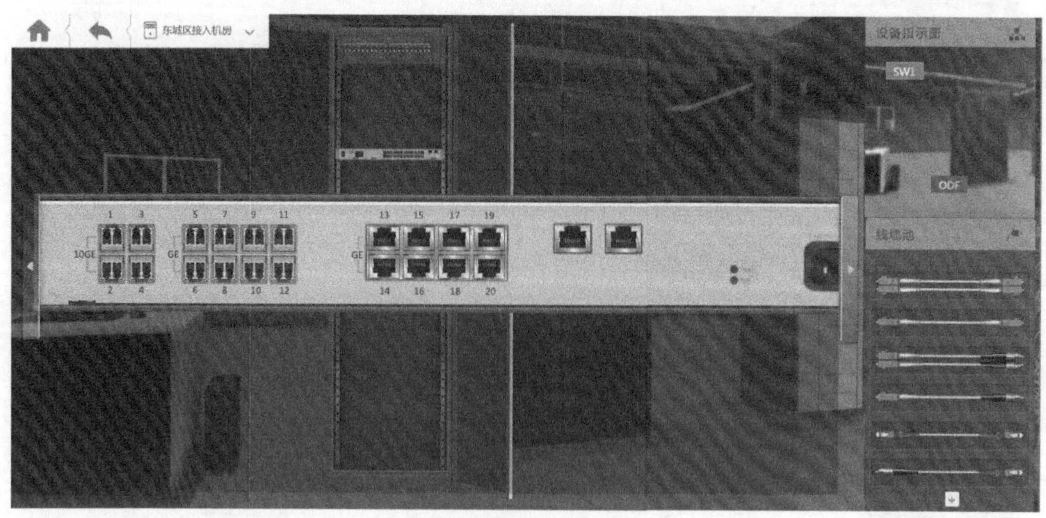

图 10-39

步骤 3：在线缆池中选择成对 LC-FC 尾纤，将尾纤一端连接至 SW 设备 1 槽位 1 端口，操作结果如图 10-40 所示。

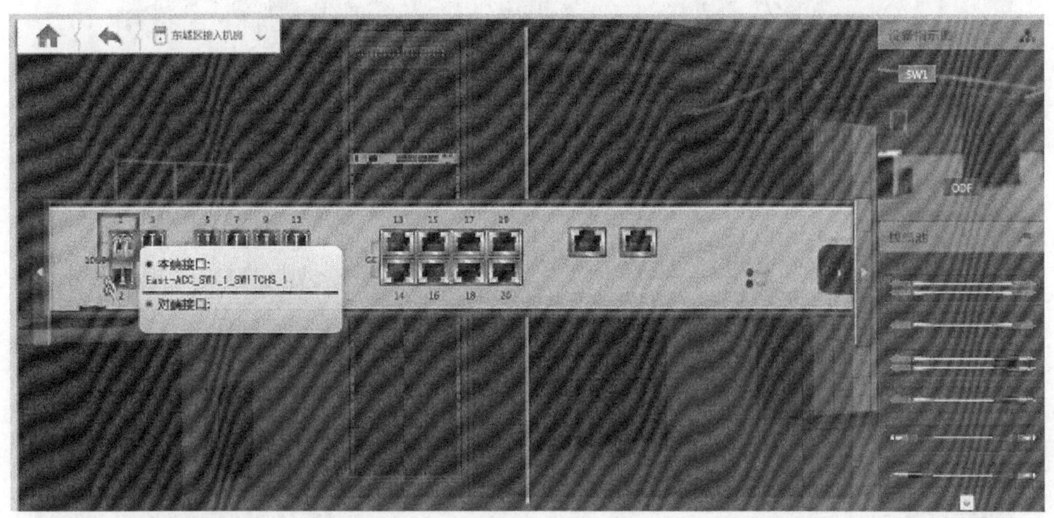

图 10-40

步骤 4：单击 ODF 按钮，将尾纤另一端连接至如图 10-41 所示位置。

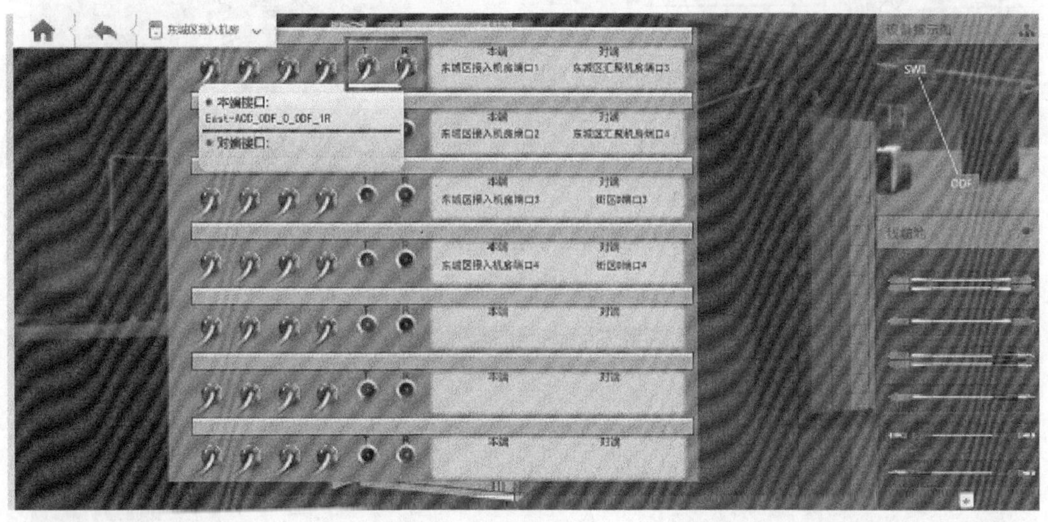

图 10-41

步骤 5：单击左上角显示机房名称菜单处，选中并单击东城区汇聚机房进入，单击设备指示图中 SW1 设备，在线缆池中选择成对 LC-FC 尾纤，将尾纤一端连接至 SW 设备 1 槽位 1 端口，操作结果如图 10-42 所示。

步骤 6：单击 ODF 按钮，将尾纤另一端连接至如图 10-43 所示位置。

步骤 7：单击 SW1 设备按钮，选择线缆池中成对 LC-LC 尾纤，将尾纤一端连接至 SW1 设备 1 槽位 2 端口，操作结果如图 10-44 所示。

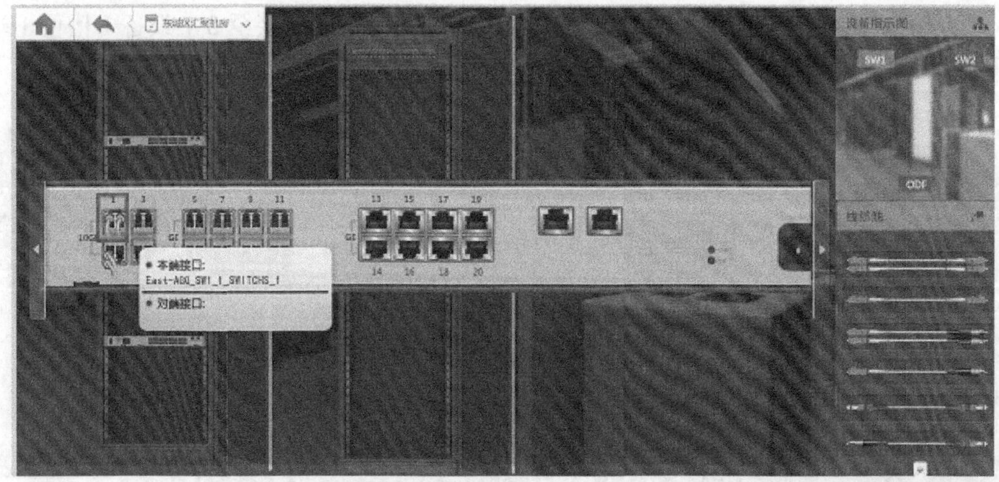

图 10-42

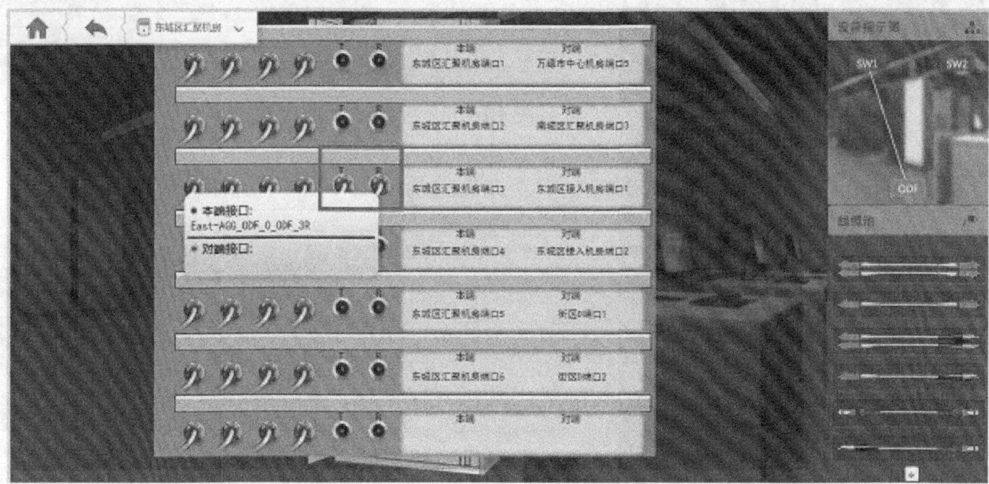

图 10-43

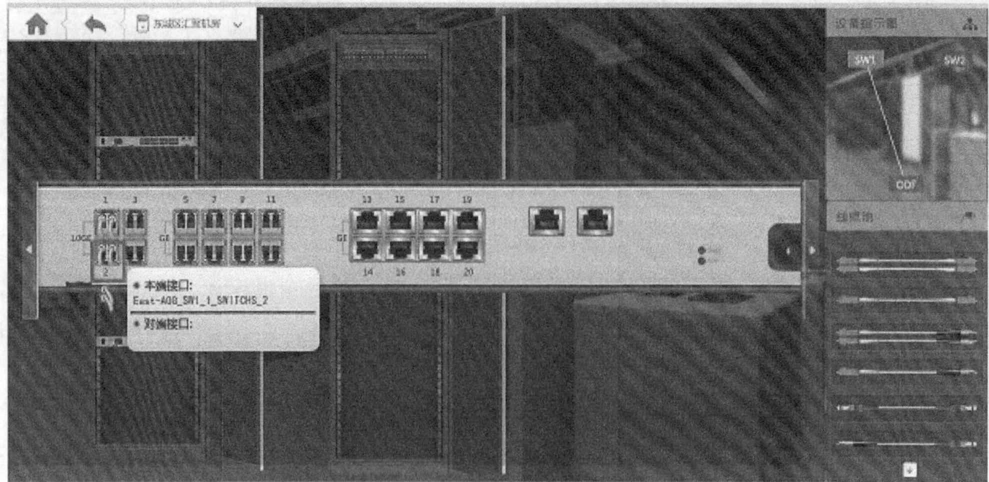

图 10-44

步骤 8：单击 SW2 按钮，将尾纤另一端连接至 SW2 设备 1 槽位 1 端口，操作结果如图 10-45 所示。

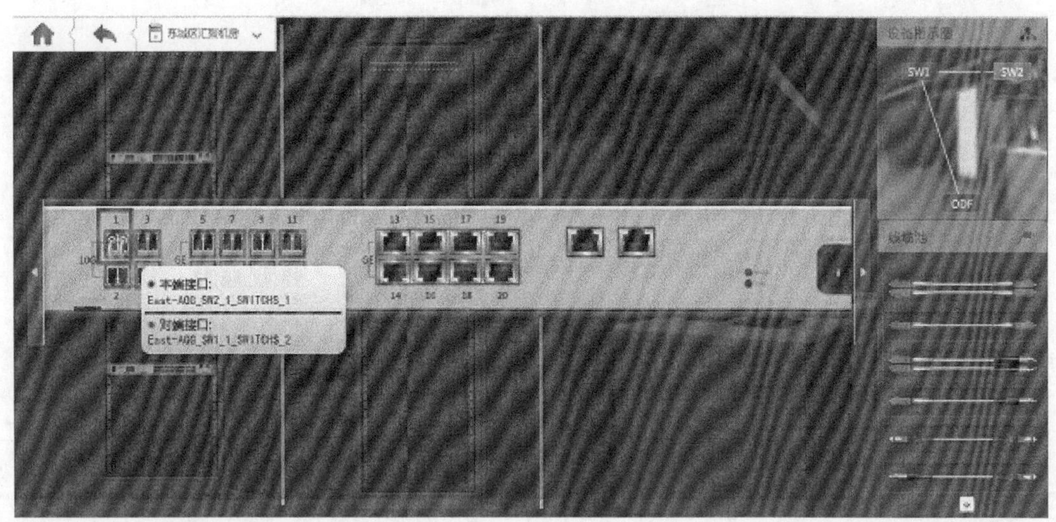

图 10-45

步骤 9：单击界面上方数据配置页签，再单击下拉菜单项选中的东城区接入机房进入数据配置界面，操作结果如图 10-46 所示。

图 10-46

步骤 10：单击配置节点中 SW1 按钮，在命令导航中单击物理接口配置，根据规划进行相关物理接口配置，操作结果如图 10-47 所示。

步骤 11：在左侧命令导航框中，单击逻辑接口配置下的配置 VLAN 接口选项，按照数据规划进行相关数据配置，操作结果如图 10-48 所示。

步骤 12：切换至东城区汇聚机房，单击配置节点中的 SW1 按钮，根据数据规划进行物理端口数据配置，操作结果如图 10-49 所示。

图 10-47

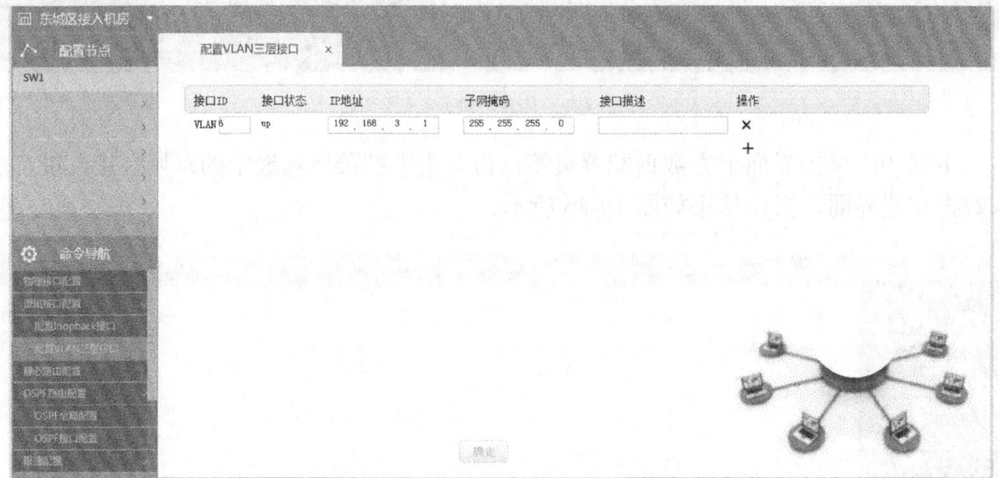

图 10-48

图 10-49

步骤 13：单击命令导航下的逻辑接口配置菜单后，单击配置 VLAN 三层接口，根据数据规划进行相关数据配置，操作结果如图 10-50 所示。

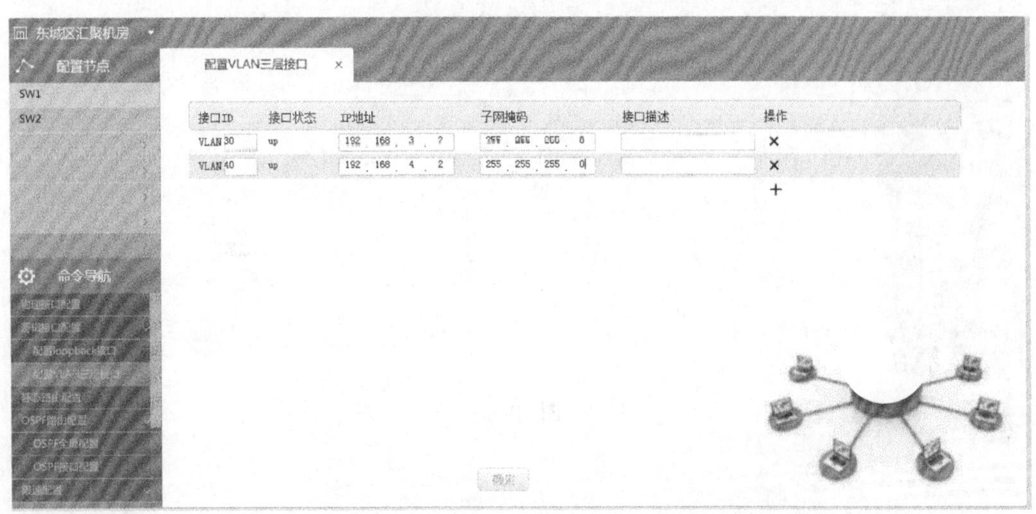

图 10-50

步骤 14：单击配置节点下的 SW2 按钮后，单击命令导航下的物理接口配置，根据规划进行相关数据的配置，操作结果如图 10-51 所示。

接口ID	接口状态	光/电	VLAN模式	关联VLAN	接口描述
10GE-1/1	up	光	access	7	
10GE-1/2	down	光	access	1	
10GE-1/3	down	光	access	1	
10GE-1/4	down	光	access	1	
GE-1/5	down	光	access	1	
GE-1/6	down	光	access	1	
GE-1/7	down	光	access	1	
GE-1/8	down	光	access	1	
GE-1/9	down	光	access	1	
GE-1/10	down	光	access	1	
GE-1/11	down	光	access	1	
GE-1/12	down	光	access	1	
GE-1/13	down	电	access	1	
GE-1/14	down	电	access	1	

图 10-51

步骤 15：单击命令导航框中逻辑接口配置后，单击配置 VLAN 三层接口，根据数据规划进行 VLAN 三层接口配置，操作结果如图 10-52 所示。

步骤 16：单击界面上方业务调试页签，进入业务调试界面，对东城区接入机房与东城区汇聚机房设备 SW1 直连端口进行 ping 业务测试，并查看相关路由表。

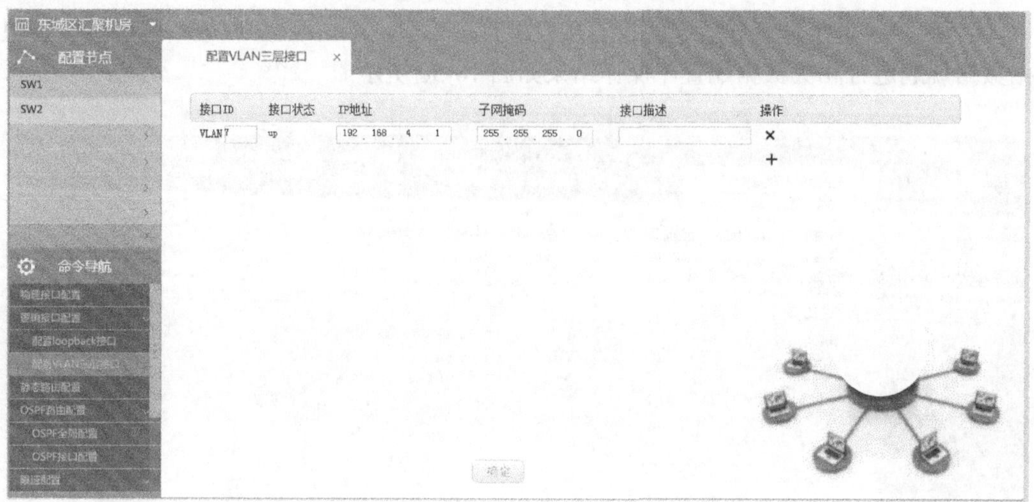

图 10-52

10.4 总结与思考

10.4.1 实习总结

VLAN 间路由配置每种配置方法都有各自的应用场景、单臂路由在配置时需在物理接口下配置子接口，并且在子接口封装相应的 VLAN；三层交换机 VLAN 间路由是目前应用最为广泛的方式。

10.4.2 思考题

1．VLAN 间路由方式都有哪几种？

2．VLAN 间路由方式各自都有什么特点？

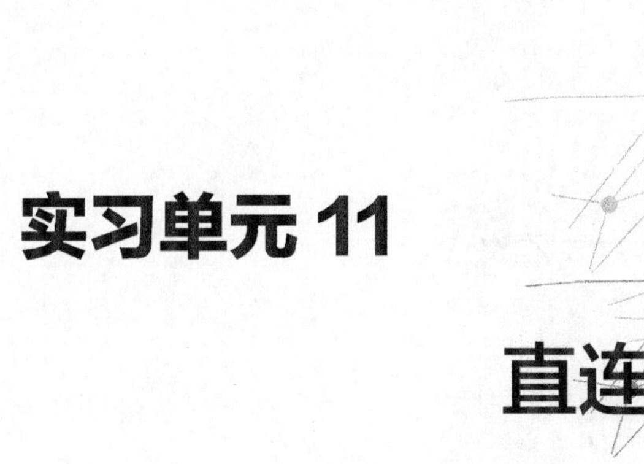

实习单元 11

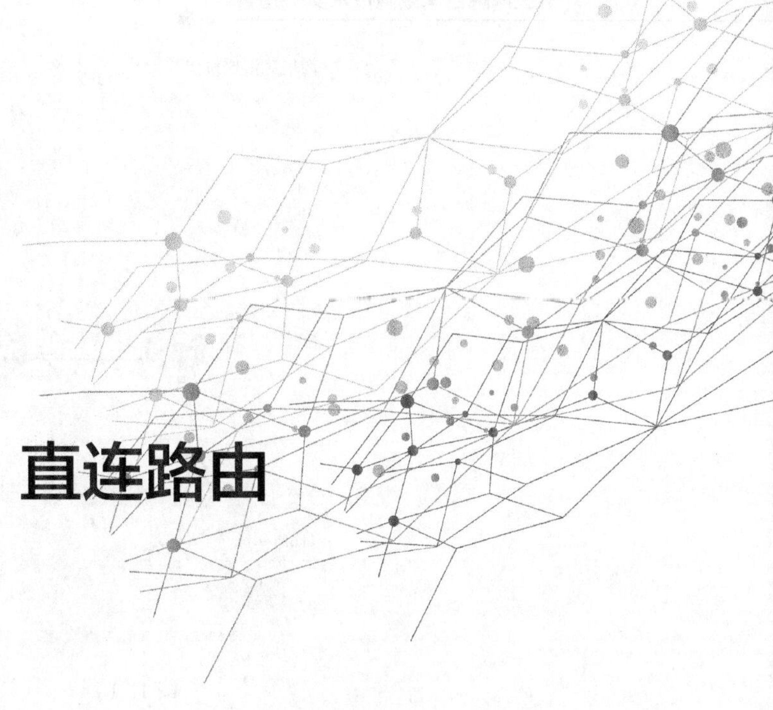

直连路由

11.1 实习说明

11.1.1 实习目的

学会如何查看路由表及路由表中各表项的作用
掌握直连路由产生的条件

11.1.2 实习任务

直连路由配置及路由表查看

11.1.3 实习时长

1 课时

11.2 拓扑规划

与任务相关的拓扑规划如图 11-1 所示。

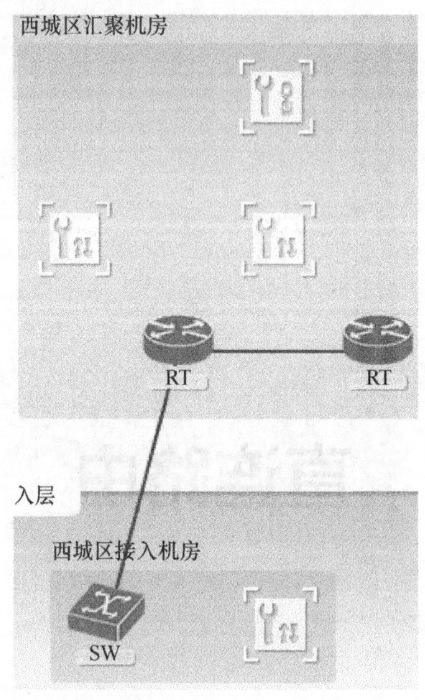

图 11-1

数据规划

西城区接入机房小型 SW：GE-1/5 :192.168.3.1/30　　VLAN 11
西城区汇聚机房中型路由器 1：GE-7/1:192.168.3.2/30　　10GE-6/2:192.168.3.5/30
西城区汇聚机房中型路由器 2：10GE-6/1:192.168.3.6/30

11.3 实习步骤

步骤 1：打开并登录软件，按照拓扑规划在相应的机房进行设备的添加及线缆的连接，完成这一系列工作后，在业务调试页签界面下查看拓扑是否与规划一致，操作结果如图 11-2 所示。

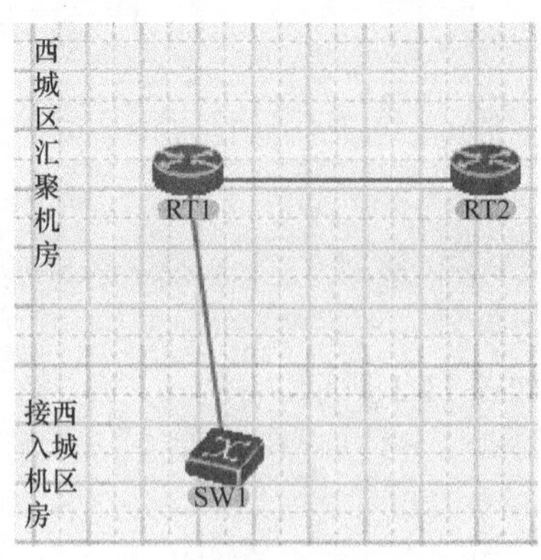

图 11-2

步骤 2：单击数据配置页签，在页签中选择西城区接入机房进入该数据配置界面，操作结果如图 11-3 所示。

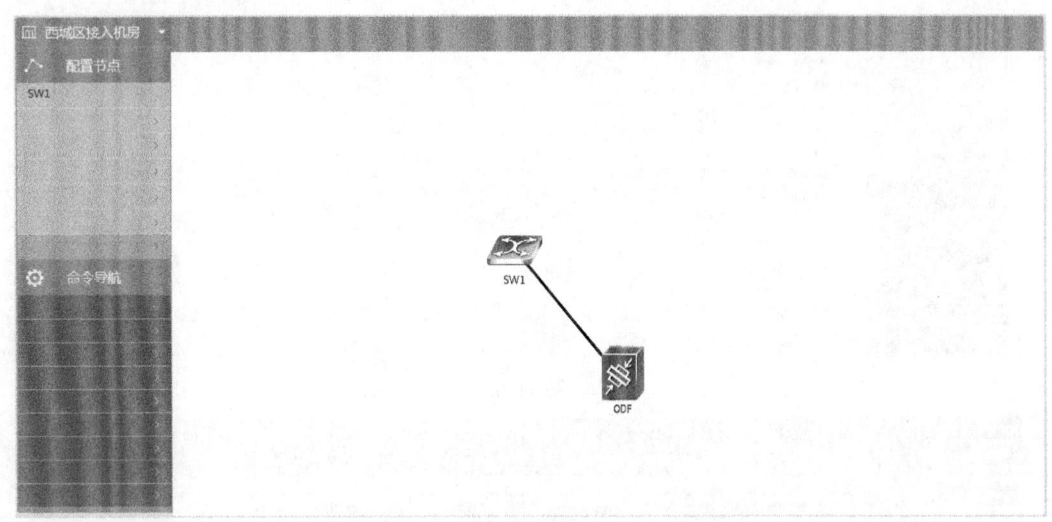

图 11-3

步骤 3：单击配置界面下的 SW1 按钮，在命令导航中按照数据规划进行物理接口及 VLAN 三层接口配置，操作结果如图 11-4 和图 11-5 所示。

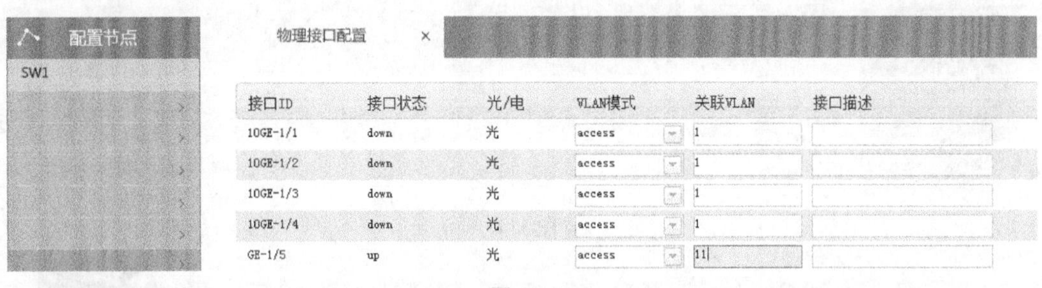

图 11-4

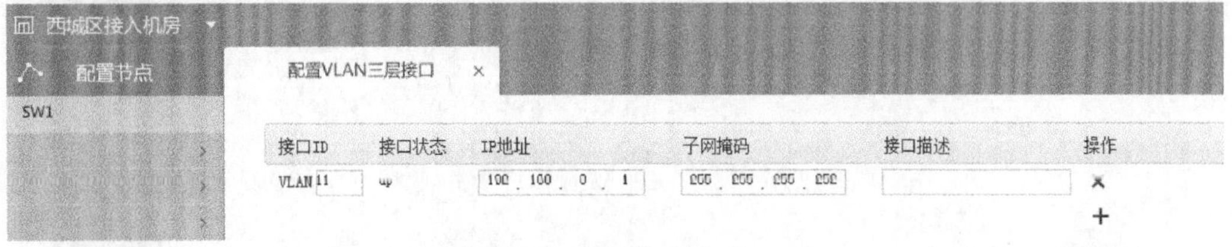

图 11-5

步骤 4：单击界面上方页签，切换至西城区汇聚机房，按照数据规划对两台路由器物理接口进行相应的数据配置，操作结果如图 11-6 和图 11-7 所示。

步骤 5：每台设备物理接口配置完毕后，单击确定按钮进行相关数据的保存。

步骤 6：单击界面右上角业务调测页签，进入业务调测界面，操作结果如图 11-8 所示。

图 11-6

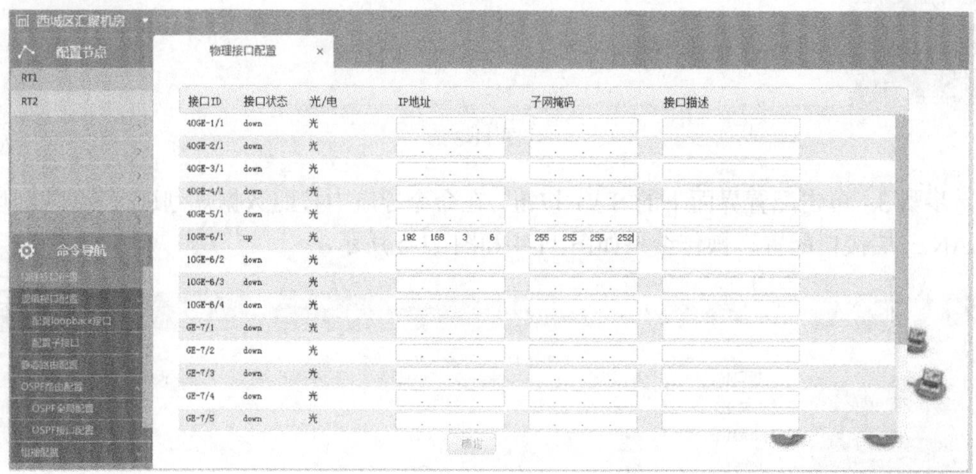

图 11-7

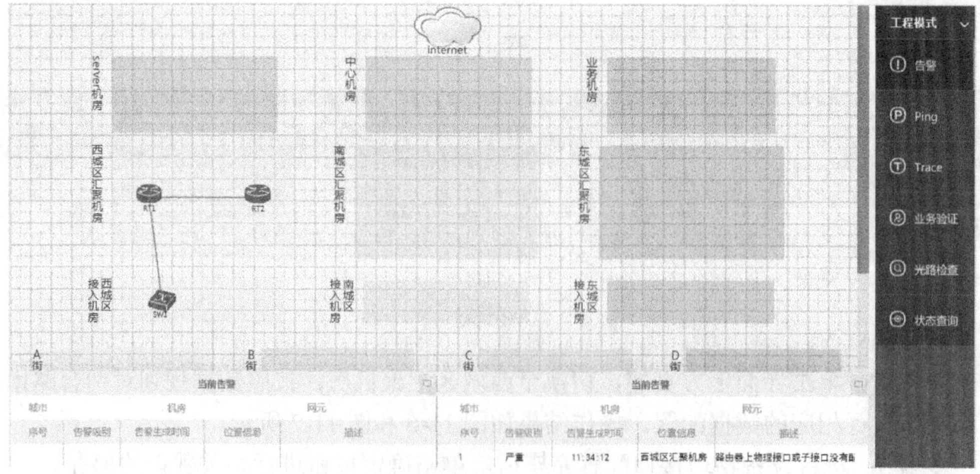

图 11-8

步骤 7：单击右侧状态查询菜单，进入相关状态查询界面。

步骤 8：将鼠标放至界面中任一设备网元会弹出相关查询菜单项，操作结果如图 11-9 所示。

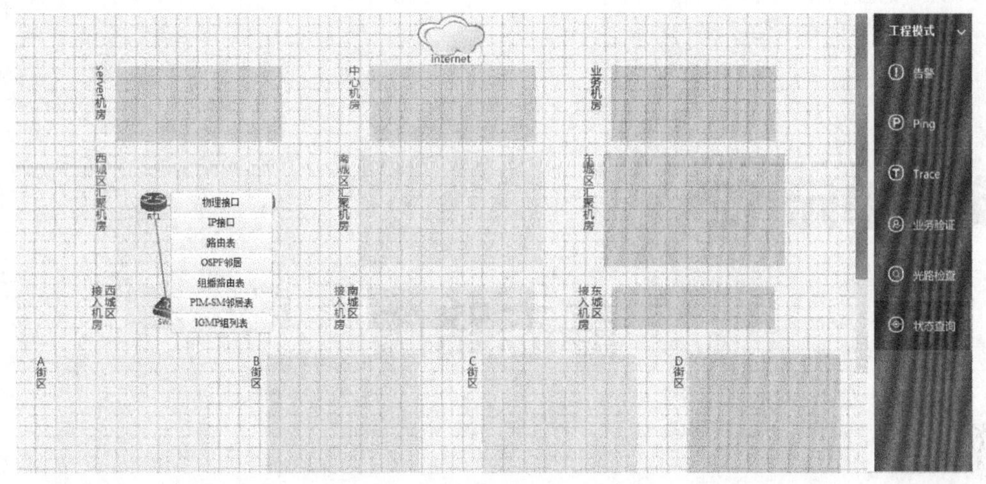

图 11-9

步骤 9：将鼠标移至路由表选项，单击鼠标左键，显示出该设备的路由信息，操作结果如图 11-10 所示。

路由表

目的地址	子掩码	下一跳	出接口	来源	优先级	度量值
192.168.3.0	255.255.255.252	192.168.3.2	GE-7/1	direct	0	0
192.168.3.2	255.255.255.252	192.168.3.2	GE-7/1	address	0	0
192.168.3.4	255.255.255.252	192.168.3.5	10GE-6/1	direct	0	0
192.168.3.5	255.255.255.252	192.168.3.5	10GE-6/1	address	0	0

图 11-10

通过路由表可以直观地看出设备所连接网段的信息。

11.4　总结与思考

11.4.1　实习总结

路由器连接的是不同网段的设备可以实现不同网段的互通，三层交换机既具有二层交换的功能又具备三层路由的功能。

11.4.2　思考题

1．直连路由产生的条件是什么？

2．如果在进行线缆连接时端口连接错误，数据配置正常在路由表中是否会产生直连路由？

3．为什么在进行设备互联时要将掩码设置为 30 位？

4．设备互联时如果两个接口的 IP 地址不在同一网段，是否会产生直连路由？

实习单元 12

静态路由

12.1 实习说明

12.1.1 实习目的

掌握静态路由的配置方法
掌握默认路由的配置方法
掌握浮动路由的配置方法
了解静态路由、默认路由的特点

12.1.2 实习任务

1．在西城区汇聚机房 RT3 使用静态路由实现与西城区接入机房、西城区汇聚机房 RT4 IP 地址互通

2．在西城区汇聚机房 RT3 使用默认路由实现与西城区接入机房、西城区汇聚机房 RT4 IP 地址互通

3．浮动路由配置

12.1.3 实习时长

2 学时

12.2　拓扑规划

与任务相关的拓扑规划如图 12-1 和图 12-2 所示。

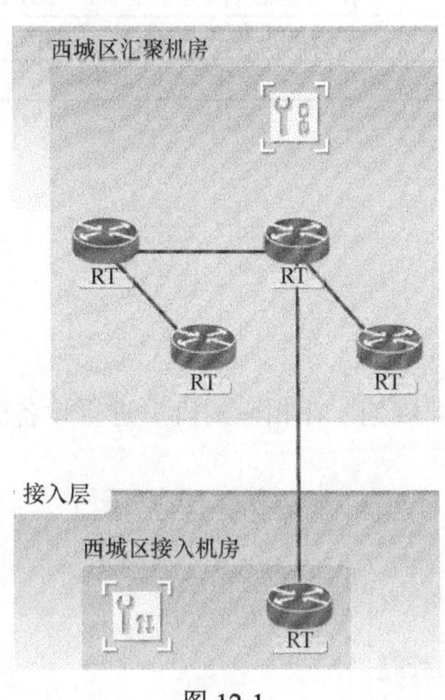

图 12-1

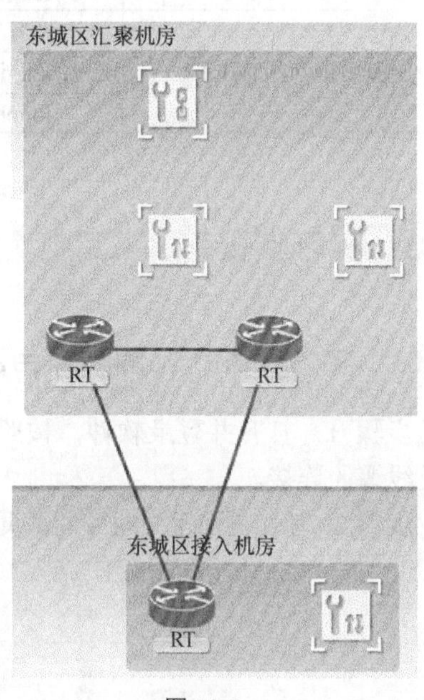

图 12-2

数据规划

与任务相关的拓扑数据规划如表 12-1 和表 12-2 所示（文中若无特殊说明，则默认 RT 设备为中型）。

表 12-1　西城区拓扑数据规划

设备名称	本端端口及 IP 地址	对端端口
西城区接入机房小型 RT	GE-1/1：192.168.1.10/30	西城区汇聚机房中型 RT2　GE-7/1
西城区汇聚机房中型 RT3	GE-7/1：192.168.1.1/30	西城区汇聚机房中型 RT1　GE-7/1
西城区汇聚机房中型 RT4	GE-7/1：192.168.1.14/30	西城区汇聚机房中型 RT2　GE-7/2
西城区汇聚机房中型 RT1	GE-7/1:192.168.1.2/30	西城区汇聚机房中型 RT3　GE-7/1
	10GE-6/1:192.168.1.5/30	西城区汇聚机房中型 RT2　10GE-6/1
西城区汇聚机房中型 RT2	10GE-6/1:192.168.1.6/30	西城区汇聚机房中型 RT1　10GE-6/1
	GE-7/1:192.168.1.9/30	西城区接入机房小型 RT　GE-1/1
	GE-7/2:192.168.1.13/30	西城区汇聚机房中型 RT4　GE-7/1

表 12-2　东城区拓扑数据规划

设备名称	本端端口及 IP 地址	对端端口
东城区接入机房小型 RT	GE-1/1:192.168.2.1/30	东城区汇聚机房 RT1　GE-7/1
	GE-1/2:192.168.2.5/30	东城区汇聚机房 RT2　GE-7/1
	loopback1:1.1.1.1/32	

续表

设备名称	本端端口及 IP 地址	对端端口
东城区汇聚机房 RT1	GE-7/1:192.168.2.2/30	东城区接入机房小型 RT　GE-1/1
	10GE-6/1:192.168.2.9/30	东城区汇聚机房 RT2　10GE-6/1
	loopback1:2.2.2.2/32	
东城区汇聚机房 RT2	GE-7/1:192.168.2.6/30	东城区接入机房小型 RT　GE-1/2
	10GE-6/1:192.168.2.10/30	东城区汇聚机房 RT1　10GE-6/1
	loopback1:3.3.3.3/32	

12.3 实习步骤

12.3.1 实习任务一：静态路由配置

步骤 1：打开并登录软件，按照拓扑规划及数据规划，在相应的机房进行设备的添加及线缆的连接。

步骤 2：单击界面上方业务调试页签，进入业务调试界面，查看拓扑是否与图 12-3 一致。

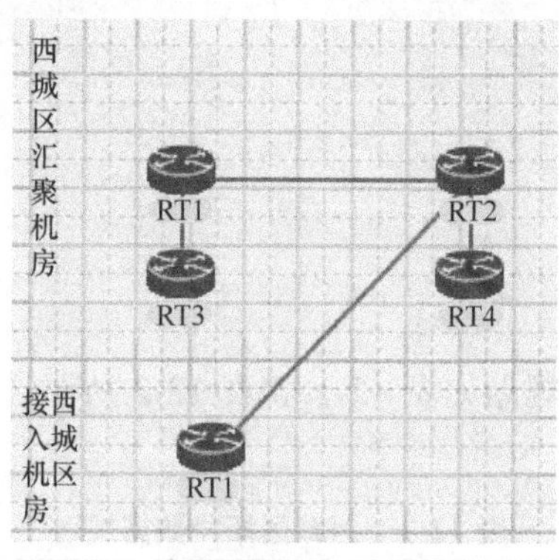

图 12-3

步骤 3：单击数据配置页签，进入西城区汇聚机房，单击配置节点下 RT3 按钮，在命令导航中按照数据规划表进行物理接口 IP 地址的配置，操作结果如图 12-4 所示。

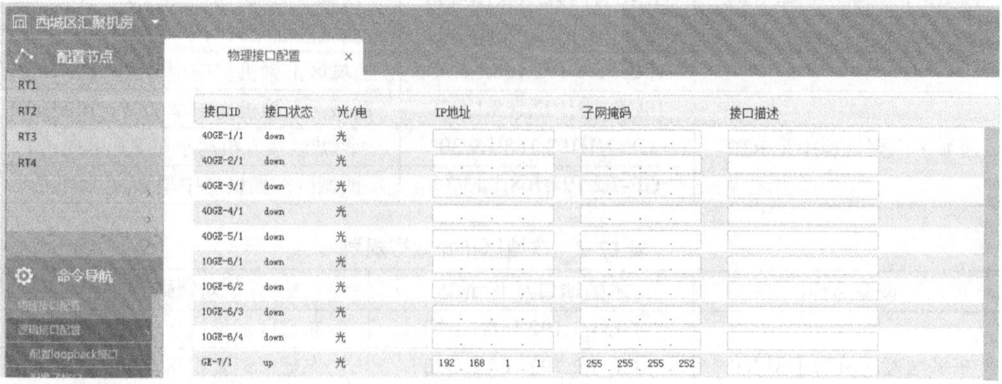

图 12-4

步骤 4：切换至 RT1 按钮，在命令导航中按照数据规划表对 RT1 物理接口进行相关 IP 地址的配置，操作结果如图 12-5 所示。

接口ID	接口状态	光/电	IP地址	子网掩码	接口描述
40GE-1/1	down	光			
40GE-2/1	down	光			
40GE-3/1	down	光			
40GE-4/1	down	光			
40GE-5/1	down	光			
10GE-6/1	up	光	192.168.1.5	255.255.255.252	
10GE-6/2	down	光			
10GE-6/3	down	光			
10GE-6/4	down	光			
GE-7/1	up	光	192.168.1.2	255.255.255.252	
GE-7/2	down	光			
GE-7/3	down	光			
GE-7/4	down	光			
GE-7/5	down	光			

图 12-5

步骤 5：单击配置节点下 RT2 按钮，在命令导航中对 RT2 物理接口按照数据规划进行 IP 地址配置，操作结果如图 12-6 所示。

接口ID	接口状态	光/电	IP地址	子网掩码	接口描述
40GE-1/1	down	光			
40GE-2/1	down	光			
40GE-3/1	down	光			
40GE-4/1	down	光			
40GE-5/1	down	光			
10GE-6/1	up	光	192.168.1.6	255.255.255.252	
10GE-6/2	down	光			
10GE-6/3	down	光			
10GE-6/4	down	光			
GE-7/1	up	光	192.168.1.9	255.255.255.252	
GE-7/2	up	光	192.168.1.13	255.255.255.252	
GE-7/3	down	光			
GE-7/4	down	光			
GE-7/5	down	光			

图 12-6

步骤 6：切换至西城区接入机房，如图 12-7 所示对 RT1 物理接口进行数据配置。

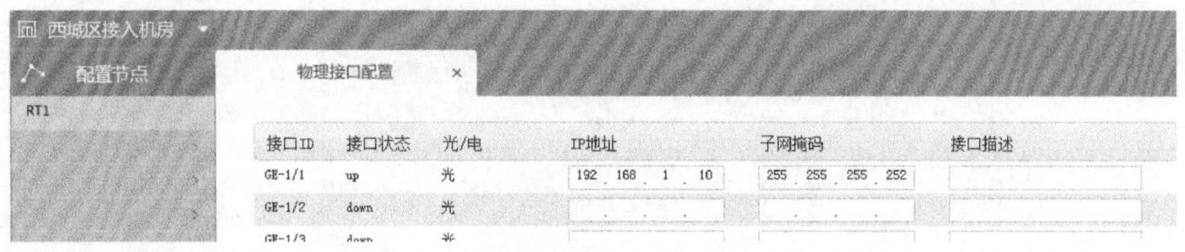

接口ID	接口状态	光/电	IP地址	子网掩码	接口描述
GE-1/1	up	光	192.168.1.10	255.255.255.252	
GE-1/2	down	光			

图 12-7

步骤 7：切换至西城区汇聚机房 RT4，如图 12-8 所示对 RT4 物理接口进行数据配置。

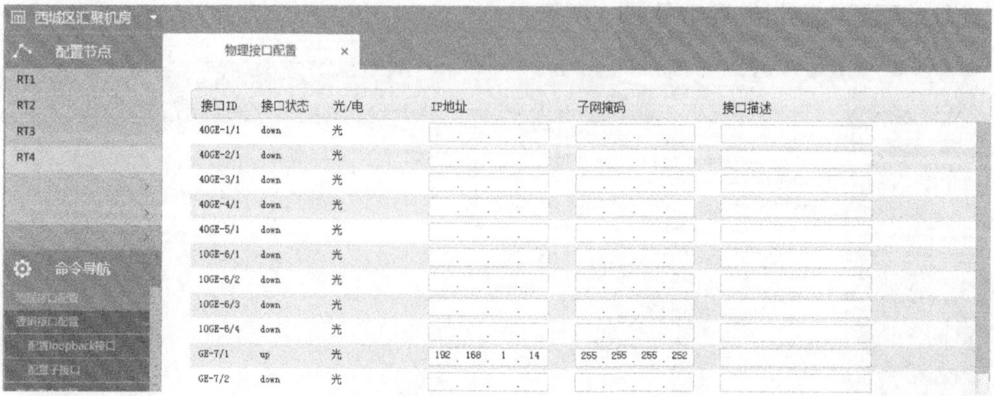

接口ID	接口状态	光/电	IP地址	子网掩码	接口描述
40GE-1/1	down	光			
40GE-2/1	down	光			
40GE-3/1	down	光			
40GE-4/1	down	光			
40GE-5/1	down	光			
10GE-6/1	down	光			
10GE-6/2	down	光			
10GE-6/3	down	光			
10GE-6/4	down	光			
GE-7/1	up	光	192.168.1.14	255.255.255.252	
GE-7/2	down	光			

图 12-8

步骤 8：单击界面上方业务调试页签，进入业务调试界面后单击状态查询选中需查询的网元来查看路由表，操作结果如图 12-9 所示（西城区汇聚机房 RT3）。

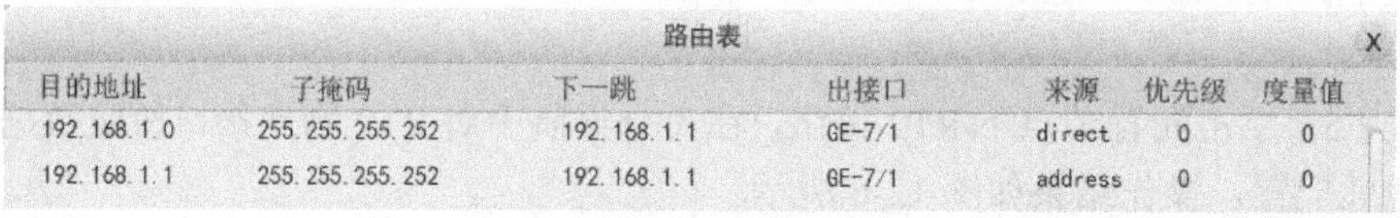

路由表

目的地址	子掩码	下一跳	出接口	来源	优先级	度量值
192.168.1.0	255.255.255.252	192.168.1.1	GE-7/1	direct	0	0
192.168.1.1	255.255.255.252	192.168.1.1	GE-7/1	address	0	0

图 12-9

步骤 9：单击数据配置页签，进入西城区汇聚机房选择 RT3，在命令导航框中单击静态路由配置菜单项进入静态路由配置界面（其中目的地址为待通信 IP 地址所在的网段地址，子网掩码为目的地址的掩码，下一跳地址为与该设备直接相连的路由器的接口 IP 地址），操作结果如图 12-10 所示。

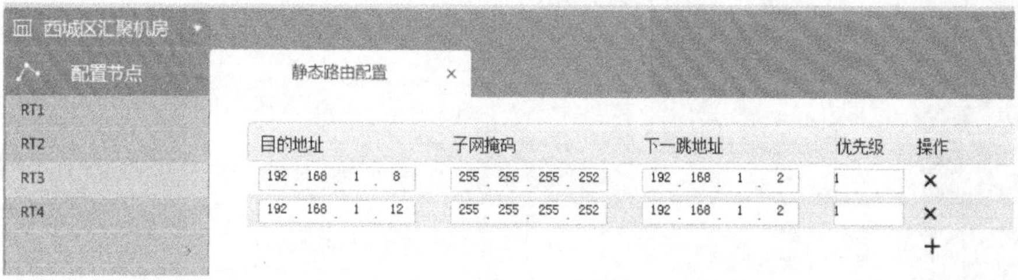

目的地址	子网掩码	下一跳地址	优先级	操作
192.168.1.8	255.255.255.252	192.168.1.2	1	×
192.168.1.12	255.255.255.252	192.168.1.2	1	×

图 12-10

步骤 10：单击业务调试页签下的状态查询查看路由表信息，操作结果如图 12-11 所示（西城区汇聚机房 RT3）。

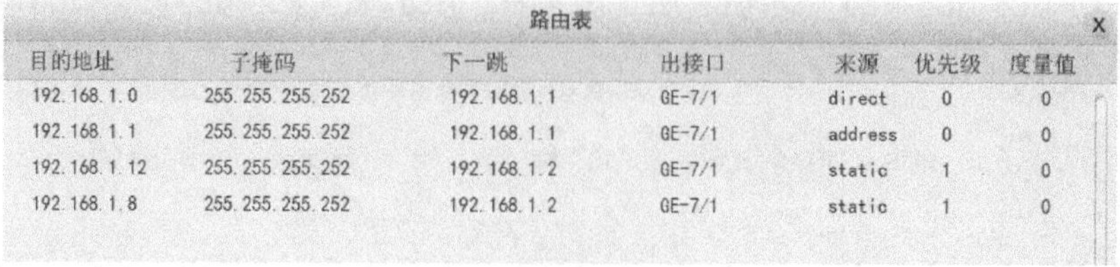

路由表

目的地址	子掩码	下一跳	出接口	来源	优先级	度量值
192.168.1.0	255.255.255.252	192.168.1.1	GE-7/1	direct	0	0
192.168.1.1	255.255.255.252	192.168.1.1	GE-7/1	address	0	0
192.168.1.12	255.255.255.252	192.168.1.2	GE-7/1	static	1	0
192.168.1.8	255.255.255.252	192.168.1.2	GE-7/1	static	1	0

图 12-11

步骤 11：切换至数据配置界面选择西城区汇聚机房，选中配置节点下路 RT1 按钮，在命令导航中单击静态路由配置菜单，根据要求进行静态路由配置（根据路由器工作方式是基于下一跳的方式，因此在中途所经过的所有路由器都要查看是否有到达目的地的路由信息，如果没有则按照要求需进行手工添加），操作结果如图 12-12 所示。

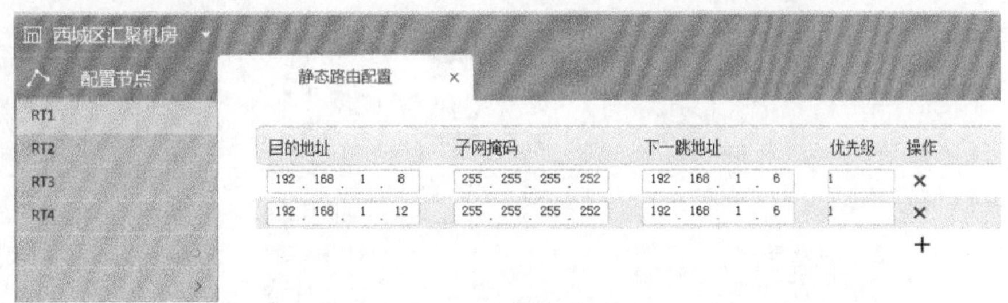

图 12-12

步骤 12：单击界面上方业务调试页签，进入业务调试界面，单击右侧业务查询进行相关路由器路由表查询（根据静态路由配置时必须是双向的原则，能够从源到达目的地，也必须能够从目的地到达源，因此需从目的节点出发查看路由表中是否有到达源节点的路由信息，如果没有则按照添加静态路由的方法逐个对路由器进行路由信息的添加），操作过程及结果如图 12-13 所示（西城区汇聚机房 RT4）。

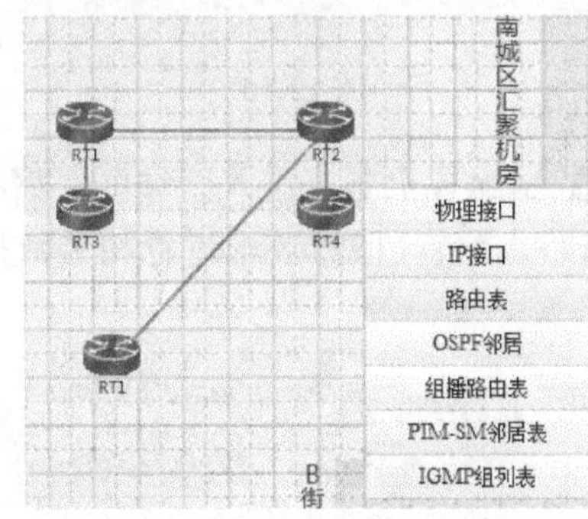

路由表

目的地址	子掩码	下一跳	出接口	来源	优先级	度量值
192.168.1.12	255.255.255.252	192.168.1.14	GE-7/1	direct	0	0
192.168.1.14	255.255.255.252	192.168.1.14	GE-7/1	address	0	0

图 12-13

步骤 13：单击界面上方数据配置页签，切换至西城区汇聚机房，单击配置节点下 RT4 按钮，在命令导航中单击静态路由配置，按照如图 12-14 所示进行相关数据配置。

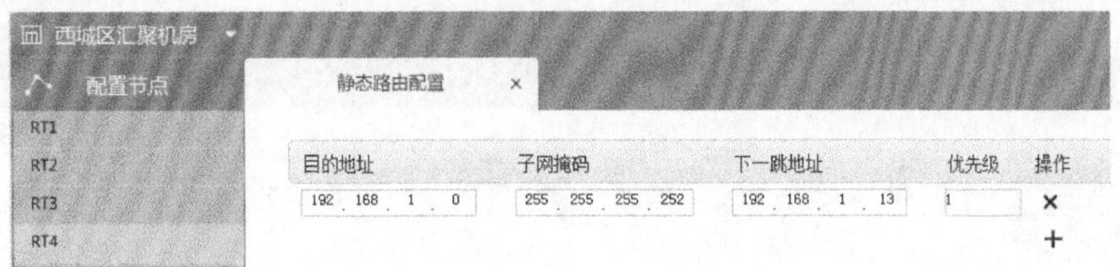

图 12-14

步骤 14：单击界面上方业务调试页签，进入业务调试界面，单击右侧业务查询进行相关路由器路由表查询（西城区汇聚机房 RT2），操作结果如图 12-15 所示。

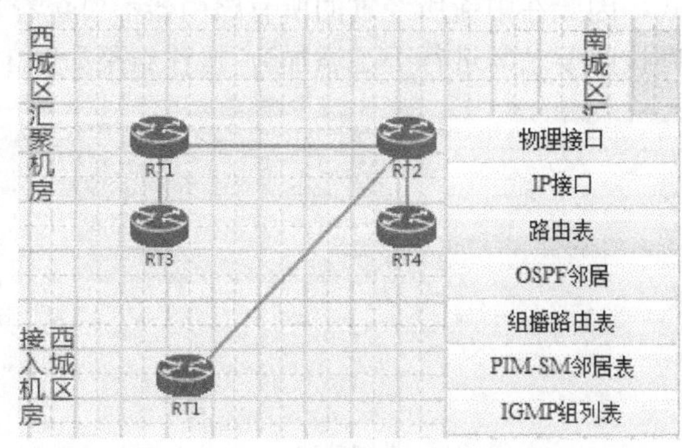

路由表

目的地址	子掩码	下一跳	出接口	来源	优先级	度量值
192.168.1.12	255.255.255.252	192.168.1.13	GE-7/2	direct	0	0
192.168.1.13	255.255.255.252	192.168.1.13	GE-7/2	address	0	0
192.168.1.4	255.255.255.252	192.168.1.6	10GE-6/1	direct	0	0
192.168.1.6	255.255.255.252	192.168.1.6	10GE-6/1	address	0	0
192.168.1.8	255.255.255.252	192.168.1.9	GE-7/1	direct	0	0
192.168.1.9	255.255.255.252	192.168.1.9	GE-7/1	address	0	0

图 12-15

步骤 15：单击界面上方数据配置页签，进入西城区汇聚机房，单击配置节点下 RT2 按钮，在命令导航中单击静态路由配置，根据要求进行相关数据配置，操作结果如图 12-16 所示。

西城区汇聚机房 / 配置节点：RT1、RT2、RT3、RT4 / 静态路由配置

目的地址	子网掩码	下一跳地址	优先级	操作
192.168.1.0	255.255.255.252	192.168.1.5	1	× +

图 12-16

步骤 16：鼠标移至界面上方页签，选择西城区接入机房，单击配置节点下 RT1 按钮，在命令导航中点击静态路由配置，根据要求进行相关数据配置，操作结果如图 12-17 所示。

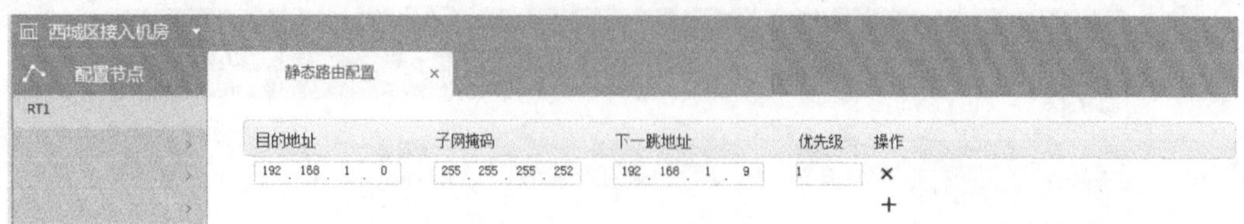

图 12-17

步骤 17：单击业务调试下的 ping 命令，以汇聚机房 RT3 IP 地址 192.168.1.1 为源，接入机房 RT1 IP192.168.1.10 为目的进行 ping 测试，操作结果如图 12-18 所示。

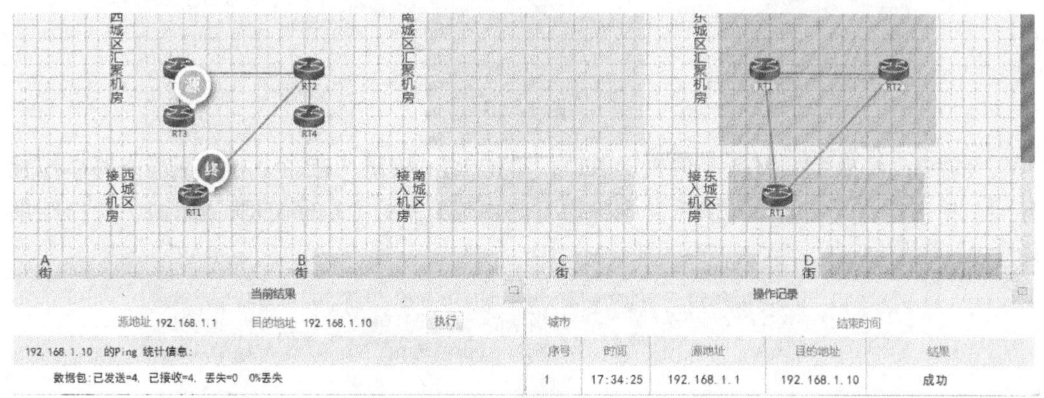

图 12-18

步骤 18：以西城区汇聚机房 RT3 IP 地址 192.168.1.1 为源西城区汇聚机房 RT4 IP 地址 192.168.1.14 为目的进行 ping 测试，操作结果如图 12-19 所示。

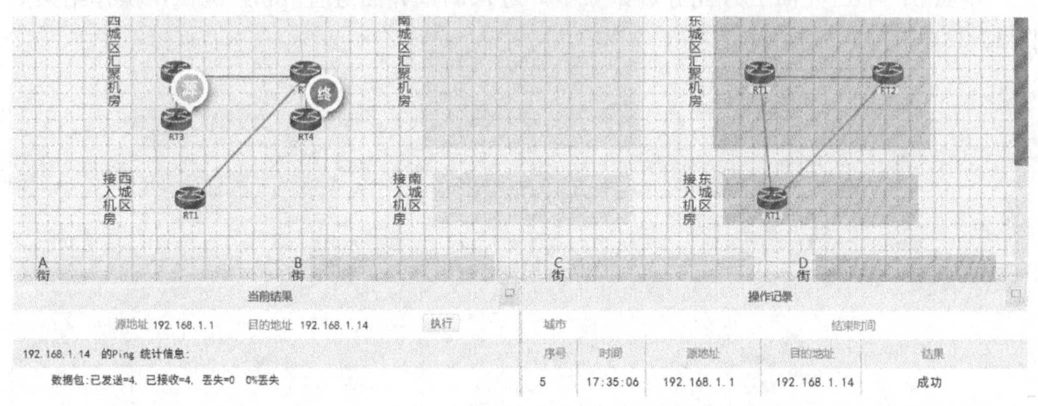

图 12-19

通过实习任务一可以看出，如果在汇聚区 RT2 下多挂几台路由器，要实现 RT3 与之相互访问，则需在汇聚区 RT1、RT3 下再增加静态路由，这样一来路由表中手工配置的路由条目就会非常多。有没有一种方法能精简一下手工配置的静态路由？答案是能，可以采用默认路由。

12.3.2　实习任务二：默认路由配置

在任务一基础之上进行路由信息的变更，删除原有的路由条目，增加默认目的地为 0.0.0.0 掩码为 0.0.0.0 的路由条目，通过查看路由表，需进行路由信息变更的路由器包含 B 站点路由器、汇聚 1 区 RT1 路由器。

步骤 1：首先进入西城区汇聚机房，选择 RT3 进入静态路由配置界面，单击操作下方的✕按钮，将原有路由信息删除，然后再增加新的默认路由，操作结果如图 12-20 所示。

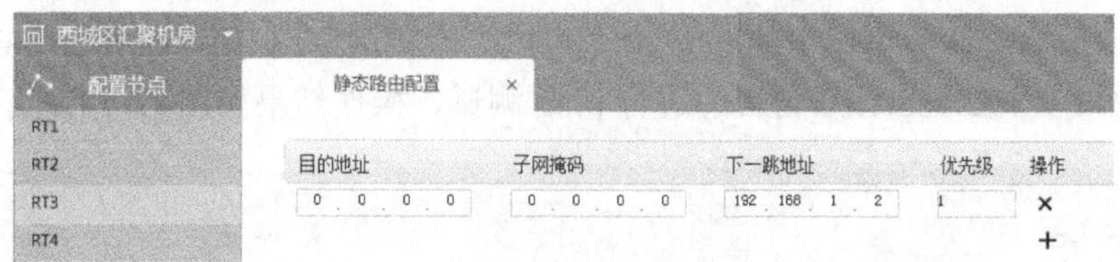

图 12-20

步骤 2：切换至西城区汇聚机房 RT1，单击 RT1 按钮，在命令导航下静态路由配置界面，单击操作下方的 ✕ 按钮，删除原有路由信息后，增加新的默认路由，操作结果如图 12-21 所示。

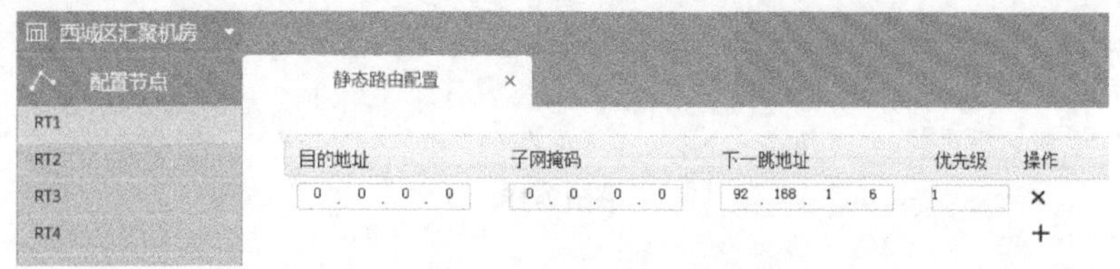

图 12-21

步骤 3：单击界面上方业务调试页签，进入调试界面进行 ping 测试，操作结果如图 12-22 和图 12-23 所示。

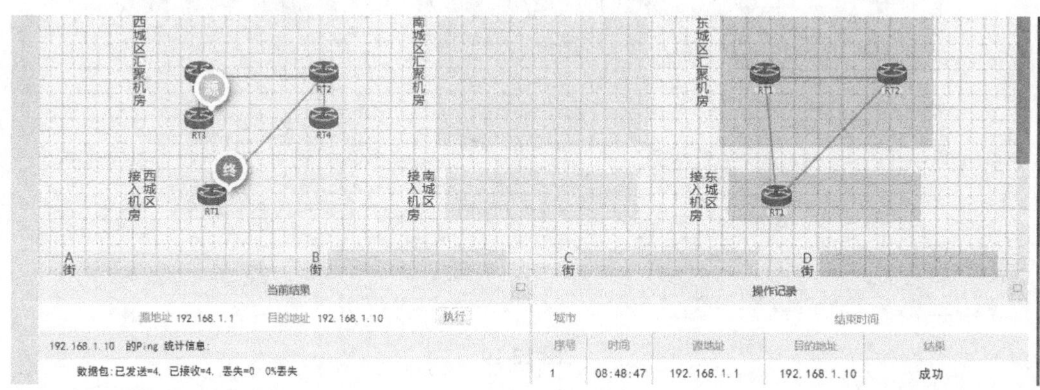

图 12-22

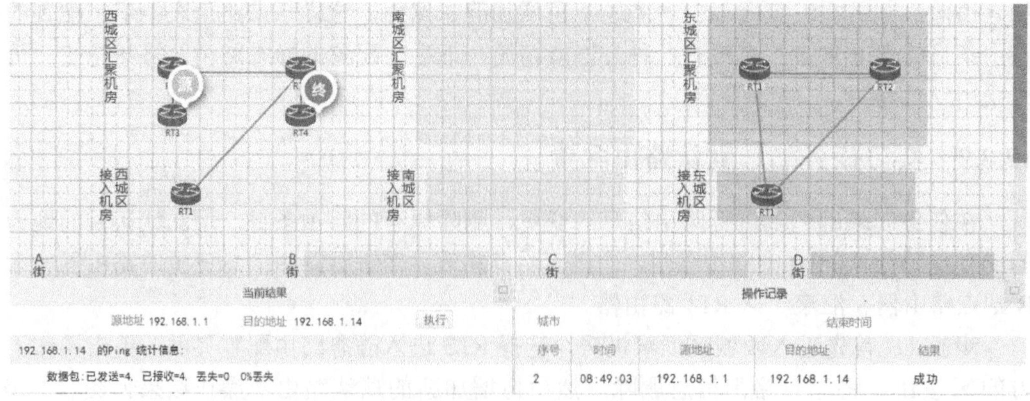

图 12-23

步骤 4：单击界面右侧状态查询菜单，进行相关路由器路由表查看，如图 12-24 和图 12-25 所示。

路由表

目的地址	子掩码	下一跳	出接口	来源	优先级	度量值
0.0.0.0	0.0.0.0	192.168.1.2	GE-7/1	static	1	0
192.168.1.0	255.255.255.252	192.168.1.1	GE-7/1	direct	0	0
192.168.1.1	255.255.255.252	192.168.1.1	GE-7/1	address	0	0

图 12-24

路由表

目的地址	子掩码	下一跳	出接口	来源	优先级	度量值
0.0.0.0	0.0.0.0	192.168.1.6	10GE-6/1	static	1	0
192.168.1.0	255.255.255.252	192.168.1.2	GE-7/1	direct	0	0
192.168.1.2	255.255.255.252	192.168.1.2	GE-7/1	address	0	0
192.168.1.4	255.255.255.252	192.168.1.5	10GE-6/1	direct	0	0
192.168.1.5	255.255.255.252	192.168.1.5	10GE-6/1	address	0	0

图 12-25

12.3.3　实习任务三：浮动静态路由

步骤 1：按照拓扑规划及数据规划表中的规划，在软件中完成设备的添加和设备线缆的连接，操作完成后，在业务调试中查看相关拓扑信息，操作结果如图 12-26 所示。

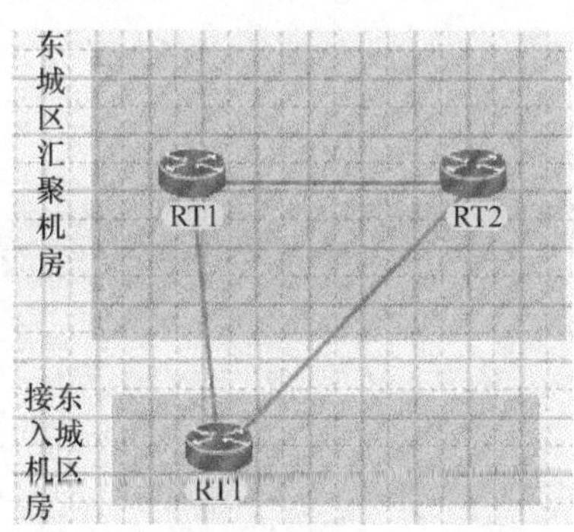

图 12-26

步骤 2：单击数据配置页签，将鼠标放至左上角，在下拉列表中点东城区接入机房，进入该站点数据配置界面，操作结果如图 12-27 所示。

步骤 3：单击左侧 RT1 按钮后，单击命令导航中的物理接口配置菜单按照数据规划参照图 12-28 进行物理接口 IP 地址配置。

步骤 4：单击左侧命令导航中的逻辑接口配置下的配置 loopback 接口菜单，进行 loopback 地址配置，操作结果如图 12-29 所示。

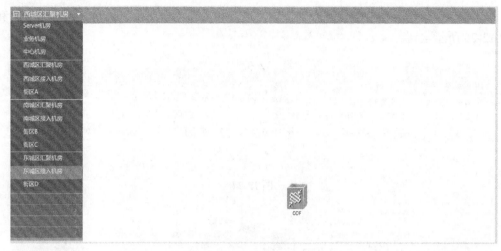

图 12-27

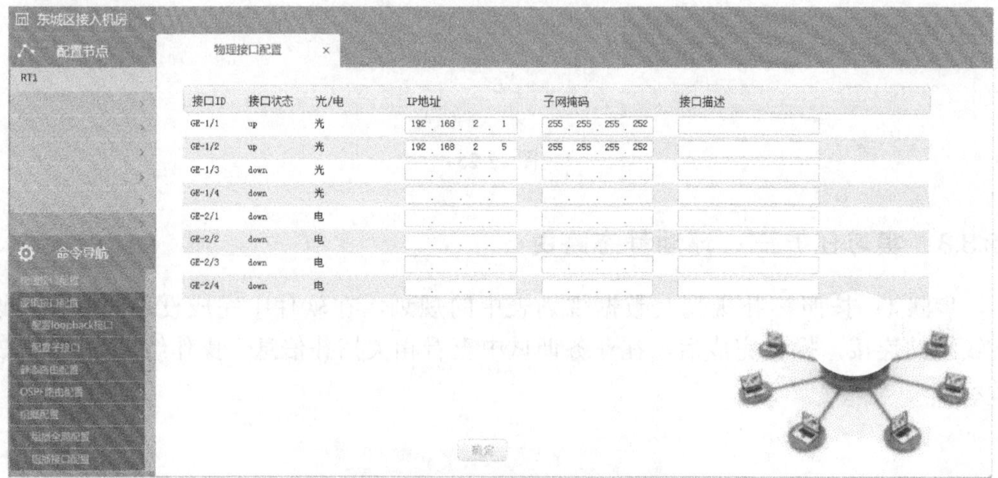

图 12-28

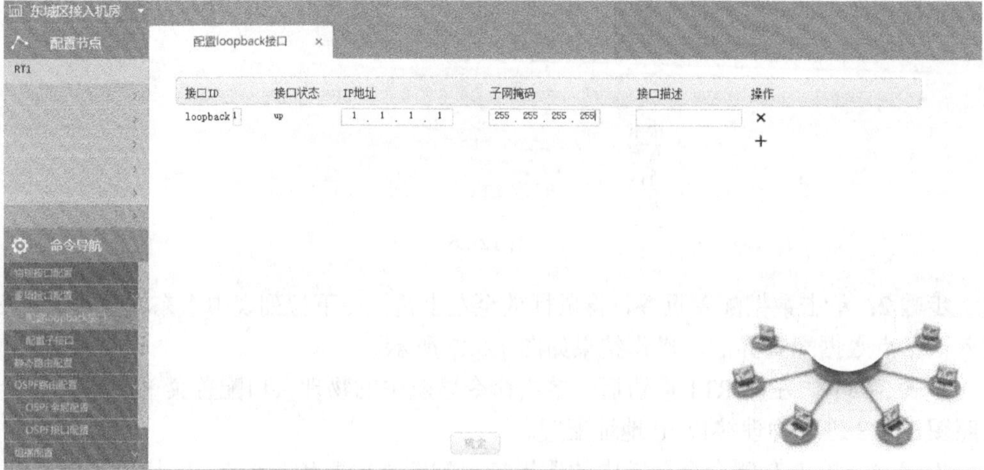

图 12-29

步骤 5：单击界面上方切换页签，切换至东城区汇聚机房，操作过程和结果如图 12-30 和图 12-31 所示。

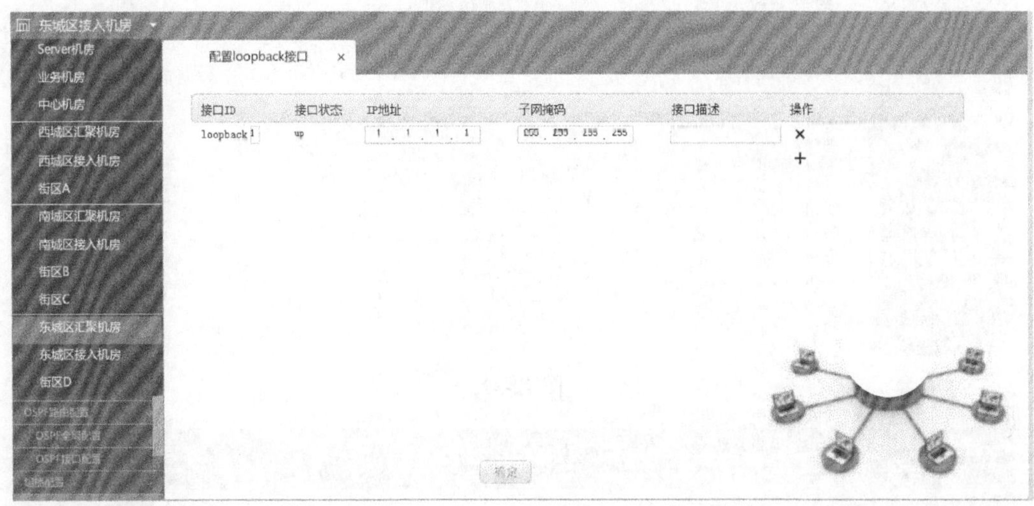

图 12-30

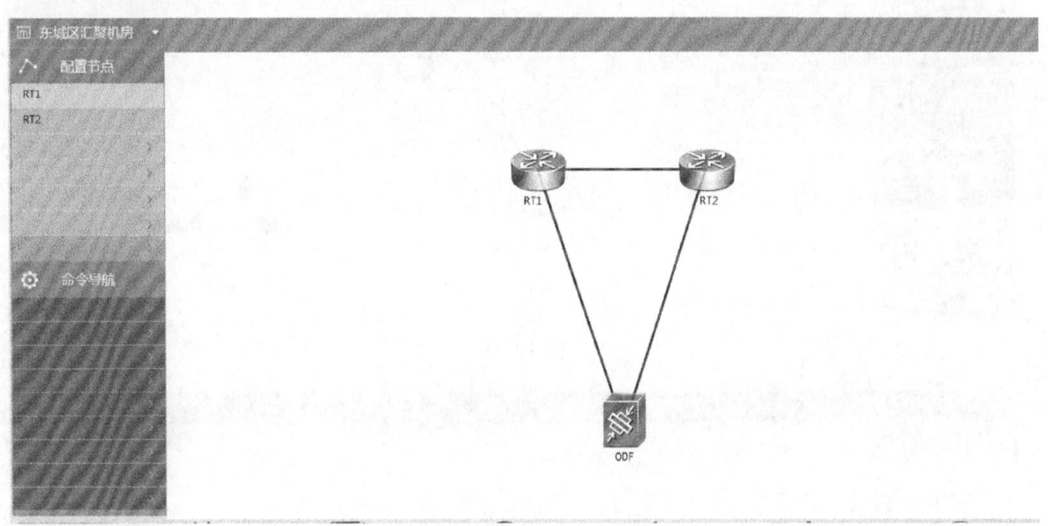

图 12-31

步骤 6：单击配置节点下 RT1，在命令导航中单击物理接口配置，按照数据规划进行相关物理接口 IP 地址的配置，操作结果如图 12-32 所示。

步骤 7：单击命令导航中逻辑接口配置下的配置 loopback 接口选项，按照如图 12-33 所示进行 loopback 地址配置。

步骤 8：单击配置节点下 RT2 按钮进入对路由器配置界面，操作结果如图 12-34 所示。

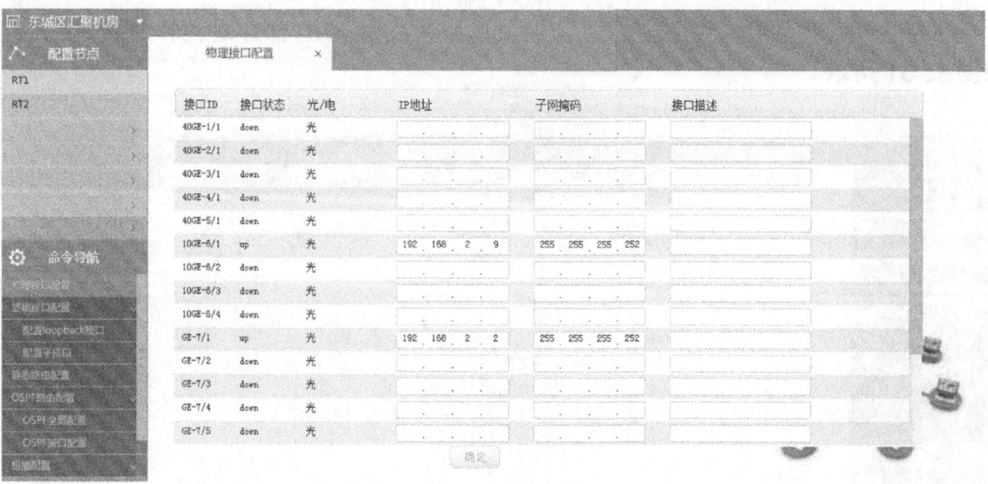

图 12-32

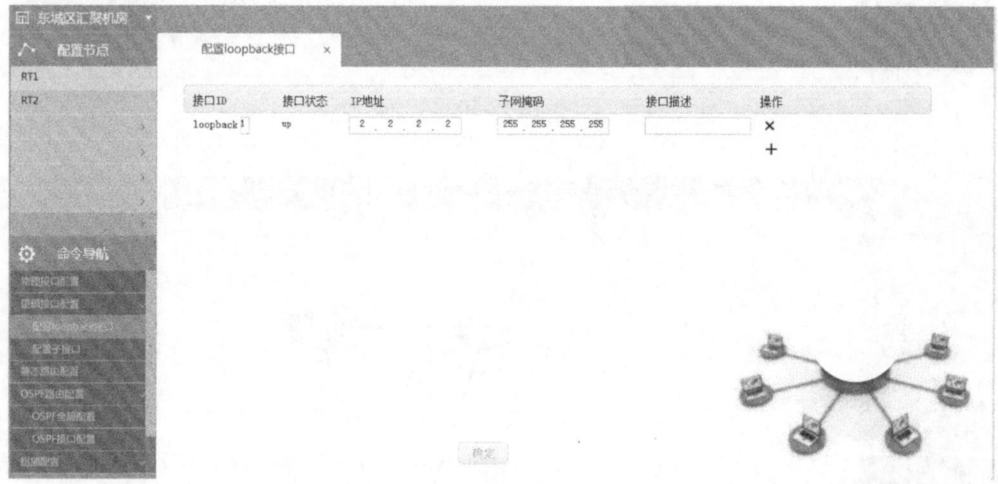

图 12-33

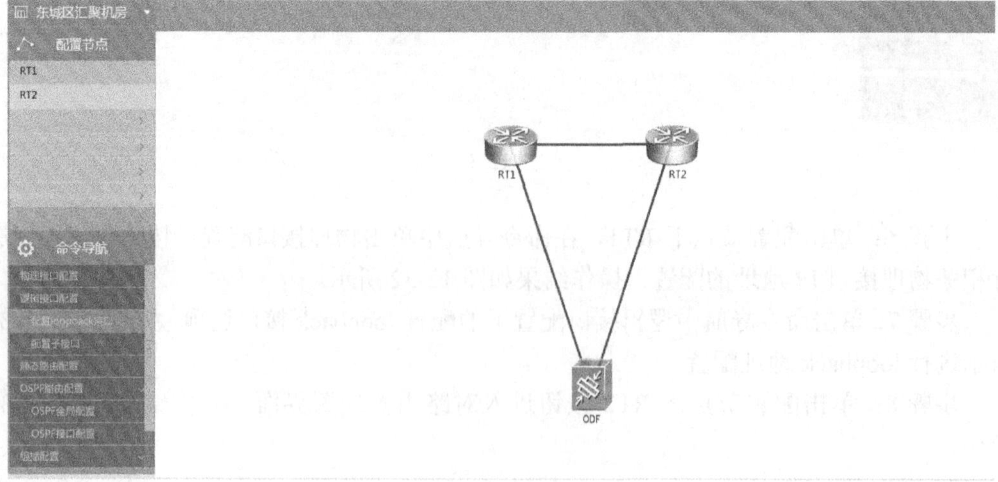

图 12-34

步骤 9：单击命令导航中物理接口配置，根据数据规划进行相关数据配置，操作结果如图 12-35 所示。

接口ID	接口状态	光/电	IP地址	子网掩码	接口描述
40GE-1/1	down	光			
40GE-2/1	down	光			
40GE-3/1	down	光			
40GE-4/1	down	光			
40GE-5/1	down	光			
10GE-6/1	up	光	192.168.2.10	255.255.255.252	
10GE-6/2	down	光			
10GE-6/3	down	光			
10GE-6/4	down	光			
GE-7/1	up	光	192.168.2.6	255.255.255.252	
GE-7/2	down	光			
GE-7/3	down	光			
GE-7/4	down	光			
GE-7/5	down	光			

图 12-35

步骤 10：单击左侧命令导航中逻辑接口配置下的配置 loopback 接口菜单，根据数据规划进行相关数据的配置，操作结果如图 12-36 所示。

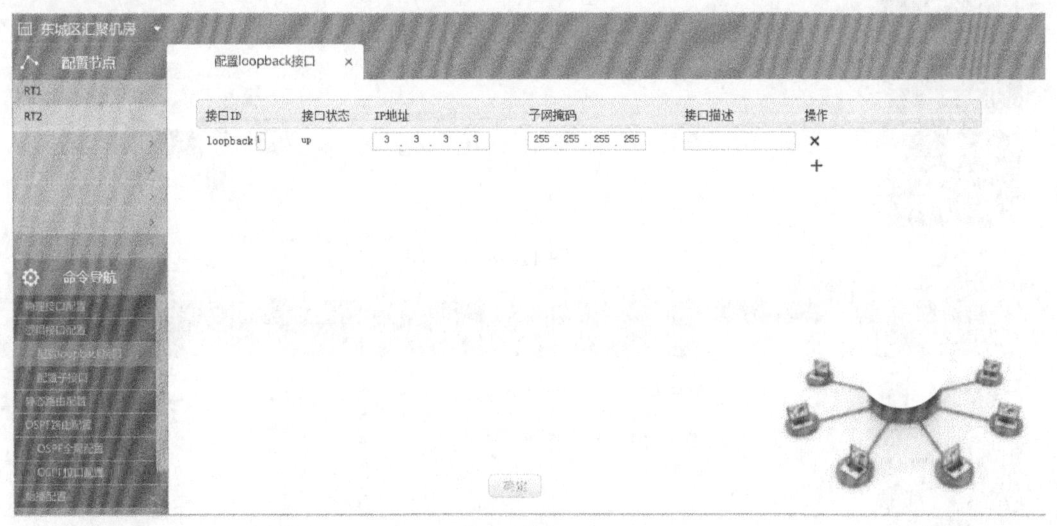

图 12-36

步骤 11：切换至东城区接入机房，单击 RT1 设备在命令导航中静态路由配置菜单进入静态路由配置界面，操作结果如图 12-37 所示。

步骤 12：单击右侧界面中 + 按钮进行静态路由添加，操作结果如图 12-38 所示。

步骤 13：切换至东城区汇聚机房，单击 RT1 按钮，在命令导航中单击静态路由配置，根据要求进行添加静态路由，操作结果如图 12-39 所示。

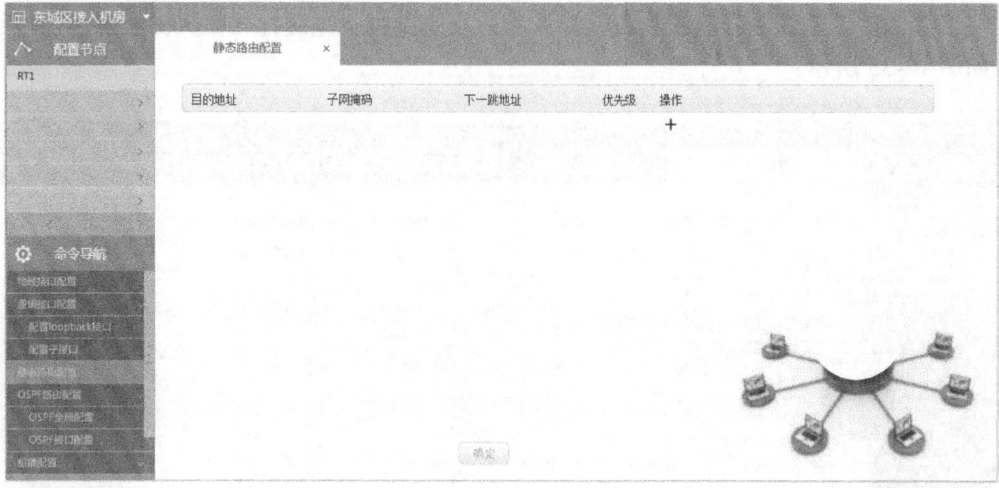

图 12-37

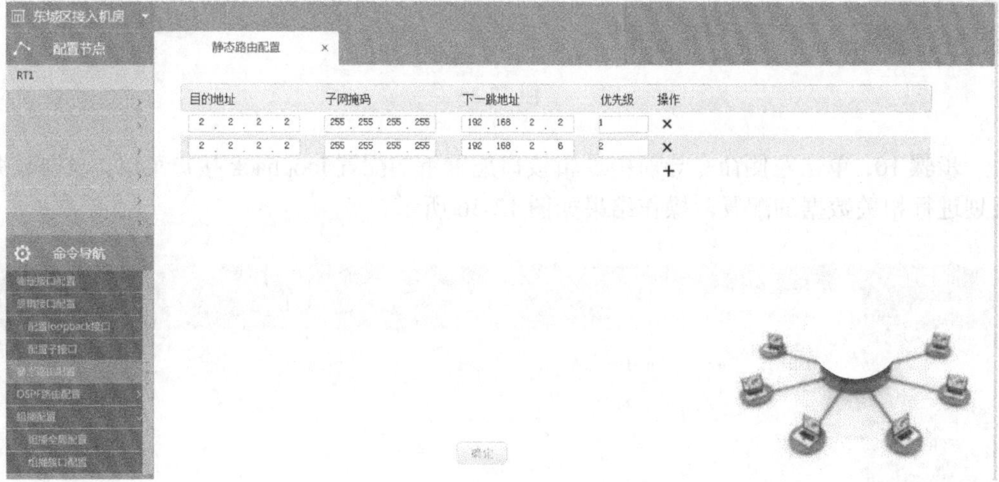

图 12-38

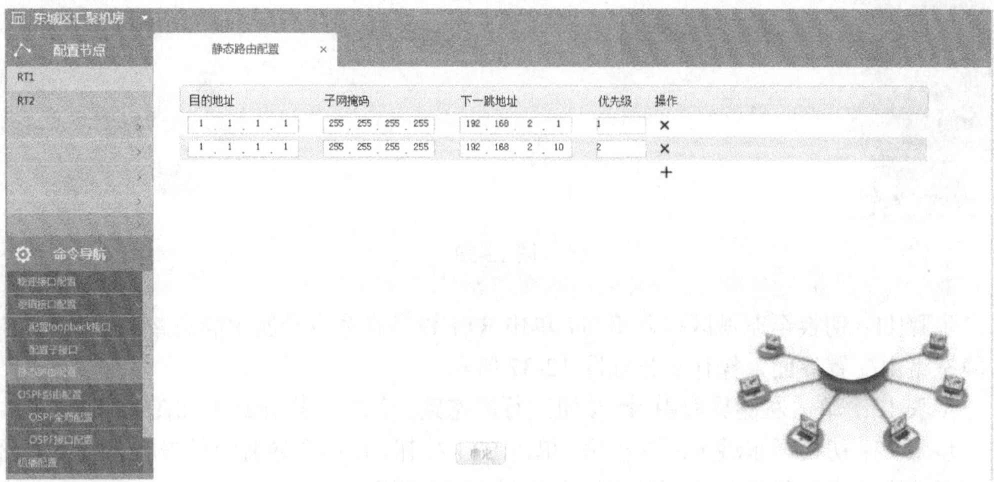

图 12-39

步骤 14：在东城区汇聚机房，单击 RT2 按钮，在命令导航中单击静态路由配置，根据要求进行添加静态路由，操作结果如图 12-40 所示。

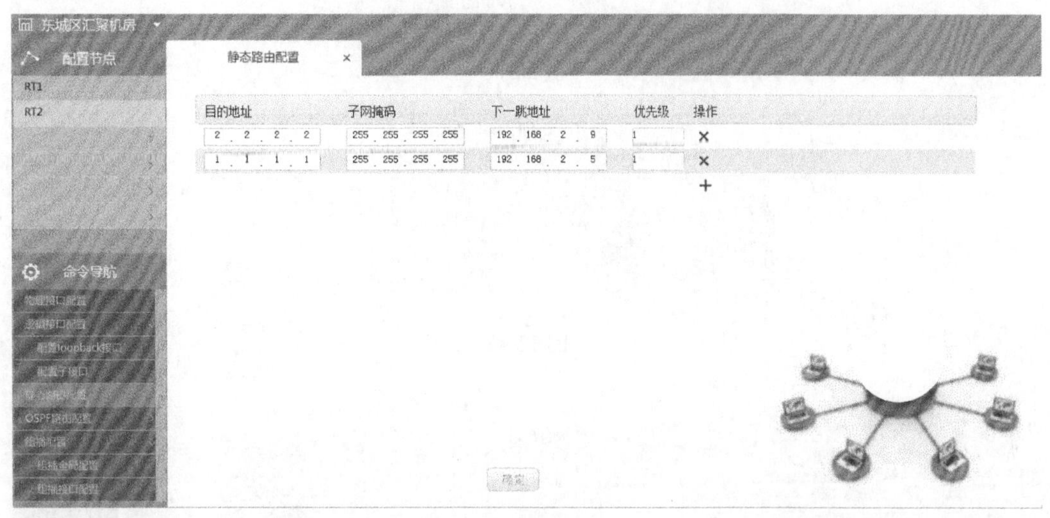

图 12-40

步骤 15：单击业务调试页签，进入业务调试界面后，单击右侧 ping 按钮，进行 ping 测试，在进行 ping 测试时，以东城区接入机房 RT1 的 loopback 地址 1.1.1.1 作为源，以东城区汇聚机房 RT1 的 loopback 地址作为目的进行测试，其操作过程和结果如图 12-41 和图 12-42 所示。

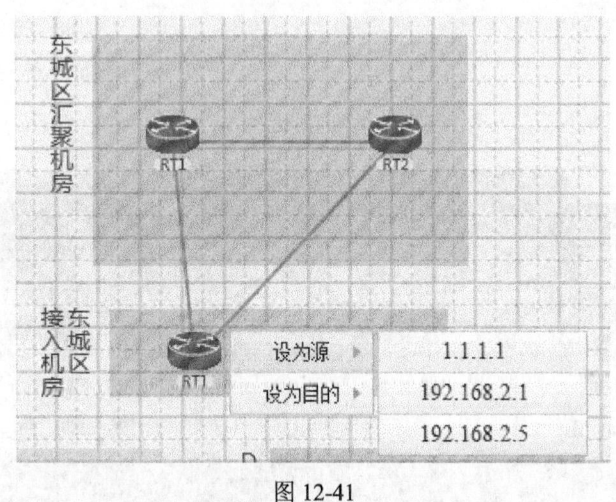

图 12-41

步骤 16：单击界面下方当前结果中的执行按钮进行测试，操作结果如图 12-43 所示。

步骤 17：单击设备配置页签，进入东城区接入机房，将 RT1 槽位 1 端口尾纤拔掉，操作结果如图 12-44 所示。

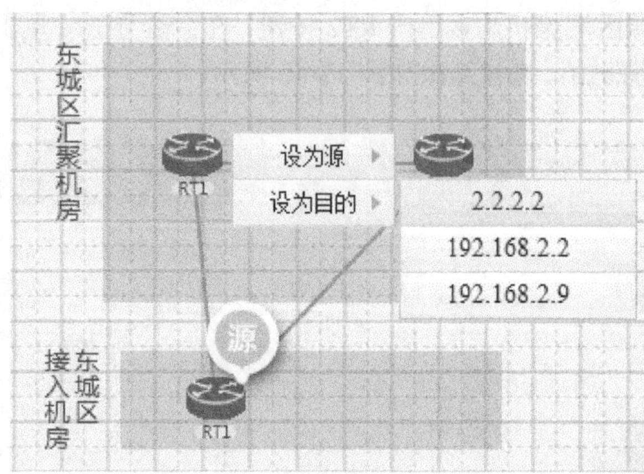

图 12-42

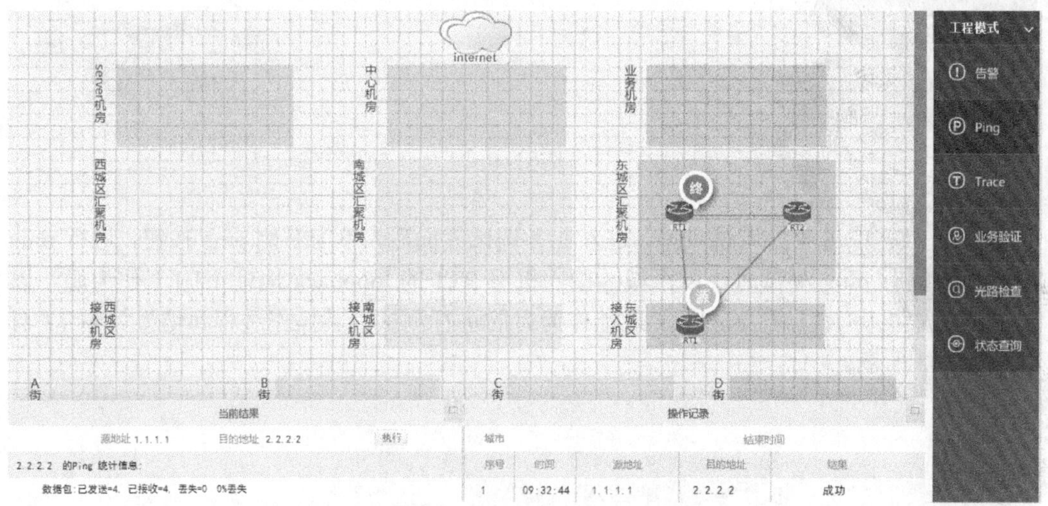

图 12-43

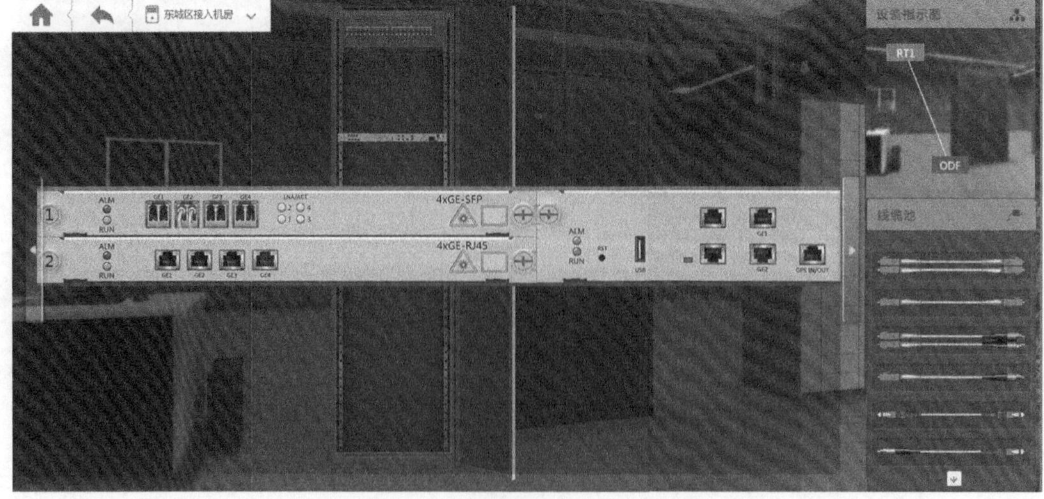

图 12-44

步骤 18：单击界面上方业务调试页签进入业务调试界面，参照上面的 ping 测试方法，再次进行 ping 测试，操作结果如图 12-45 所示。

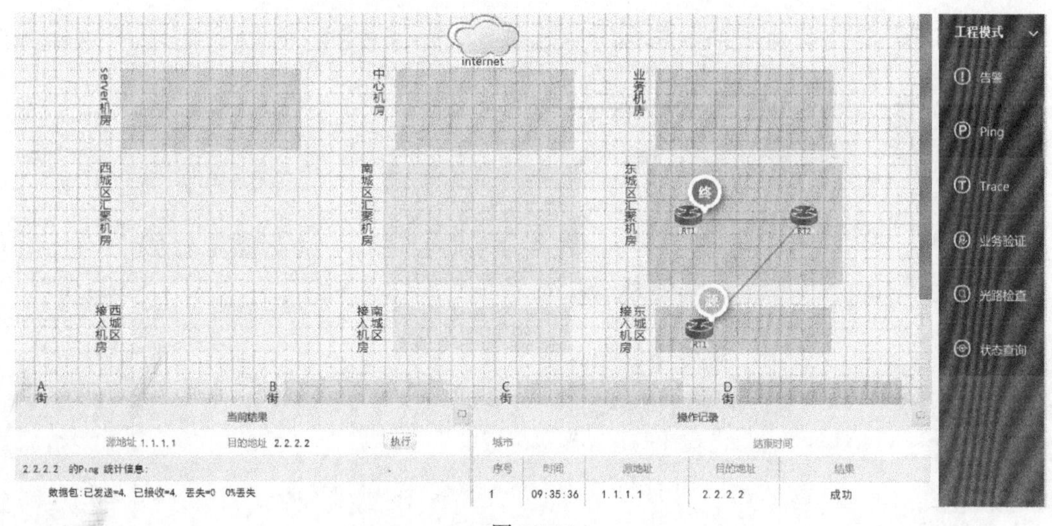

图 12-45

12.4 总结与思考

12.4.1 实习总结

静态路由是需要手工配置的路由，在配置时需注意静态路由的双向性，静态路由生效的条件是下一跳可达，IP 路由通信的过程即查找路由表的过程。

12.4.2 思考题

1．静态路由的特点是什么，在配置静态路由时需注意哪些事项？
2．什么时候可以使用默认路由？
3．配置浮动路由时的关键点是什么？

12.4.3 练习题

按照如图 12-46 所示拓扑完成相关 IP 地址的规划（每台设备都指定一个 loopback 地址），使用静态路由实现设备 loopback 地址之间的互通。

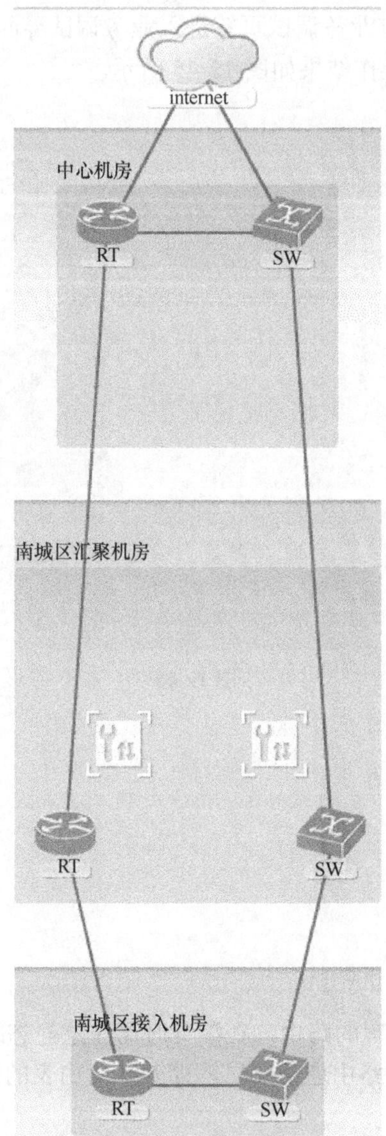

图 12-46

实习单元 13

OSPF 路由协议

13.1 实习说明

13.1.1 实习目的

了解 OSPF 邻居关系建立的过程
了解 OSPF 路由学习的过程
掌握 OSPF 动态路由协议的配置方法
掌握 OSPF 动态路由协议路由引入的方法

13.1.2 实习任务

1. OSPF 路由协议单区域配置
2. OSPF 路由协议路由重分发配置（静态路由）
3. OSPF 路由协议默认路由通告方法
4. OSPF 路由学习路径控制

13.1.3 实习时长

4 学时

13.2 拓扑规划

与任务相关的拓扑规划如图 13-1（任务一）、图 13-2（任务二、三）、图 13-3 所示。

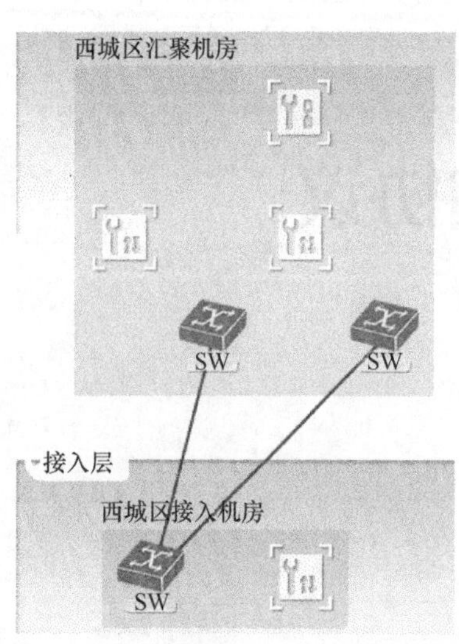

图 13-1

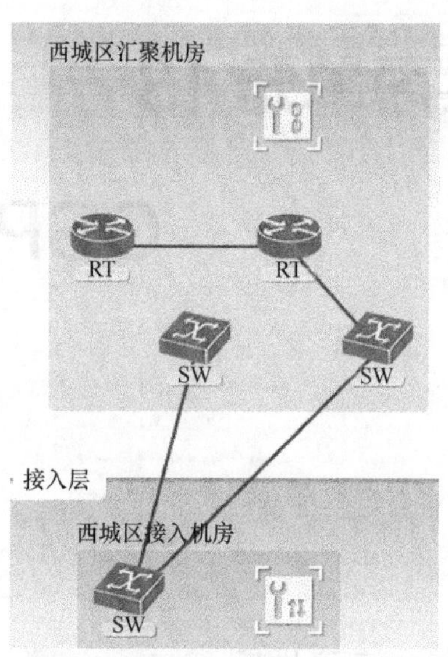

图 13-2

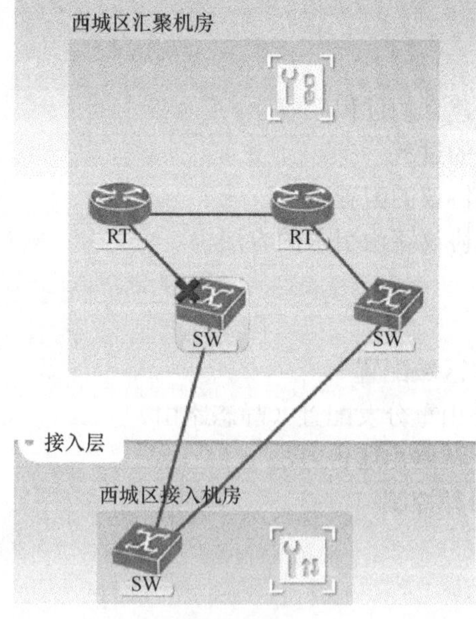

图 13-3

数据规划

与任务相关的数据规划如表 13-1 所示。

表 **13-1**　西城区数据规划

设备名称		本端端口	IP 地址	对端设备		对端端口
西城区接入机房	SW1（大型）	40GE-1/1	vlan10-20.1.1.1/30	西城区汇聚机房	SW3	40GE-1/1
		40GE-1/2	vlan20-20.1.1.5/30		SW4	40GE-1/1
		loopback1	11.11.11.11/32			
西城区汇聚机房	SW3（大型）	40GE-1/1	vlan10-20.1.1.2/30	西城区接入机房		40GE-1/1
		40GE-1/2	vlan50-20.1.1.13/30	西城区汇聚机房 RT1		40GE-2/1
		loopback1	11.11.11.12/32			
	SW4（大型）	40GE-1/1	vlan20-20.1.1.6/30	西城区接入机房		40GE-1/2
		40GE-1/2	vlan40-20.1.1.18/30	西城区汇聚机房 RT2		40GE-1/1
		loopback1	11.11.11.13/32			
	RT1（中型）	40GE-1/1	20.1.1.9/30	西城区汇聚机房 RT2		40GE-2/1
		loopback1	11.11.11.14/32			
		loopback2	11.11.11.15/32			
		40GE-2/1	20.1.1.14	西城区汇聚机房 SW3		40GE-1/2
	RT2（中型）	40GE-1/1	20.1.1.17/30	西城区汇聚机房 SW4		40GE-1/2
		40GE-2/1	20.1.1.10/30	西城区汇聚机房 RT1		40GE-1/1
		loopback1	11.11.11.16/32			

13.3　实习步骤

13.3.1　实习任务一：OSPF 路由协议单区域配置

步骤 1：按照实习任务一拓扑在西城区接入机房和西城区汇聚机房进行设备的添加。

步骤 2：进入西城区汇聚机房，打开机柜添加大型 SW 设备，单击界面右侧设备指示图中的 SW 按钮，在线缆池中选择成对 LC-FC 尾纤，将尾纤一头连接至 SW1 设备 1 槽位 1 端口，操作结果如图 13-4 所示。

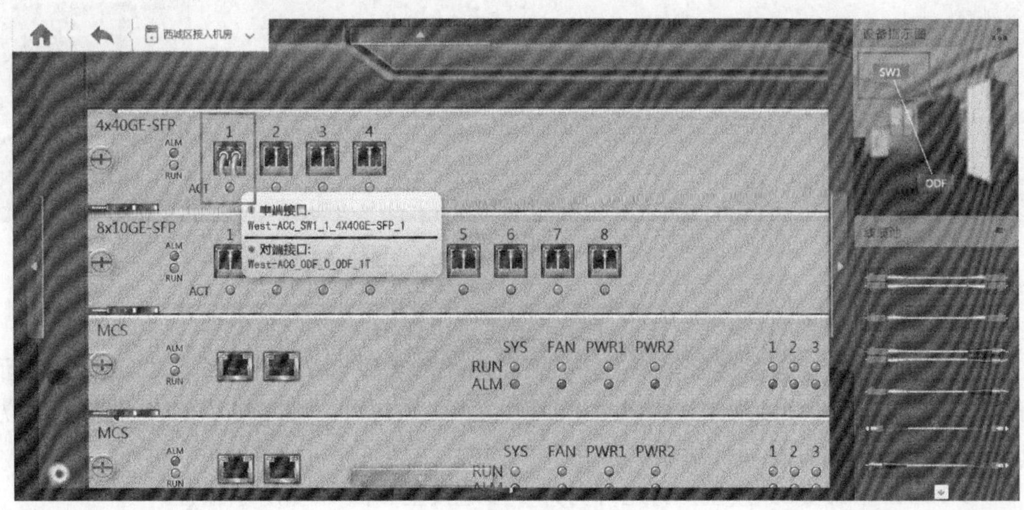

图 13-4

步骤 3：单击界面中 ODF 按钮，将尾纤另一端连接至如图 13-5 所示位置。

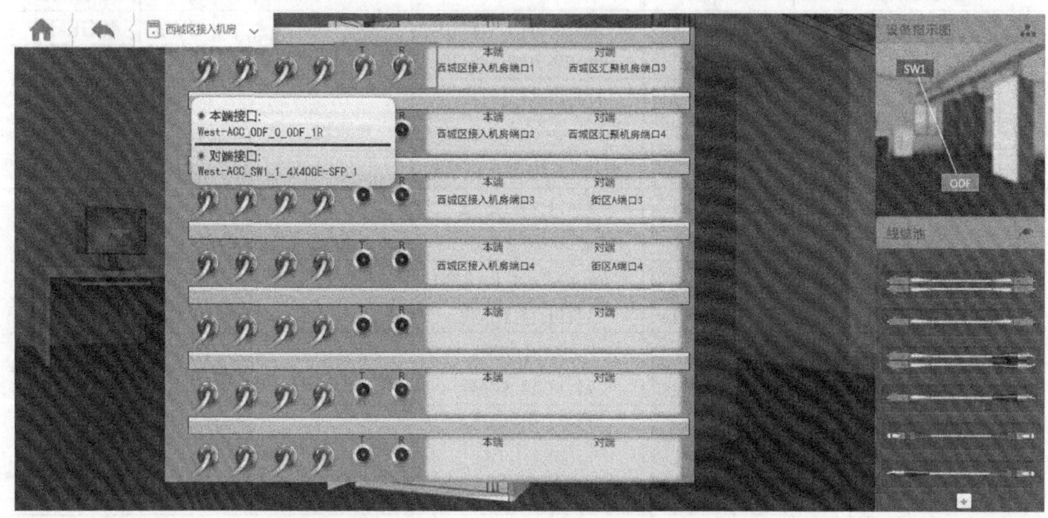

图 13-5

步骤 4：单击设备指示图中 SW1 按钮，选择线缆池中成对 LC-FC 光纤，将尾纤一端连接至 SW1 设备 1 槽位 2 端口，操作结果如图 13-6 所示。

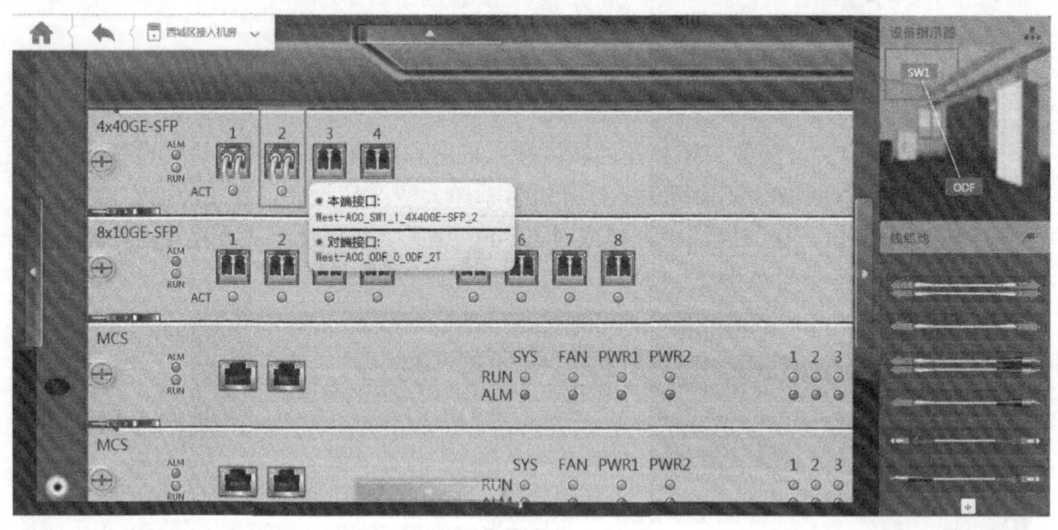

图 13-6

步骤 5：单击 ODF 按钮，将尾纤另一端连接至如图 13-7 所示位置。

步骤 6：切换至西城区汇聚机房，打开机柜添加大型 SW3 和大型 SW4，单击界面右侧 SW3 按钮，在线缆池中选择成对 LC-FC 光纤，将尾纤一端连接至 SW3 设备 1 槽位 1 端口，操作结果如图 13-8 所示。

步骤 7：单击 ODF 按钮，将尾纤另外一端连接至如图 13-9 所示位置。

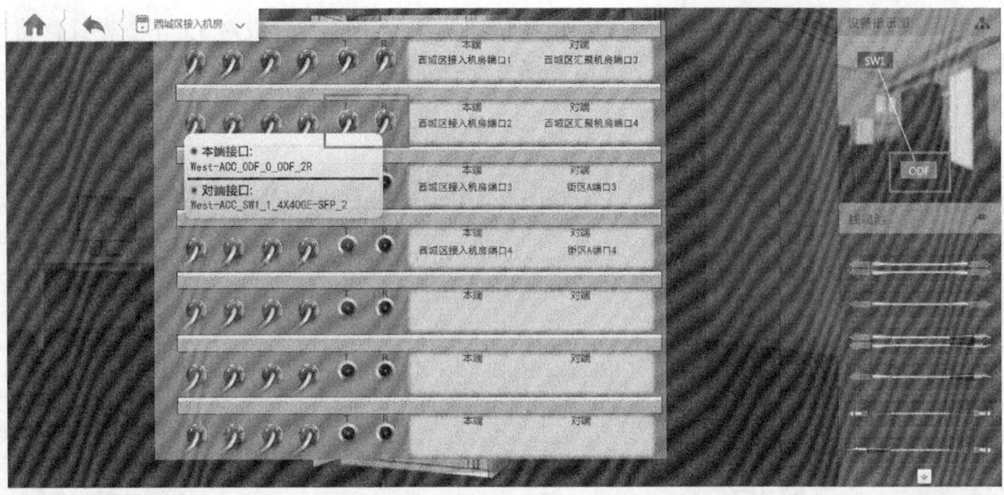

图 13-7

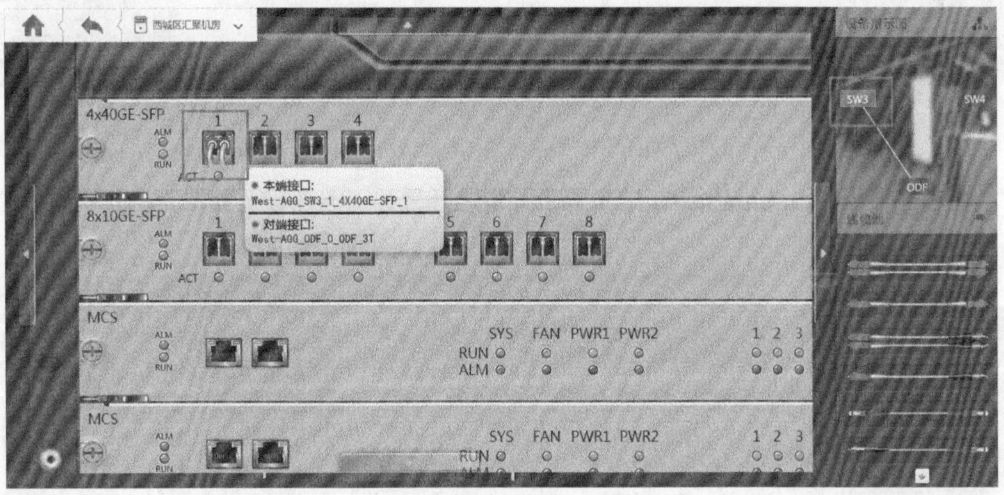

图 13-8

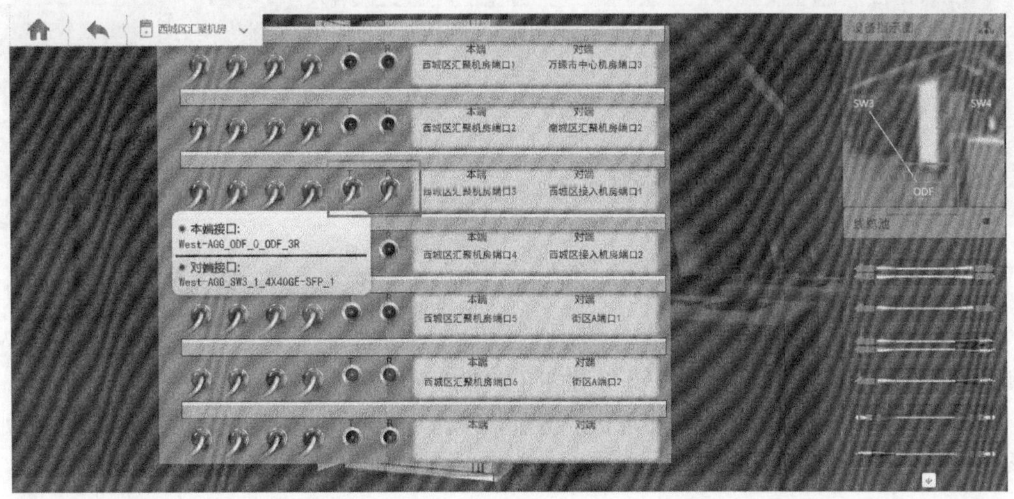

图 13-9

步骤 8：单击设备指示图中 SW4 设备按钮，选择线缆池中成对 LC-FC 光纤，将尾纤一头连接至 SW4 设备 1 槽位 1 端口，操作结果如图 13-10 所示。

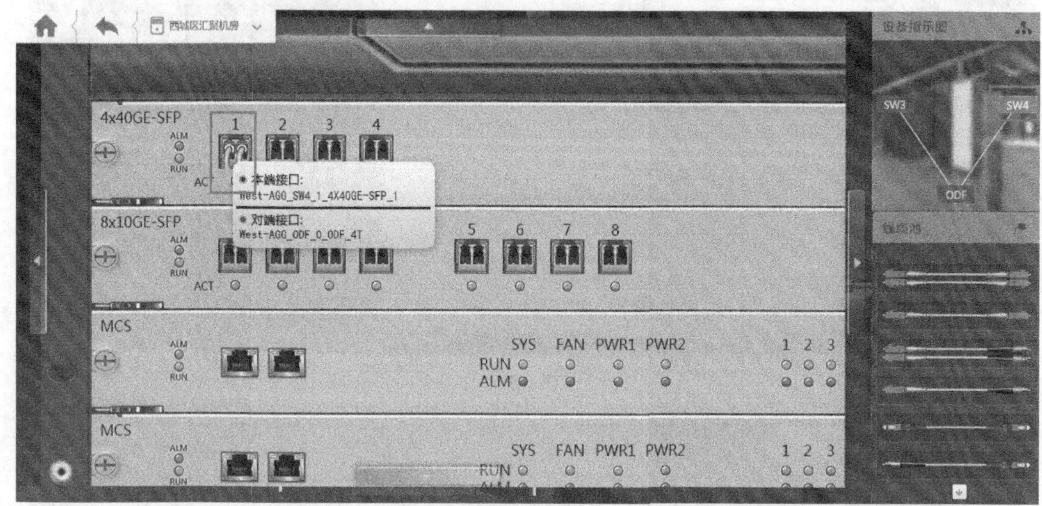

图 13-10

步骤 9：单击设备指示图中 ODF 按钮，将尾纤另外一端连接至如图 13-11 所示位置。

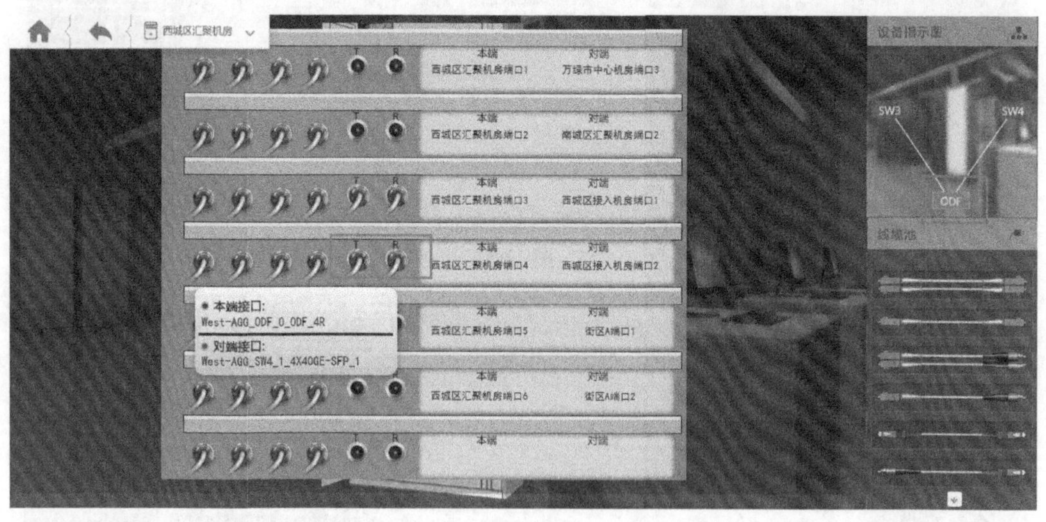

图 13-11

步骤 10：单击界面上方数据配置按钮后，将鼠标放至左上角菜单，选中南城区接入机房，进入数据配置界面，操作结果如图 13-12 所示。

步骤 11：单击配置节点中 SW1 按钮后，在命令导航中单击物理配置接口，按照如图 13-13 所示进行相关数据配置。

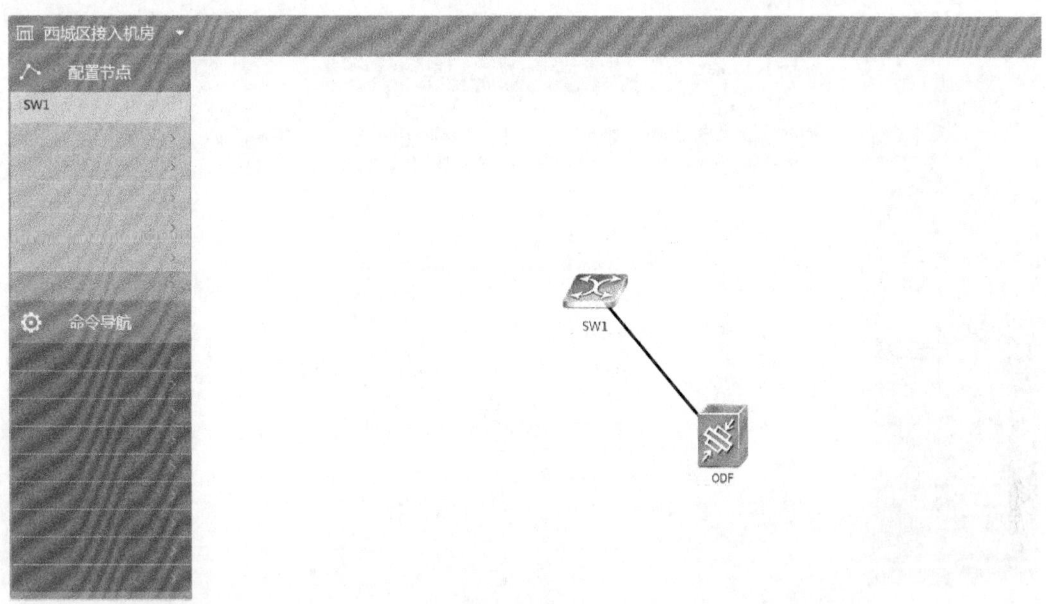

图 13-12

西城区接入机房

配置节点

SW1

命令导航

物理接口配置

接口ID	接口状态	光/电	VLAN模式	关联VLAN	接口描述
40GE-1/1	up	光	access	10	to_agg_west_SW1
40GE-1/2	up	光	access	20	to_agg_west_SW3
40GE-1/3	down	光	access	1	
40GE-1/4	down	光	access	1	
10GE-2/1	down	光	access	1	
10GE-2/2	down	光	access	1	
10GE-2/3	down	光	access	1	
10GE-2/4	down	光	access	1	
10GE-2/5	down	光	access	1	
10GE-2/6	down	光	access	1	
10GE-2/7	down	光	access	1	
10GE-2/8	down	光	access	1	
GE-3/1	down	光	access	1	
GE-3/2	down	光	access	1	

确定

图 13-13

步骤 12：单击命令导航下逻辑接口配置菜单中的配置 loopback 接口进行相关数据配置，操作结果如图 13-14 所示。

步骤 13：单击命令导航框中逻辑接口配置菜单下的配置 VLAN 三层接口，进行相关数据配置，操作结果如图 13-15 所示。

图 13-14

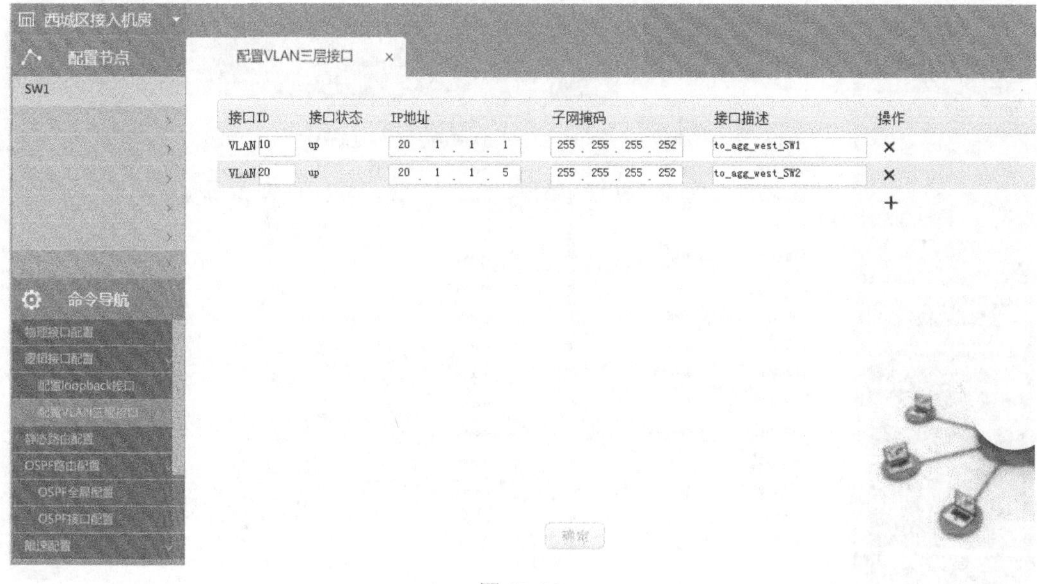

图 13-15

步骤 14：单击命令导航中 OSPF 路由配置菜单下的 OSPF 全局配置，按照数据规划并参照图 13-16 进行相关数据配置。

步骤 15：单击命令导航中 OSPF 路由配置菜单下的 OSPF 接口配置，按照数据规划并参照图 13-17 进行相关数据配置。

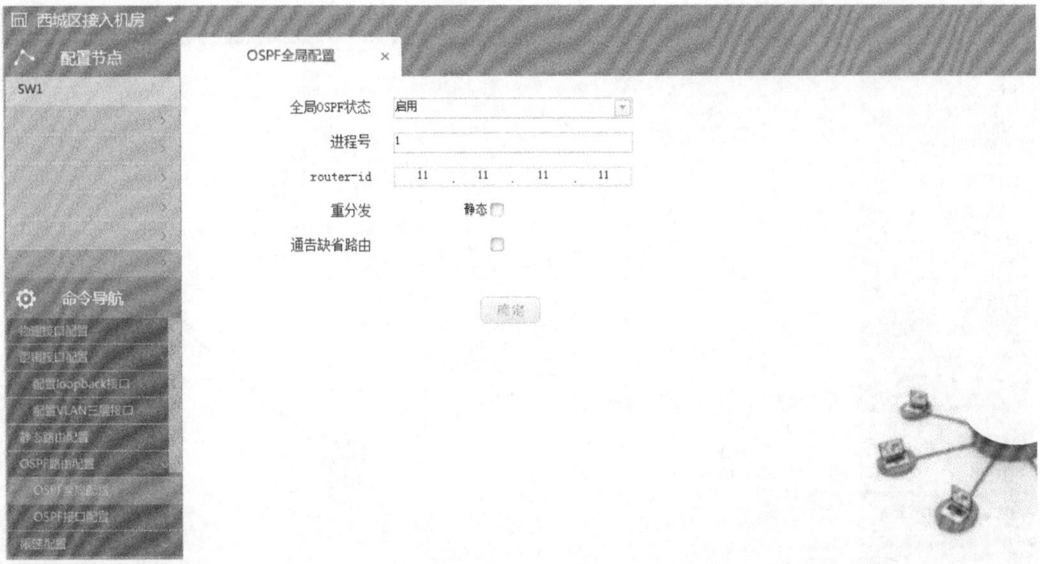

图 13-16

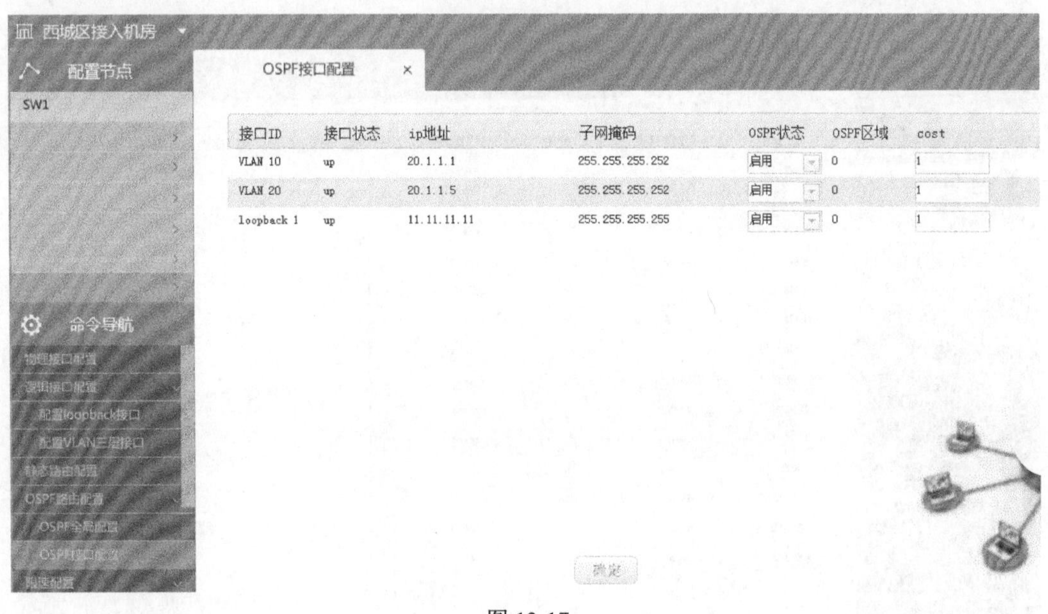

图 13-17

步骤 16：单击界面左上方菜单下的西城区汇聚机房，单击 SW3 的配置节点，进入 SW3 数据配置界面，操作结果如图 13-18 所示。

步骤 17：在命令导航中单击物理接口配置，根据数据规划进行相关数据配置，操作结果如图 13-19 所示。

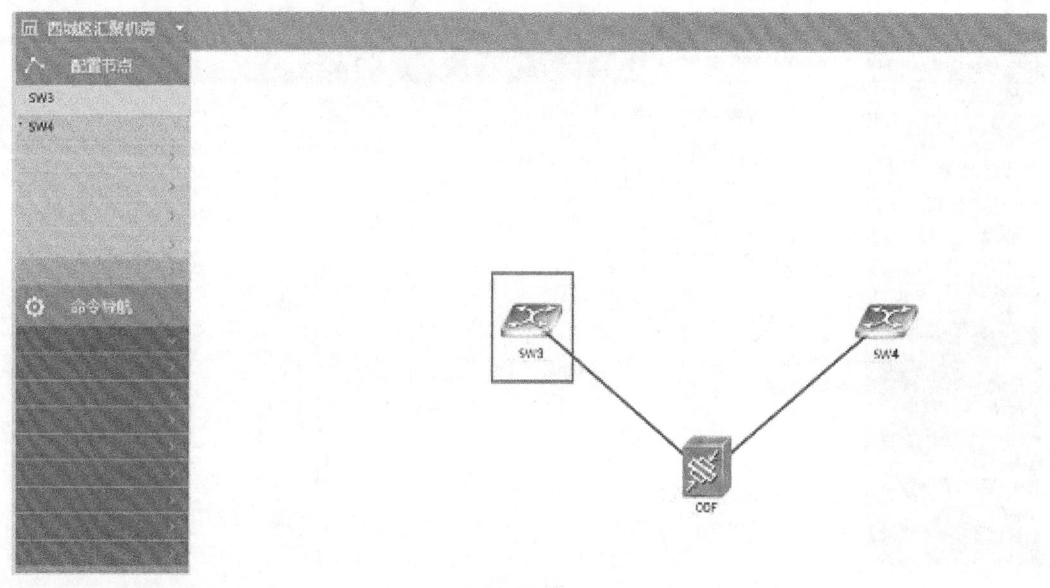

图 13-18

西城区汇聚机房
配置节点
SW3
SW4
命令导航
物理接口配置
逻辑接口配置
配置loopback接口
配置VLAN三层接口
静态路由配置
OSPF路由配置
OSPF全局配置
OSPF接口配置

物理接口配置

接口ID	接口状态	光/电	VLAN模式	关联VLAN	接口描述
40GE-1/1	up	光	access	10	to_agg_west_SW1
40GE-1/2	down	光	access	1	
40GE-1/3	down	光	access	1	
40GE-1/4	down	光	access	1	
10GE-2/1	down	光	access	1	
10GE-2/2	down	光	access	1	
10GE-2/3	down	光	access	1	
10GE-2/4	down	光	access	1	
10GE-2/5	down	光	access	1	
10GE-2/6	down	光	access	1	
10GE-2/7	down	光	access	1	
10GE-2/8	down	光	access	1	
GE-3/1	down	光	access	1	
GE-3/2	down	光	access	1	

确定

图 13-19

步骤 18：单击命令导航下逻辑接口配置菜单中的配置 loopback 接口，根据数据规划并参照图 13-20 进行相关数据配置。

步骤 19：单击命令导航中逻辑接口配置菜单下的配置 VLAN 三层接口，根据数据规划并参照图 13-21 进行相关数据配置。

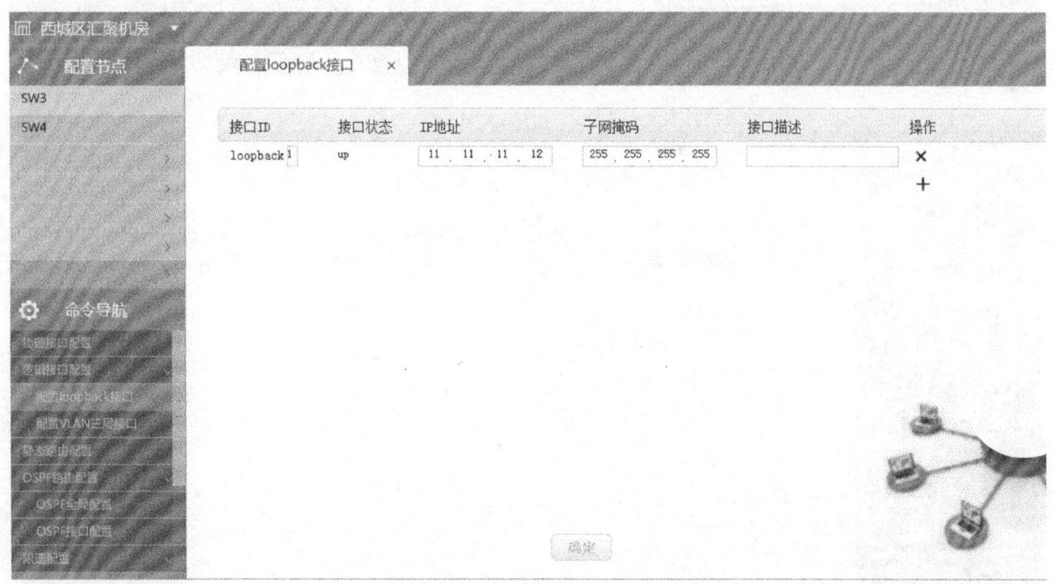

图 13-20

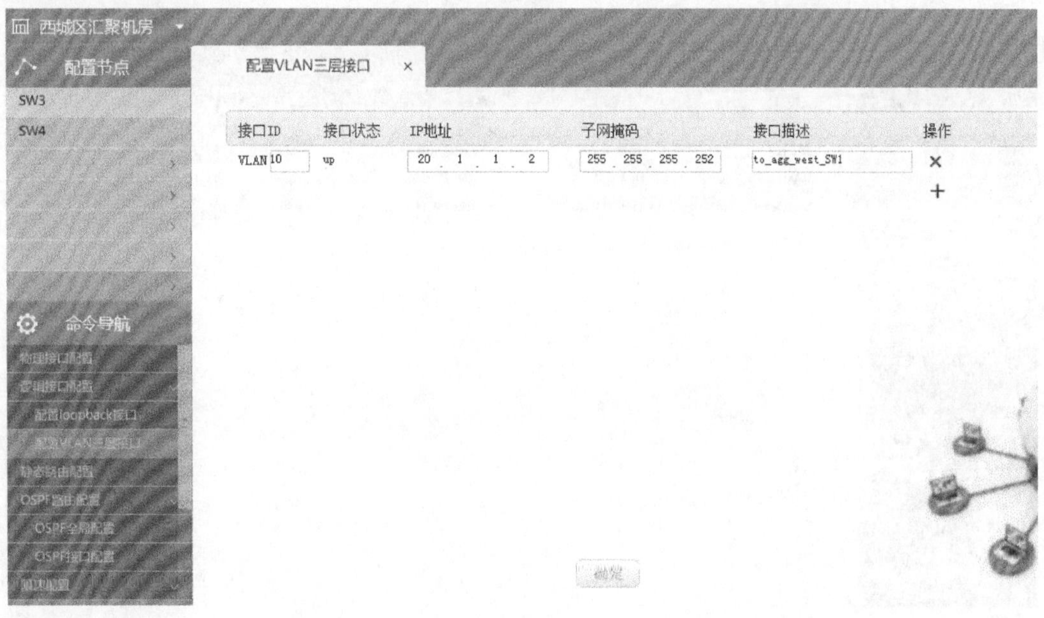

图 13-21

步骤 20：单击命令导航中 OSPF 路由配置菜单下的 OSPF 全局配置，按照数据规划并参照图 13-22 相关数据进行配置。

步骤 21：单击命令导航中 OSPF 路由配置菜单下的 OSPF 接口配置，按照数据规划并参照图 13-23 相关数据进行配置。

图 13-22

图 13-23

步骤 22：单击配置节点中的 SW4 设备，进入 SW4 数据配置界面，操作结果如图 13-24 所示。

步骤 23：单击左侧 SW4 选项后在命令导航中点击物理接口配置，根据数据规划进行相关数据配置，操作结果如图 13-25 所示。

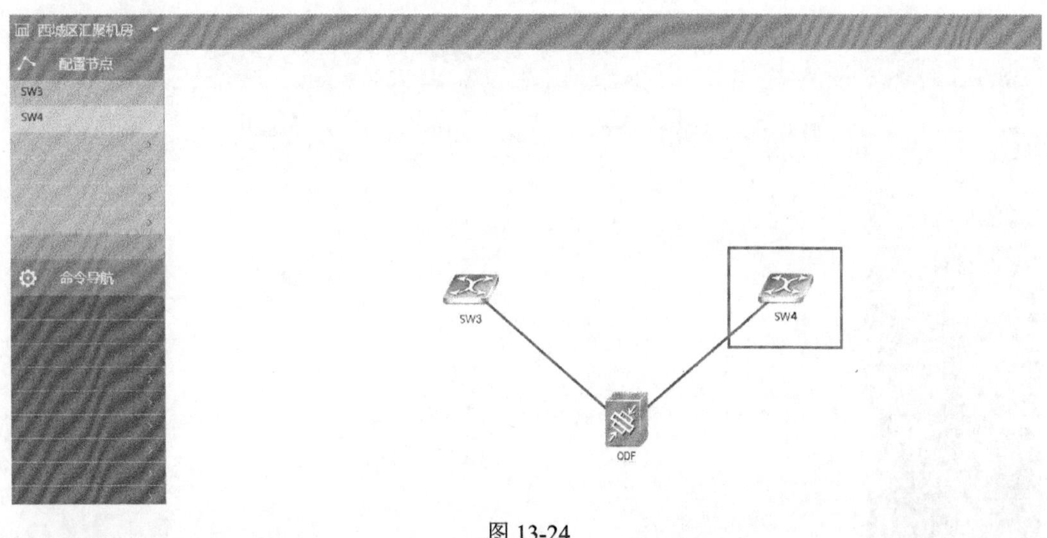

图 13-24

接口ID	接口状态	光/电	VLAN模式	关联VLAN	接口描述
40GE-1/1	up	光	access	20	to_agg_west_SW1
40GE-1/2	down	光	access	1	
40GE-1/3	down	光	access	1	
40GE-1/4	down	光	access	1	
10GE-2/1	down	光	access	1	
10GE-2/2	down	光	access	1	
10GE-2/3	down	光	access	1	
10GE-2/4	down	光	access	1	
10GE-2/5	down	光	access	1	
10GE-2/6	down	光	access	1	
10GE-2/7	down	光	access	1	
10GE-2/8	down	光	access	1	
GE-3/1	down	光	access	1	
GE-3/2	down	光	access	1	

图 13-25

步骤 24：单击命令导航中逻辑接口配置菜单下的配置 loopback 接口，根据数据规划并参照图 13-26 进行相关数据配置。

步骤 25：单击命令导航中逻辑接口配置菜单下的配置 VLAN 三层接口，根据数据规划并参照图 13-27 进行相关数据配置。

图 13-26

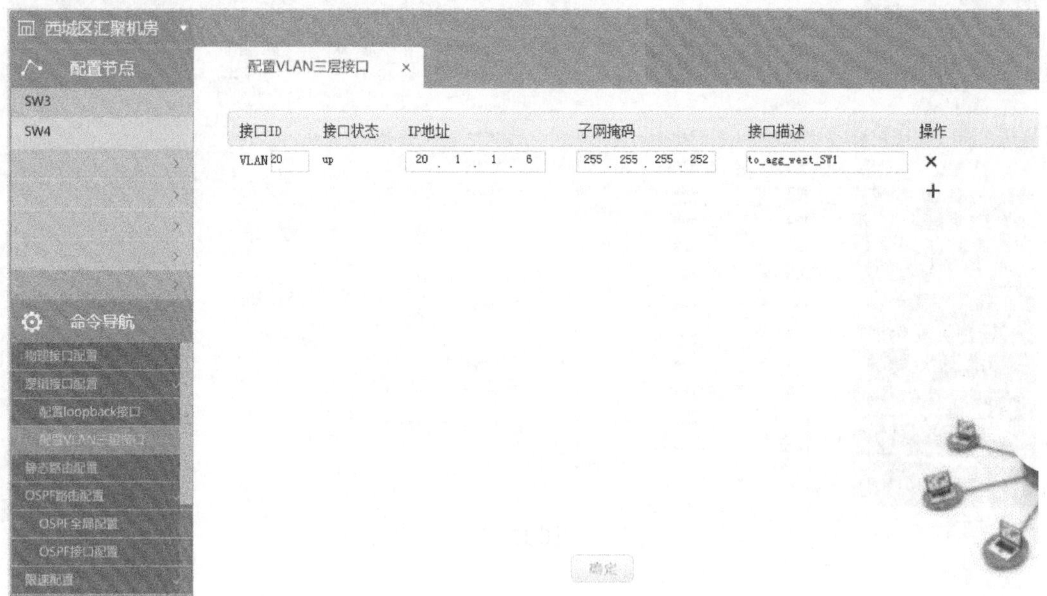

图 13-27

步骤 26：单击命令导航中 OSPF 路由配置菜单下的 OSPF 全局配置，按照数据规划并参照图 13-28 相关数据进行配置。

步骤 27：单击命令导航中 OSPF 路由配置菜单下的 OSPF 接口配置，按照数据规划并参照图 13-29 相关数据进行配置。

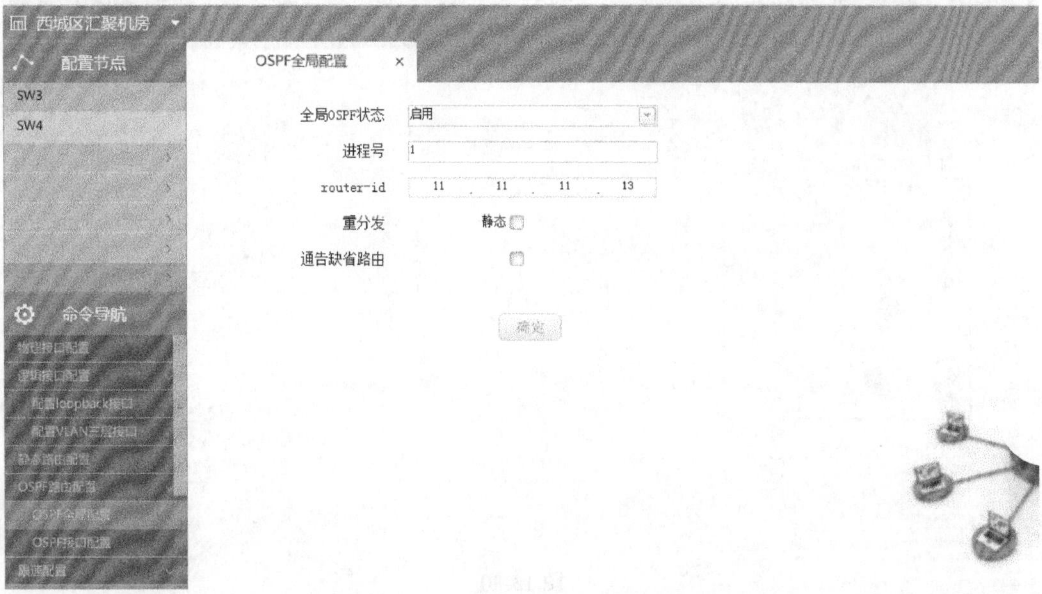

西城区汇聚机房
配置节点
SW3
SW4
命令导航
OSPF全局配置
全局OSPF状态　启用
进程号　1
router-id　11 . 11 . 11 . 13
重分发　静态
通告缺省路由
确定

图 13-28

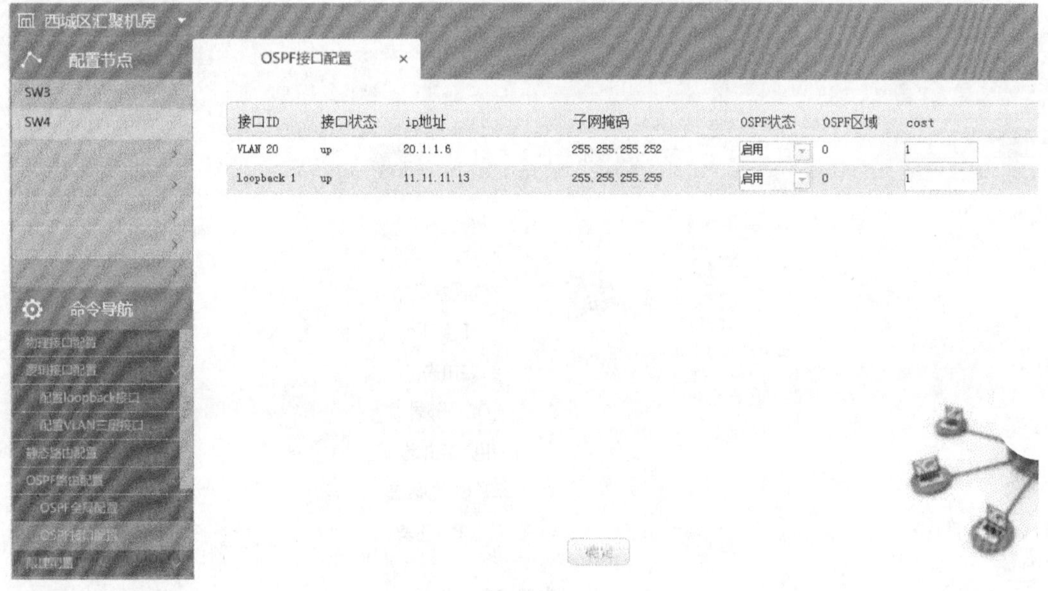

图 13-29

步骤 28：单击界面上方业务调试页签后，进入业务调试界面，操作结果如图 13-30 所示。

步骤 29：单击界面右侧状态查询选项，接着将鼠标放至拓扑中西城区接入机房位置，然后弹出相关菜单项，操作结果如图 13-31 所示。

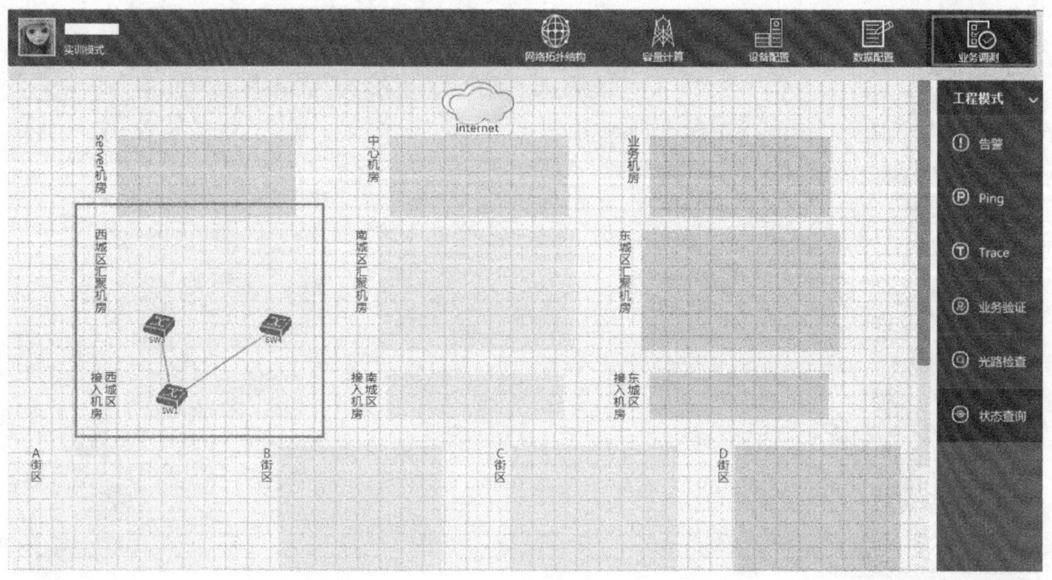

图 13-30

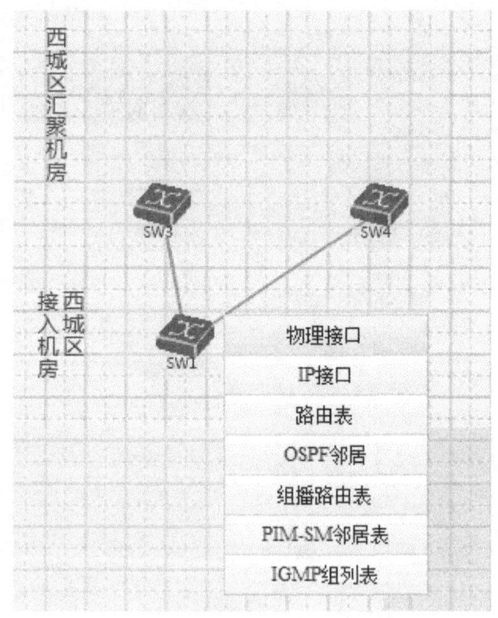

图 13-31

步骤 30：单击 OSPF 邻居选项，查看接入机房 SW1 设备邻居关系建立情况，操作结果如图 13-32 所示。

步骤 31：关闭 OSPF 邻居列表，将鼠标放至西城区接入机房 SW1 位置，在弹出菜单中选择路由表，查看相关路由学习情况，操作结果如图 13-33 所示。

步骤 32：将鼠标放至拓扑中西城区汇聚机房 SW3 设备处，选中 OSPF 邻居选项，查看邻居学习，操作结果如图 13-34 所示。

OSPF邻居（本机router-id:11.11.11.11）				
邻居router-id	邻居接口IP	本端接口	本端接口IP	Area
11.11.11.12	20.1.1.2	VLAN 10	20.1.1.1	0
11.11.11.13	20.1.1.6	VLAN 20	20.1.1.5	0

图 13-32

路由表						
目的地址	子掩码	下一跳	出接口	来源	优先级	度量值
11.11.11.11	255.255.255.255	11.11.11.11	loopback1	address	0	0
20.1.1.0	255.255.255.252	20.1.1.1	VLAN10	direct	0	0
20.1.1.1	255.255.255.252	20.1.1.1	VLAN10	address	0	0
20.1.1.4	255.255.255.252	20.1.1.5	VLAN20	direct	0	0
20.1.1.5	255.255.255.252	20.1.1.5	VLAN20	address	0	0
11.11.11.12	255.255.255.255	20.1.1.2	VLAN10	OSPF	110	2
11.11.11.13	255.255.255.255	20.1.1.6	VLAN20	OSPF	110	2

图 13-33

OSPF邻居（本机router-id:11.11.11.12）				
邻居router-id	邻居接口IP	本端接口	本端接口IP	Area
11.11.11.11	20.1.1.1	VLAN 10	20.1.1.2	0

图 13-34

步骤 33：将鼠标放至拓扑中西城区汇聚机房 SW3 设备处，选中路由表选项查看路由表学习，操作结果如图 13-35 所示。

路由表						
目的地址	子掩码	下一跳	出接口	来源	优先级	度量值
11.11.11.12	255.255.255.255	11.11.11.12	loopback1	address	0	0
20.1.1.0	255.255.255.252	20.1.1.2	VLAN10	direct	0	0
20.1.1.2	255.255.255.252	20.1.1.2	VLAN10	address	0	0
11.11.11.11	255.255.255.255	20.1.1.1	VLAN10	OSPF	110	2
11.11.11.13	255.255.255.255	20.1.1.1	VLAN10	OSPF	110	3
20.1.1.4	255.255.255.252	20.1.1.1	VLAN10	OSPF	110	2

图 13-35

步骤 34：将鼠标放至拓扑中西城区汇聚机房 SW4 设备处，在弹出菜单项中选择 OSPF 邻居选项，查看邻居建立情况，操作结果如图 13-36 所示。

步骤 35：将鼠标放至拓扑中西城区汇聚机房 SW4 设备处，在弹出菜单项中选中路由表选项，查看路由表学习情况，操作结果如图 13-37 所示。

OSPF邻居（本机router-id:11.11.11.13）

邻居router-id	邻居接口IP	本端接口	本端接口IP	Area
11.11.11.11	20.1.1.5	VLAN 20	20.1.1.6	0

图 13-36

路由表

目的地址	子掩码	下一跳	出接口	来源	优先级	度量值
11.11.11.13	255.255.255.255	11.11.11.13	loopback1	address	0	0
20.1.1.4	255.255.255.252	20.1.1.6	VLAN20	direct	0	0
20.1.1.6	255.255.255.252	20.1.1.6	VLAN20	address	0	0
11.11.11.11	255.255.255.255	20.1.1.5	VLAN20	OSPF	110	2
11.11.11.12	255.255.255.255	20.1.1.5	VLAN20	OSPF	110	3
20.1.1.0	255.255.255.252	20.1.1.5	VLAN20	OSPF	110	2

图 13-37

13.3.2 实习任务二：OSPF 路由协议路由重分发配置（静态路由）

实习要求：西城区接入机房 SW1、西城区汇聚机房 SW3、SW4 和 RT2 启用 OSPF 协议，但与 RT1 相连接口不启用 OSPF 协议，在西城区汇聚机房配置静态路由，使西城区接入机房 SW1、西城区汇聚机房 SW3、SW4 都能够学习到西城区汇聚机房 RT1 的 loopback 地址，并且使西城区汇聚机房 RT1 能够 ping 通其他设备的 loopback 地址。

步骤 1：在实习任务一基础之上，按照实习任务二、三拓扑进行配置。

步骤 2：进入西城区汇聚机房，打开热点机柜，添加中型 RT1 和中型 RT2，单击设备指示图中 SW4 设备按钮，在线缆池中选择成对 LC-LC 光纤，将尾纤一端连接至 SW1 设备 1 槽位 2 端口，操作结果如图 13-38 所示。

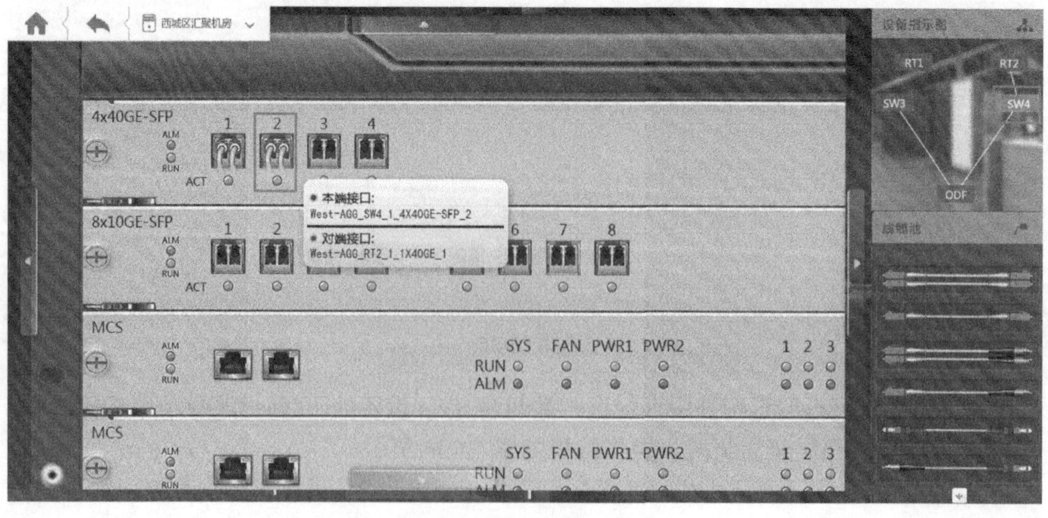

图 13-38

步骤 3：单击设备指示图中 RT2 设备按钮，将尾纤另一端连接至 RT2 设备 1 槽位 1 端口，如图 13-39 所示位置。

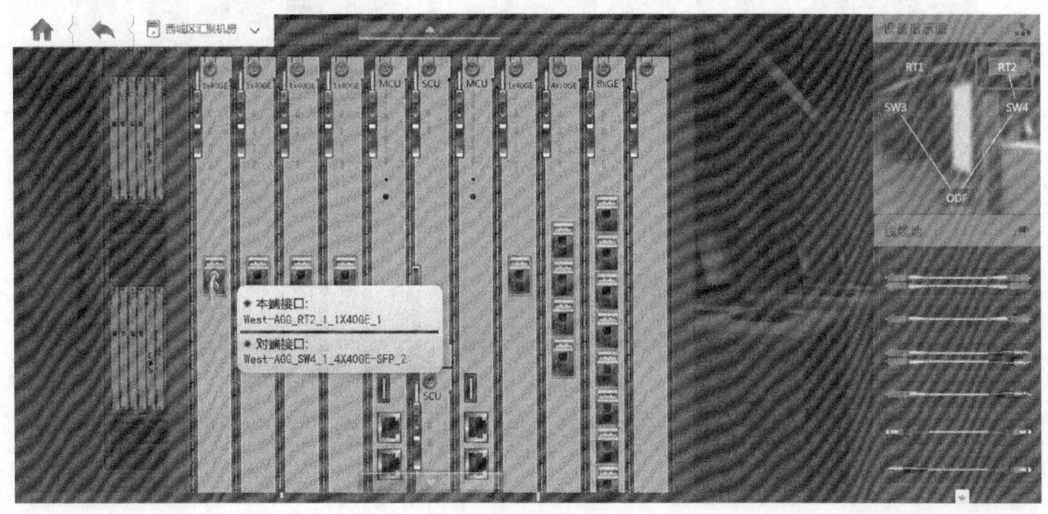

图 13-39

步骤 4：单击设备指示图中 RT2 设备按钮，使用成对 LC-LC 尾纤，将尾纤一端连接至 RT2 设备 2 槽位 1 端口，如图 13-40 所示位置。

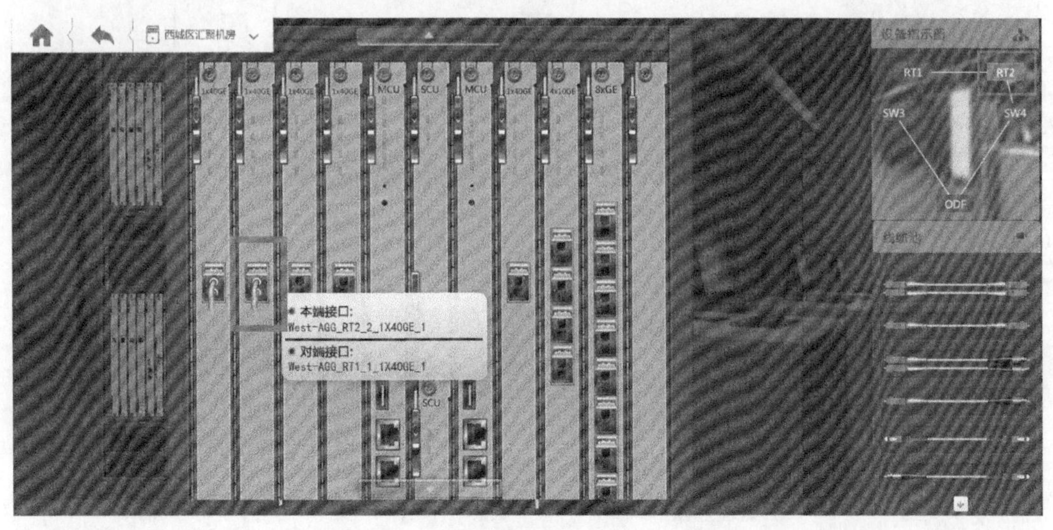

图 13-40

步骤 5：单击设备指示图中 RT1 设备按钮，将尾纤另一端连接至 RT1 设备 1 槽位 1 端口，如图 13-41 所示位置。

步骤 6：单击界面上方数据配置页签，将鼠标移至界面左上角承载菜单处，在显示的拉列表中选择西城区汇聚机房 SW4 设备，进入该机房数据配置界面，操作结果如图 13-42 所示。

步骤 7：单击左侧配置节点下的 SW4 设备后，在命令导航中选择物理接口配置，根据规划并参照图 13-43 进行相关配置。

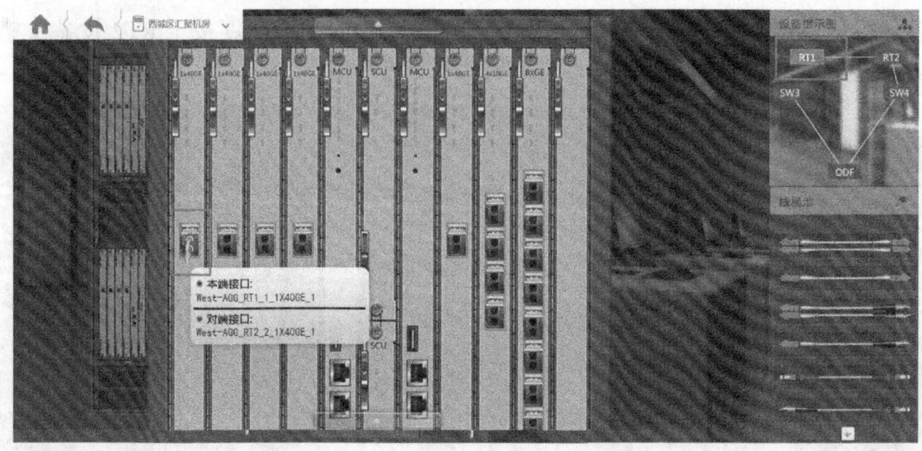

图 13-41

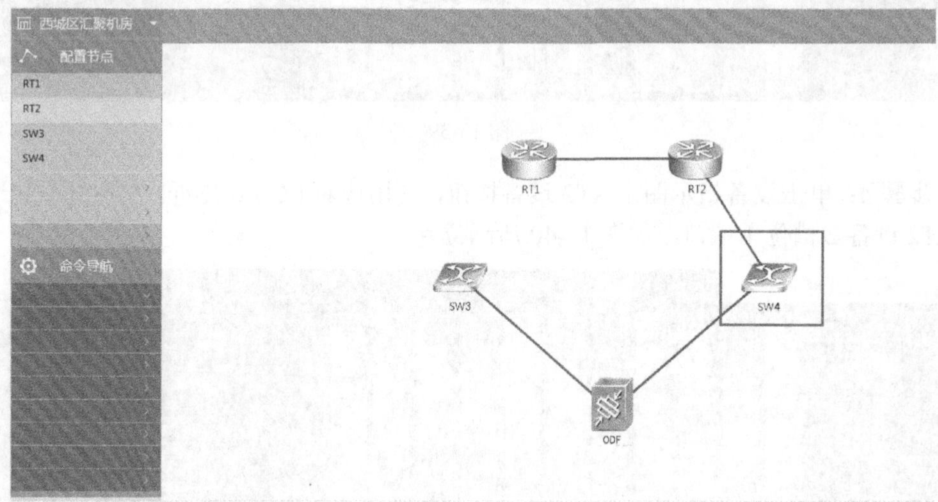

图 13-42

西城区汇聚机房

配置节点：RT1　RT2　SW3　SW4

命令导航：逻辑接口配置　配置loopback接口　配置VLAN三层接口　静态路由配置　OSPF路由配置　OSPF全局配置　OSPF接口配置

物理接口配置

接口ID	接口状态	光/电	VLAN模式	关联VLAN	接口描述
40GE-1/1	up	光	access	20	to_agg_west_SW1
40GE-1/2	up	光	access	40	to_agg_west_RT2
40GE-1/3	down	光	access	1	
40GE-1/4	down	光	access	1	
10GE-2/1	down	光	access	1	
10GE-2/2	down	光	access	1	
10GE-2/3	down	光	access	1	
10GE-2/4	down	光	access	1	
10GE-2/5	down	光	access	1	
10GE-2/6	down	光	access	1	
10GE-2/7	down	光	access	1	
10GE-2/8	down	光	access	1	
GE-3/1	down	光	access	1	
GE-3/2	down	光	access	1	

确定

图 13-43

步骤 8：单击左侧命令导航中逻辑接口配置菜单下的配置 VLAN 三层接口，按照数据规划并参照图 13-44 进行相关数据配置。

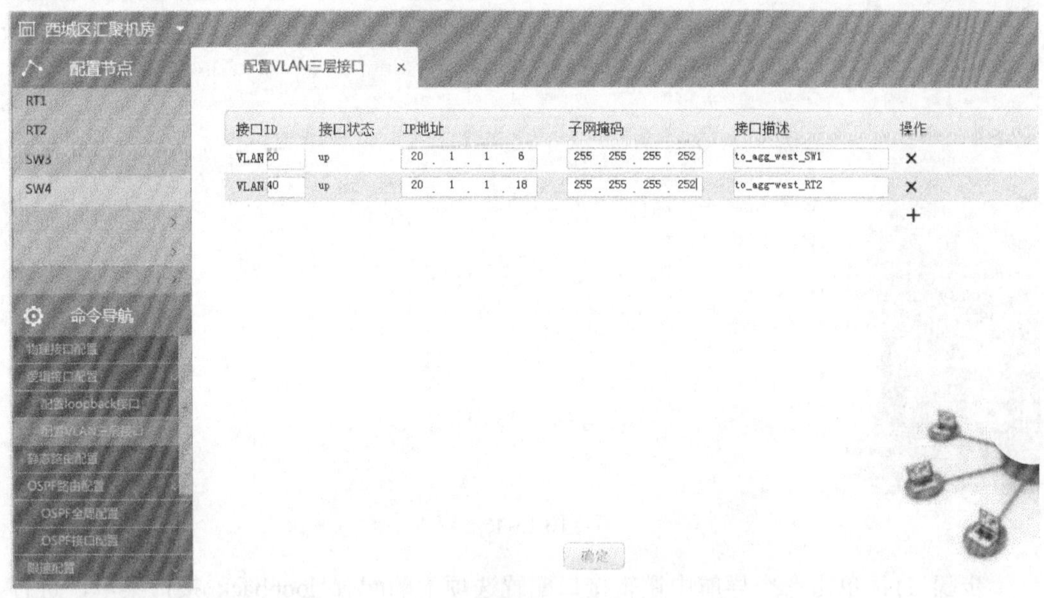

图 13-44

步骤 9：单击命令导航中 OSPF 路由配置菜单下的 OSPF 接口配置，将新增加的三层接口启用 OSPF，操作结果如图 13-45 所示。

接口ID	接口状态	ip地址	子网掩码	OSPF状态	OSPF区域	cost
VLAN 20	up	20.1.1.6	255.255.255.252	启用	0	1
loopback 1	up	11.11.11.13	255.255.255.255	启用	0	1
VLAN 40	up	20.1.1.18	255.255.255.252	启用	0	1

图 13-45

步骤 10：单击左侧配置节点下的 RT2 设备，在命令导航中选择物理接口配置项按照数据规划并参照图 13-46 进行相关数据配置。

西城区汇聚机房

配置节点

RT1

RT2

SW3

SW4

命令导航

物理接口配置

逻辑接口配置

配置loopback接口

配置子接口

静态路由配置

OSPF路由配置

OSPF全局配置

OSPF接口配置

组播配置

物理接口配置

接口ID	接口状态	光/电	IP地址	子网掩码	接口描述
40GE-1/1	up	光	20.1.1.17	255.255.255.252	to_west_agg_sw4
40GE-2/1	up	光	20.1.1.10	255.255.255.252	to_west_agg_RT1
40GE-3/1	down	光			
40GE-4/1	down	光			
40GE-5/1	down	光			
10GE-6/1	down	光			
10GE-6/2	down	光			
10GE-6/3	down	光			
10GE-6/4	down	光			
GE-7/1	down	光			
GE-7/2	down	光			
GE-7/3	down	光			
GE-7/4	down	光			
GE-7/5	down	光			

确定

图 13-46

步骤 11：单击命令导航中逻辑接口配置选项下的配置 loopback 接口菜单，进行 loopback 地址配置，操作结果如图 13-47 所示。

图 13-47

步骤 12：单击命令导航中 OSPF 路由配置菜单下的 OSPF 全局配置，进行相关数据配置，操作结果如图 13-48 所示。

步骤 13：单击命令导航中 OSPF 路由配置选项下的 OSPF 接口配置菜单，进行相关数据配置，操作结果如图 13-49 所示。

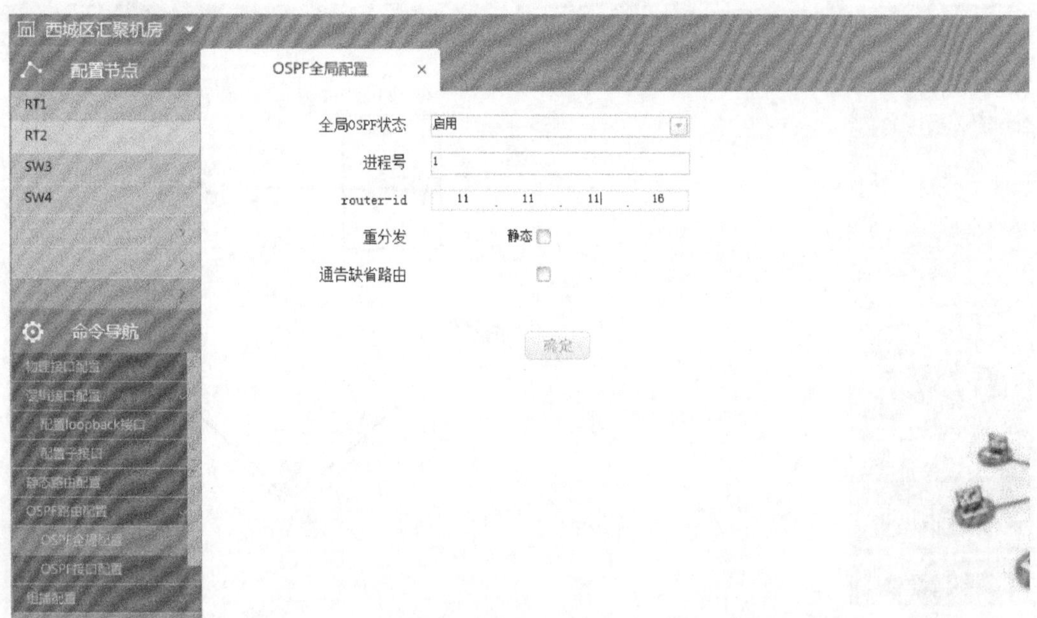

图 13-48

图 13-49

步骤 14：单击配置节点下 RT1 选项，进入 RT1 相关配置界面，操作结果如图 13-50 所示。

步骤 15：单击命令导航中物理接口配置选项，参照图 13-51 进行相关物理接口配置。

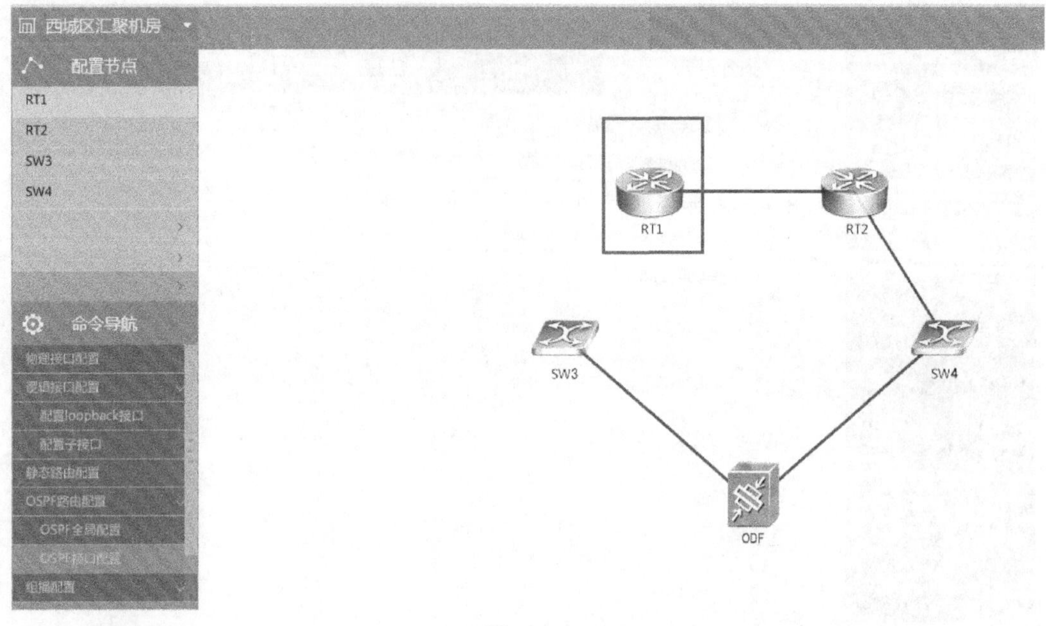

图 13-50

西城区汇聚机房

配置节点：RT1、RT2、SW3、SW4

命令导航：物理接口配置、逻辑接口配置、配置loopback接口、配置子接口、静态路由配置、OSPF路由配置、OSPF全局配置、OSPF接口配置、组播配置

物理接口配置

接口ID	接口状态	光/电	IP地址	子网掩码	接口描述
40GE-1/1	up	光	20.1.1.9	255.255.255.252	to_west_agg_RT2
40GE-2/1	down	光			
40GE-3/1	down	光			
40GE-4/1	down	光			
40GE-5/1	down	光			
10GE-6/1	down	光			
10GE-6/2	down	光			
10GE-6/3	down	光			
10GE-6/4	down	光			
GE-7/1	down	光			
GE-7/2	down	光			
GE-7/3	down	光			
GE-7/4	down	光			
GE-7/5	down	光			

确定

图 13-51

步骤 16：单击命令导航下逻辑接口配置选项下的配置 loopback 接口菜单，参照图 13-52 进行 loopback 接口配置。

步骤 17：单击配置节点下 RT2 选项，在命令导航中点击静态路由配置选项，按要求进行静态路由的配置，操作结果如图 13-53 所示。

图 13-52

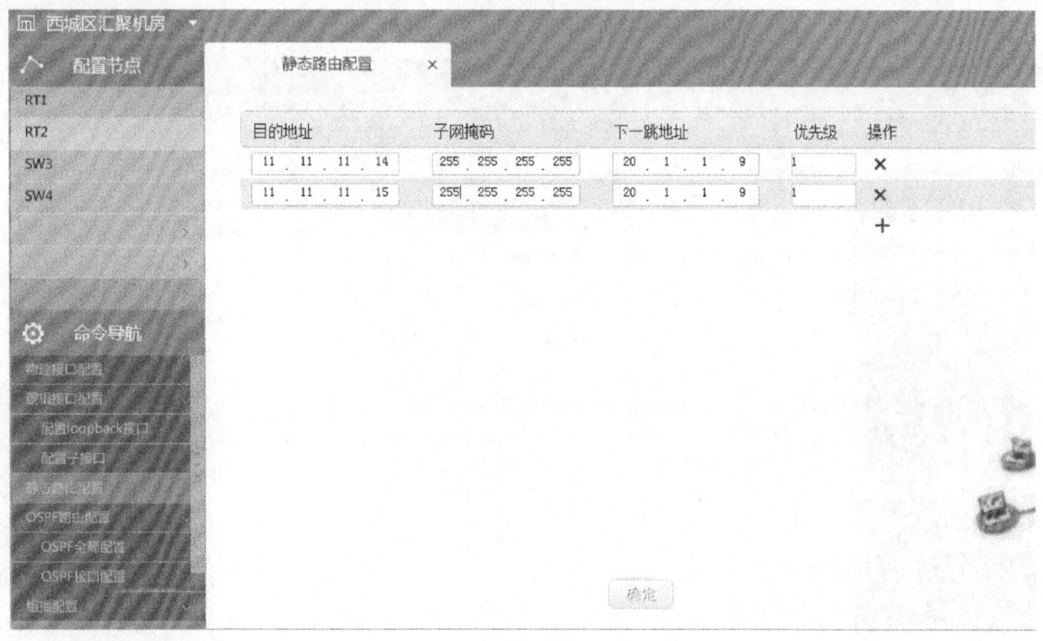

图 13-53

步骤 18：单击命令导航下 OSPF 路由配置选项下 OSPF 全局配置菜单，进行静态路由的重发布，操作结果如图 13-54 所示。

步骤 19：单击配置节点下 RT1 选项，在命令导航中单击静态路由配置按照要求进行相关数据配置，操作结果如图 13-55 所示。

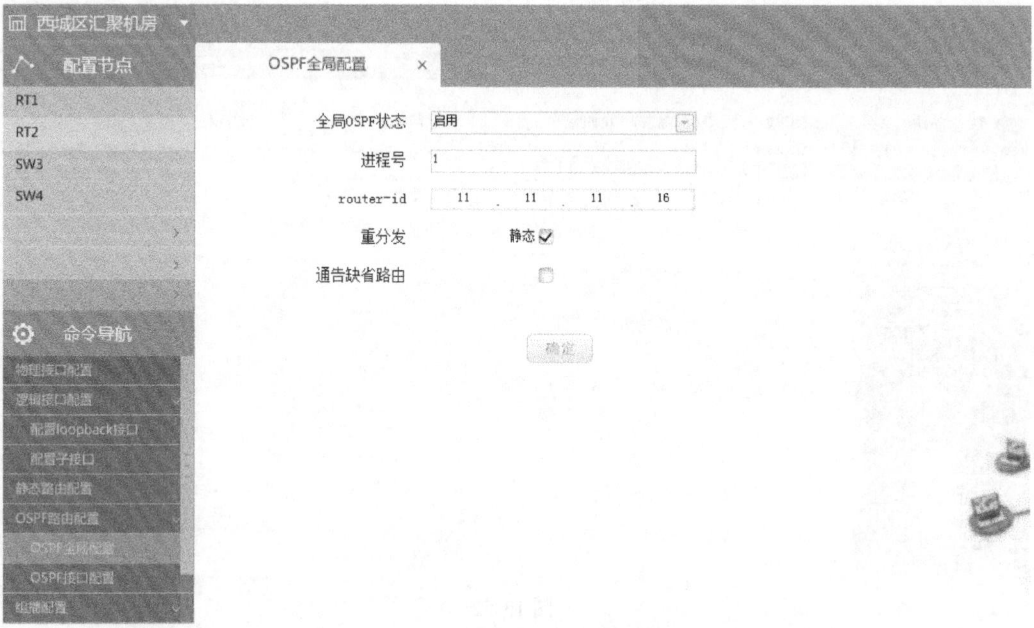

西城区汇聚机房
配置节点
RT1
RT2
SW3
SW4
命令导航
物理接口配置
逻辑接口配置
配置loopback接口
配置子接口
静态路由配置
OSPF路由配置
OSPF全局配置
OSPF接口配置
组播配置
OSPF全局配置
全局OSPF状态 启用
进程号 1
router-id 11.11.11.16
重分发 静态
通告缺省路由
确定

图 13-54

图 13-55

步骤 20：单击界面上方业务调试页签后，进入业务调试界面，操作结果如图 14-56 所示。

步骤 21：单击右侧状态查询选项后，将鼠标移至西城区汇聚机房 SW3，在弹出的列表中选择路由表，查看相关路由信息学习情况，操作结果如图 13-57 所示。

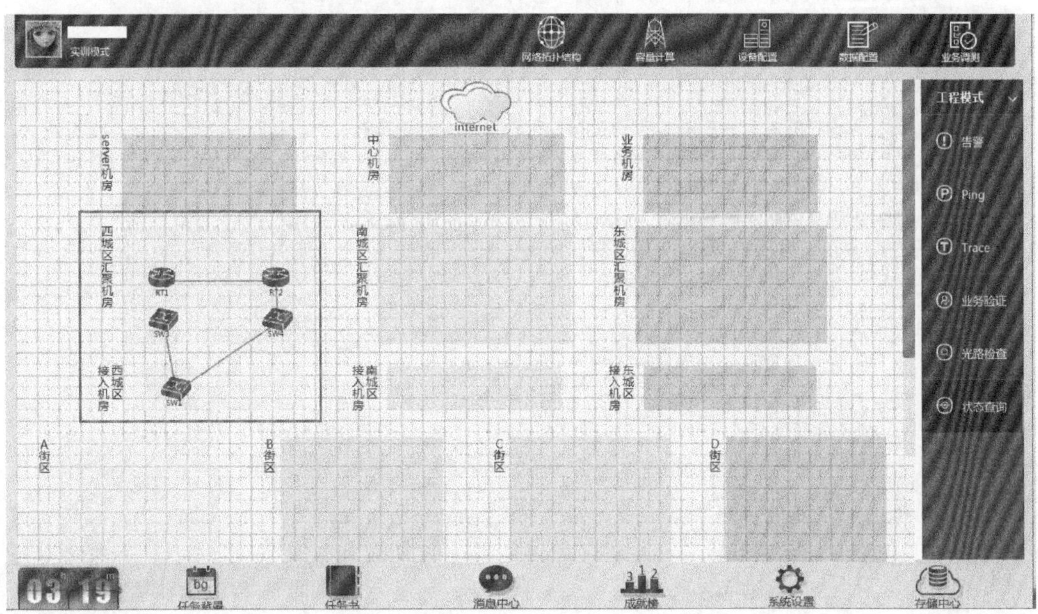

图 13-56

路由表

目的地址	子掩码	下一跳	出接口	来源	优先级	度量值
11.11.11.12	255.255.255.255	11.11.11.12	loopback1	address	0	0
20.1.1.0	255.255.255.252	20.1.1.2	VLAN10	direct	0	0
20.1.1.2	255.255.255.252	20.1.1.2	VLAN10	address	0	0
11.11.11.11	255.255.255.255	20.1.1.1	VLAN10	OSPF	110	2
11.11.11.13	255.255.255.255	20.1.1.1	VLAN10	OSPF	110	3
11.11.11.16	255.255.255.255	20.1.1.1	VLAN10	OSPF	110	4
20.1.1.16	255.255.255.252	20.1.1.1	VLAN10	OSPF	110	3
20.1.1.4	255.255.255.252	20.1.1.1	VLAN10	OSPF	110	2
11.11.11.14	255.255.255.255	20.1.1.1	VLAN10	OSPF	110	23
11.11.11.15	255.255.255.255	20.1.1.1	VLAN10	OSPF	110	23

图 13-57

步骤 22：关闭路由表显示窗口，将鼠标移西城区接入机房 SW1 设备，在弹出的列表中选择路由表，查看相关路由信息学习情况，操作结果如图 13-58 所示。

步骤 23：关闭路由表显示窗口，将鼠标移至西城区汇聚机房 SW4 设备，在弹出的列表中选择路由表，查看相关路由信息学习情况，操作结果如图 13-59 所示。

步骤 24：关闭路由表显示窗口，将鼠标移至西城区汇聚机房 RT2 设备，在弹出的列表中选择路由表，查看相关路由信息学习情况，操作结果如图 13-60 所示。

路由表

目的地址	子掩码	下一跳	出接口	来源	优先级	度量值
11.11.11.11	255.255.255.255	11.11.11.11	loopback1	address	0	0
20.1.1.0	255.255.255.252	20.1.1.1	VLAN10	direct	0	0
20.1.1.1	255.255.255.252	20.1.1.1	VLAN10	address	0	0
20.1.1.4	255.255.255.252	20.1.1.5	VLAN20	direct	0	0
20.1.1.5	255.255.255.252	20.1.1.5	VLAN20	address	0	0
11.11.11.12	255.255.255.255	20.1.1.2	VLAN10	OSPF	110	2
11.11.11.13	255.255.255.255	20.1.1.6	VLAN20	OSPF	110	2
11.11.11.16	255.255.255.255	20.1.1.6	VLAN20	OSPF	110	3
20.1.1.16	255.255.255.252	20.1.1.6	VLAN20	OSPF	110	2
11.11.11.14	255.255.255.255	20.1.1.6	VLAN20	OSPF	110	22
11.11.11.15	255.255.255.255	20.1.1.6	VLAN20	OSPF	110	22

图 13-58

路由表

目的地址	子掩码	下一跳	出接口	来源	优先级	度量值
11.11.11.13	255.255.255.255	11.11.11.13	loopback1	address	0	0
20.1.1.16	255.255.255.252	20.1.1.18	VLAN40	direct	0	0
20.1.1.18	255.255.255.252	20.1.1.18	VLAN40	address	0	0
20.1.1.4	255.255.255.252	20.1.1.6	VLAN20	direct	0	0
20.1.1.6	255.255.255.252	20.1.1.6	VLAN20	address	0	0
11.11.11.11	255.255.255.255	20.1.1.5	VLAN20	OSPF	110	2
11.11.11.12	255.255.255.255	20.1.1.5	VLAN20	OSPF	110	3
11.11.11.16	255.255.255.255	20.1.1.17	VLAN40	OSPF	110	2
20.1.1.0	255.255.255.252	20.1.1.5	VLAN20	OSPF	110	2
11.11.11.14	255.255.255.255	20.1.1.17	VLAN40	OSPF	110	21
11.11.11.15	255.255.255.255	20.1.1.17	VLAN40	OSPF	110	21

图 13-59

路由表

目的地址	子掩码	下一跳	出接口	来源	优先级	度量值
11.11.11.14	255.255.255.255	20.1.1.9	10GE-6/1	static	1	0
11.11.11.15	255.255.255.255	20.1.1.9	10GE-6/1	static	1	0
11.11.11.16	255.255.255.255	11.11.11.16	loopback1	address	0	0
20.1.1.10	255.255.255.252	20.1.1.10	10GE-6/1	address	0	0
20.1.1.16	255.255.255.252	20.1.1.17	GE-7/1	direct	0	0
20.1.1.17	255.255.255.252	20.1.1.17	GE-7/1	address	0	0
20.1.1.8	255.255.255.252	20.1.1.10	10GE-6/1	direct	0	0
11.11.11.11	255.255.255.255	20.1.1.18	GE-7/1	OSPF	110	3
11.11.11.12	255.255.255.255	20.1.1.18	GE-7/1	OSPF	110	4
11.11.11.13	255.255.255.255	20.1.1.18	GE-7/1	OSPF	110	2
20.1.1.0	255.255.255.252	20.1.1.18	GE-7/1	OSPF	110	3
20.1.1.4	255.255.255.252	20.1.1.18	GE-7/1	OSPF	110	2

图 13-60

步骤 25：关闭路由表显示窗口，将鼠标移至西城区汇聚机房 RT1 设备处，在弹出的列表中选择路由表，查看相关路由信息学习情况，操作结果如图 13-61 所示。

路由表

目的地址	子掩码	下一跳	出接口	来源	优先级	度量值
11.11.11.11	255.255.255.255	20.1.1.10	40GE-1/1	static	1	0
11.11.11.12	255.255.255.255	20.1.1.10	40GE-1/1	static	1	0
11.11.11.13	255.255.255.255	20.1.1.10	40GE-1/1	static	1	0
11.11.11.14	255.255.255.255	11.11.11.14	loopback1	address	0	0
11.11.11.15	255.255.255.255	11.11.11.15	loopback2	address	0	0
11.11.11.16	255.255.255.255	20.1.1.10	40GE-1/1	static	1	0
20.1.1.8	255.255.255.252	20.1.1.9	40GE-1/1	direct	0	0
20.1.1.9	255.255.255.252	20.1.1.9	40GE-1/1	address	0	0

图 13-61

步骤 26：单击右侧 ping 测试按钮，按照相关要求进行 ping 测试，在操作记录中查看测试结果，操作结果如图 13-62 所示。

操作记录

开始时间 全部　　结束时间 全部

序号	时间	源地址	目的地址	结果
1	10:39:59	11.11.11.12	11.11.11.14	成功
2	10:40:04	11.11.11.11	11.11.11.14	成功
3	10:40:05	11.11.11.11	11.11.11.14	成功
4	10:40:08	11.11.11.13	11.11.11.14	成功
5	10:40:13	11.11.11.16	11.11.11.14	成功
6	10:40:13	11.11.11.16	11.11.11.14	成功

图 13-62

13.3.3 实习任务三：OSPF 路由协议默认路由通告方法

实习要求：在实习任务二基础之上将西城区汇聚机房 RT2 上配置的静态路由改为默认路由，从而实现各设备 loopback 地址的相互学习。

步骤 1：单击界面上方数据配置页签后，将鼠标放至页签处，在下拉列表中选择西城区汇聚机房并进入相应配置界面，操作结果如图 13-63 所示。

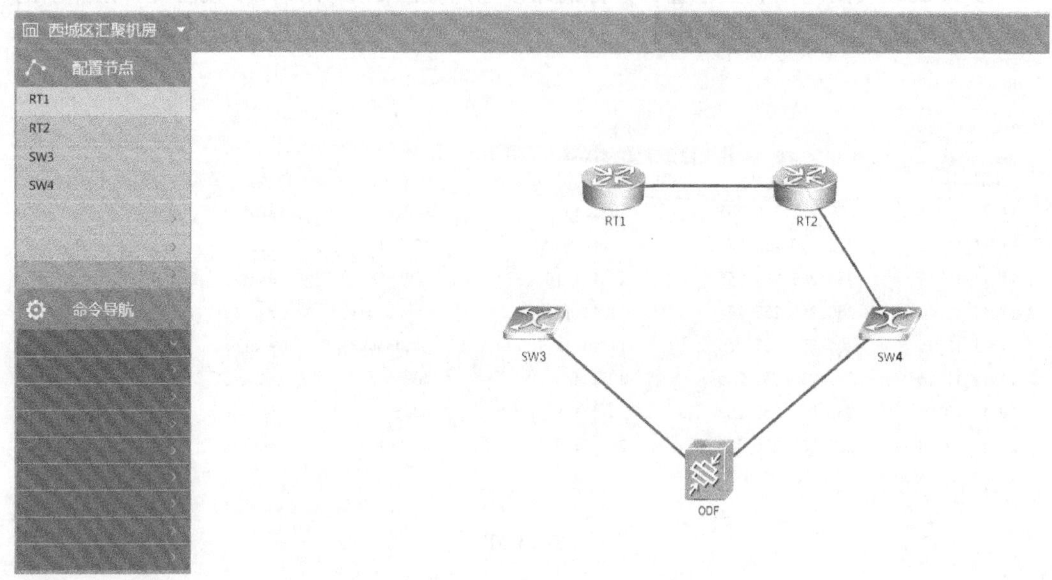

图 13-63

步骤 2：单击配置节点中 RT2 选项，在命令导航中选择静态路由配置后，增加默认路由，操作结果如图 13-64 所示。

图 13-64

步骤 3：静态路由增加完毕后，单击操作下的 ✕ 图标，删除原有静态路由，操作结果如图 13-65 所示。

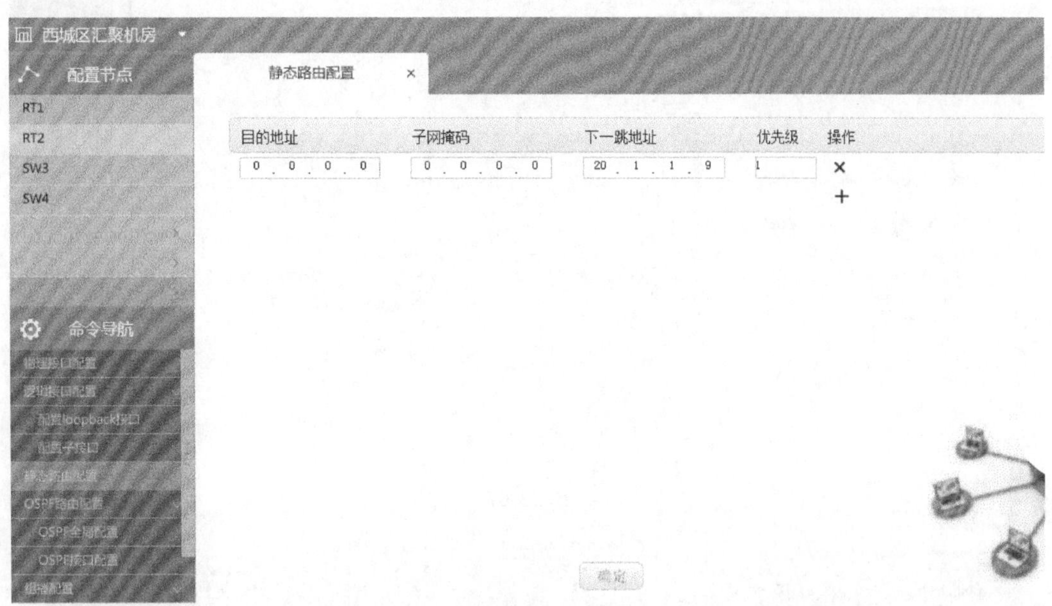

图 13-65

步骤 4：单击命令导航中 OSPF 路由配置选项下的 OSPF 全局配置菜单，将重分发方框中的对钩取消，点击通告缺省路由后的方框进行勾选，操作结果如图 13-66 所示。

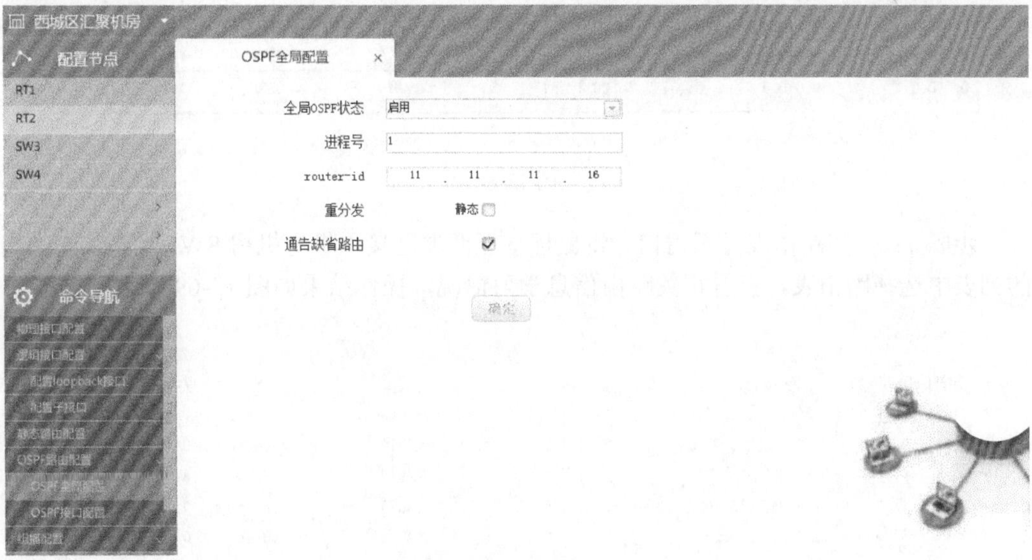

图 13-66

步骤 5：单击界面上方业务调试页签后，进入业务调试界面，操作结果如图 13-67 所示。

步骤 6：单击右侧状态查询按钮，将鼠标移至西城区汇聚机房 SW3 设备，在弹出的列表中选择路由表，查看相关路由信息学习情况，操作结果如图 13-68 所示。

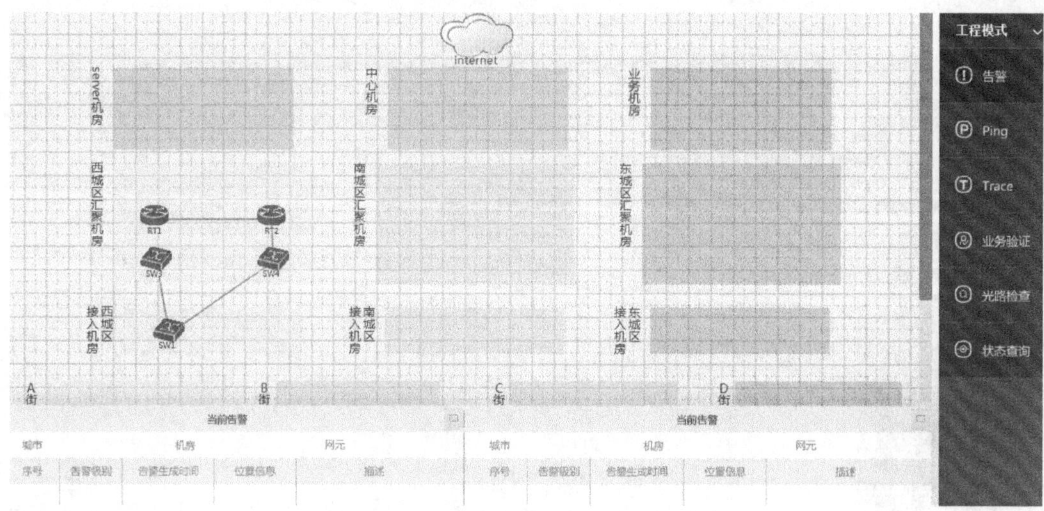

图 13-67

路由表

目的地址	子掩码	下一跳	出接口	来源	优先级	度量值
11.11.11.12	255.255.255.255	11.11.11.12	loopback1	address	0	0
20.1.1.0	255.255.255.252	20.1.1.2	VLAN10	direct	0	0
20.1.1.2	255.255.255.252	20.1.1.2	VLAN10	address	0	0
11.11.11.11	255.255.255.255	20.1.1.1	VLAN10	OSPF	110	2
11.11.11.13	255.255.255.255	20.1.1.1	VLAN10	OSPF	110	3
11.11.11.16	255.255.255.255	20.1.1.1	VLAN10	OSPF	110	4
20.1.1.16	255.255.255.252	20.1.1.1	VLAN10	OSPF	110	3
20.1.1.4	255.255.255.252	20.1.1.1	VLAN10	OSPF	110	2
0.0.0.0	0.0.0.0	20.1.1.1	VLAN10	OSPF	110	23

图 13-68

步骤 7：关闭路由表显示窗口，将鼠标移至西城区接入机房机房 SW1 设备，在弹出的列表中选择路由表，查看相关路由信息学习情况，操作结果如图 13-69 所示。

路由表

目的地址	子掩码	下一跳	出接口	来源	优先级	度量值
11.11.11.11	255.255.255.255	11.11.11.11	loopback1	address	0	0
20.1.1.0	255.255.255.252	20.1.1.1	VLAN10	direct	0	0
20.1.1.1	255.255.255.252	20.1.1.1	VLAN10	address	0	0
20.1.1.4	255.255.255.252	20.1.1.5	VLAN20	direct	0	0
20.1.1.5	255.255.255.252	20.1.1.5	VLAN20	address	0	0
11.11.11.12	255.255.255.255	20.1.1.2	VLAN10	OSPF	110	2
11.11.11.13	255.255.255.255	20.1.1.6	VLAN20	OSPF	110	2
11.11.11.16	255.255.255.255	20.1.1.6	VLAN20	OSPF	110	3
20.1.1.16	255.255.255.252	20.1.1.6	VLAN20	OSPF	110	2
0.0.0.0	0.0.0.0	20.1.1.6	VLAN20	OSPF	110	22

图 13-69

步骤 8：关闭路由表显示窗口，将鼠标移至西城区汇聚机房 SW4 机房，在弹出的列表中选择路由表，查看相关路由信息学习情况，操作结果如图 13-70 所示。

路由表

目的地址	子掩码	下一跳	出接口	来源	优先级	度量值
11.11.11.13	255.255.255.255	11.11.11.13	loopback1	address	0	0
20.1.1.16	255.255.255.252	20.1.1.18	VLAN40	direct	0	0
20.1.1.18	255.255.255.252	20.1.1.18	VLAN40	address	0	0
20.1.1.4	255.255.255.252	20.1.1.6	VLAN20	direct	0	0
20.1.1.6	255.255.255.252	20.1.1.6	VLAN20	address	0	0
11.11.11.11	255.255.255.255	20.1.1.5	VLAN20	OSPF	110	2
11.11.11.12	255.255.255.255	20.1.1.5	VLAN20	OSPF	110	3
11.11.11.16	255.255.255.255	20.1.1.17	VLAN40	OSPF	110	2
20.1.1.0	255.255.255.252	20.1.1.5	VLAN20	OSPF	110	2
0.0.0.0	0.0.0.0	20.1.1.17	VLAN40	OSPF	110	21

图 13-70

步骤 9：关闭路由表显示窗口，将鼠标移至 RT1，在弹出的列表中选择路由表，查看相关路由信息学习情况，操作结果如图 13-71 所示。

路由表

目的地址	子掩码	下一跳	出接口	来源	优先级	度量值
11.11.11.11	255.255.255.255	20.1.1.10	40GE-1/1	static	1	0
11.11.11.12	255.255.255.255	20.1.1.10	40GE-1/1	static	1	0
11.11.11.13	255.255.255.255	20.1.1.10	40GE-1/1	static	1	0
11.11.11.14	255.255.255.255	11.11.11.14	loopback1	address	0	0
11.11.11.15	255.255.255.255	11.11.11.15	loopback2	address	0	0
11.11.11.16	255.255.255.255	20.1.1.10	40GE-1/1	static	1	0
20.1.1.8	255.255.255.252	20.1.1.9	40GE-1/1	direct	0	0
20.1.1.9	255.255.255.252	20.1.1.9	40GE-1/1	address	0	0

图 13-71

步骤 10：单击右侧 ping 测试按钮，按照相关要求进行 ping 测试，在操作记录中查看测试结果，操作结果如图 13-72 所示。

13.3.4　实习任务四：OSPF 路由学习路径控制

任务要求：在实习任务三基础之上，将西城区接入机房 SW1 与西城区汇聚机房 RT1 按照数据规划相连，并启用 OSPF 协议，改变西城区接入机房 SW1 设备 cost 值，从而改变路由学习的路径。

步骤 1：单击界面上方设备配置按钮，进入西城区汇聚机房，操作结果如图 13-73 所示。

步骤 2：单击设备指示图下 SW3 按钮，在线缆池中选择成对 LC-LC 光纤，将尾纤一端连接至 SW3 设备 1 槽位 2 端口，操作结果如图 13-74 所示。

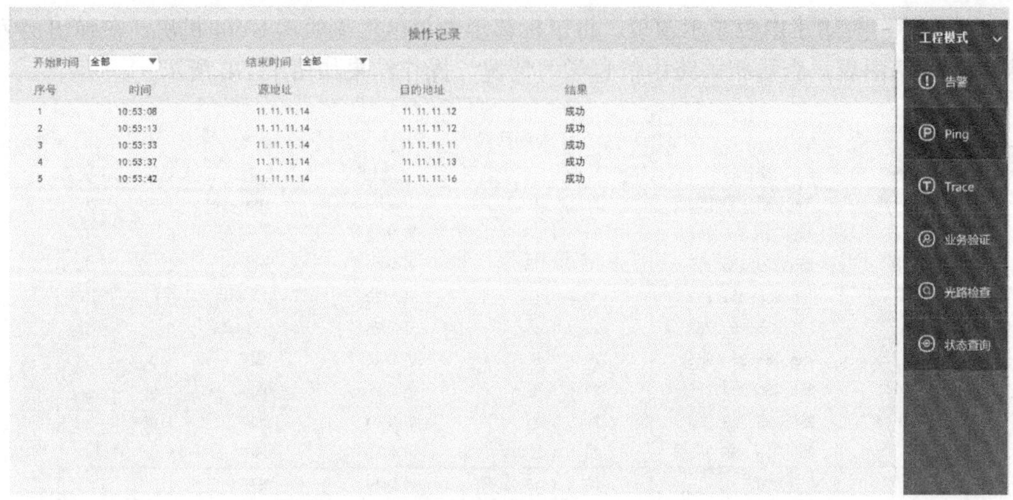

图 13-72

图 13-73

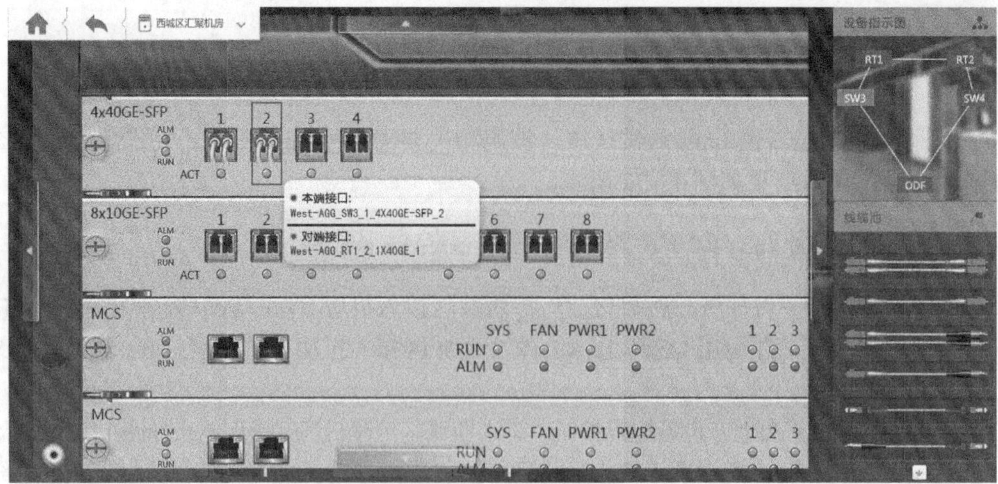

图 13-74

步骤 3：电机设备指示图中的 RT1 设备，将尾纤另一端连接至如图 13-75 所示位置。

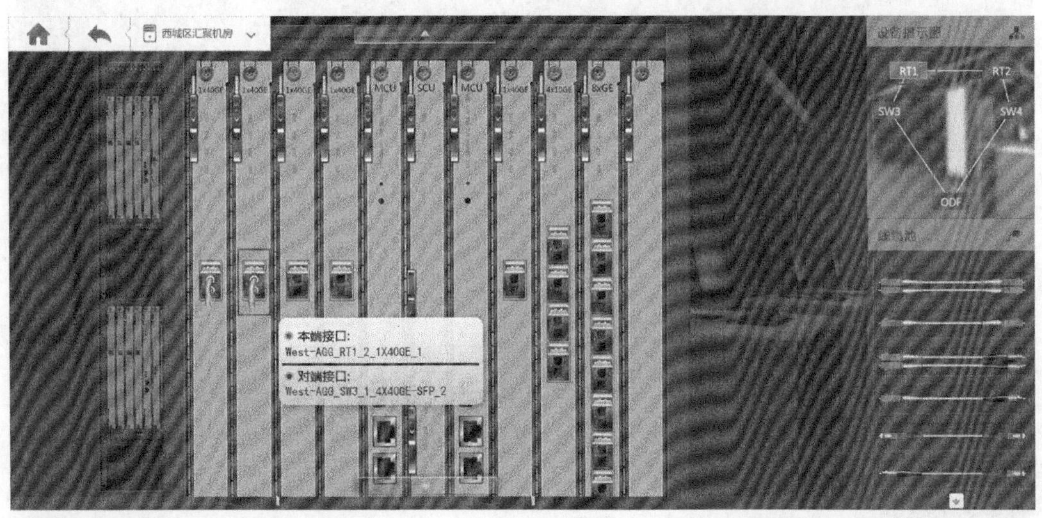

图 13-75

步骤 4：单击界面上方数据配置页签后，将鼠标放至页签选中西城区汇聚，操作界面如图 13-76 所示。

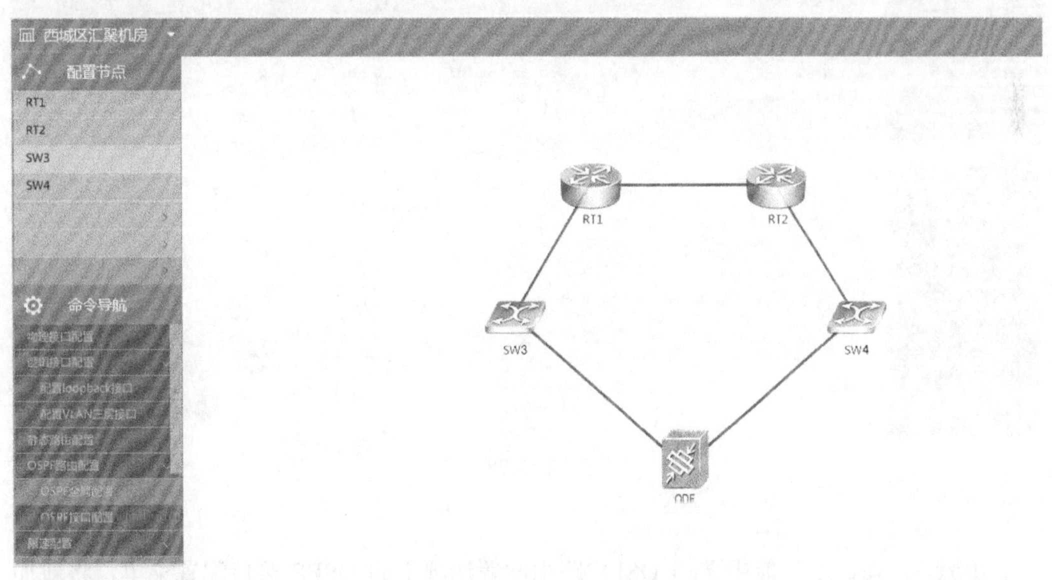

图 13-76

步骤 5：单击左侧 SW3 选项，在命令导航中单击物理接口配置，按照数据规划并参照图 13-77 进行相关数据配置。

步骤 6：单击左侧命令导航中逻辑接口配置选项下的配置 VLAN 三层接口，按照数据规划并参照图 13-78 进行相关数据配置。

西城区汇聚机房

配置节点

RT1
RT2
SW3
SW4

命令导航

物理接口配置

接口ID	接口状态	光/电	VLAN模式	关联VLAN	接口描述
40GE-1/1	up	光	access	10	to_agg_west_SW1
40GE-1/2	up	光	access	50	to_agg_west_RT1
40GE-1/3	down	光	access	1	
40GE-1/4	down	光	access	1	
10GE-2/1	down	光	access	1	
10GE-2/2	down	光	access	1	
10GE-2/3	down	光	access	1	
10GE-2/4	down	光	access	1	
10GE-2/5	down	光	access	1	
10GE-2/6	down	光	access	1	
10GE-2/7	down	光	access	1	
10GE-2/8	down	光	access	1	
GE-3/1	down	光	access	1	
GE-3/2	down	光	access	1	

确定

图 13-77

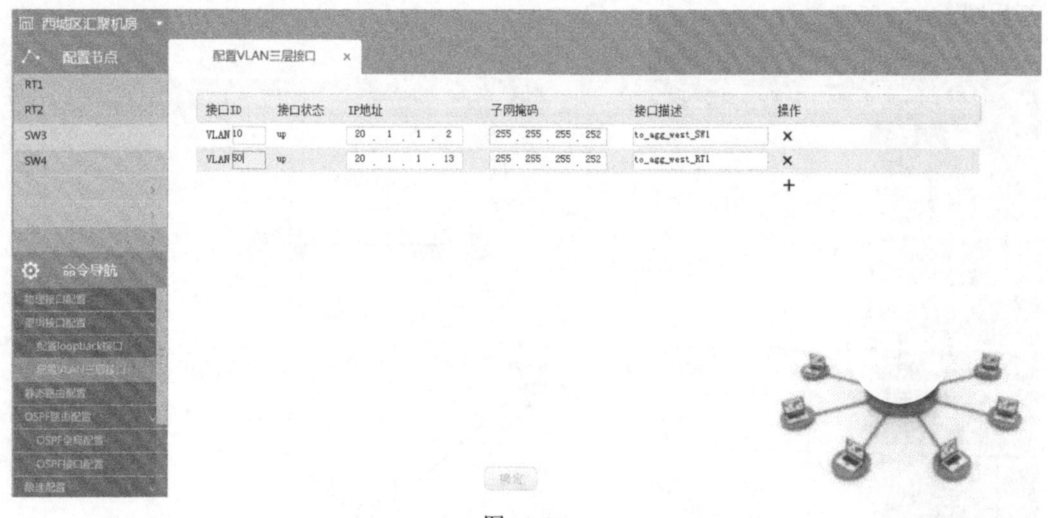

图 13-78

步骤 7：在命令导航中单击 OSPF 路由配置选项下的 OSPF 接口配置菜单，将新加接口启用 OSPF，操作结果如图 13-79 所示。

步骤 8：选中 RT1 后在命令导航中单击物理接口配置，按照数据规划并参照图 13-80 进行相关数据配置。

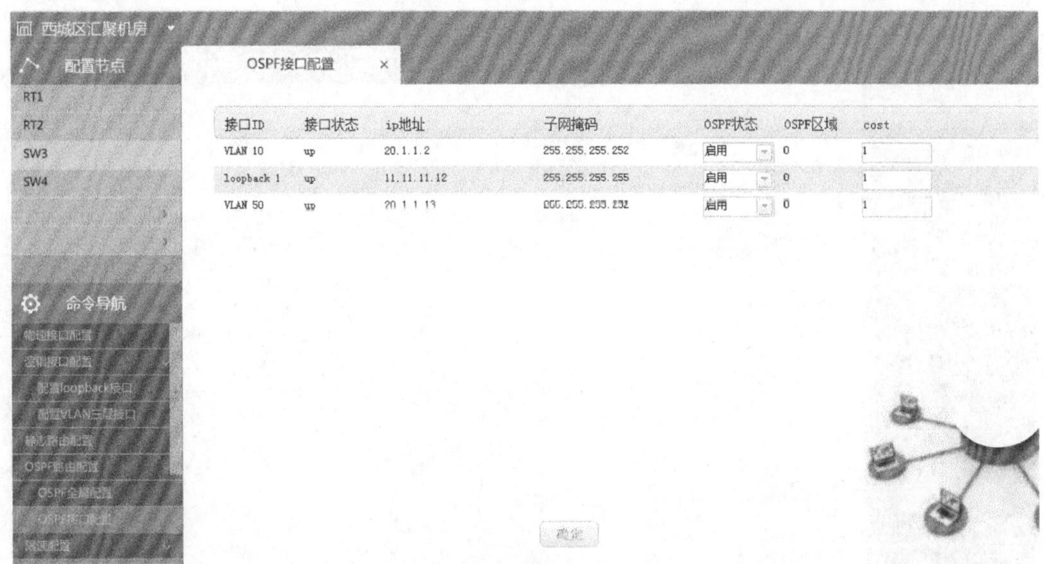

图 13-79

西城区汇聚机房

配置节点　物理接口配置

RT1 RT2 SW3 SW4

命令导航

接口ID	接口状态	光/电	IP地址	子网掩码	接口描述
40GE-1/1	up	光	20.1.1.9	255.255.255.252	to_west_agg_RT2
40GE-2/1	up	光	20.1.1.14	255.255.255.252	to_west_agg_SW3
40GE-3/1	down	光			
40GE-4/1	down	光			
40GE-5/1	down	光			
10GE-6/1	down	光			
10GE-6/2	down	光			
10GE-6/3	down	光			
10GE-6/4	down	光			
GE-7/1	down	光			
GE-7/2	down	光			
GE-7/3	down	光			
GE-7/4	down	光			
GE-7/5	down	光			

图 13-80

步骤 9：在命令导航中单击 OSPF 全局配置，按照数据规划并参照图 13-81 进行相关数据配置。

步骤 10：在命令导航中选择 OSPF 路由配置选项下的 OSPF 接口配置，将新接口启用 OSPF，操作结果如图 13-82 所示。

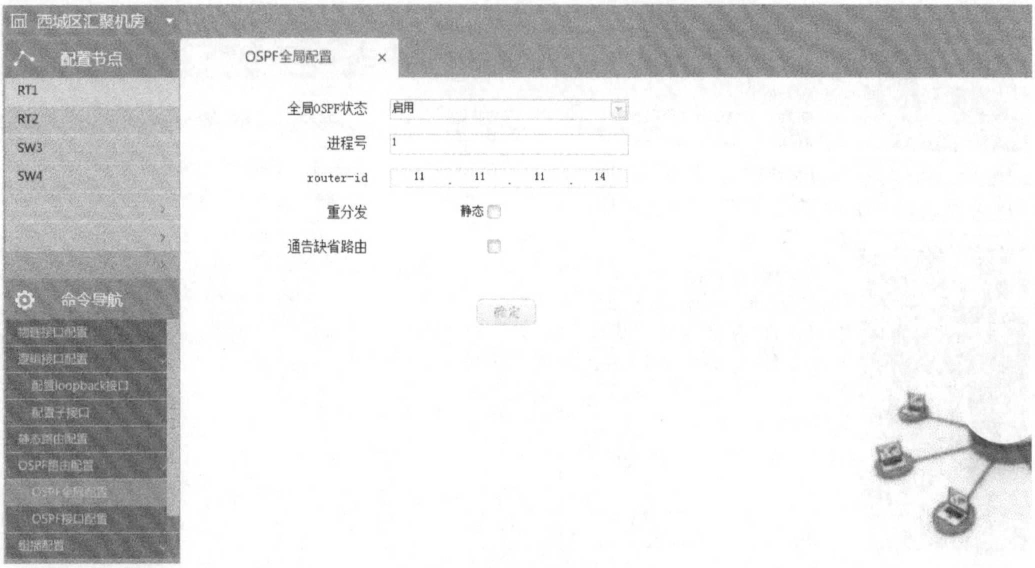

图 13-81

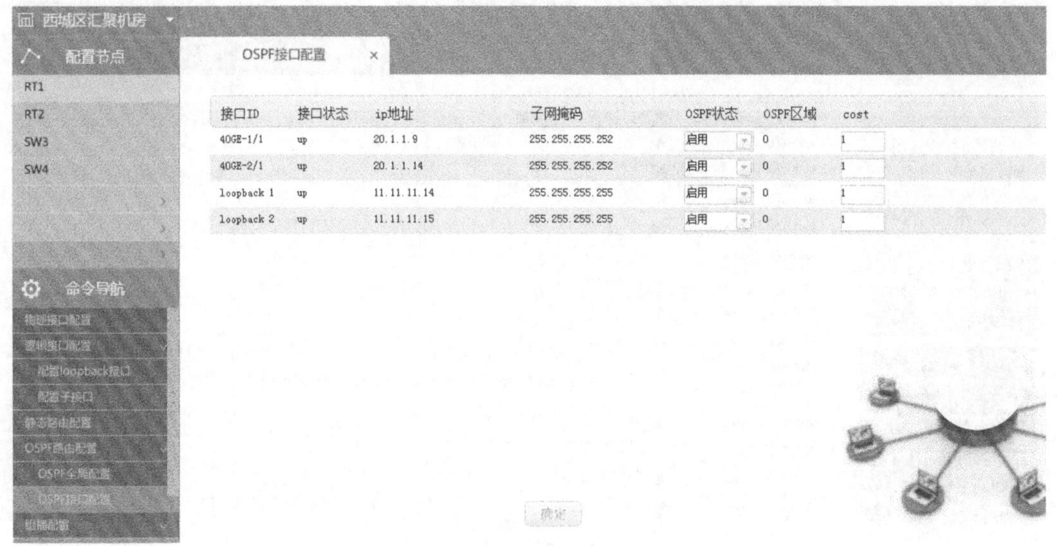

图 13-82

步骤 11：单击界面上方业务调试页签，进入业务调试界面，再单击右侧状态查询按钮，将鼠标移至西城区接入机房 SW1 设备，然后在弹出的列表中选择路由表进行相关路由信息的查看，操作结果如图 13-83 所示。

步骤 12：单击数据配置页签，进入西城区接入机房后，在节点配置中选中 SW1 按钮，然后在命令导航中选择 OSPF 路由配置选项下的 OSPF 接口配置，将 VLAN10 后的 cost 值修改为 200，操作结果如图 13-84 所示。

路由表

目的地址	子掩码	下一跳	出接口	来源	优先级	度量值
11.11.11.11	255.255.255.255	11.11.11.11	loopback1	address	0	0
20.1.1.0	255.255.255.252	20.1.1.1	VLAN10	direct	0	0
20.1.1.1	255.255.255.252	20.1.1.1	VLAN10	address	0	0
20.1.1.4	255.255.255.252	20.1.1.5	VLAN20	direct	0	0
20.1.1.5	255.255.255.252	20.1.1.5	VLAN20	address	0	0
11.11.11.12	255.255.255.255	20.1.1.2	VLAN10	OSPF	110	2
11.11.11.13	255.255.255.255	20.1.1.6	VLAN20	OSPF	110	2
11.11.11.14	255.255.255.255	20.1.1.2	VLAN10	OSPF	110	3
11.11.11.15	255.255.255.255	20.1.1.2	VLAN10	OSPF	110	3
11.11.11.16	255.255.255.255	20.1.1.6	VLAN20	OSPF	110	3
20.1.1.12	255.255.255.252	20.1.1.2	VLAN10	OSPF	110	2
20.1.1.16	255.255.255.252	20.1.1.6	VLAN20	OSPF	110	2
20.1.1.8	255.255.255.252	20.1.1.2	VLAN10	OSPF	110	3
0.0.0.0	0.0.0.0	20.1.1.6	VLAN20	OSPF	110	22

图 13-83

图 13-84

步骤 13：单击界面上方业务调试按钮后再单击业务查询按钮，将鼠标放至西城区接入机房设备处，在弹出菜单项中点击路由表，查看路由信息，操作结果如图 13-85 所示。

通过两次路由表信息查询，发现改变 OSPF 接口的 cost 值后，路由学习的路径信息发生了变化（11.11.11.12、11.11.11.14 等）。

路由表

目的地址	子掩码	下一跳	出接口	来源	优先级	度量值
11.11.11.11	255.255.255.255	11.11.11.11	loopback1	address	0	0
20.1.1.0	255.255.255.252	20.1.1.1	VLAN10	direct	0	0
20.1.1.1	255.255.255.252	20.1.1.1	VLAN10	address	0	0
20.1.1.4	255.255.255.252	20.1.1.5	VLAN20	direct	0	0
20.1.1.5	255.255.255.252	20.1.1.5	VLAN20	address	0	0
11.11.11.12	255.255.255.255	20.1.1.2	VLAN10	OSPF	110	201
11.11.11.13	255.255.255.255	20.1.1.6	VLAN20	OSPF	110	2
11.11.11.14	255.255.255.255	20.1.1.2	VLAN10	OSPF	110	202
11.11.11.15	255.255.255.255	20.1.1.2	VLAN10	OSPF	110	202
11.11.11.16	255.255.255.255	20.1.1.6	VLAN20	OSPF	110	3
20.1.1.12	255.255.255.252	20.1.1.2	VLAN10	OSPF	110	201
20.1.1.16	255.255.255.252	20.1.1.6	VLAN20	OSPF	110	2
20.1.1.8	255.255.255.252	20.1.1.2	VLAN10	OSPF	110	202
0.0.0.0	0.0.0.0	20.1.1.6	VLAN20	OSPF	110	22

图 13-85

13.4 总结与思考

13.4.1 实习总结

OSPF 动态路由协议路由相互学习的前提条件在于邻居关系的建立；邻居关系建立后，它们会相互交换各自的路由信息。在 OSPF 协议中，所有路由器共同维护同一张路由表；不同的路由协议之间进行学习可以通过路由引入的方法，在 OSPF 中可以通过修改 cost 值来控制路由传递的路径。

13.4.2 思考题

1．OSPF 动态路由协议中 router-id 是如何选举的？
2．OSPF 协议的路由表是如何产生的？
3．OSPF 中 cost 值有什么作用？
4．OSPF 中如果未启用全局 OSPF，OSPF 邻居学习是否会正常？

第三部分　综合组网实践及故障排查

实习单元 14 综合实验

14.1 实习说明

14.1.1 实习目的

熟悉软件整体配置流程
掌握软件中 IP 承载网与 OTN 设备对接方法
掌握承载网与核心网对接的配置步骤

14.1.2 实习任务

1. 按照拓扑图完成承载网中设备的添加与线缆的连接
2. 按照数据规划完成 IP 承载网与 OTN 设备的数据配置
3. 完成承载网与 Server 对接数据配置
4. 基于前三项任务，实现各网元之间的互通

14.1.3 实习时长

4 学时

14.2 拓扑规划

与任务相关的拓扑规划如图 14-1 和图 14-2 所示。

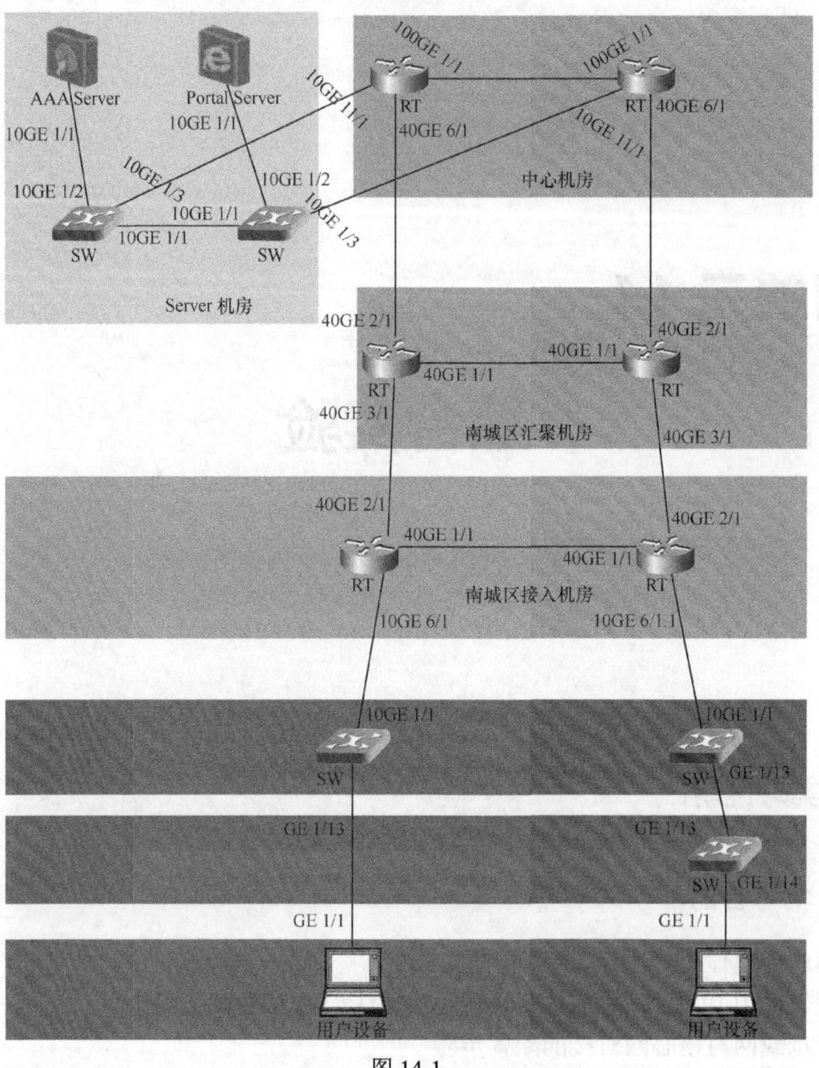
AAA Server
Portal Server
10GE 1/1
10GE 1/1
10GE 1/2
10GE 1/2
10GE 1/3
10GE 1/3
10GE 1/1
10GE 1/1
SW
SW
Server 机房
100GE 1/1
100GE 1/1
10GE 11/1
10GE 11/1
RT
RT
40GE 6/1
40GE 6/1
中心机房
40GE 2/1
40GE 2/1
40GE 1/1
40GE 1/1
RT
RT
40GE 3/1
40GE 3/1
南城区汇聚机房
40GE 2/1
40GE 2/1
40GE 1/1
40GE 1/1
RT
RT
南城区接入机房
10GE 6/1
10GE 6/1.1
10GE 1/1
10GE 1/1
SW
SW
GE 1/13
GE 1/13
GE 1/13
SW
GE 1/14
GE 1/1
GE 1/1
用户设备
用户设备

图 14-1

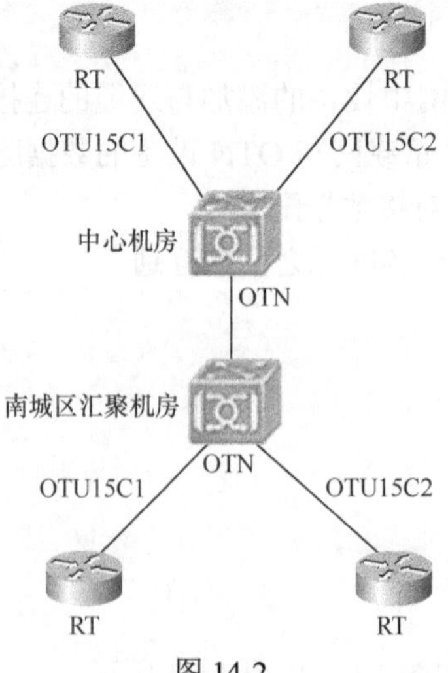
RT
RT
OTU15C1
OTU15C2
中心机房
OTN
南城区汇聚机房
OTN
OTU15C1
OTU15C2
RT
RT

图 14-2

数据规划

与相关任务的数据规划如表 14-1 和表 14-2 所示（文中若无特殊说明，则默认 RT 设备为中型，SW 设备为小型）。

表 14-1　承载网数据规划

IP 承载网数据规划		光传输网数据规划	
设备名称	端口及 IP 地址	设备名称	端口频率
街区 B_SW1	loopback 1：11.11.11.11/32 GE_1/13：120.1.1.1/24 10GE_1/1：10.1.1.50/30	中心机房 OTN	OTU15 L1：192.1THz OTU15 L2：192.2THz
街区 C_SW1	loopback 1：12.12.12.12/32 10GE_1/1：Trunk 140 GE_1/13：Access 140	南城区汇聚机房 OTN	OTU15 L1：192.1THz OTU15 L2：192.2THz
街区 C_SW2	loopback 1：13.13.13.13/32 GE_1/13：10.1.1.54/30 Access 140 GE_1/14：150.1.1.1/24 Access 150		
南城区接入机房 RT1	loopback 1：9.9.9.9/32 40GE_1/1：10.1.1.45/30 40GE_2/1：10.1.1.38/30 10GE_6/1：10.1.1.49/30		
南城区接入机房 RT2	loopback 1：10.10.10.10/32 40GE_1/1：10.1.1.46/30 40GE_2/1：10.1.1.42/30		
南城区汇聚机房 RT1	loopback 1：7.7.7.7/32 40GE_1/1：10.1.1.33/30 40GE_2/1：10.1.1.22/30 10GE_6/1：10.1.1.37/30		
南城区汇聚机房 RT2	loopback 1：8.8.8.8/32 40GE_1/1：10.1.1.34/30 40GE_2/1：10.1.1.30/30 10GE_6/1：10.1.1.41/30		
中心机房 RT1	loopback 1：5.5.5.5/32 100GE_1/1：10.1.1.25/30 40GE_6/1：10.1.1.21/30 10GE_11/1：10.1.1.37/30		

续表

IP 承载网数据规划		光传输网数据规划	
设备名称	端口及 IP 地址	设备名称	端口频率
中心机房 RT2	loopback 1：6.6.6.6/32 100GE_1/1：10.1.1.26/30 40GE_6/1：10.1.1.29/30 10GE_11/1：10.1.1.18/30		

表 14-2　核心网相关数据规划

设备名称	设备接口及 IP 地址
AAA 服务器	10GE_1/1 接口地址：10.1.1.1/30 loopback：1.1.1.1/32
Portal 服务器	10GE_1/1 接口地址：10.1.1.5/30 loopback 地址：2.2.2.2/32

14.3　实习步骤

14.3.1　实习任务一：设备添加及线缆连接

步骤 1：参照设备添加操作，将南城区所有承载网机房按照拓扑规划进行设备的添加。登录 TPS 客户端，切换至容量计算页签，将南城区的街区 B 和街区 C 分别设置为小区和酒店模型，操作结果如图 14-3 所示。

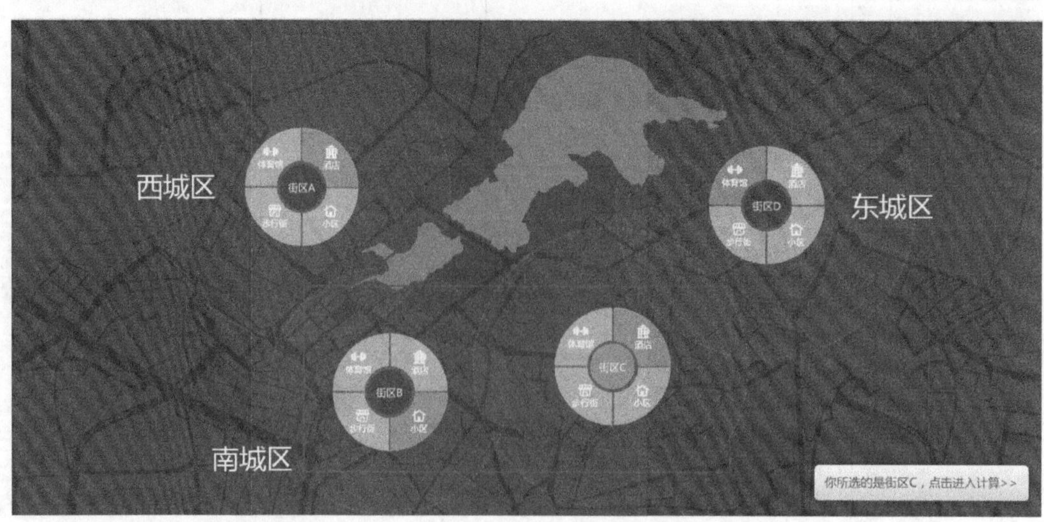

步骤 2：进入南城区街区 B，单击光交箱后，在设备池中添加小型 SW 设备，使用成对 LC-FC 光纤，一端连接 SW1 的 1/1 端口另一端连接 ODF 的 2T/2R 端口，操作结果如图 14-4 所示。

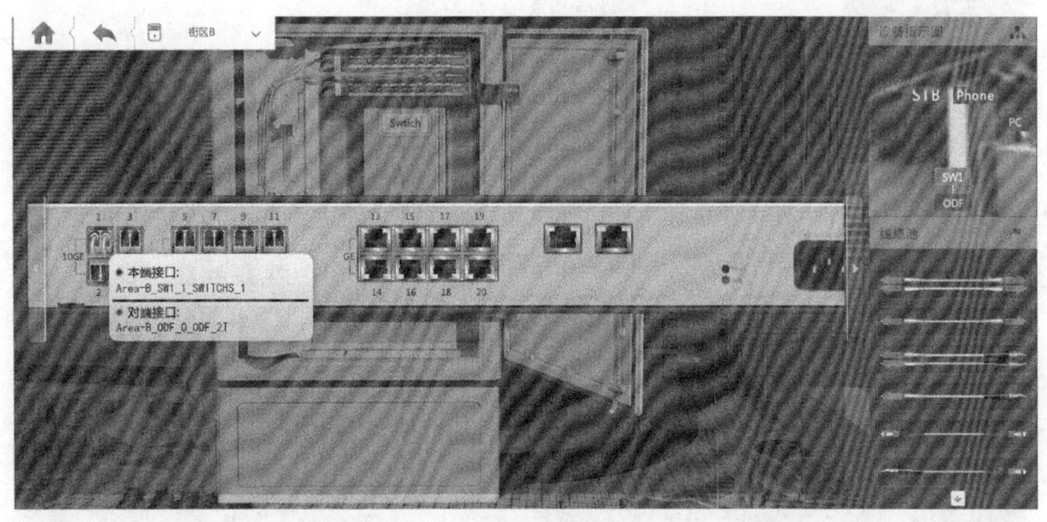

图 14-4

步骤 3：单击设备指示图中的 SW1 设备按钮，进入 SW1 设备面板界面，在线缆池中选取以太网线，将其一端连接 SW1 的 1/13 接口，另一端连接 PC 以太网口，完成 SW1 到 PC 的连接操作，操作结果如图 14-5 所示。

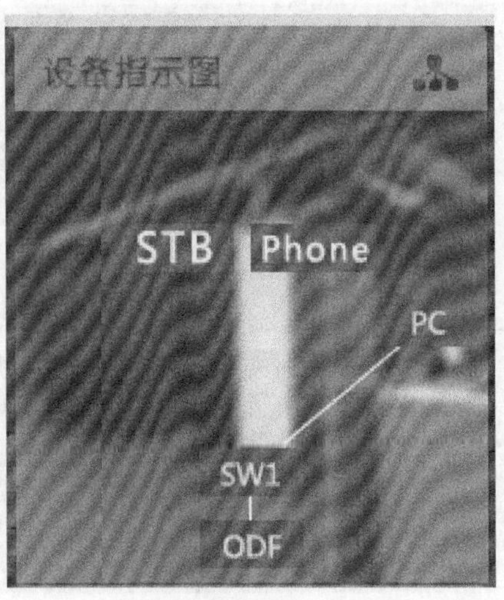

图 14-5

步骤 4：切换页签至街区 C 界面，分别完成光交箱和弱电井小型 SW 的添加，操作结果如图 14-6 和图 14-7 所示。

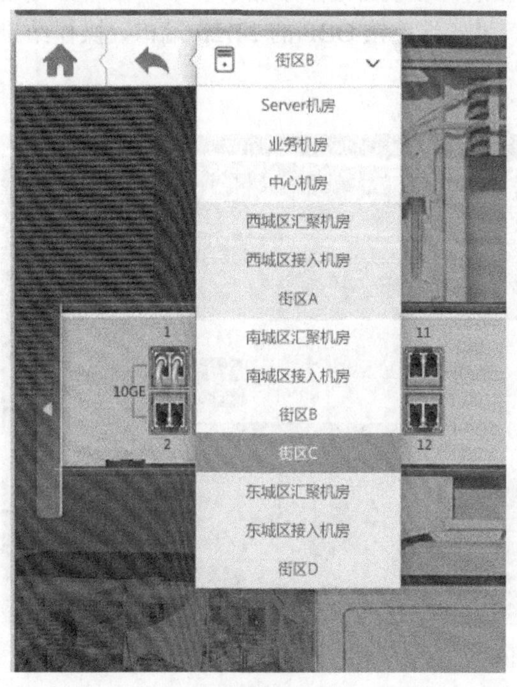

图 14-6

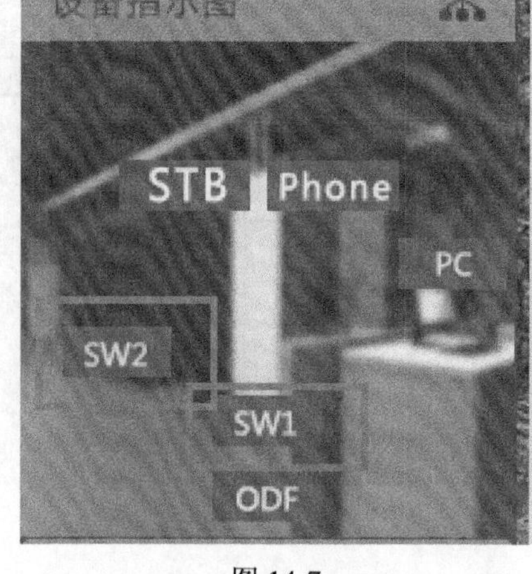

图 14-7

步骤 5：在设备指示图中单击 SW1，使用成对 LC-FC 光纤，将其一端连接 SW1 的 1/1 接口，完成光交箱设备到南城区汇聚机房的连接，操作结果如图 14-8 所示。

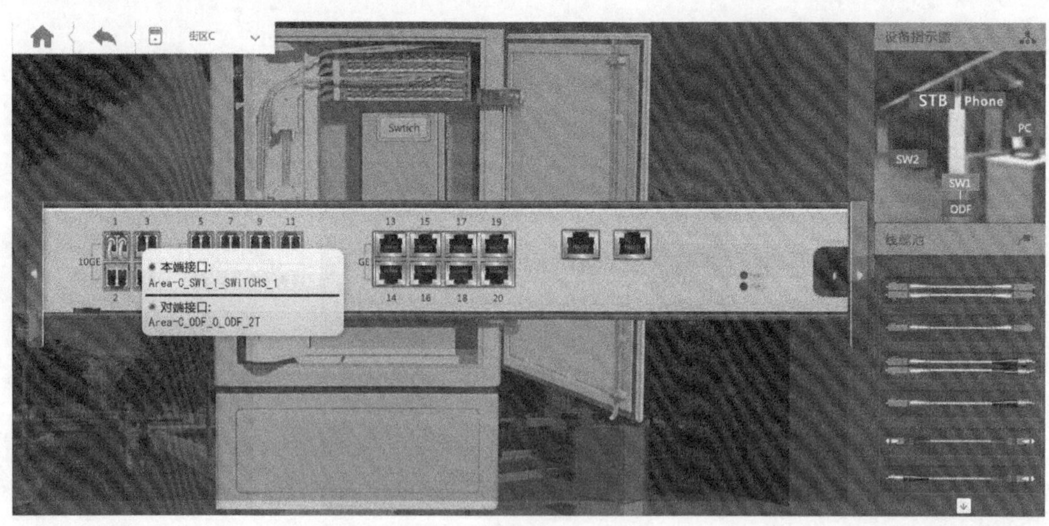

图 14-8

步骤 6：单击 ODF 架设备，另一端连接 ODF 的 2T/2R 接口，操作结果如图 14-9 所示。

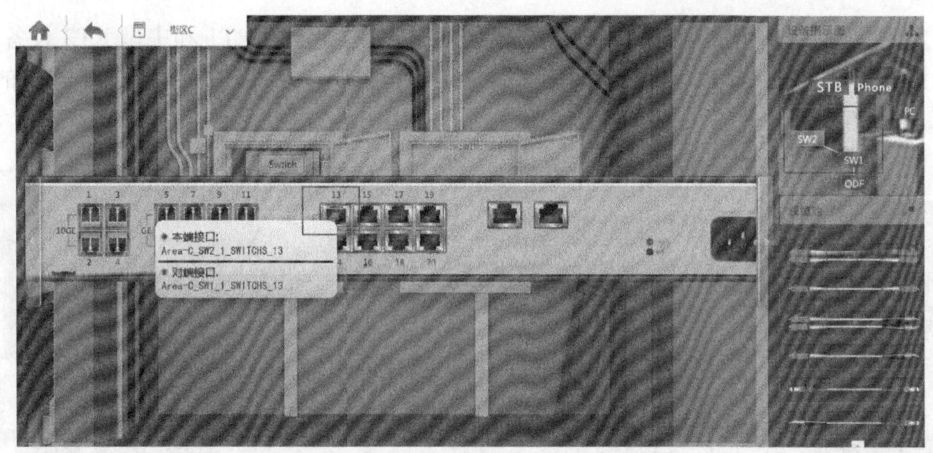

图 14-9

步骤 7：点击设备指示图中 SW2 设备按钮进入 SW2 设备面板图，在线缆池中选取以太网线，一端连接 SW2 的 1/14 接口，另一端连接 PC 以太网口，完成 SW2 到 PC 的连接操作，操作结果如下所示。

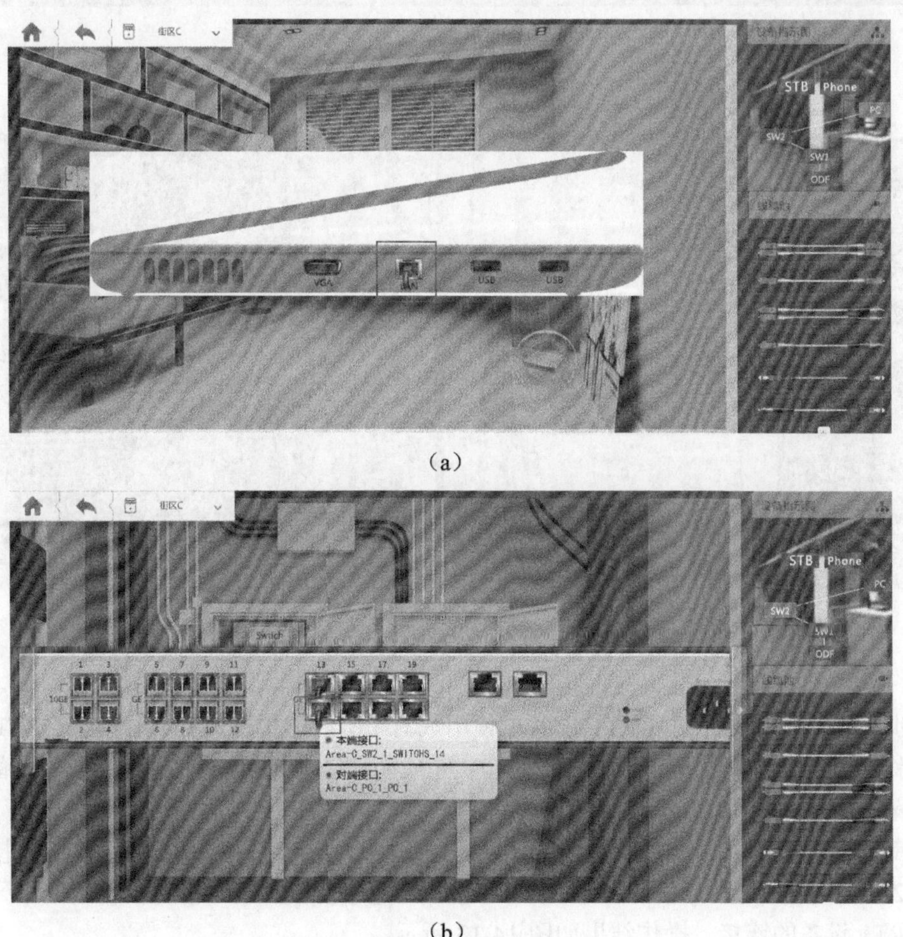

（a）

（b）

图 14-10

步骤 8：切换至南城区接入机房，单击热点机柜添加中型 RT1 和中型 RT2 设备，在线缆池中选取成对 LC-LC 光纤，将其一端连接 RT1 的 1/1 端口，另一端连接 RT2 的 1/1 端口，完成 RT1 与 RT2 设备的连接，操作结果如图 14-11 所示。

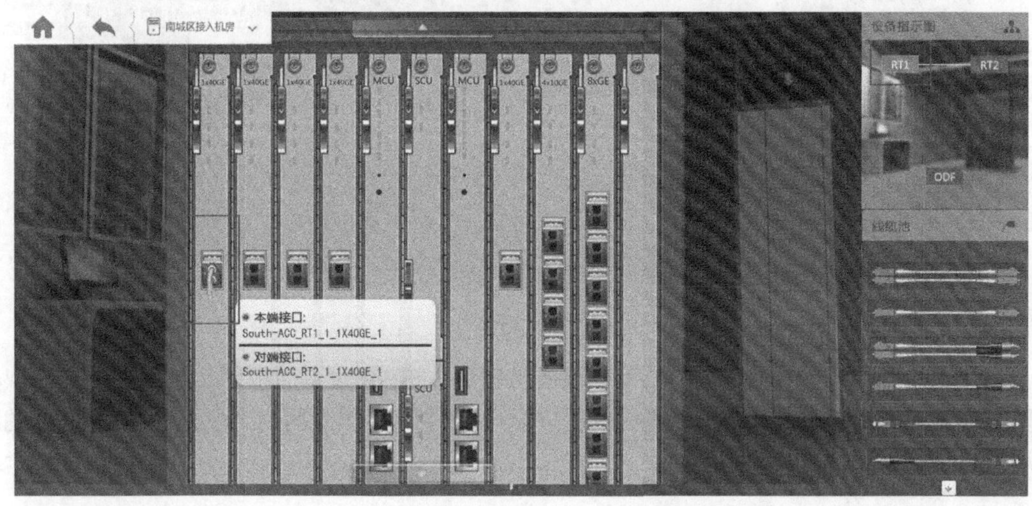

（a）

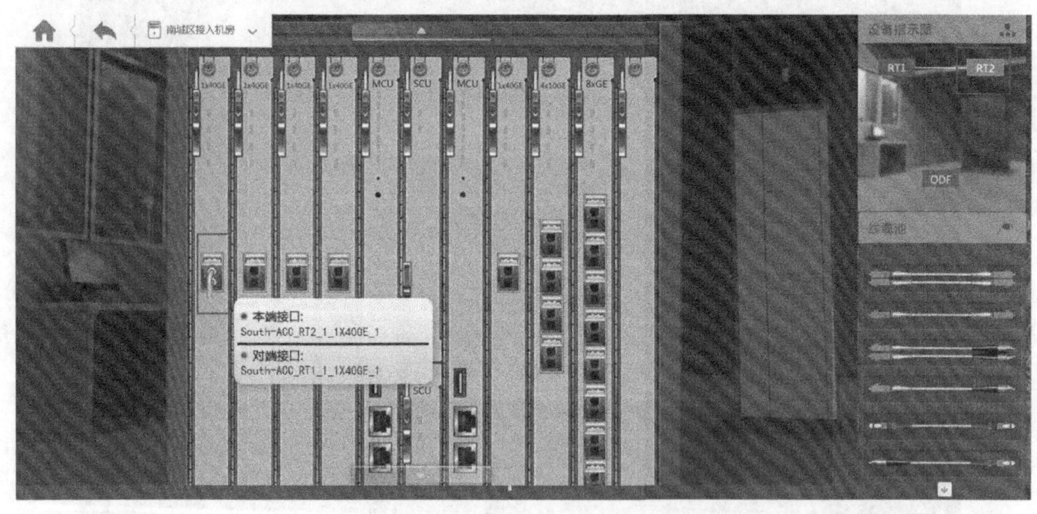

（b）

图 14-11

步骤 9：单击设备指示 RT1 设备，使用成对 LC-FC 光纤，将其一端连接 RT1 设备 6/1 端口，另一端连接 ODF 的 3T/3R 接口，完成南城区接入机房设备到街区 B 设备的连接，操作结果如图 14-12 所示。

步骤 10：再次单击设备指示 RT1 设备，使用成对 LC-FC 光纤，将其一端连接 RT1 设备 2/1 端口，另一端连接 ODF 的 1T/1R 接口，完成南城区接入机房设备到南城区汇聚机房 RT1 设备的连接，操作结果如图 14-13 所示。

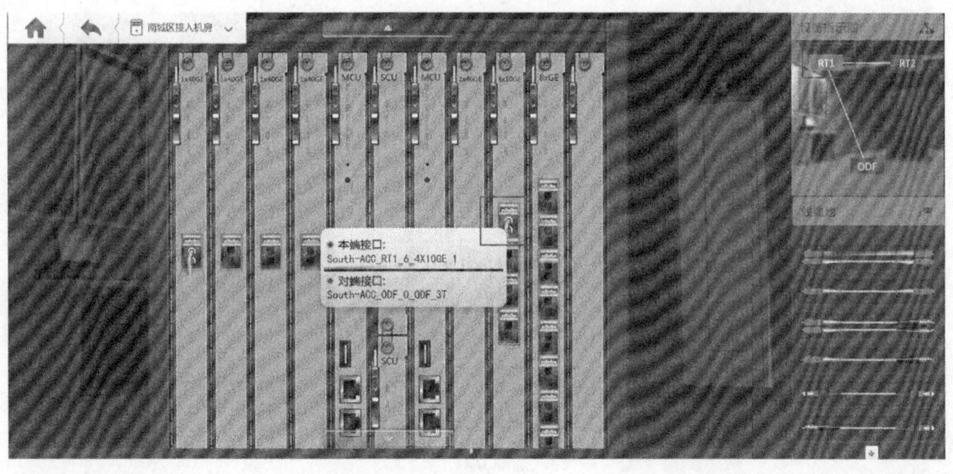

（a）

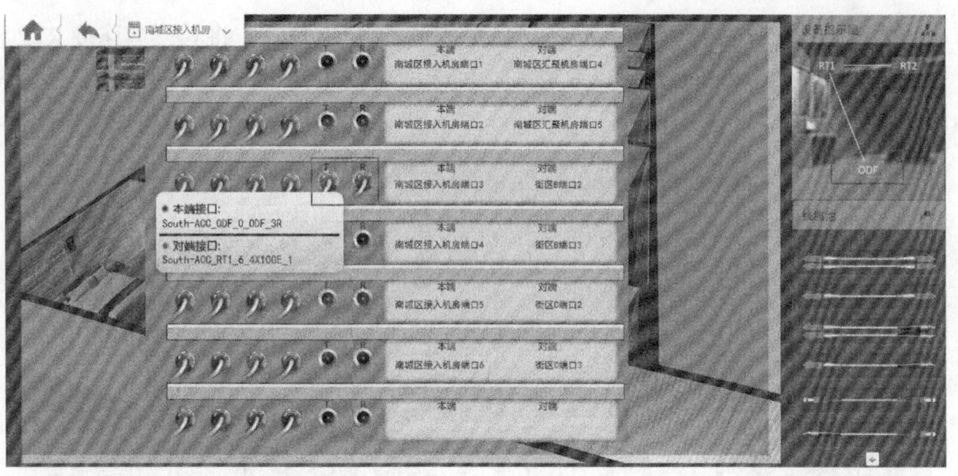

（b）

图 14-12

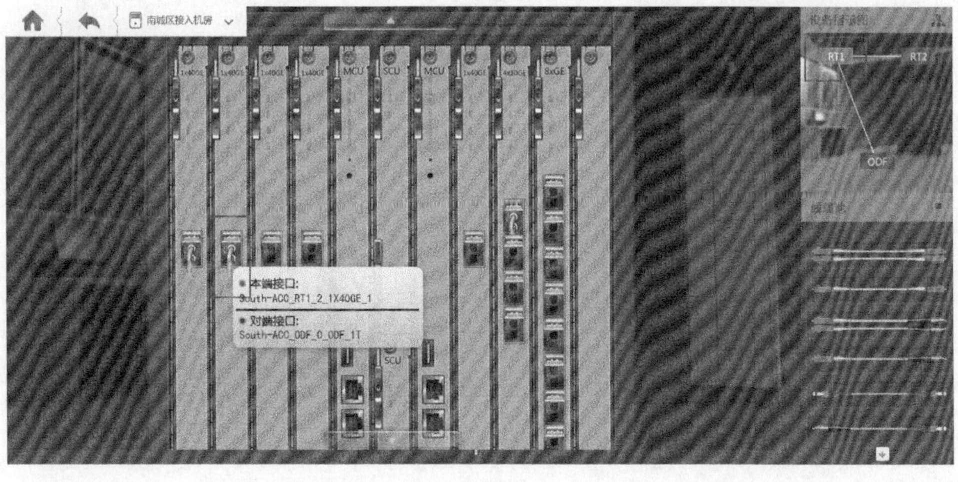

（a）

图 14-13

（b）

图 14-13（续）

步骤 11：单击设备指示 RT2 设备，使用成对 LC-FC 光纤，将其一端连接 RT2 设备 6/1 端口，另一端连接 ODF 的 5T/5R 接口，完成南城区接入机房设备到街区 C 设备的连接，操作结果如图 14-14 所示。

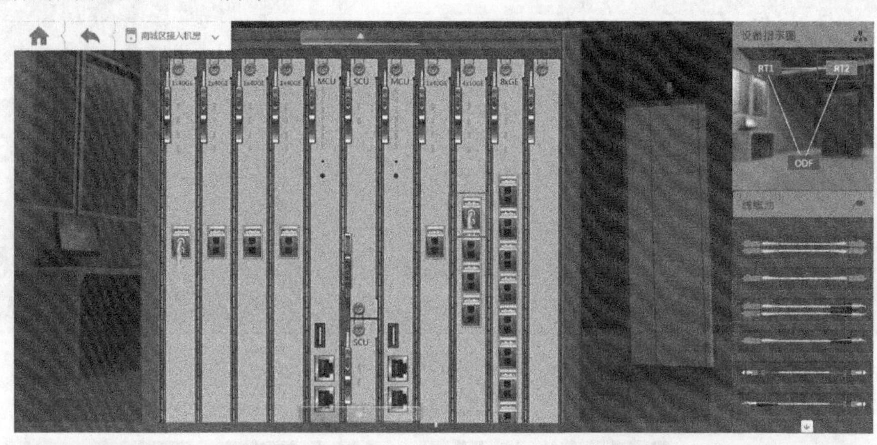

（a）

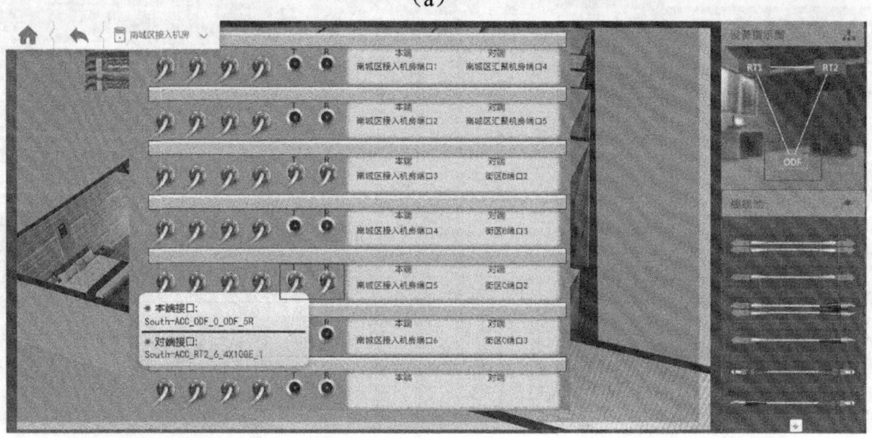

（b）

图 14-14

步骤 12：再次单击设备指示 RT2 设备，使用成对 LC-FC 光纤，将其一端连接 RT2 设备 2/1 端口，另一端连接 ODF 的 2T/2R 接口，完成南城区接入机房设备到南城区汇聚机房 RT2 设备的连接，操作结果如图 14-15 所示。

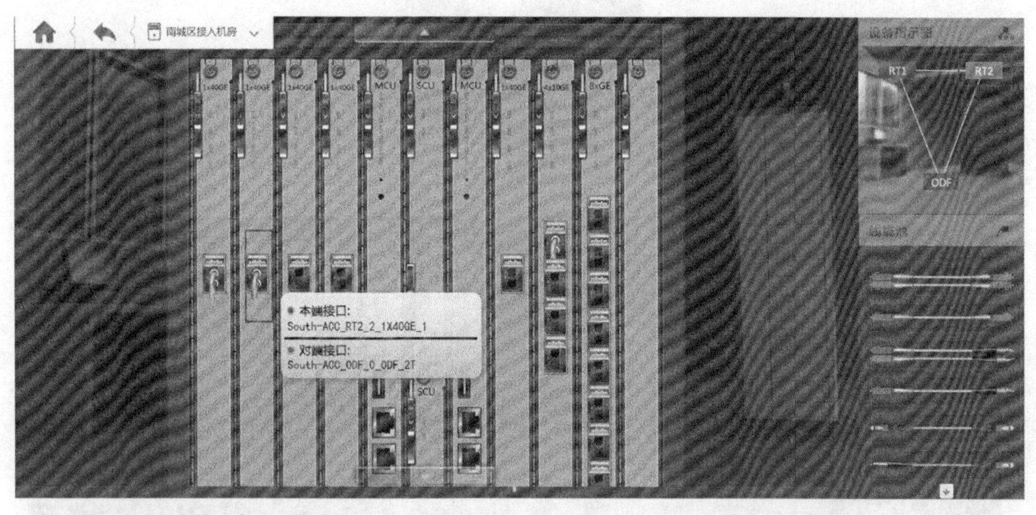

（a）

（b）

图 14-15

步骤 13：切换至南城区汇聚机房，单击打开热点机柜，添加中型 RT1、RT2、中型 OTN 设备；操作结果如图 14-16 所示。

步骤 14：单击设备指示图中 RT1 设备，使用成对 LC-LC 光纤，将其一端连接 RT1 的 1/1 端口，另一端连接 RT2 的 1/1 端口，实现 RT1 与 RT2 设备的连接，操作结果如图 14-17 所示。

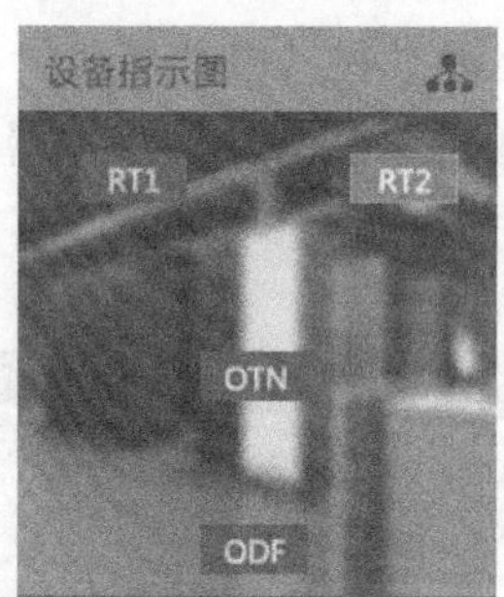

图 14-16

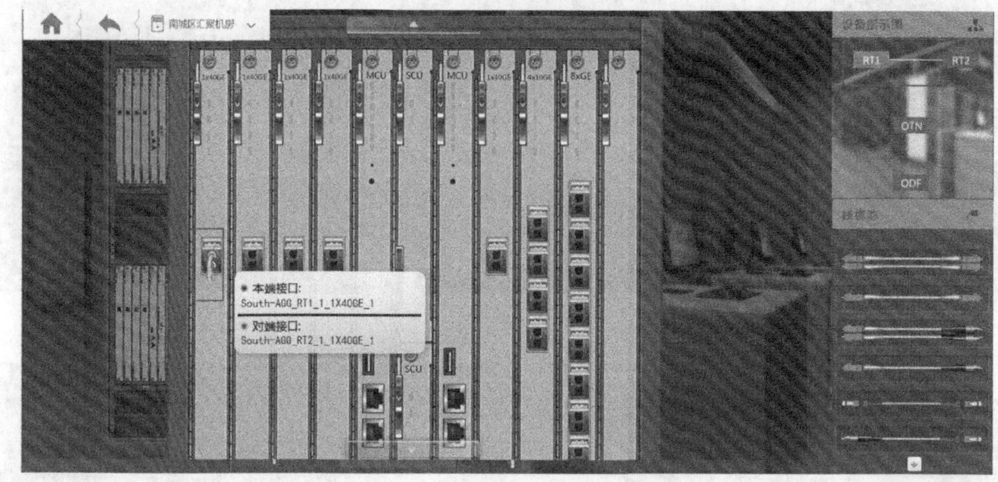

图 14-17

步骤 15：再次单击设备指示 RT1 设备，使用成对 LC-FC 光纤，将其一端连接 RT1 设备 3/1 端口，另一端连接 ODF 的 4T/4R 接口，完成南城区汇聚机房 RT1 设备到南城区接入机房 RT1 设备的连接，操作结果如图 14-18 所示。

（a）

图 14-18

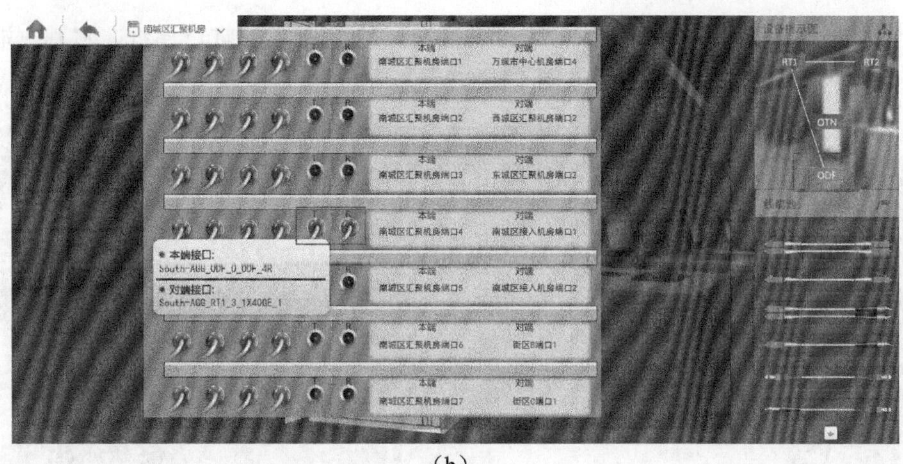

（b）

图 14-18（续）

步骤 16：单击设备指示图中 RT2 设备，使用成对 LC-FC 光纤，将其一端连接 RT2 的 3/1 端口，另一端连接 ODF 的 5T/5R 端口，操作结果如图 14-19 所示。

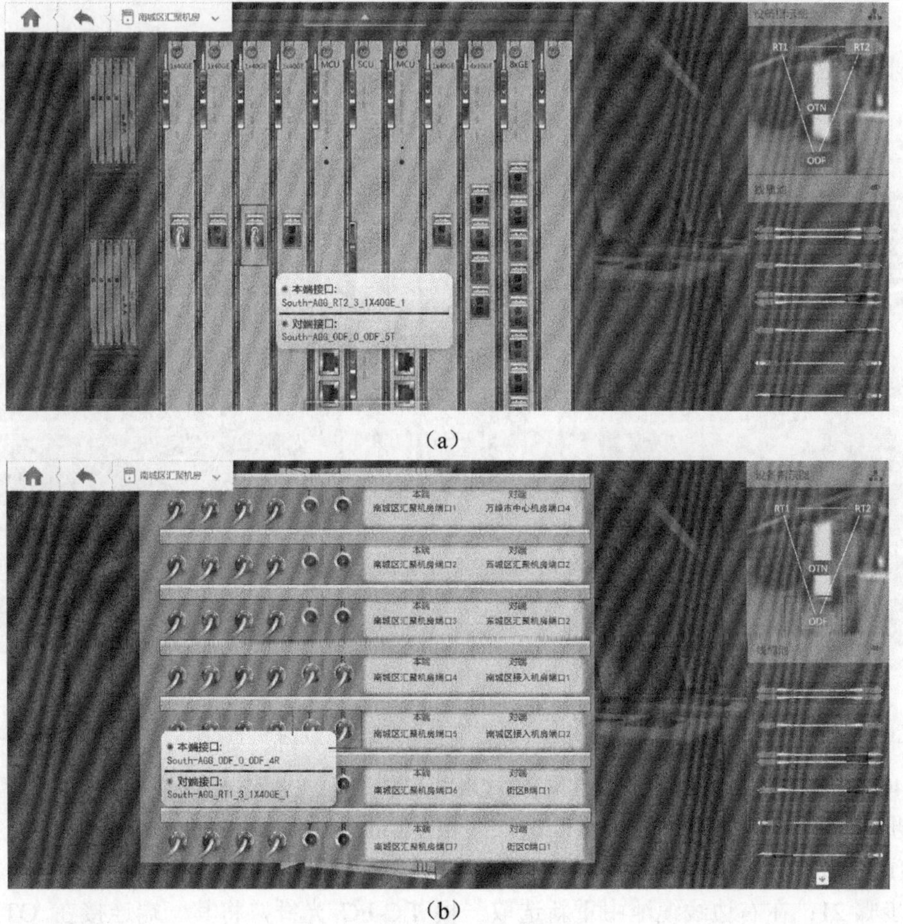

（a）

（b）

图 14-19

步骤 17：单击设备指示图中 RT1 设备按钮，使用成对 LC-LC 尾纤，将其一端连接至 RT1 设备 2/1 端口，操作结果如图 14-20 所示。

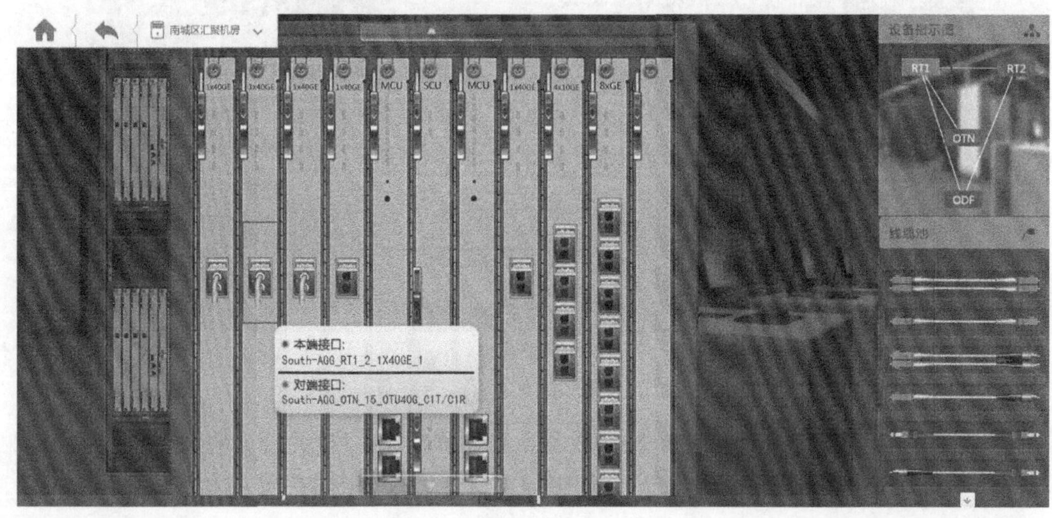

图 14-20

步骤 18：在右上方设备指示图中选择 OTN 设备按钮，进入 OTN 内部，下拉至第 2 机框，将光纤另一端连接在 OTN_15_0TU40G_C1T/C1R.，操作结果如图 14-21 所示。

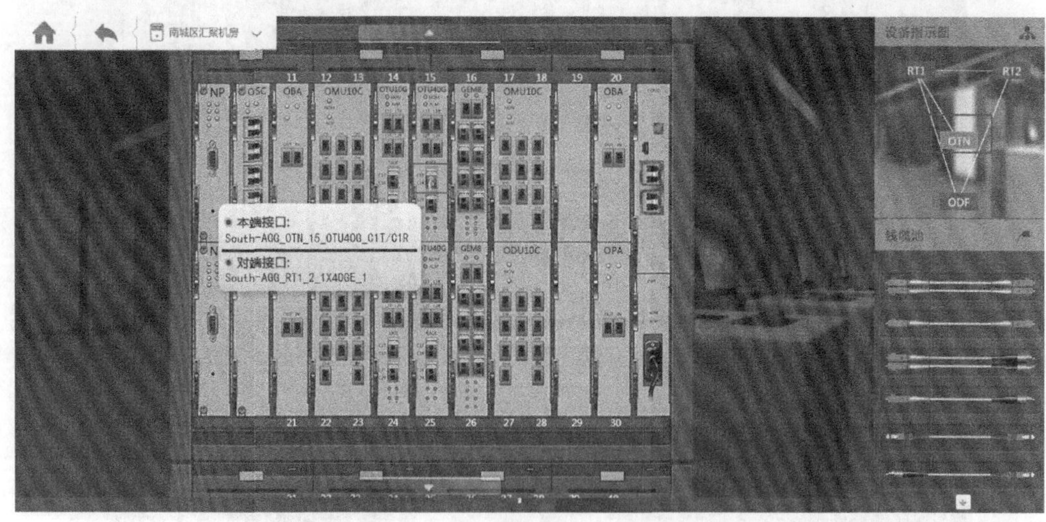

图 14-21

步骤 19：在右边线缆池中重新选取一根 LC-LC 光纤，将其一端连接在 OTN_15_OTU40G_L1T，另一端连接在 OTN_12_OMU10C_CH1，操作结果如图 14-22 所示。

步骤 20：在右边线缆池中重新选取一根 LC-LC 光纤，将其一端连接在 OTN_12_OMU10C_OUT，另一端连接在 OTN_11_OBA_IN，操作结果如图 14-23 所示。

步骤 21：在右边线缆池中重新选取一根 LC-FC 光纤，将其一端连接在 OTN_11_OBA_OUT，操作结果如图 14-24 所示。

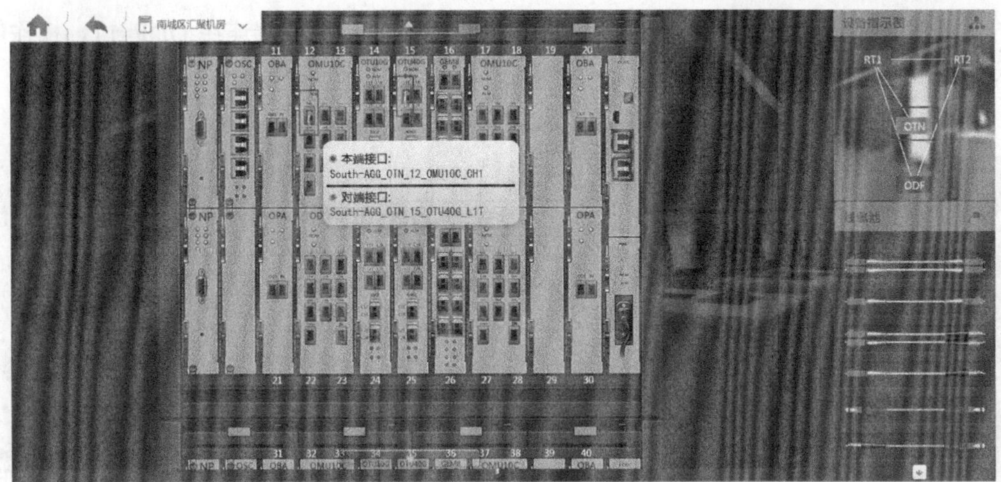

图 14-22

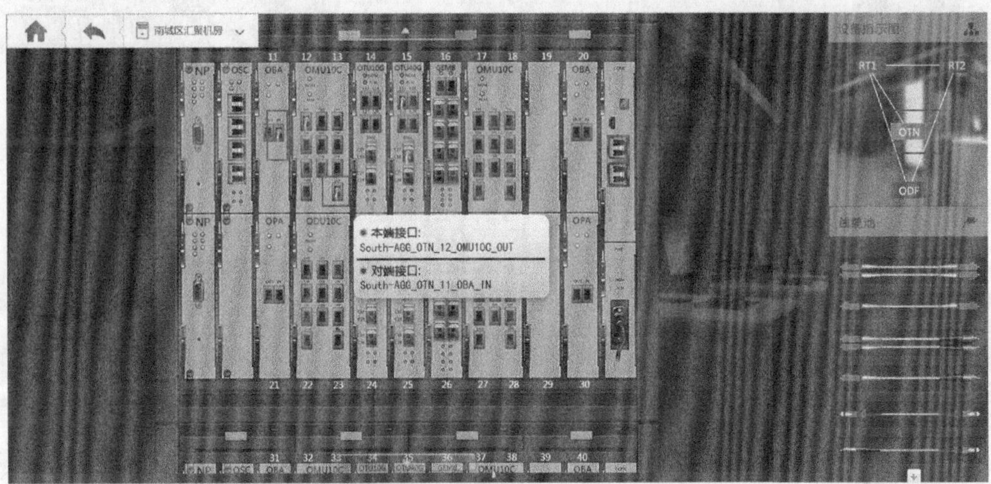

图 14-23

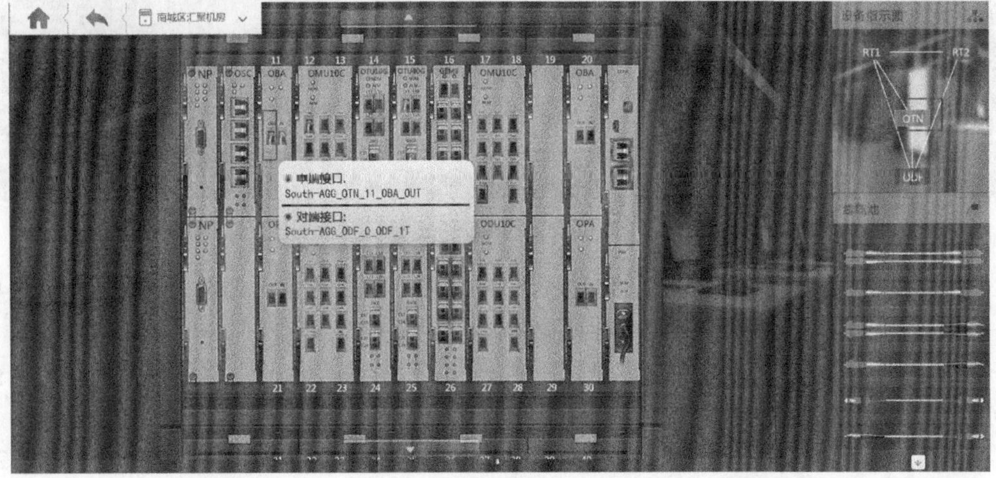

图 14-24

步骤 22：在设备指示图中单击 ODF 按钮，将光纤的另一端连在 ODF_1T，操作结果如图 14-25 所示。

图 14-25

步骤 23：在线缆池中重新选取一根 LC-FC 光纤，将其一端连接到 ODF_1R，操作结果如图 14-26 所示。

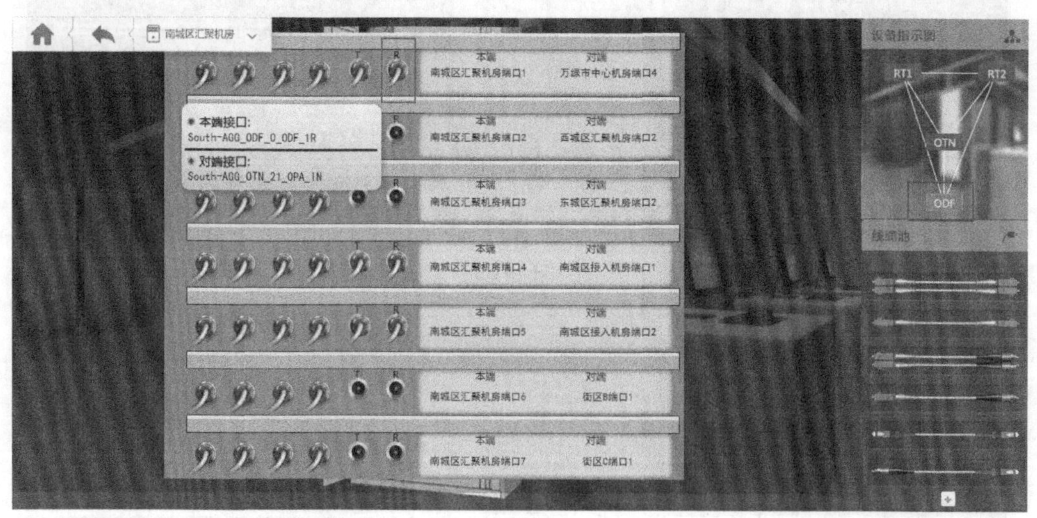

图 14-26

步骤 24：再在设备指示图中单击 OTN 设备按钮，鼠标移动至第 2 机框，将光纤另一端连接在 OTN_21_OPA_IN，操作结果如图 14-27 所示。

步骤 25：在线缆池中重新选取一根 LC-LC 光纤，将其一端连接在 OTN_21_OPA_OUT，另一端连接在 OTN_22_ODU10C_IN，操作结果如图 14-28 所示。

步骤 26：在线缆池中重新选取一根 LC-LC 光纤，将其一端连接在 OTN_22_ODU10C_CH1，另一端连接在 OTN_15_OTU40G_L1R，操作结果如图 14-29 所示。

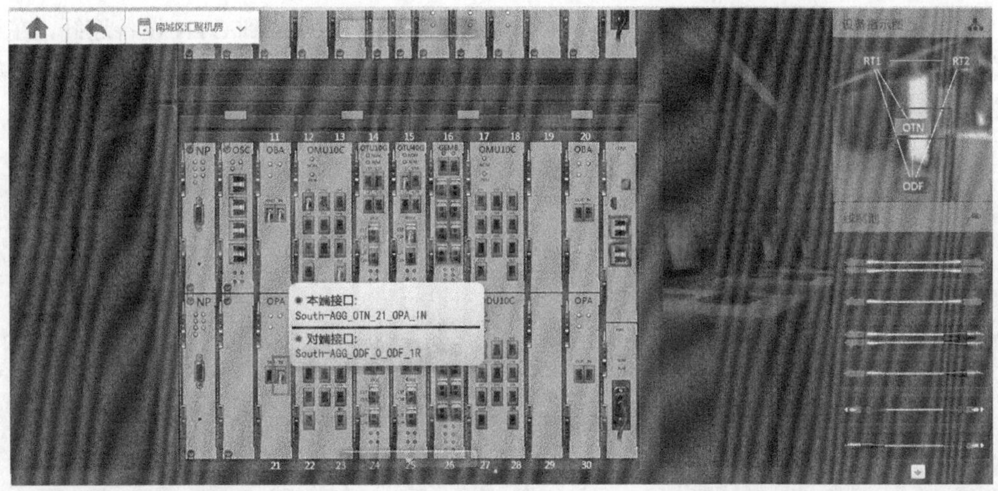

图 14-27

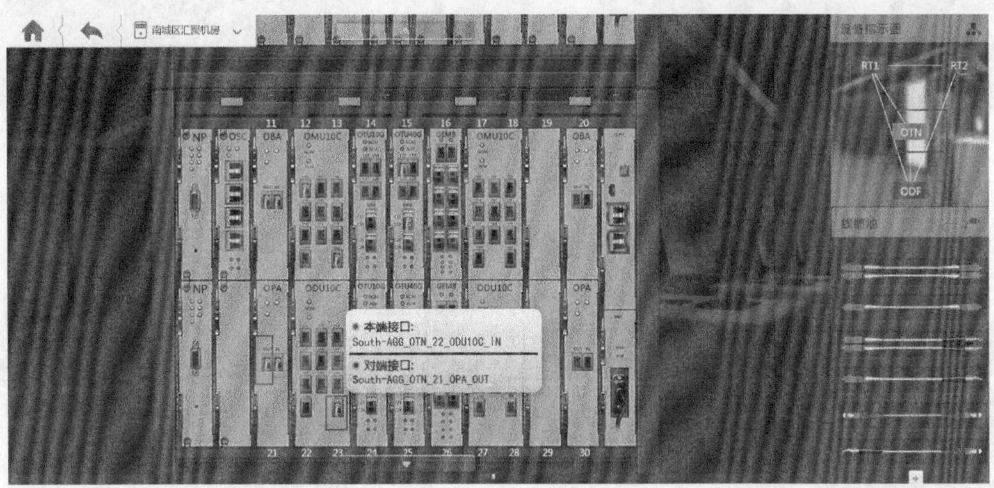

图 14-28

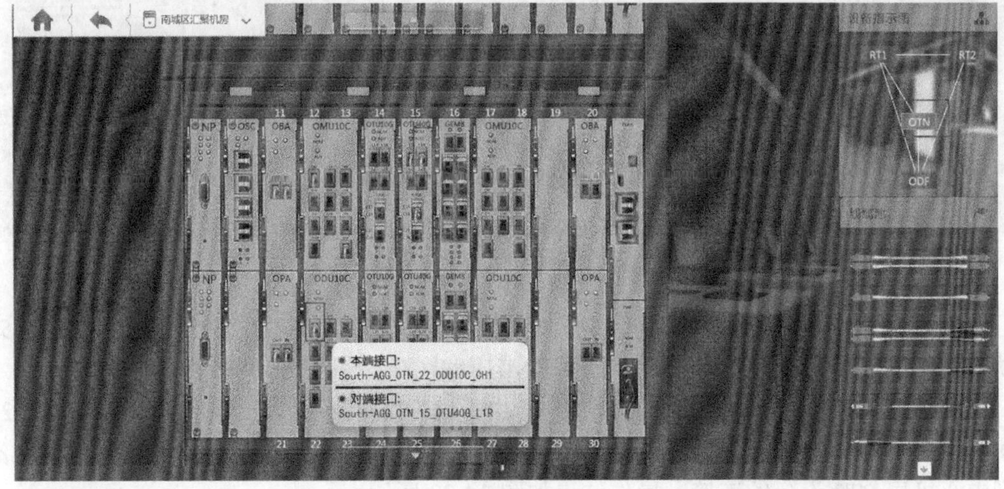

图 14-29

步骤 27：单击设备指示图中 RT2 设备按钮，完成 RT2 设备到 OTN 设备连纤，在线缆池中重新选取一根成对 LC-LC 光纤，将其一端连接在 RT2 的 2/1 端口，操作结果如图 14-30 所示。

图 14-30

步骤 28：单击设备指示图中 OTN 设备按钮，鼠标移动至第 2 机框，将光纤另一端连接在 OTN_15_OTU40G_C2T/C2R，操作结果如图 14-31 所示。

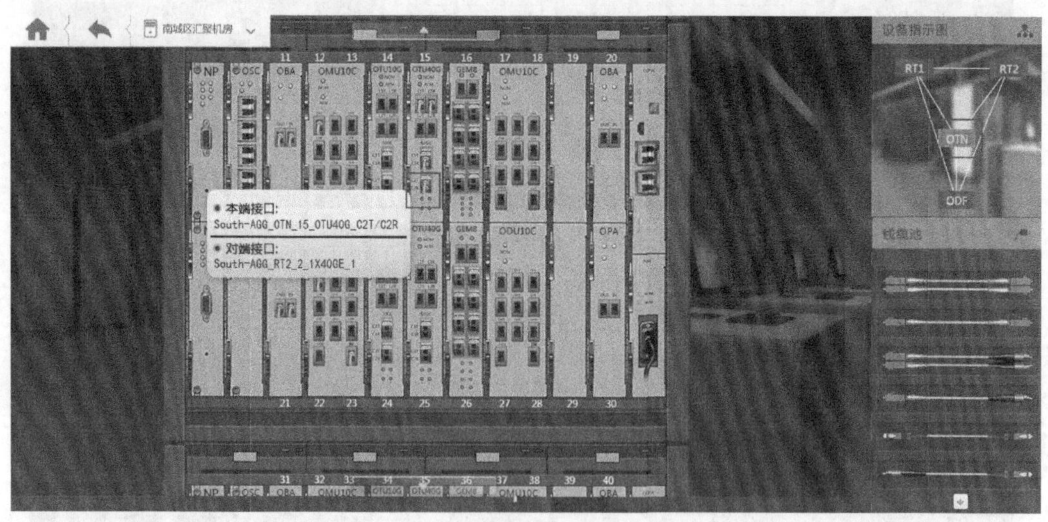

图 14-31

步骤 29：在线缆池中重新选取一根 LC-LC 光纤，将其一端连接在 OTN_15_OTU40G_L2T，另一端连接在 OTN_12_OMU10C_CH2，操作结果如图 14-32 所示。

步骤 30：在线缆池中重新选取一根 LC-LC 光纤，将其一端连接在 OTN_22_ODU10C_CH2，另一端连接在 OTN_15_OTU40G_L2R，完成南城区汇聚机房 RT2 设备到中心机房 RT2 设备的连接，操作结果如图 14-33 所示。

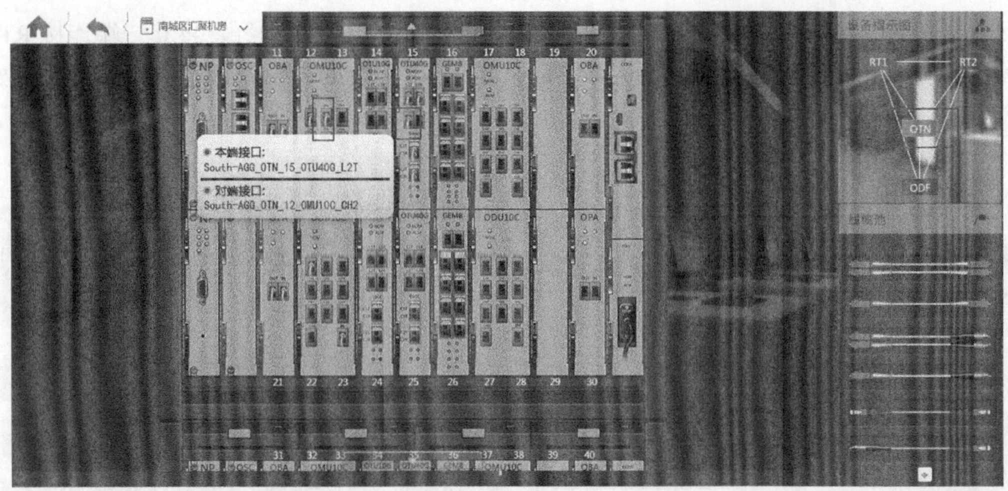

图 14-32

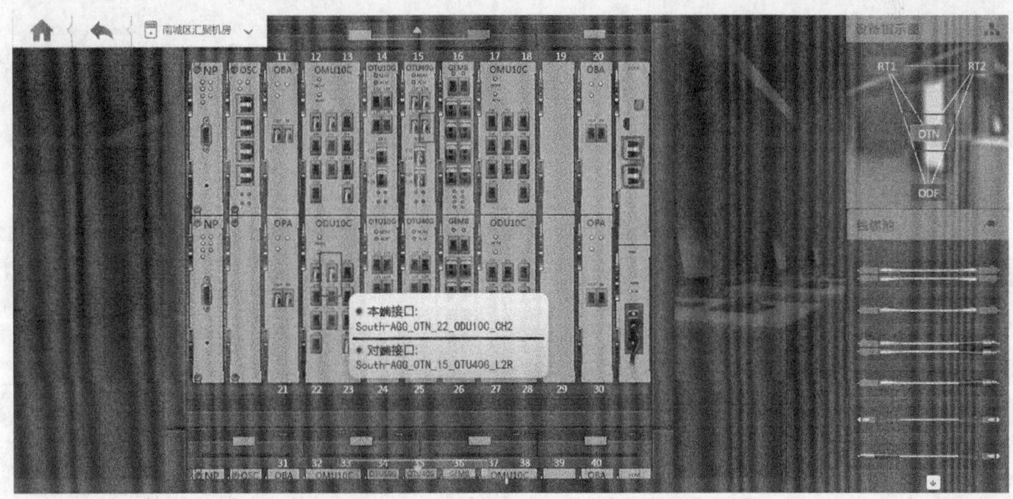

图 14-33

步骤 31：切换至中心机房，单击热点机柜添加大型 RT1、RT2 和中型 OTN 设备，操作结果如图 14-34 所示。

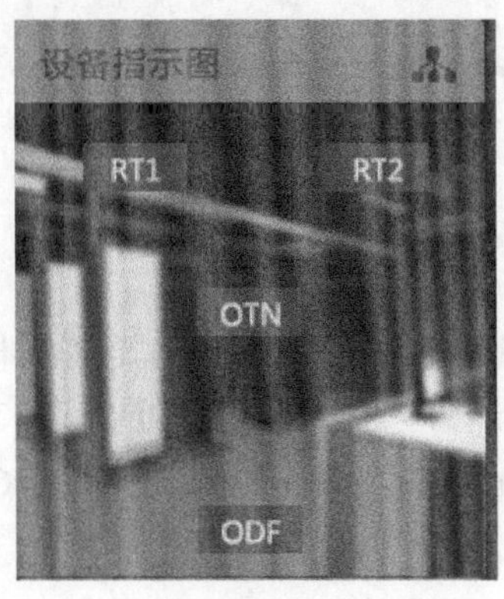

图 14-34

步骤 32：单击设备指示图中 RT1 设备，使用成对 LC-LC 光纤，将其一端连接 RT1 的 1/1 端口，另一端连接 RT2 的 1/1 端口，实现 RT1 与 RT2 设备的连接，操作结果如图 14-35 所示。

（a）

（b）

图 14-35

步骤 33：再次单击设备指示 RT1 设备，下拉至第 2 机框，使用成对 LC-FC 光纤，将其一端连接 RT1 设备 11/1 端口，另一端连接 ODF 的 1T/1R 接口，完成中心机房 RT1 设备到 Server 机房 SW1 设备的连接，操作结果如图 14-36 所示。

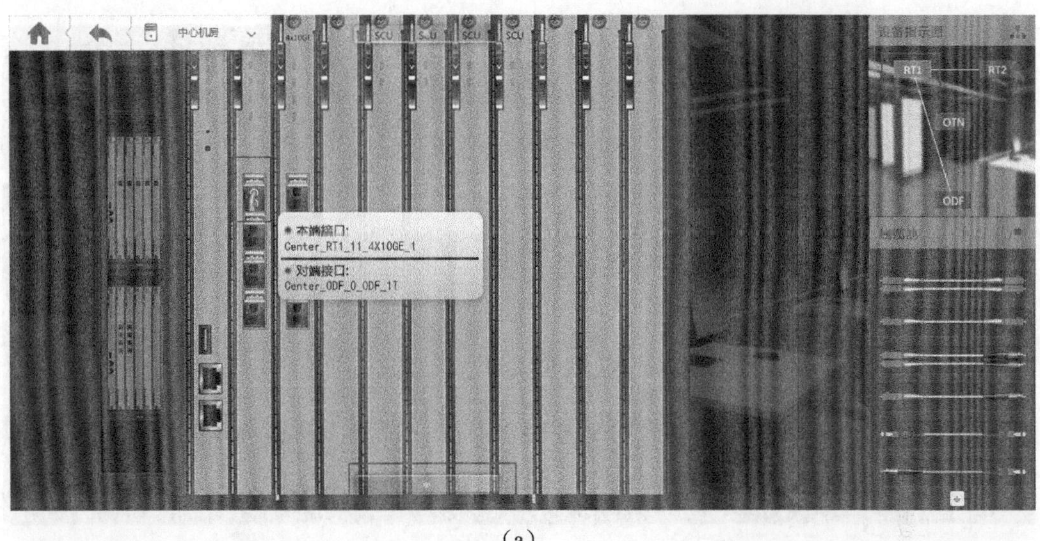

(a)

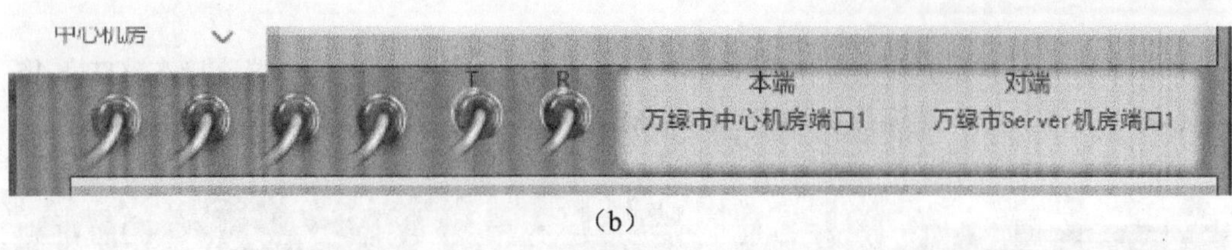

(b)

图 14-36

步骤 34：单击设备指示图中 RT1 设备按钮，使用成对 LC-LC 尾纤，将其一端连接至 RT1 设备 6/1 端口，操作结果如图 14-37 所示。

图 14-37

步骤 35：在右上方设备指示图中选择 OTN 设备按钮，进入 OTN 内部，下拉至第 2 机框，将光纤另一端连接在 OTN_15_0TU40G_C1T/C1R.，操作结果如图 14-38 所示。

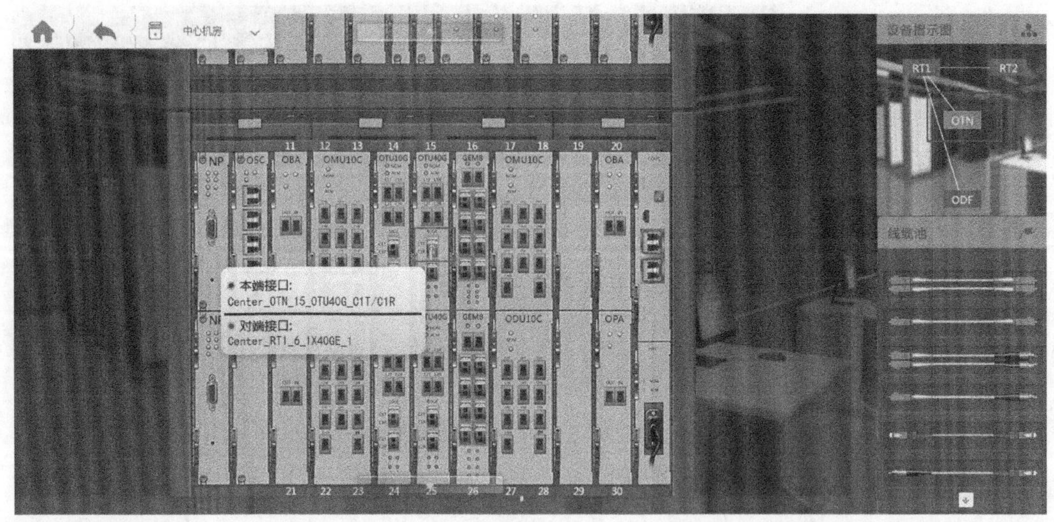

图 14-38

步骤 36：在右边线缆池中重新选取一根 LC-LC 光纤，将其一端连接在 OTN_15_OTU40G_L1T，另一端连接在 OTN_12_OMU10C_CH1，操作结果如图 14-39 所示。

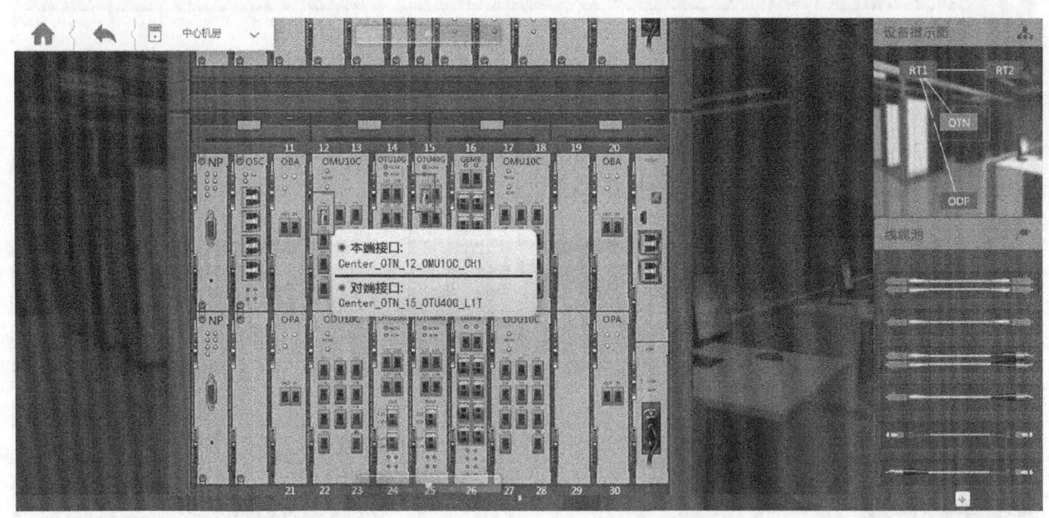

图 14-39

步骤 37：在右边线缆池中重新选取一根 LC-LC 光纤，将其一端连接在 OTN_12_OMU10C_OUT，另一端连接在 OTN_11_OBA_IN，操作结果如图 14-40 所示。

步骤 38：在右边线缆池中重新选取一根 LC-FC 光纤，将其一端连接在 OTN_11_OBA_OUT，操作结果如图 14-41 所示。

步骤 39：然后在设备指示图中单击 ODF 按钮，将光纤的另一端连在 ODF_4T，操作结果如图 14-42 所示。

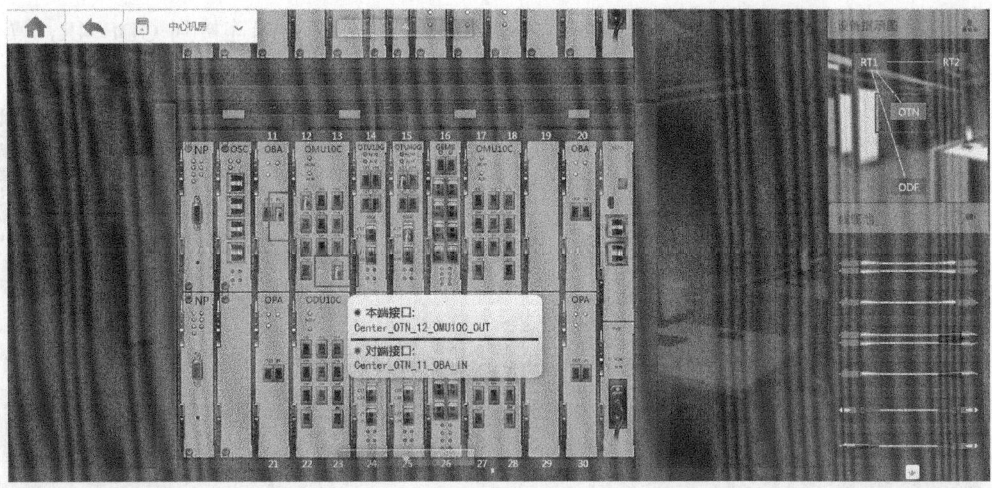

图 14-40

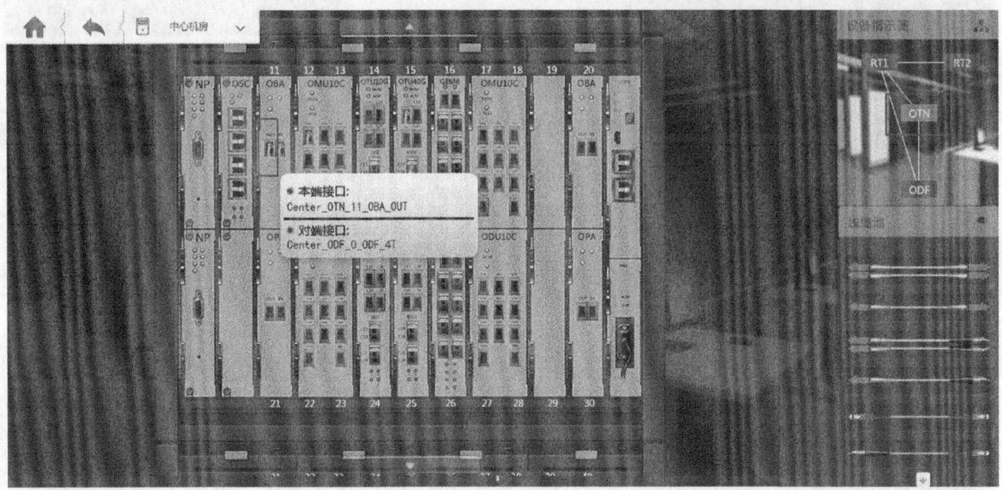

图 14-41

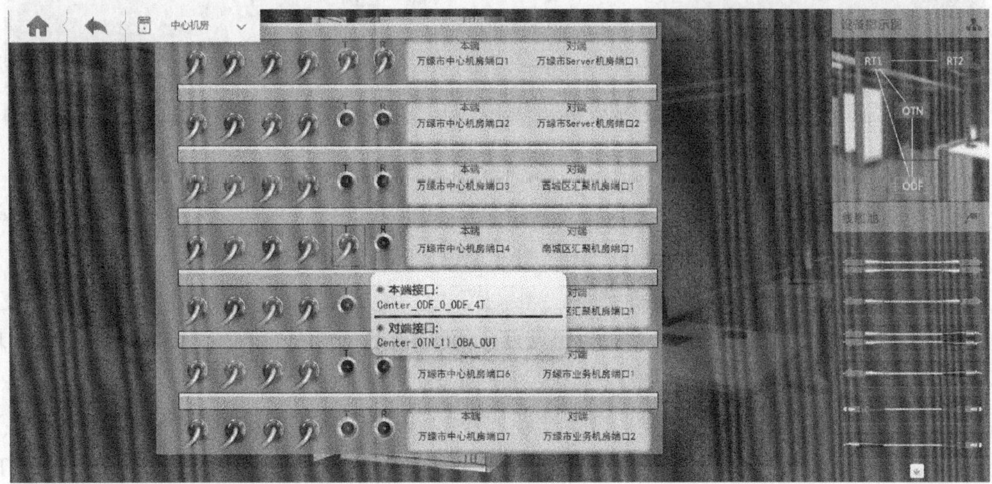

图 14-42

步骤 40：在线缆池中重新选取一根 LC-FC 光纤，将其一端连接到 ODF_4R，操作结果如图 14-43 所示。

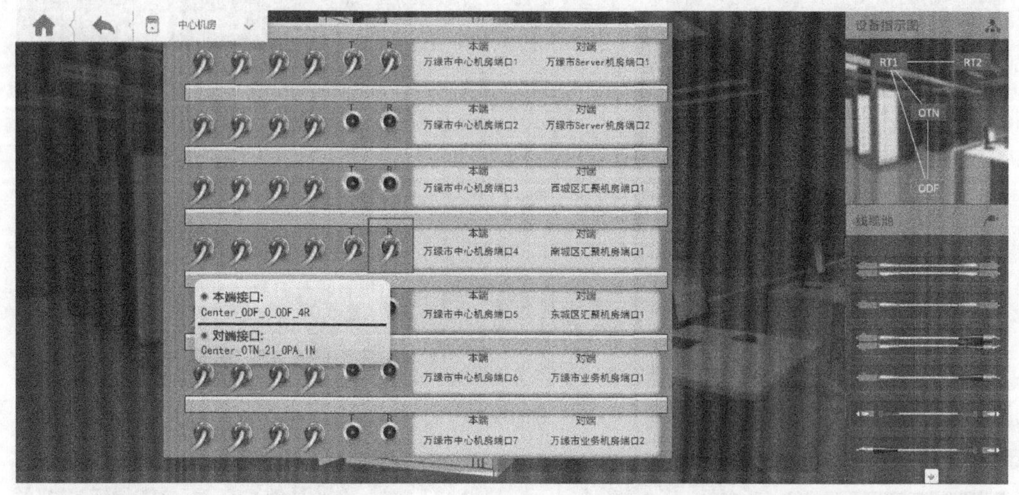

图 14-43

步骤 41：再在设备指示图中单击 OTN 设备按钮，鼠标移动至第 2 机框，将光纤另一端连接在 OTN_21_OPA_IN，操作结果如图 14-44 所示。

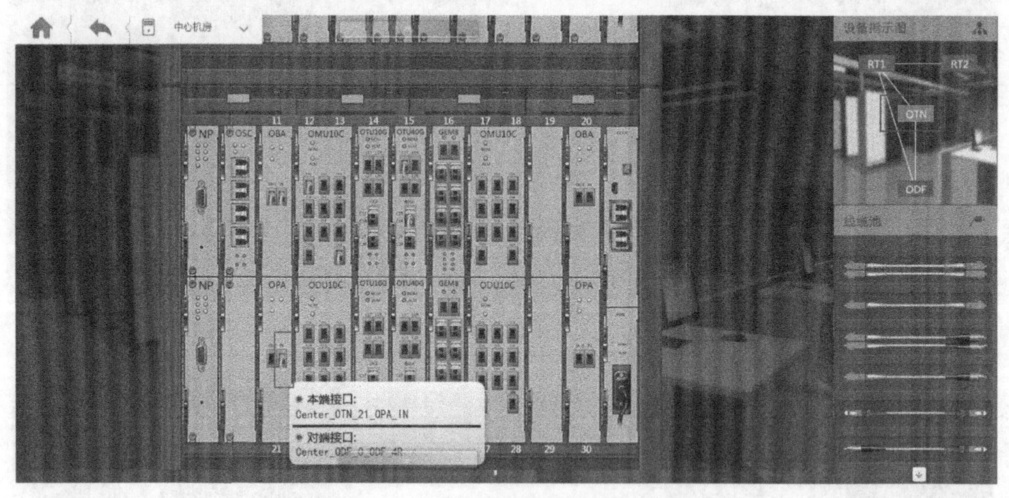

图 14-44

步骤 42：在线缆池中重新选取一根 LC-LC 光纤，将其一端连接在 OTN_21_OPA_OUT，另一端连接在 OTN_22_ODU10C_IN，操作结果如图 14-45 所示。

步骤 43：在线缆池中重新选取一根 LC-LC 光纤，将其一端连接在 OTN_22_ODU10C_CH1，另一端连接在 OTN_15_OTU40G_L1R，完成中心机房 RT1 设备到南城区汇聚机房 RT1 设备的连接，操作结果如图 14-48 所示。

步骤 44：单击设备指示图中 RT2 设备，下拉设备至第 2 机框，使用成对 LC-FC 光纤，将其一端连接 RT2 的 11/1 端口，另一端连接 ODF 的 2T/2R 端口，实现中心机房 RT2 设备到 Server 机房 SW2 的连接，操作结果如图 14-47 所示。

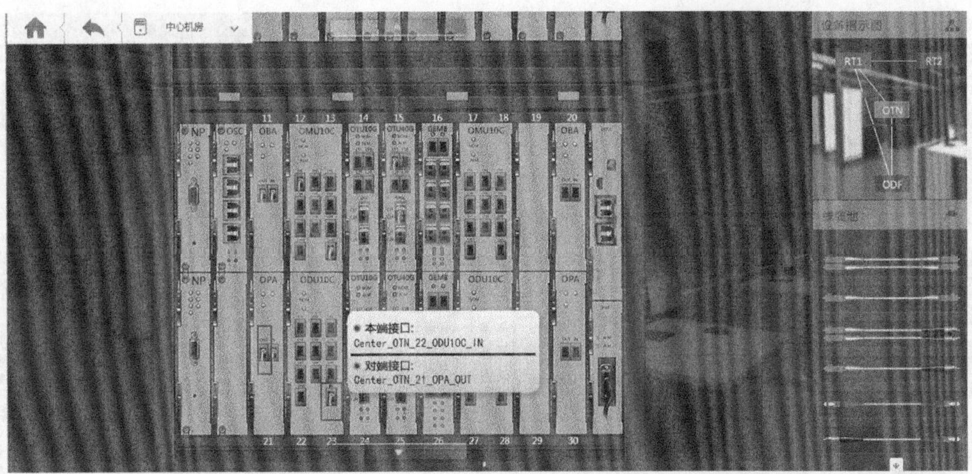

图 14-45

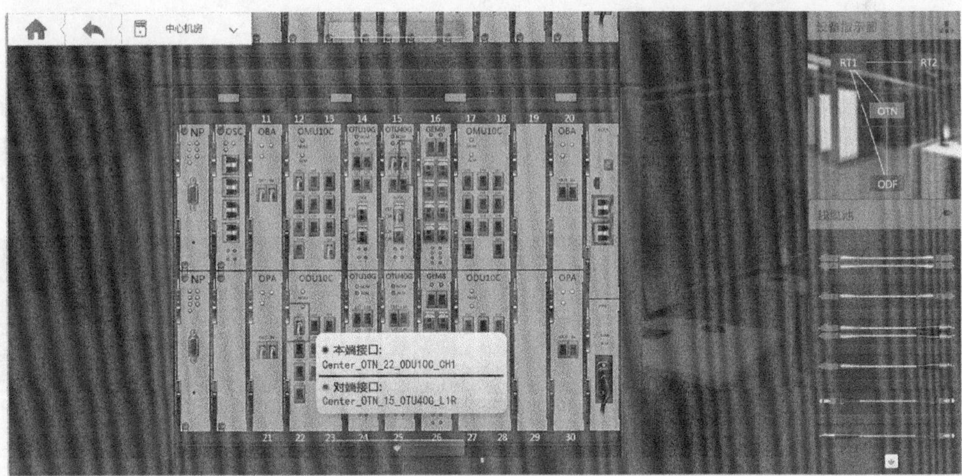

图 14-46

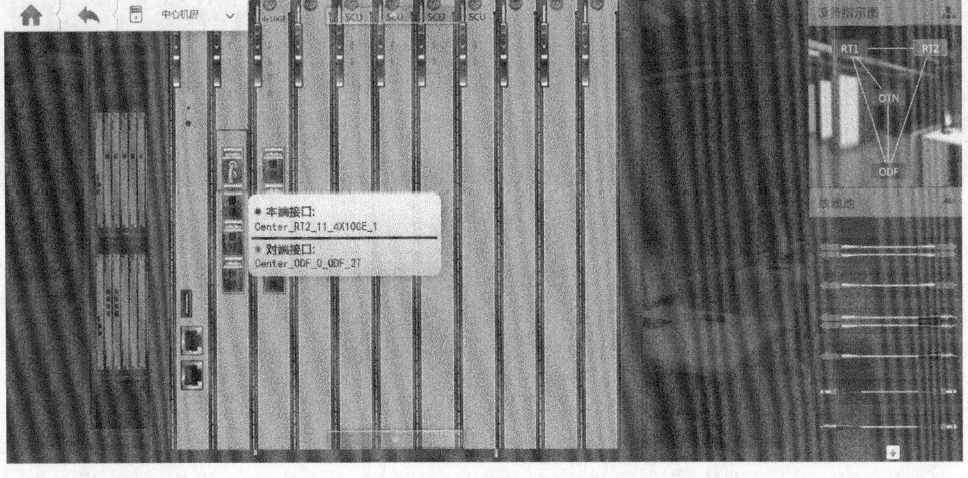

(a)

图 14-47

（b）

图 14-47（续）

步骤 45：再次点击设备指示图中 RT2 设备按钮，完成 RT2 设备到 OTN 设备连纤，在线缆池中重新选取一根成对 LC-LC 光纤，一端连接在 RT2 的 6/1 端口，操作结果如图 14-48 所示。

图 14-48

步骤 46：单击设备指示图中 OTN 设备按钮，鼠标移动至第 2 机框，将光纤另一端连接在 OTN_15_OTU40G_C2T/C2R，操作结果如图 14-49 所示。

步骤 47：在线缆池中重新选取一根 LC-LC 光纤，将其一端连接在 OTN_15_OTU40G_L2T，另一端连接在 OTN_12_OMU10C_CH2，操作结果如图 14-50 所示。

步骤 48：在线缆池中重新选取一根 LC-LC 光纤，将其一端连接在 OTN_22_ODU10C_CH2，另一端连接在 OTN_15_OTU40G_L2R，完成中心机房 RT2 设备到南城区汇聚机房 RT2 设备的连接，操作结果如图 14-51 所示。

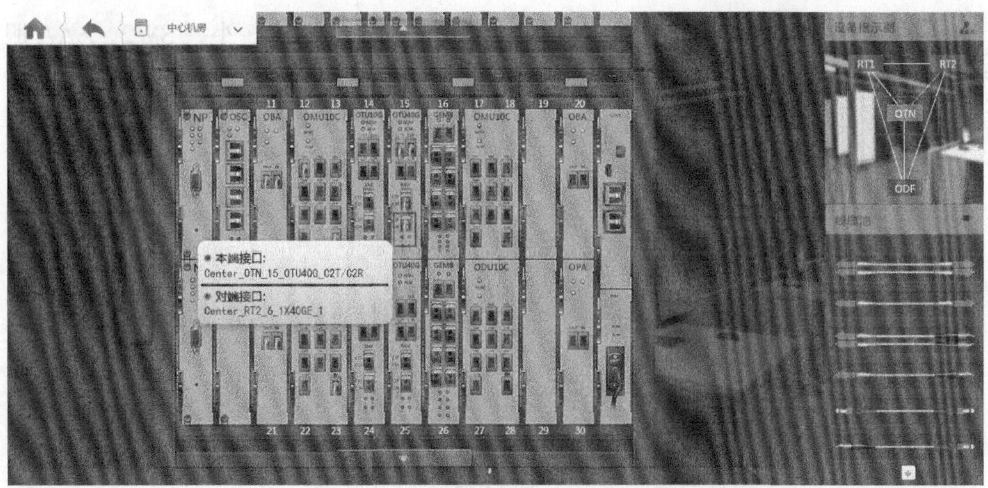

图 14-49

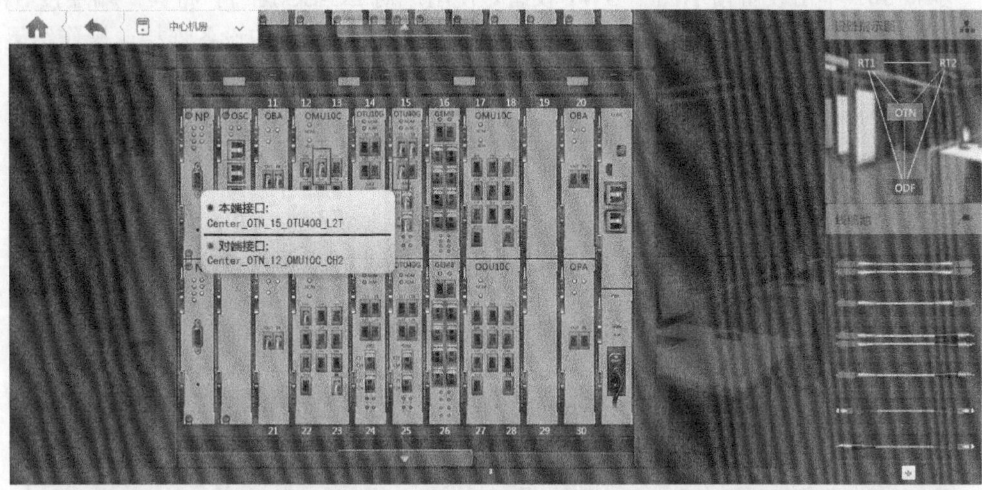

图 14-50

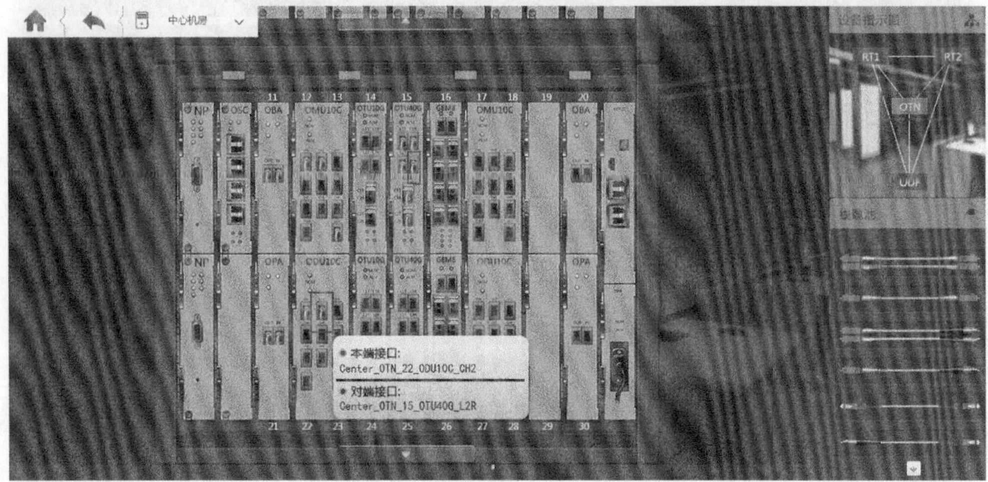

图 14-51

步骤 49：切换至 Server 机房，单击热点机柜添加小型 SW1、小型 SW2、AAA 服务器和 Portal 服务器设备，操作结果如图 14-52 所示。

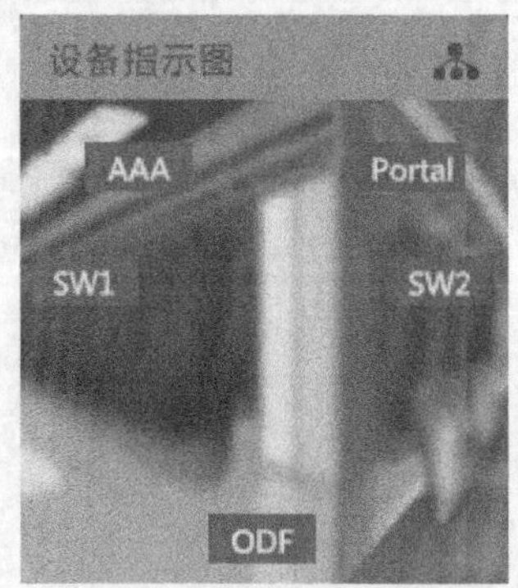

图 14-52

步骤 50：单击设备指示图中 SW1 设备，使用成对 LC-LC 尾纤，将其一端连接 SW1 的 1/1 端口，另一端连接 SW2 的 1/1 端口，完成 SW1 与 SW2 的设备连接，操作结果如图 14-53 所示。

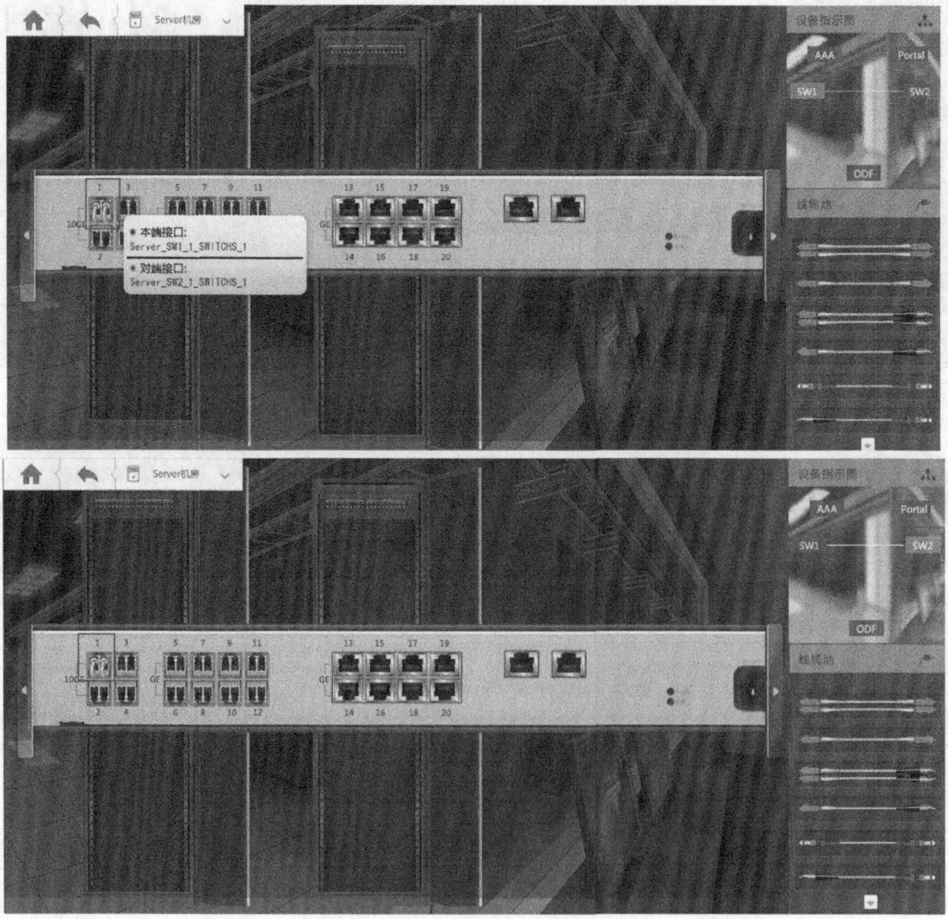

图 14-53

步骤 51：单击设备指示图 SW1 设备，使用成对 LC-LC 尾纤，将其一端连接 SW1 的 2/1 端口，操作结果如图 14-54 所示。

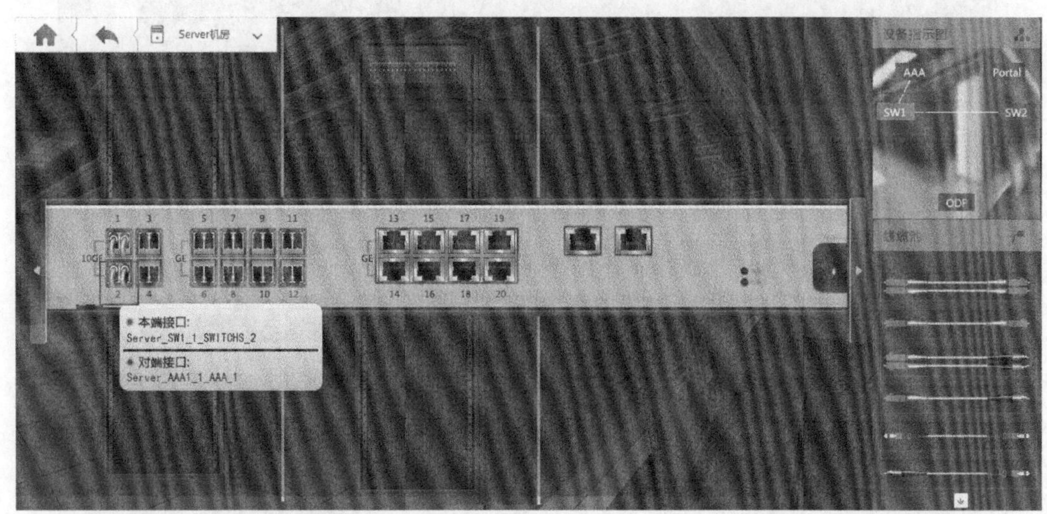

图 14-54

步骤 52：单击设备指示图 Server 设备，右拉至第 2 机框，将线缆另一端连接 Server 设备的 10GE_1/1 端口，另一端连接 SW1 设备的 1/2 端口，操作结果如图 14-55 所示。

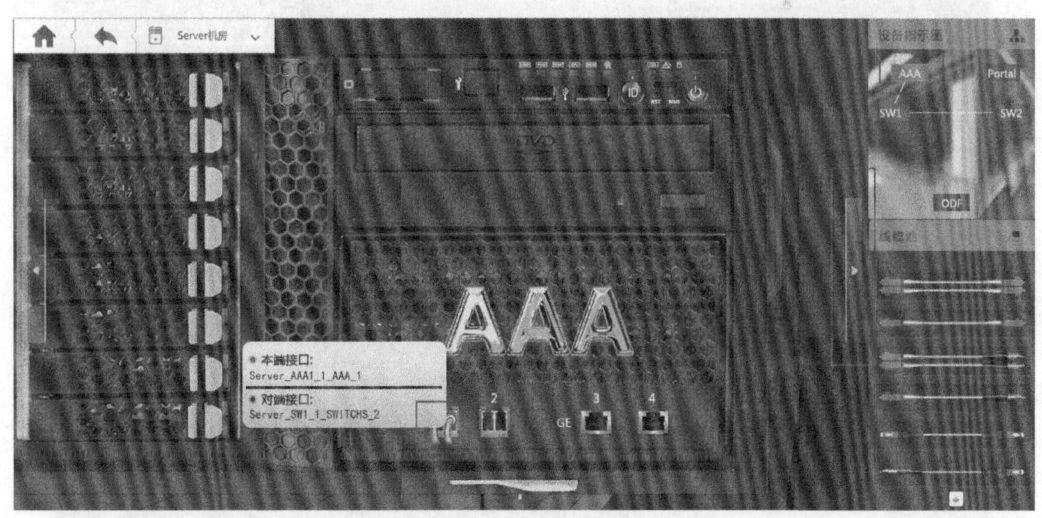

图 14-55

步骤 53：再次单击 SW1 设备，使用成对 LC-FC 尾纤，将其一端连接 SW1 的 3/1 端口，另一端连接 ODF 的 1T/1R 端口，操作结果如图 14-56 所示。

步骤 54：单击设备指示图 SW2 设备，使用成对 LC-LC 尾纤，将其一端连接 SW1 的 2/1 端口，操作结果如图 14-57 所示。

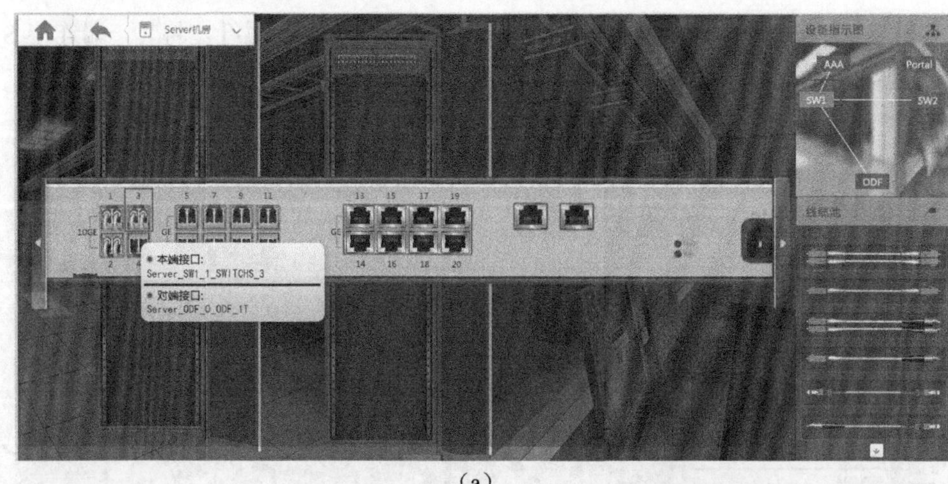

（a）

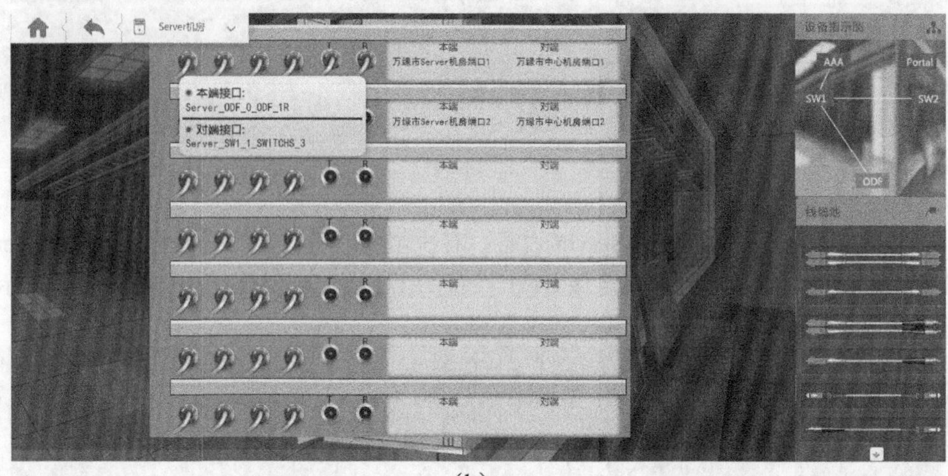

（b）

图 14-56

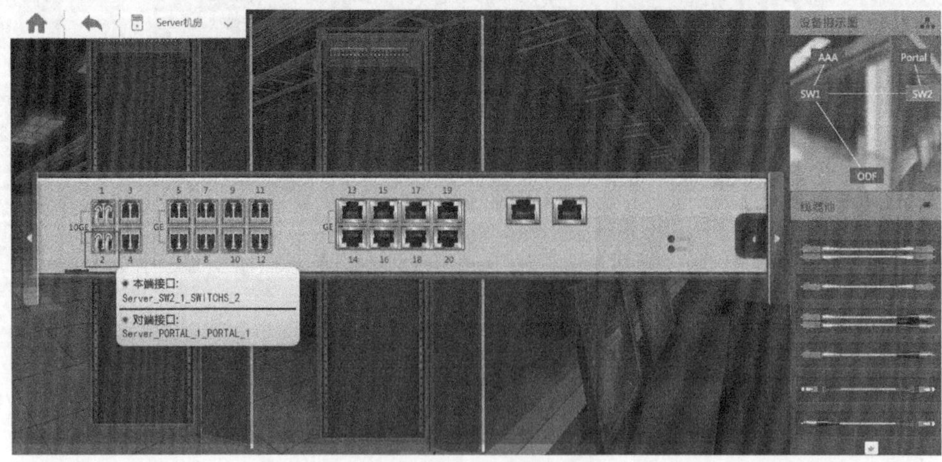

图 14-57

步骤 55：点击设备指示图 Portal 设备，将线缆另一端连接 Portal 设备的 10GE_1/1 端口，操作结果如图 14-58 所示。

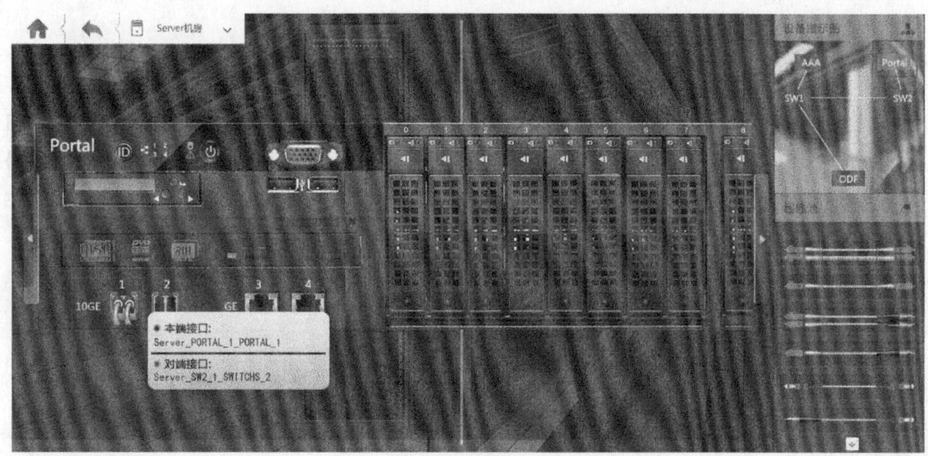

图 14-58

步骤 56：再次单击 SW2 设备，使用成对 LC-FC 尾纤，将其一端连接 SW1 的 3/1 端口，另一端连接 ODF 的 2T/2R 端口，操作结果如图 14-59 所示。

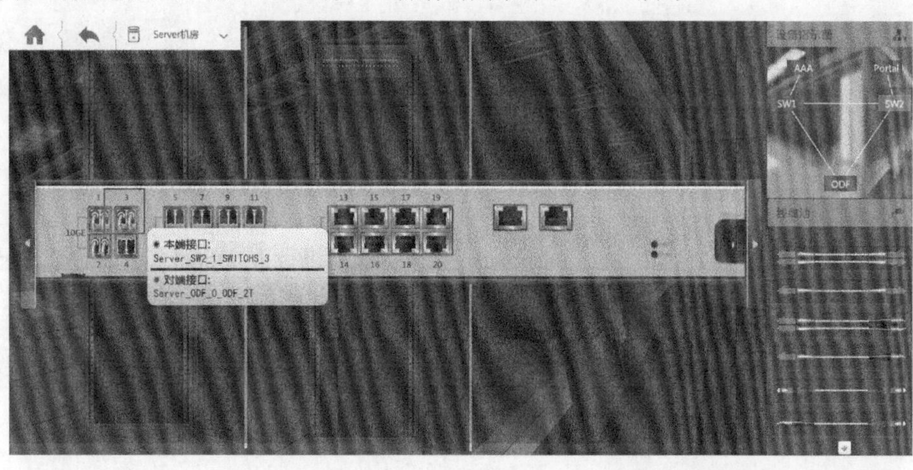

（a）

（b）

图 14-59

14.3.2 实习任务二：承载网数据配置

步骤 1：单击界面上方数据配置页签，将鼠标放至左上角页签按钮处选择 B 街区，进入 B 街区后选中配置节点中的 SW1 设备按钮，在下方命令导航中单击物理接口配置菜单，按照数据规划进行物理接口配置，配置完成后单击确定按钮进行保存，操作结果如图 14-60 所示。

街区B

配置节点：STB、SW1

物理接口配置

接口ID	接口状态	光/电	VLAN模式	关联VLAN	接口描述
10GE-1/1	up	光	access	110	to_acc_south_rt1
10GE-1/2	down	光	access	1	
10GE-1/3	down	光	access	1	
10GE-1/4	down	光	access	1	
GE-1/5	down	光	access	1	
GE-1/6	down	光	access	1	
GE-1/7	down	光	access	1	
GE-1/8	down	光	access	1	
GE-1/9	down	光	access	1	
GE-1/10	down	光	access	1	
GE-1/11	down	光	access	1	
GE-1/12	down	光	access	1	
GE-1/13	up	电	access	120	to_area_B
GE-1/14	down	电	access	1	

确定

图 14-60

步骤 2：单击命令导航中配置 loopback 接口菜单，进行 loopback 接口配置，配置完成后单击确定按钮进行保存，操作结果如图 14-61 所示。

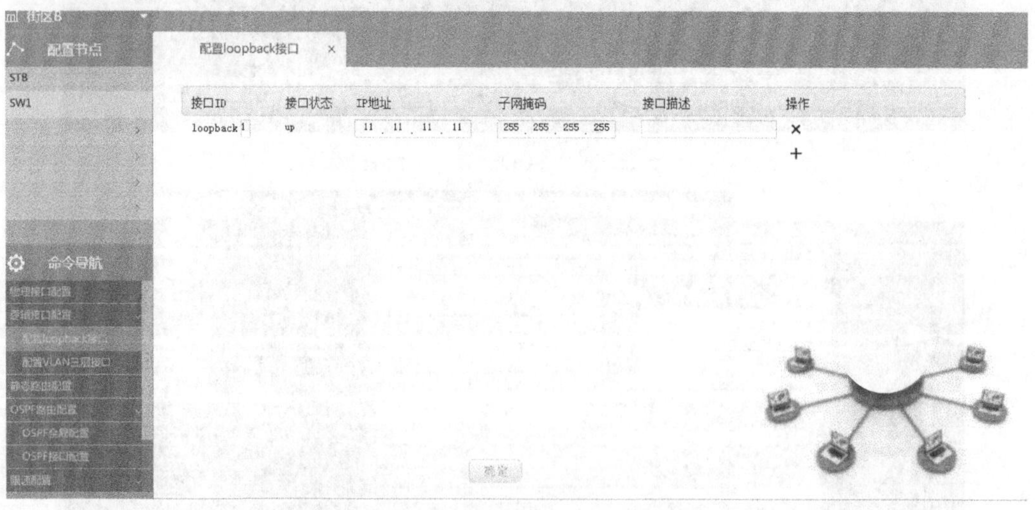

图 14-61

步骤 3：单击命令导航中配置 VLAN 三层接口菜单，进行 VLAN 三层接口配置，配置完成后单击确定按钮进行保存，操作结果如图 14-62 所示。

步骤 4：单击 OSPF 路由配置下的 OSPF 全局配置菜单进行 OSPF 全局配置，配置完成后单击确定按钮进行保存，操作结果如图 14-63 所示。

图 14-62

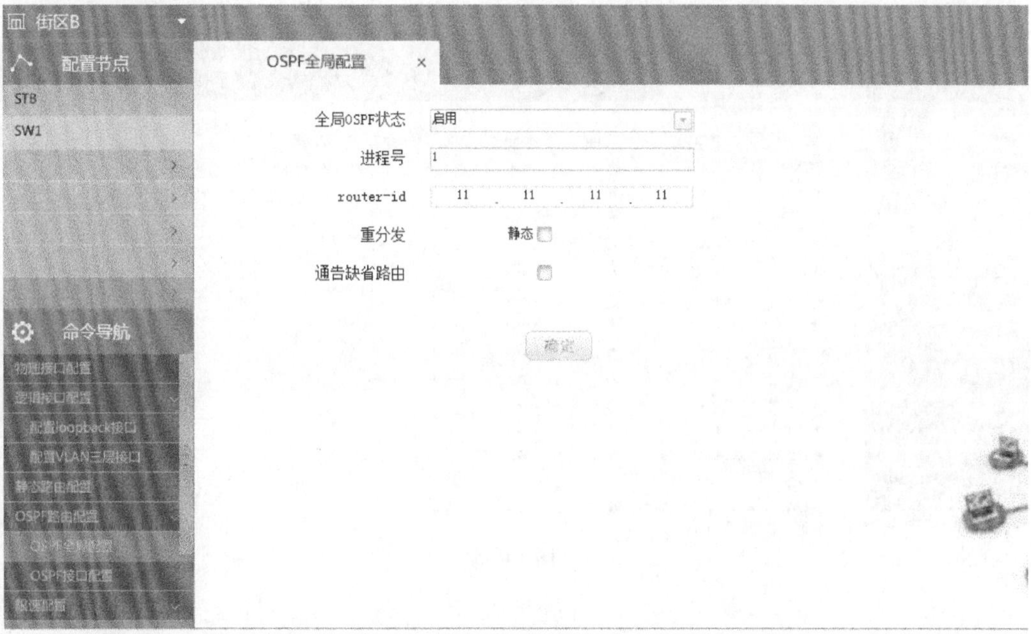

图 14-63

步骤 5：单击 OSPF 路由配置下的 OSPF 接口配置菜单，进行 OSPF 接口配置，配置完成后单击确定按钮进行保存，操作结果如图 16-64 所示。

步骤 6：单击页签切至街区 C，选中配置节点中的 SW1 设备按钮，在下方命令导航中单击物理接口配置菜单，按照数据规划进行 VLAN 透传配置，配置完成后单击确定按钮进行保存，操作结果如图 14-65 所示。

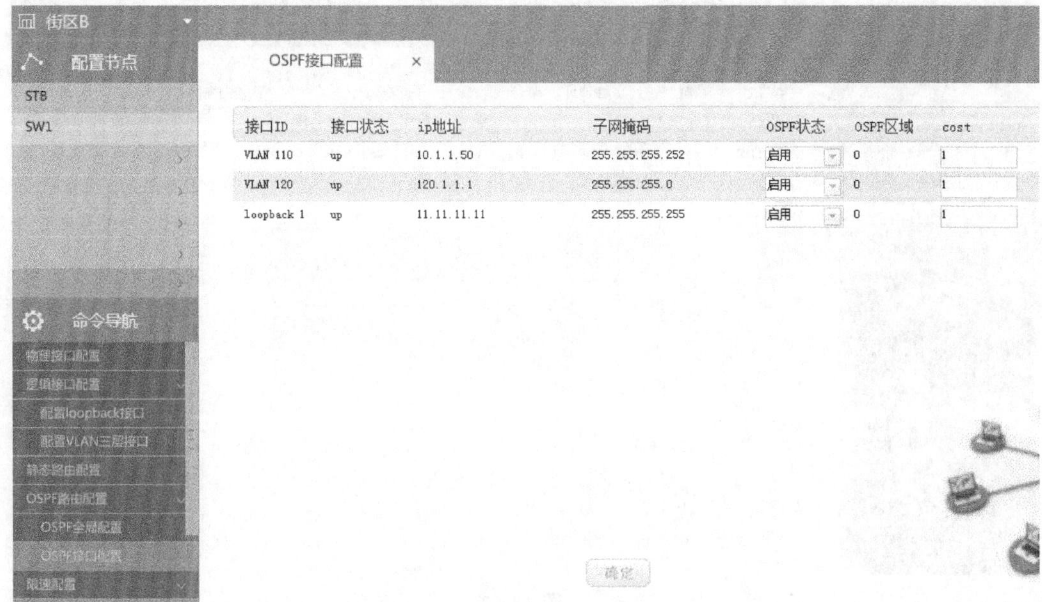

图 14-64

街区C

配置节点　物理接口配置

STB / SW1 / SW2

命令导航：物理接口配置、逻辑接口配置、配置loopback接口、配置VLAN三层接口、静态路由配置、OSPF路由配置、OSPF全局配置、OSPF接口配置

接口ID	接口状态	光/电	VLAN模式	关联VLAN	接口描述
10GE-1/1	up	光	trunk	140	to__acc_south_RT2
10GE-1/2	down	光	access	1	
10GE-1/3	down	光	access	1	
10GE-1/4	down	光	access	1	
GE-1/5	down	光	access	1	
GE-1/6	down	光	access	1	
GE-1/7	down	光	access	1	
GE-1/8	down	光	access	1	
GE-1/9	down	光	access	1	
GE-1/10	down	光	access	1	
GE-1/11	down	光	access	1	
GE-1/12	down	光	access	1	
GE-1/13	up	电	access	140	to_areaC_SW2
GE-1/14	down	电	access	1	

图 14-65

步骤 7：单击选中配置节点中的 SW2 设备按钮，在下方命令导航中点击物理接口配置菜单，按照数据规划进行物理接口配置，配置完成后单击确定按钮进行保存，操作结果如图 14-66 所示。

步骤 8：单击命令导航中配置 loopback 接口菜单进行 loopback 接口配置，配置完成后单击确定按钮进行保存，操作结果如图 14-67 所示。

街区C
配置节点
STB
SW1
SW2
命令导航
物理接口配置
接口ID
接口状态
光/电
VLAN模式
关联VLAN
接口描述
10GE-1/1
10GE-1/2
10GE-1/3
10GE-1/4
GE-1/5
GE-1/6
GE-1/7
GE-1/8
GE-1/9
GE-1/10
GE-1/11
GE-1/12
GE-1/13
GE-1/14
down
up
光
电
access
1
150
to_areaC_SW1
to_PC

图 14-66

图 14-67

步骤 9：单击命令导航中配置 VLAN 三层接口菜单进行 VLAN 三层接口配置，配置完成后单击确定按钮进行保存，操作结果如图 14-68 所示。

步骤 10：单击命令导航中 OSPF 路由配置下的 OSPF 全局配置菜单，进行 OSPF 全局配置，配置完成后单击确定按钮进行保存，操作结果如图 14-69 所示。

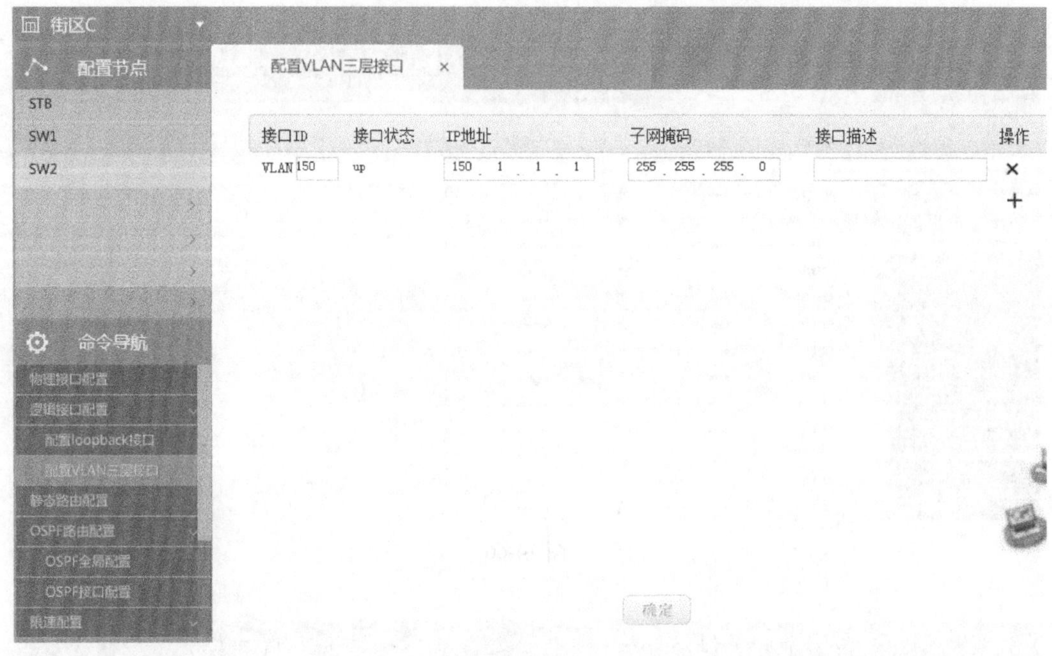

图 14-68

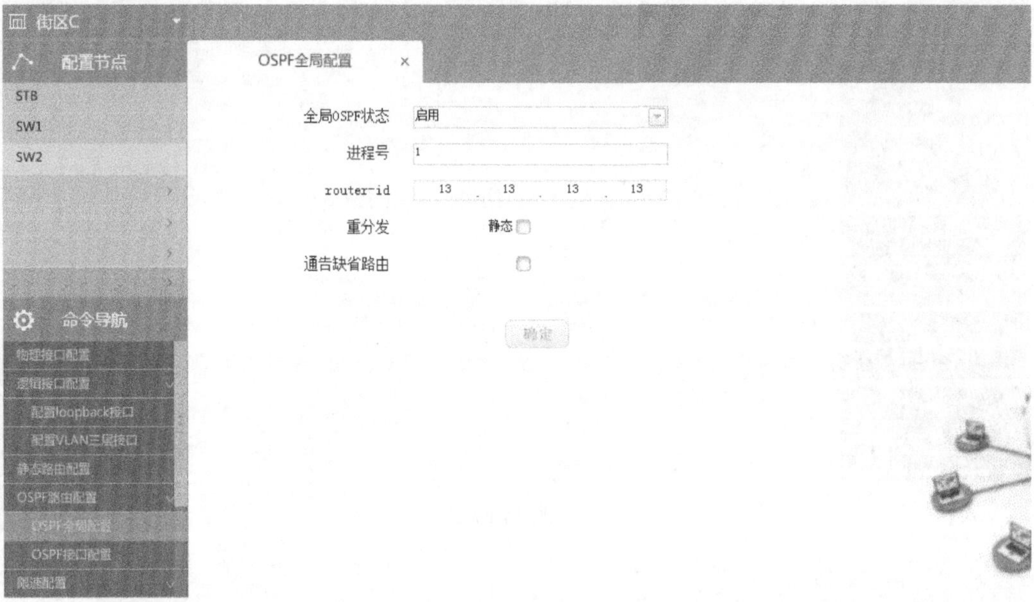

图 14-69

步骤 11：单击 OSPF 路由配置下的 OSPF 接口配置菜单，进行 OSPF 接口配置，配置完成后单击确定按钮进行保存，操作结果如图 14-70 所示。

步骤 12：进入南城区接入机房，选中左侧配置节点中 RT1 设备参照图 14-71 按照数据规划进行物理接口配置。

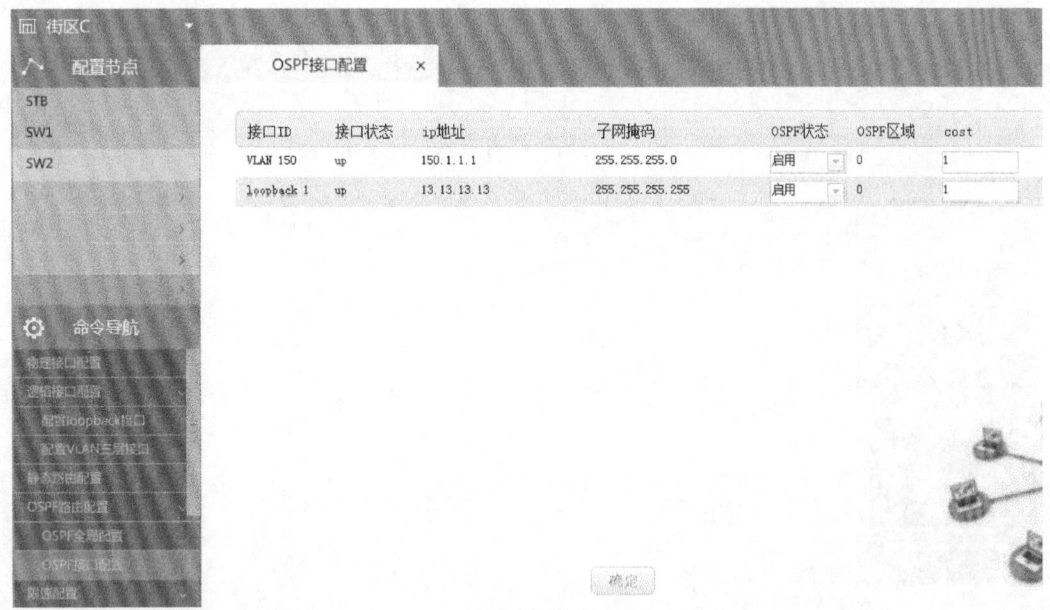

图 14-70

南城区接入机房　配置节点　RT1　RT2　命令导航　物理接口配置

接口ID	接口状态	光/电	IP地址	子网掩码	接口描述
40GE-1/1	up	光	10.1.1.45	255.255.255.252	to_RT2
40GE-2/1	up	光	10.1.1.38	255.255.255.252	to_AGG_RT1
40GE-3/1	down	光			
40GE-4/1	down	光			
40GE-5/1	down	光			
10GE-6/1	up	光	10.1.1.49	255.255.255.252	to_area_B
10GE-6/2	down	光			
10GE-6/3	down	光			
10GE-6/4	down	光			
GE-7/1	down	光			
GE-7/2	down	光			
GE-7/3	down	光			
GE-7/4	down	光			
GE-7/5	down	光			

确定

图 14-71

步骤 13：单击命令导航中配置 loopback 接口菜单，参照图 14-72 按照数据规划进行 loopback 接口数据配置，配置完成后单击确定按钮进行保存。

步骤 14：单击命令导航中 OSPF 路由配置下的 OSPF 全局配置菜单，参照图 14-73 按照数据规划进行 OSPF 全局配置，配置完成后单击确定按钮进行保存。

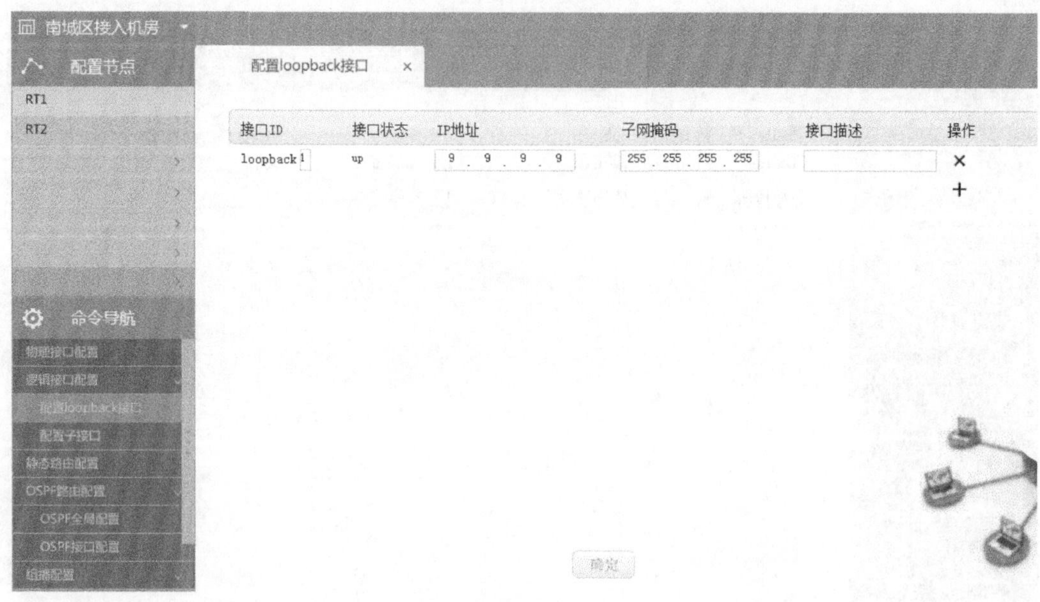

图 14-72

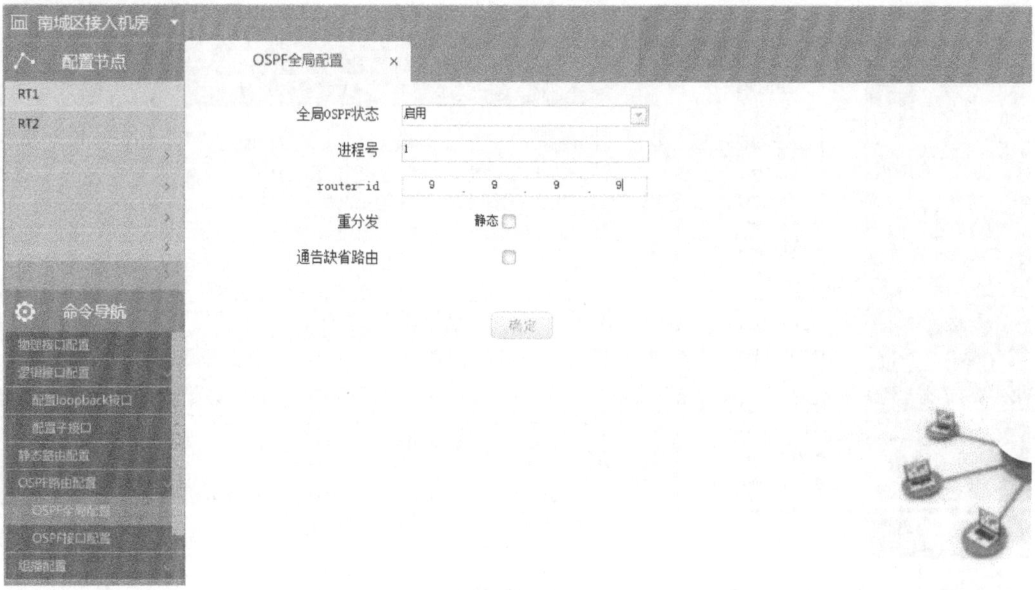

图 14-73

步骤 15：单击 OSPF 路由配置下的 OSPF 接口配置菜单，参照图 14-74 进行 OSPF 接口配置，配置完成后单击确定按钮进行保存。

步骤 16：单击左侧 RT2 按钮，按照数据规划参照图 14-75 进行物理接口配置。

接口ID	接口状态	ip地址	子网掩码	OSPF状态	OSPF区域	cost
40GE-1/1	up	10.1.1.45	255.255.255.252	启用	0	1
40GE-2/1	up	10.1.1.38	255.255.255.252	启用	0	1
10GE-6/1	up	10.1.1.49	255.255.255.252	启用	0	1
loopback 1	up	9.9.9.9	255.255.255.255	启用	0	1

图 14-74

接口ID	接口状态	光/电	IP地址	子网掩码	接口描述
40GE-1/1	up	光	10.1.1.46	255.255.255.252	to_RT1
40GE-2/1	up	光	10.1.1.42	255.255.255.252	to_south_agg_RT2
40GE-3/1	down	光			
40GE-4/1	down	光			
40GE-5/1	down	光			
10GE-6/1	up	光			
10GE-6/2	down	光			
10GE-6/3	down	光			
10GE-6/4	down	光			
GE-7/1	down	光			
GE-7/2	down	光			
GE-7/3	down	光			
GE-7/4	down	光			
GE-7/5	down	光			

图 14-75

步骤 17：单击左侧 RT2 按钮，按照数据规划参照图 14-76 进行逻辑子接口接口配置。

步骤 18：单击命令导航中配置 loopback 接口菜单，参照图 14-77 按照数据规划进行 loopback 接口数据配置，配置完成后单击确定按钮进行保存。

图 14-76

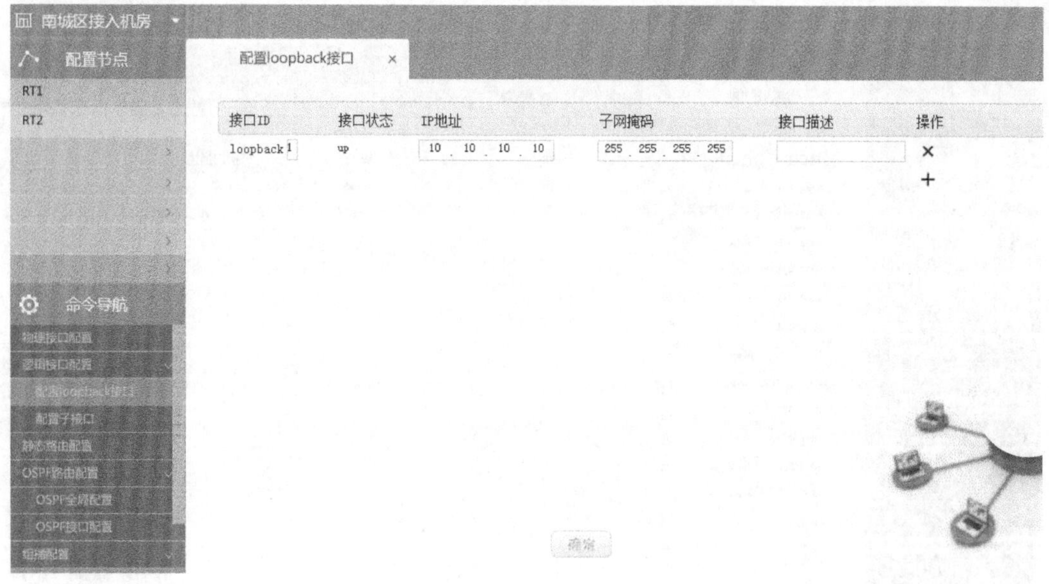

图 14-77

步骤 19：单击命令导航中 OSPF 路由配置下的 OSPF 全局配置菜单，参照图 14-78 按照数据规划进行 OSPF 全局配置，配置完成后单击确定按钮进行保存。

步骤 20：单击 OSPF 路由配置下的 OSPF 接口配置菜单，参照图 14-79 进行 OSPF 接口配置，配置完成后单击确定按钮进行保存。

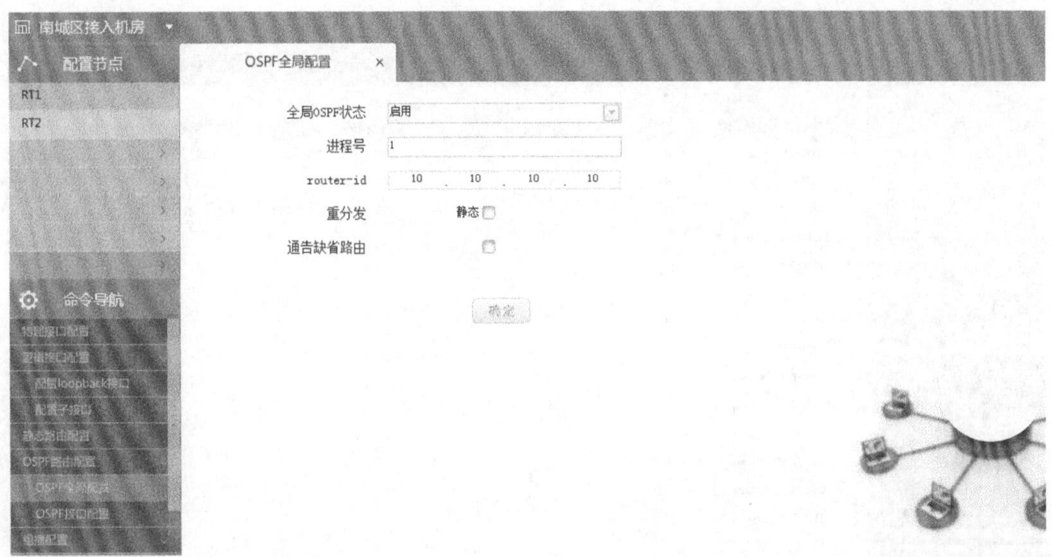

图 14-78

接口ID	接口状态	ip地址	子网掩码	OSPF状态	OSPF区域	cost
10GE-6/1.1	up	10.1.1.53	255.255.255.252	启用	0	1
40GE-1/1	up	10.1.1.46	255.255.255.252	启用	0	1
40GE-2/1	up	10.1.1.42	255.255.255.252	启用	0	1
loopback 1	up	10.10.10.10	255.255.255.255	启用	0	1

图 14-79

步骤 21：进入南城区汇聚机房单击 RT1 按钮，按照数据规划参照图 14-80 进行物理接口配置。

步骤 22：单击命令导航中配置 loopback 接口菜单，参照图 14-81 按照数据规划进行 loopback 接口数据配置，配置完成后单击确定按钮进行保存。

南城区汇聚机房

配置节点

OTN

RT1

RT2

命令导航

物理接口配置

逻辑接口配置

配置loopback接口

配置子接口

静态路由配置

OSPF路由配置

OSPF全局配置

OSPF接口配置

组播配置

物理接口配置

接口ID	接口状态	光/电	IP地址	子网掩码	接口描述
40GE-1/1	up	光	10.1.1.33	255.255.255.252	to_RT2
40GE-2/1	up	光	10.1.1.22	255.255.255.252	to_center_RT1
40GE-3/1	up	光	10.1.1.37	255.255.255.252	to_Agg_RT1
40GE-4/1	down	光	. . .	. . .	
40GE-5/1	down	光	. . .	. . .	
10GE-6/1	down	光	. . .	. . .	
10GE-6/2	down	光	. . .	. . .	
10GE-6/3	down	光	. . .	. . .	
10GE-6/4	down	光	. . .	. . .	
GE-7/1	down	光	. . .	. . .	
GE-7/2	down	光	. . .	. . .	
GE-7/3	down	光	. . .	. . .	
GE-7/4	down	光	. . .	. . .	
GE-7/5	down	光	. . .	. . .	

确定

图 14-80

图 14-81

步骤 23：单击命令导航中 OSPF 路由配置下的 OSPF 全局配置菜单，参照图 14-82 按照数据规划进行 OSPF 全局配置，配置完成后单击确定按钮进行保存。

步骤 24：单击 OSPF 路由配置下的 OSPF 接口配置菜单，参照图 14-83 进行 OSPF 接口配置，配置完成后单击确定按钮进行保存。

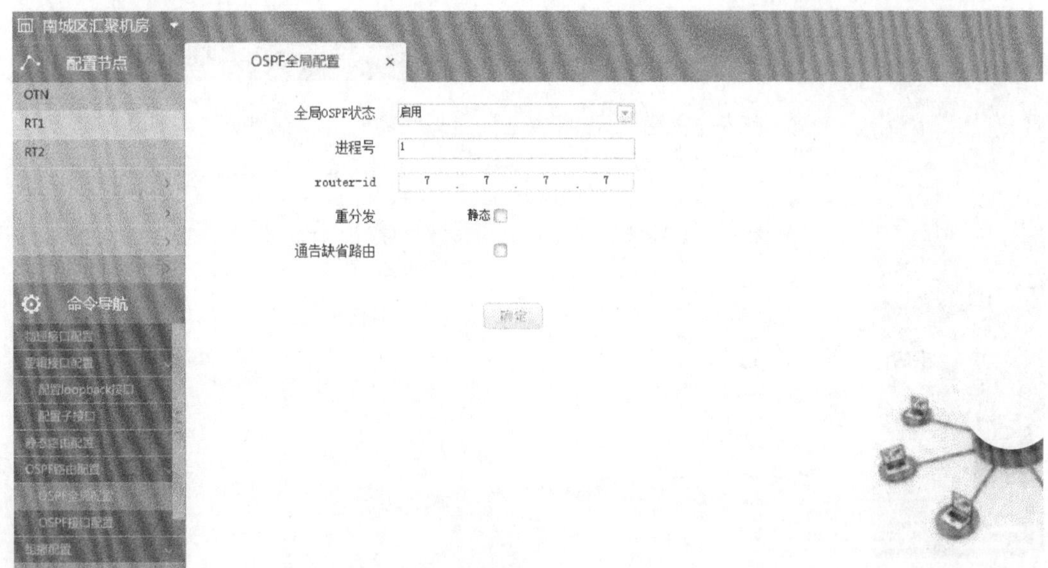

图 14-82

图 14-83

步骤 25：进入南城区汇聚机房，单击 RT2 设备按钮，按照数据规划参照图 14-84 进行物理接口配置。

步骤 26：单击命令导航中配置 loopback 接口菜单，参照图 14-85 按照数据规划进行 loopback 接口数据配置，配置完成后单击确定按钮进行保存。

南城区汇聚机房

配置节点

OTN

RT1

RT2

命令导航

物理接口配置

接口ID	接口状态	光/电	IP地址	子网掩码	接口描述
40GE-1/1	up	光	10.1.1.34	255.255.255.252	to_RT1
40GE-2/1	up	光	10.1.1.30	255.255.255.252	to_south_center_RT2
40GE-3/1	up	光	10.1.1.41	255.255.255.252	to_south_Agg_RT2
40GE-4/1	down	光			
40GE-5/1	down	光			
10GE-6/1	down	光			
10GE-6/2	down	光			
10GE-6/3	down	光			
10GE-6/4	down	光			
GE-7/1	down	光			
GE-7/2	down	光			
GE-7/3	down	光			
GE-7/4	down	光			
GE-7/5	down	光			

确定

图 14-84

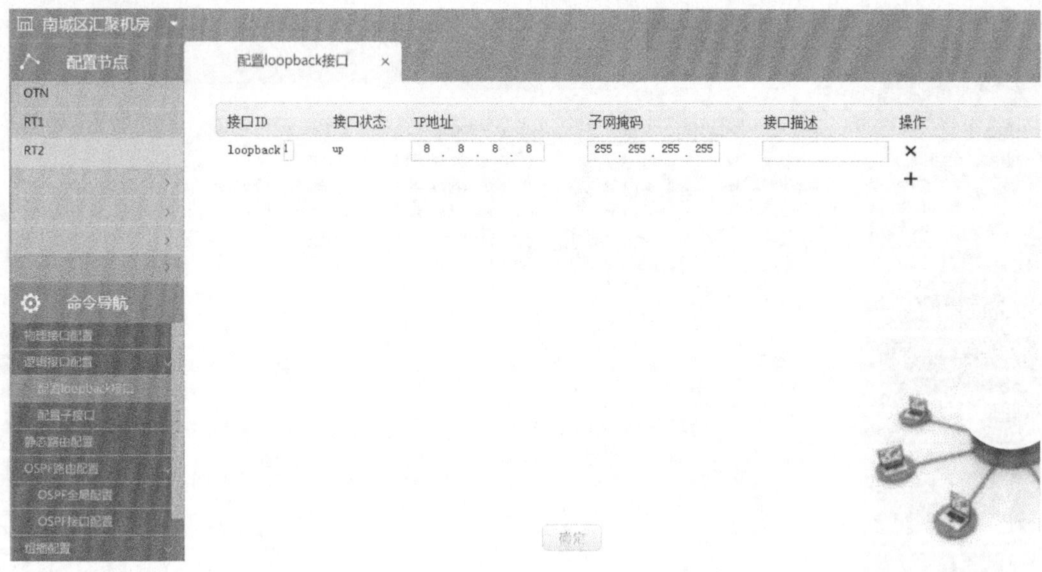

图 14-85

步骤 27：单击命令导航中 OSPF 路由配置下的 OSPF 全局配置菜单，参照图 14-86 按照数据规划进行 OSPF 全局配置，配置完成后单击确定按钮进行保存。

步骤 28：单击 OSPF 路由配置下的 OSPF 接口配置菜单，参照图 14-87 进行 OSPF 接口配置，配置完成后单击确定按钮进行保存。

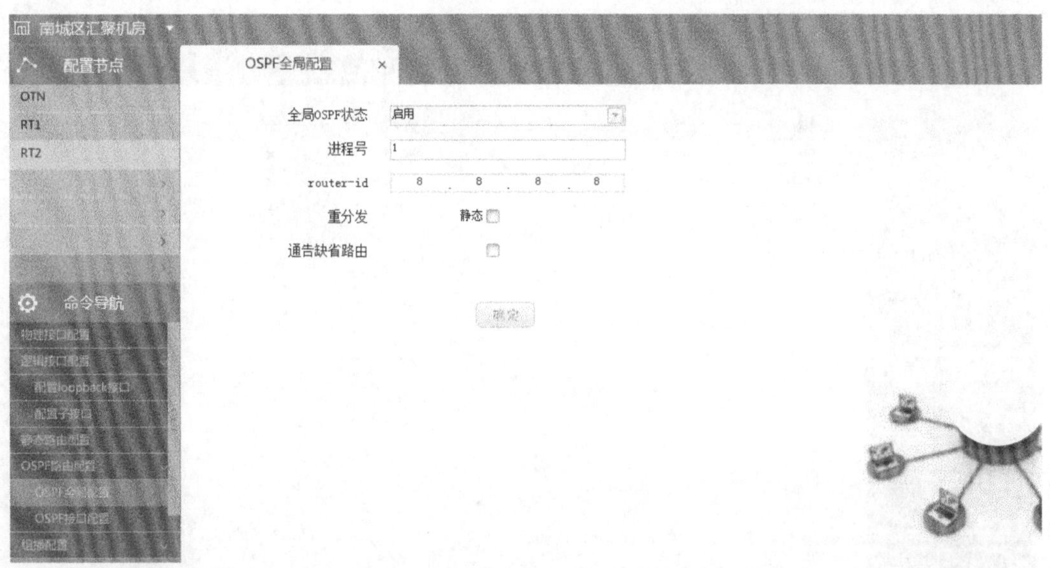

图 14-86

图 14-87

步骤 29：单击左侧 OTN 按钮，在命令导航中单击频率配置按钮，按照数据规划进行频率配置，单击 **+**，以次增加单板、槽位、接口、频率，然后单击确定按钮，操作结果如图 14-88 所示。

步骤 30：进入中心机房，单击 RT1 按钮，按照数据规划参照图 14-89 对 RT1 进行物理接口配置。

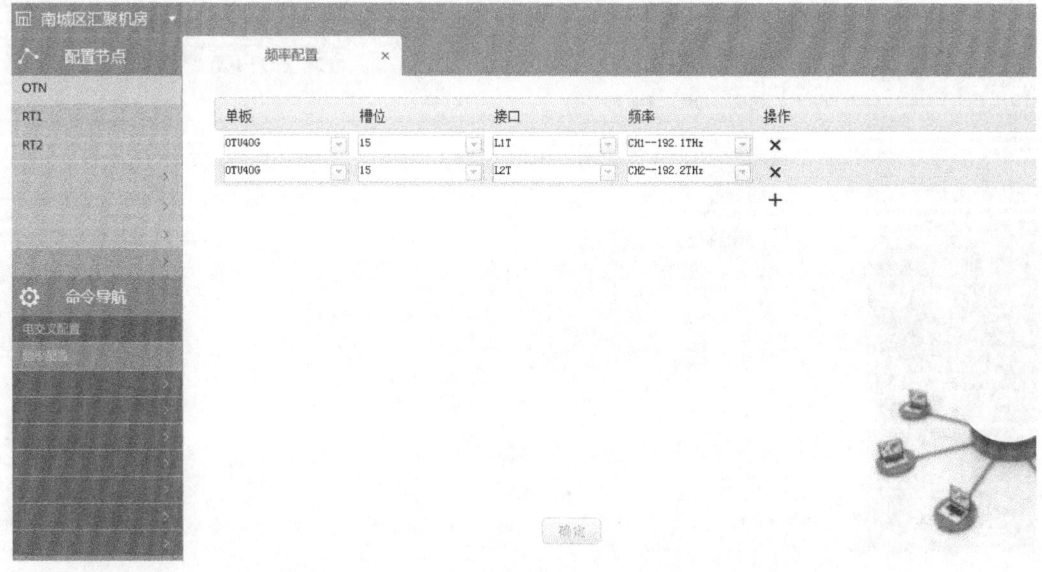

图 14-88

中心机房

配置节点

OTN

RT1

RT2

命令导航

配置loopback接口

配置子接口

静态路由配置

OSPF路由配置

OSPF全局配置

OSPF接口配置

物理接口配置

接口ID	接口状态	光/电	IP地址	子网掩码	接口描述
100GE-1/1	up	光	10.1.1.25	255.255.255.252	to_RT2
100GE-2/1	down	光	. . .	. . .	
100GE-3/1	down	光	. . .	. . .	
100GE-4/1	down	光	. . .	. . .	
100GE-5/1	down	光	. . .	. . .	
40GE-6/1	up	光	10.1.1.21	255.255.255.252	to_south_Agg_RT1
40GE-7/1	down	光	. . .	. . .	
40GE-8/1	down	光	. . .	. . .	
40GE-9/1	down	光	. . .	. . .	
40GE-10/1	down	光	. . .	. . .	
10GE-11/1	up	光	10.1.1.14	255.255.255.252	to_server_Sw1
10GE-11/2	down	光	. . .	. . .	
10GE-11/3	down	光	. . .	. . .	
10GE-11/4	down	光	. . .	. . .	

确定

图 14-89

步骤 31：单击命令导航中配置 loopback 接口菜单，参照图 14-90 按照数据规划进行 loopback 接口数据配置，配置完成后单击确定按钮进行保存。

步骤 32：单击命令导航中 OSPF 路由配置下的 OSPF 全局配置菜单，参照图 14-91 按照数据规划进行 OSPF 全局配置，配置完成后单击确定按钮进行保存。

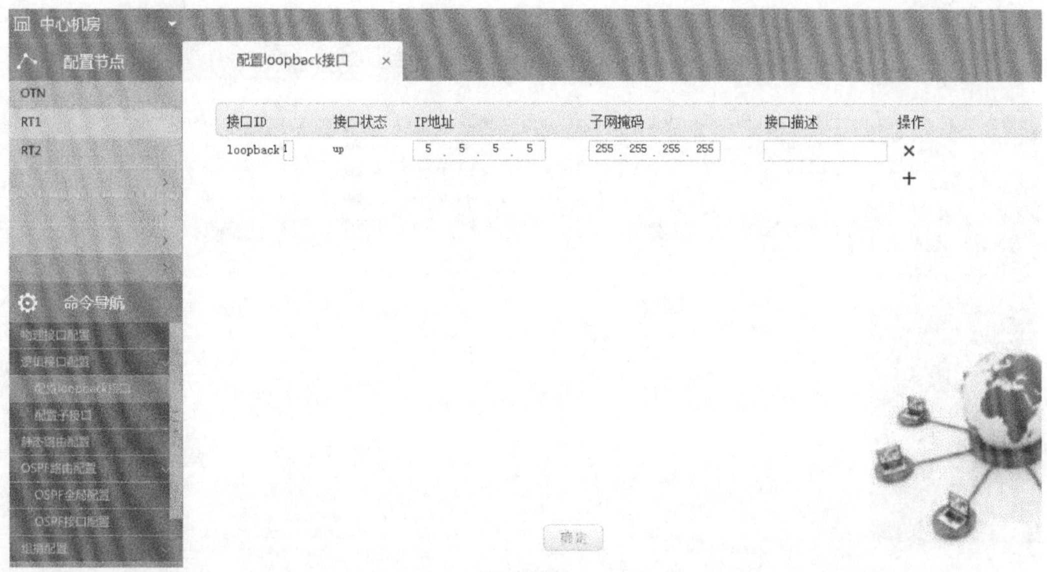

图 14-90

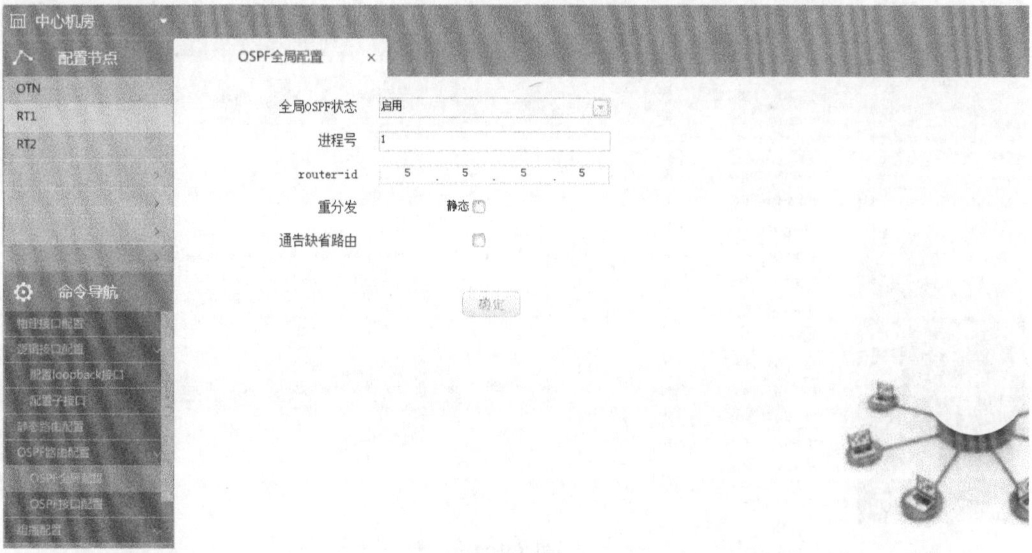

中心机房
配置节点
OTN
RT1
RT2
命令导航
OSPF全局配置
全局OSPF状态　启用
进程号　1
router-id　5 . 5 . 5 . 5
重分发　静态
通告缺省路由
确定

图 14-91

步骤 33：单击 OSPF 路由配置下的 OSPF 接口配置菜单，参照图 14-92 进行 OSPF 接口配置，配置完成后单击确定按钮进行保存。

步骤 34：单击配置节点下 RT2 按钮，按照数据规划参照图 14-93 对 RT2 进行物理接口配置。

接口ID	接口状态	ip地址	子网掩码	OSPF状态	OSPF区域	cost
100GE-1/1	up	10.1.1.25	255.255.255.252	启用	0	1
40GE-6/1	up	10.1.1.21	255.255.255.252	启用	0	1
10GE-11/1	up	10.1.1.14	255.255.255.252	启用	0	1
loopback 1	up	5.5.5.5	255.255.255.255	启用	0	1

图 14-92

接口ID	接口状态	光/电	IP地址	子网掩码	接口描述
100GE-1/1	up	光	10.1.1.26	255.255.255.252	to_RT1
100GE-2/1	down	光			
100GE-3/1	down	光			
100GE-4/1	down	光			
100GE-5/1	down	光			
40GE-6/1	up	光	10.1.1.29	255.255.255.252	to_south_Agg_RT1
40GE-7/1	down	光			
40GE-8/1	down	光			
40GE-9/1	down	光			
40GE-10/1	down	光			
10GE-11/1	up	光	10.1.1.18	255.255.255.252	to_server_SW2
10GE-11/2	down	光			
10GE-11/3	down	光			
10GE-11/4	down	光			

图 14-93

步骤 35：单击命令导航中配置 loopback 接口菜单，参照图 14-94 按照数据规划进行 loopback 接口数据配置，配置完成后单击确定按钮进行保存。

步骤 36：单击命令导航中 OSPF 路由配置下的 OSPF 全局配置菜单，参照图 14-95 按照数据规划进行 OSPF 全局配置，配置完成后单击确定按钮进行保存。

图 14-94

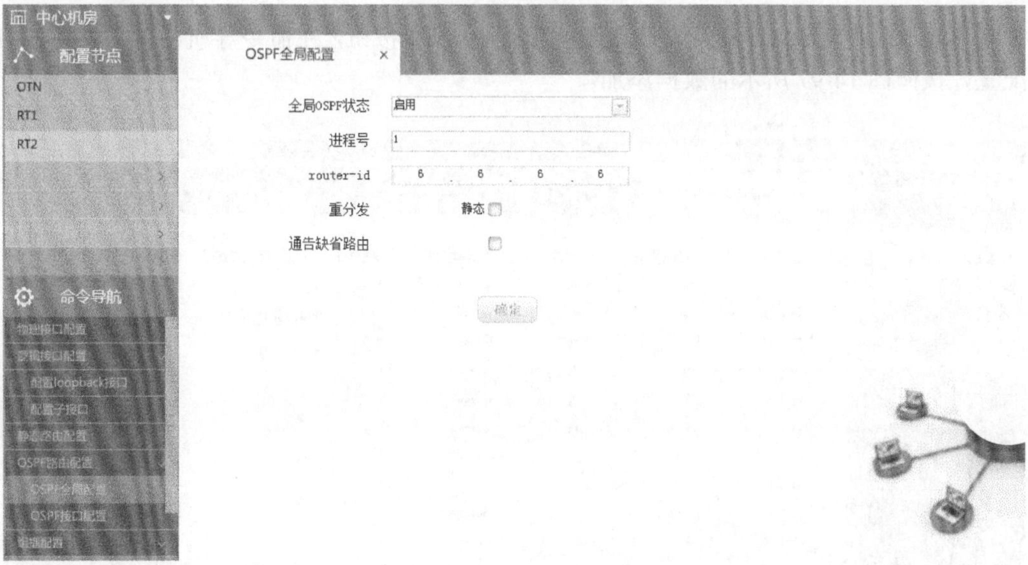

图 14-95

步骤 37：单击 OSPF 路由配置下的 OSPF 接口配置菜单，参照图 14-96 进行 OSPF 接口配置，配置完成后单击确定按钮进行保存，参考步骤 29 完成中心机房的 OTN 的数据配置。

14.3.3　实习任务三：承载网与 Server 对接数据配置

承载网与 Server 有两种方案对接，分别是使用服务器物理接口对接和 loopback 地址对接。

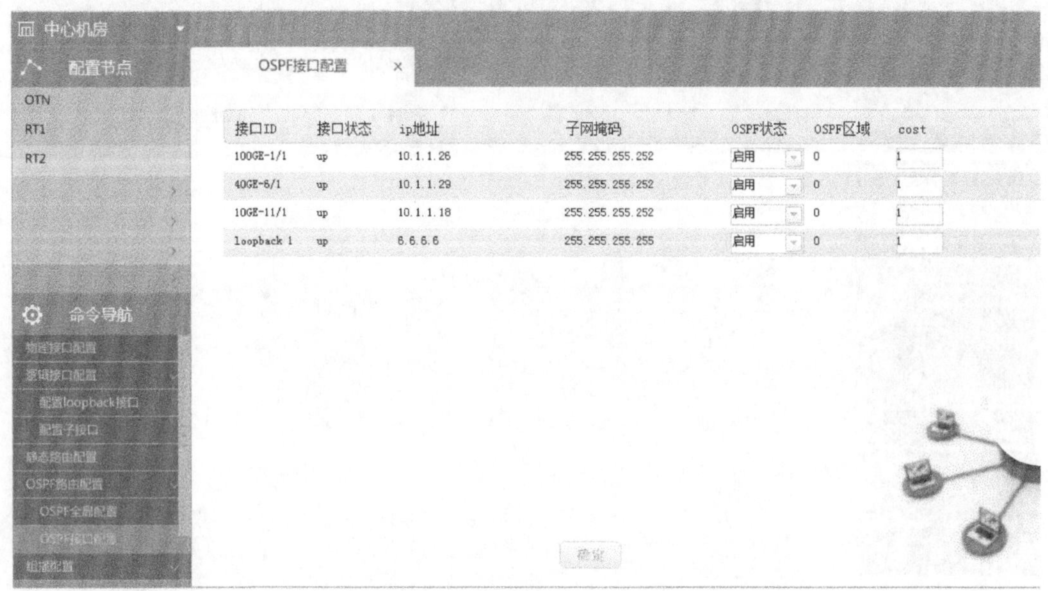

图 14-96

步骤 1：进入 Server 机房，单击配置节点下 SW1 按钮，在命令导航中单击物理接口配置，按照图 14-97 所示的数据添加。

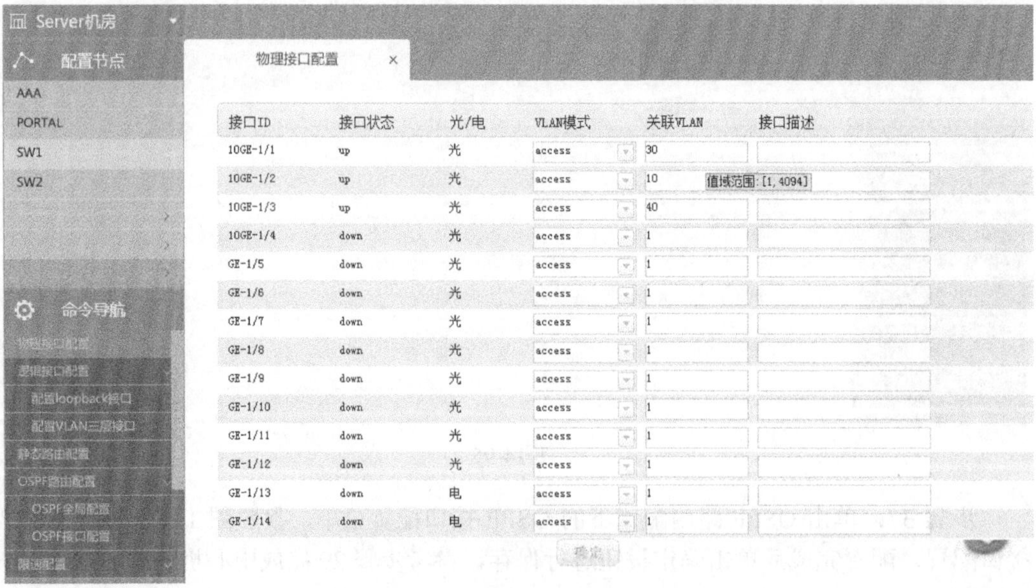

Server机房 · 配置节点：AAA、PORTAL、SW1、SW2 · 命令导航：物理接口配置、逻辑接口配置、配置loopback接口、配置VLAN三层接口、静态路由配置、OSPF路由配置、OSPF全局配置、OSPF接口配置、组播配置

物理接口配置

接口ID	接口状态	光/电	VLAN模式	关联VLAN	接口描述
10GE-1/1	up	光	access	30	
10GE-1/2	up	光	access	10	值域范围：[1, 4094]
10GE-1/3	up	光	access	40	
10GE-1/4	down	光	access	1	
GE-1/5	down	光	access	1	
GE-1/6	down	光	access	1	
GE-1/7	down	光	access	1	
GE-1/8	down	光	access	1	
GE-1/9	down	光	access	1	
GE-1/10	down	光	access	1	
GE-1/11	down	光	access	1	
GE-1/12	down	光	access	1	
GE-1/13	down	电	access	1	
GE-1/14	down	电	access	1	

确定

图 14-97

步骤 2：单击命令导航下逻辑接口配置，配置 loockback 地址与 VLAN 三层接口，按如图 14-98 所示进行操作。

（a）

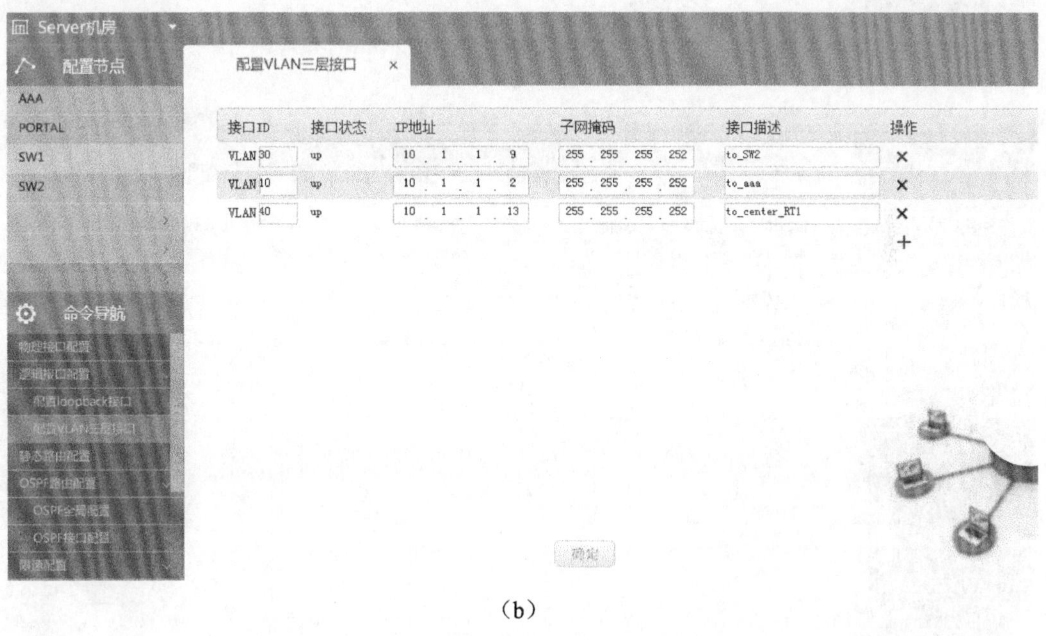

（b）

图 14-98

步骤 3：单击命令导航下 OSPF 路由配置的 OSPF 全局配置，按如图 14-99 所示进行操作。

步骤 4：单击命令导航下 OSPF 路由配置的 OSPF 接口配置，按如图 14-100 所示进行操作。

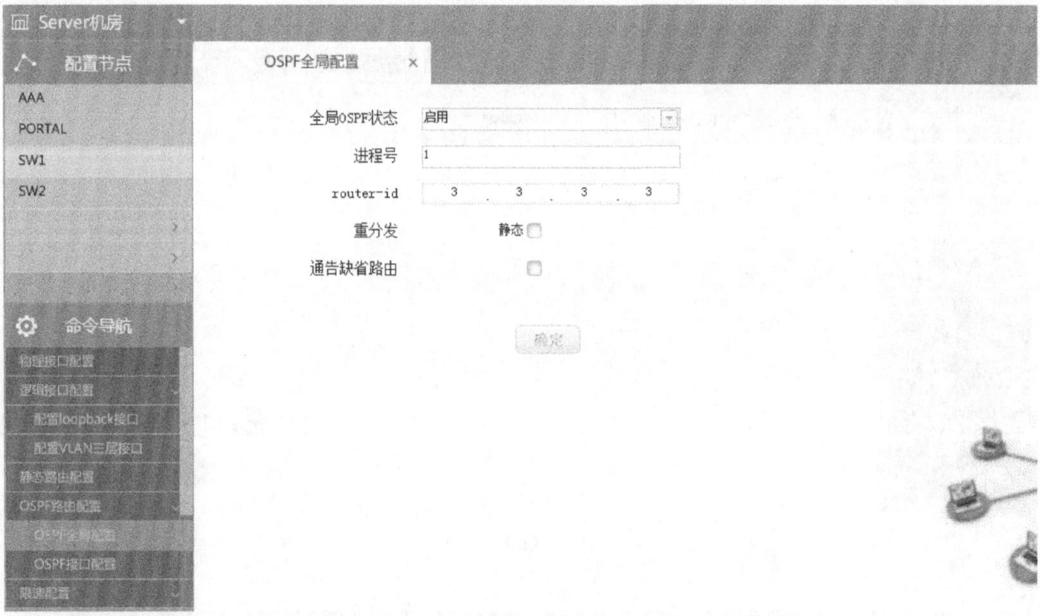

Server机房
配置节点
AAA
PORTAL
SW1
SW2
命令导航
物理接口配置
逻辑接口配置
配置loopback接口
配置VLAN三层接口
静态路由配置
OSPF路由配置
OSPF全局配置
OSPF接口配置
限速配置

OSPF全局配置

全局OSPF状态 启用
进程号 1
router-id 3 . 3 . 3 . 3
重分发 静态
通告缺省路由
确定

图 14-99

图 14-100

步骤 5：若配置业务配置需要使用 AAA 或 Portal 的 loopback 作为服务器地址，则需添加如图 14-101 所示静态路由。

步骤 6：单击命令导航下 OSPF 路由配置的 OSPF 全局配置，勾选路由重分发，操作结果如图 14-102 所示。

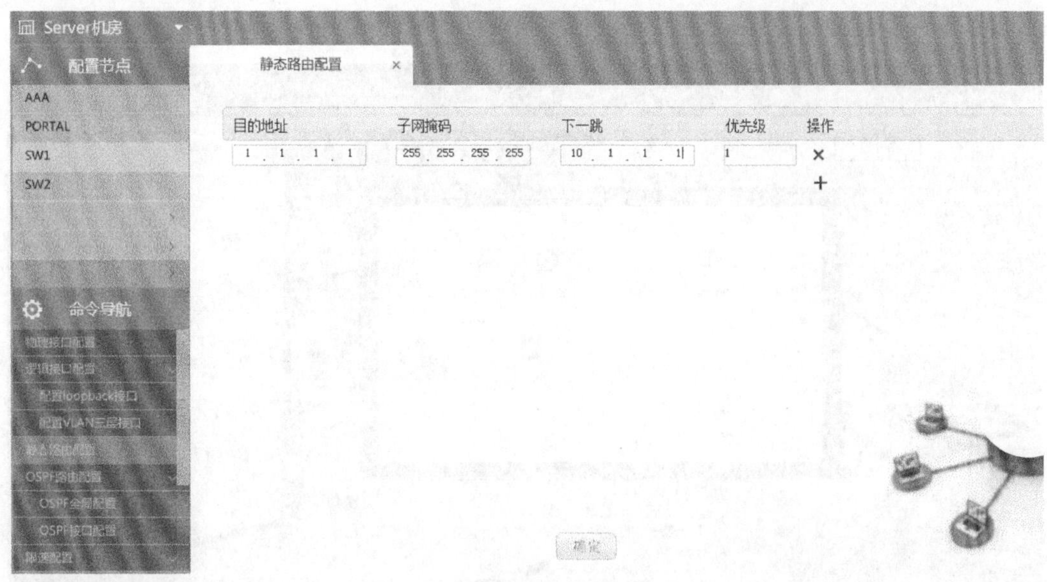

图 14-101

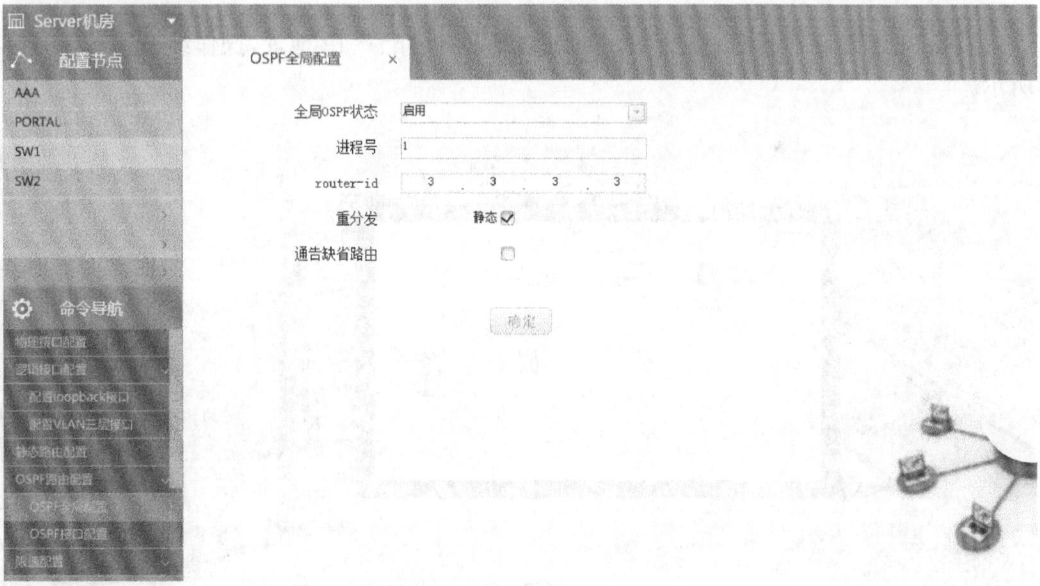

图 14-102

步骤 7：根据数据规划，配置 AAA 和 Portal 服务器的接口和 loopback 地址，参考 Server 机房中的 SW1 配置步骤，自行完成 SW2 的数据配置操作。

14.3.4　实习任务四：综合业务承载网测试

任务要求：完成 B 街区 PC 设备到各机房设备 Loopback 的 Ping 成功。

步骤 1：切换至业务调测模块，选择 B 街区，界面右侧选择业务验证，操作结果如图 14-103 所示。

图 14-103

步骤 2:选择 PC 为测试终端,单击地址配置对 PC 配置 IP 地址,操作结果如图 14-104 所示。

图 14-104

步骤 3:单击 PC 中的地址配置按钮,单击选择“使用下面的 IP 地址”后在 IP 地址框中填写 IP 地址,操作结果如图 14-105 所示。

步骤 4:返回至业务调测主页界面,在界面右侧选择 ping 工具,部分操作结果如图 14-106 所示。

步骤 5:单击按钮 ,打开操作记录,查看 ping 操作测试结果,如图 14-107 所示。

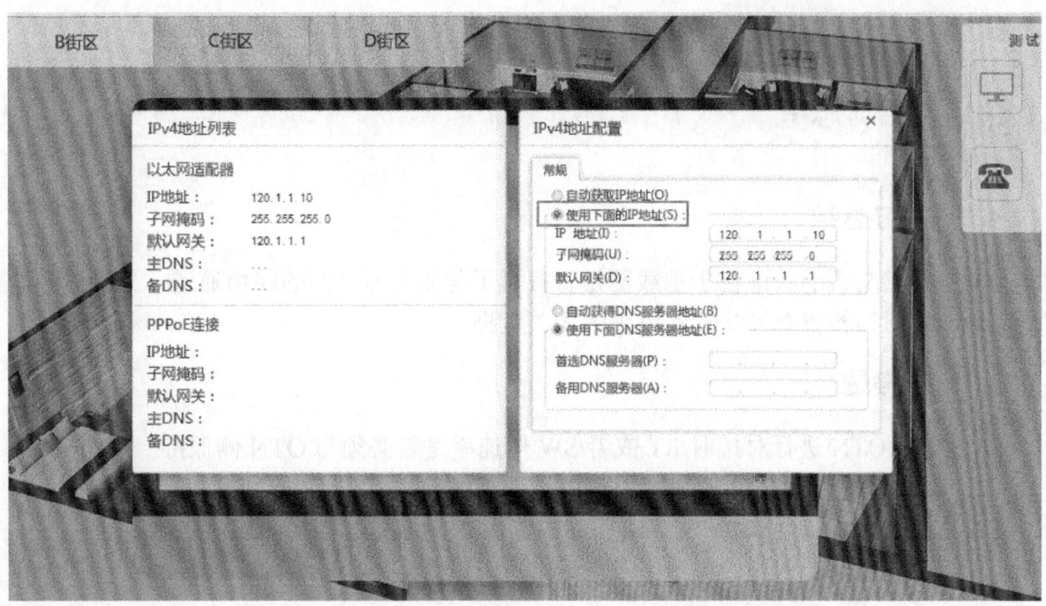

图 14-105

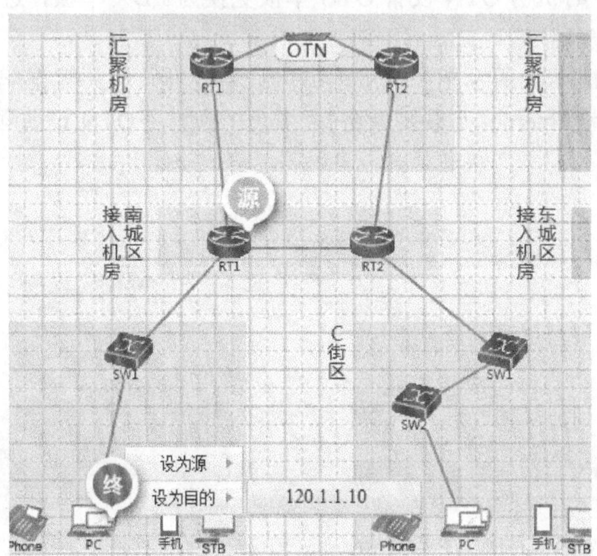

图 14-106

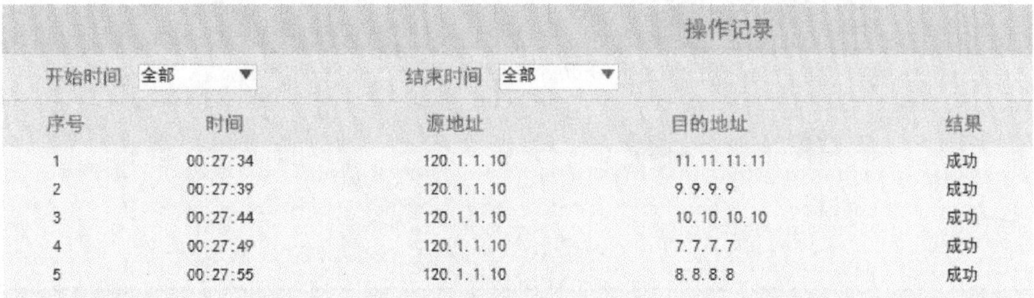

操作记录

开始时间 全部　　结束时间 全部

序号	时间	源地址	目的地址	结果
1	00:27:34	120.1.1.10	11.11.11.11	成功
2	00:27:39	120.1.1.10	9.9.9.9	成功
3	00:27:44	120.1.1.10	10.10.10.10	成功
4	00:27:49	120.1.1.10	7.7.7.7	成功
5	00:27:55	120.1.1.10	8.8.8.8	成功

图 14-107

14.4 总结与思考

14.4.1 实习总结

业务正常与否的关键在于承载网是否打通了与服务器之间的路由通道，如果业务测试不通，此时需检查对接配置的路由表相关数据。

14.4.2 思考题

1．在与 OTN 进行对接时 RT 或者 SW 侧速率是否必须与 OTN 侧保持一致？

2．OTN 数据配置时往返使用的频率是否需保持一致？

3．在与 Server 对接时需配置哪些静态路由？

14.4.3 练习题

1．将万绿市中心机房 OTN 设备 OTU 单板更换为 LDX 单板，进行设备连纤及相关数据配置。

2．按照如图 14-108 所示拓扑完成南城区设备连纤及相关数据配置，在完成 Server 数据配置后最终实现 Internet 互联网业务拨测（IP 地址及 OTN 设备频率自行规划）。

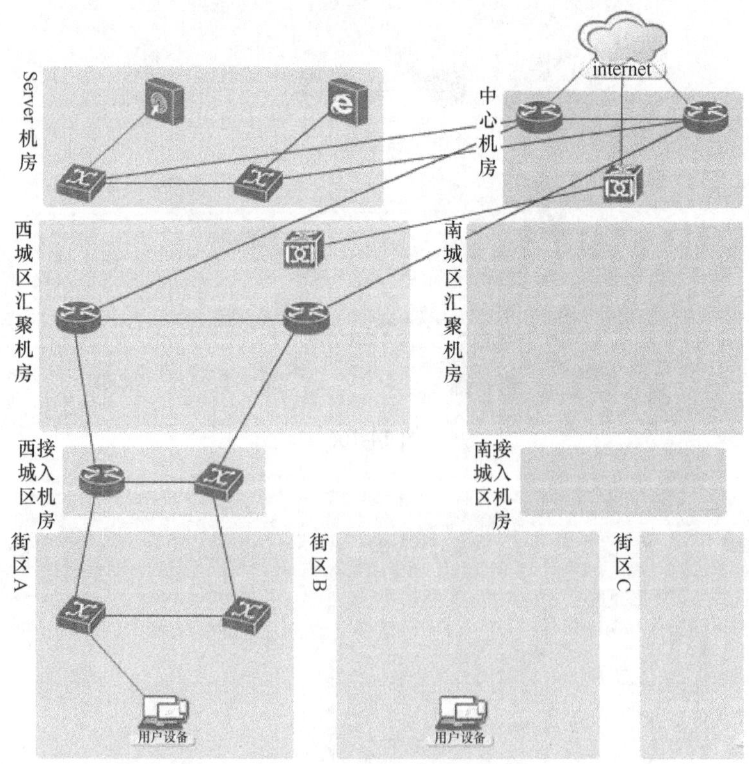

图 14-108

实习单元 15

IP 承载网故障处理

15.1 实习说明

15.1.1 实习目的

熟悉 IP 承载网中故障处理的方法及思路

15.1.2 实习任务

西城区多个机房的路由器、SW 组网，目前存在网络故障。要求在不修改现有的 IP 地址的前提下排除故障，确保每个设备的 loopback 地址能互相 ping 通，并列出所有故障点和排查思路

15.1.3 实习时长

4 学时

15.2 拓扑规划

与任务相关的拓扑规划如图 15-1 所示。

数据规划

无

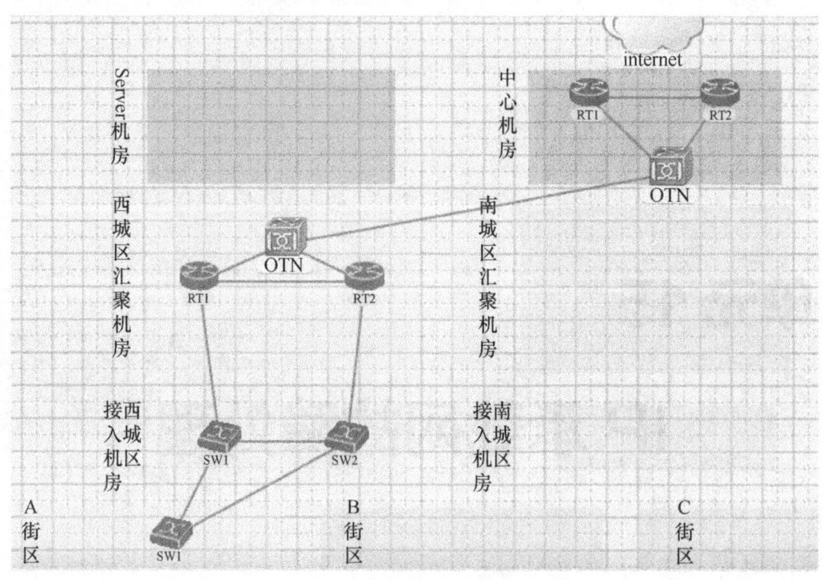

图 15-1

15.3 实习步骤

步骤 1：打开并登录仿真软件，选择最顶端 页签，进入业务调试界面。

步骤 2：单击左上角页签进入，业务调试界面。

步骤 3：单击界面右侧告警选项，查看当前和历史告警。

步骤 4：按照图 15-2 所示，单击左下角当前告警后 图标，将当前告警显示界面放大。

当前告警

城市 机房 网元

序号	告警级别	告警生成时间	位置信息	描述
1	严重	10:54:35	西城区汇聚机房	机房内设备间连线速率不匹配

当前告警

城市 机房 网元

序号	告警级别	告警生成时间	位置信息	描述
1	严重	10:54:35	西城区汇聚机房	机房内设备间连线速率不匹配

图 15-2

步骤 5：如图 15-3 所示，在当前告警中的下拉框中选择西城区，将西城区承载网告警进行筛选。

当前告警

城市 全部 ▼（西城区 / 东城区 / 南城区）　机房 全部 ▼　网元 全部 ▼

序号	告警级别	告警生成时间	位置信息	描述
	严重	15:30:57	西城区汇聚机房-otn/rt	机房内设备间连线速率不匹配
2	严重	15:30:57	东城区汇聚机房-rt/bras	机房内设备间连线速率不匹配
3	严重	15:30:57	南城区汇聚机房-RT1	路由器上物理接口或子接口没有配置任何IP地址
4	严重	15:30:57	南城区汇聚机房-RT3	路由器上物理接口或子接口没有配置任何IP地址
5	严重	15:30:57	东城区汇聚机房-RT3	路由器上物理接口或子接口没有配置任何IP地址
6	严重	15:30:57	东城区汇聚机房-BRAS4	BRAS上物理接口或子接口没有配置任何IP地址
7	主要	15:30:57	西城区汇聚机房-RT1	IP接口'down'
8	主要	15:30:57	西城区汇聚机房-RT2	IP接口'down'

图 15-3

步骤 6：如图 16-4 所示，由于在当前告警中显示为 IP 接口 down，IP 接口的 up 和 down 与物理接口关系紧密，由此可以判断为物理链路的问题导致 IP 接口 down。

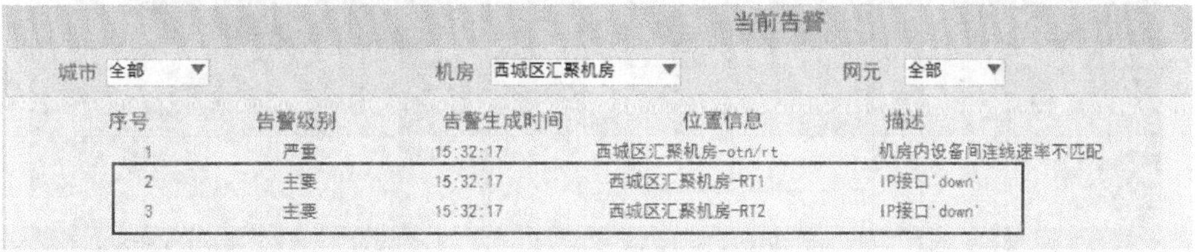
当前告警
城市 全部
机房 西城区汇聚机房
网元 全部
序号
告警级别
告警生成时间
位置信息
描述
1 严重 15:32:17 西城区汇聚机房-otn/rt 机房内设备间连线速率不匹配
2 主要 15:32:17 西城区汇聚机房-RT1 IP接口'down'
3 主要 15:32:17 西城区汇聚机房-RT2 IP接口'down'

图 15-4

步骤 7：在图 15-5 所示的承载页签中选择千湖 A 站点机房，进行数据配置信息的查询（物理接口、逻辑接口、静态路由、OSPF 路由配置）并按照业务查询中所显示的拓扑信息进行标注。

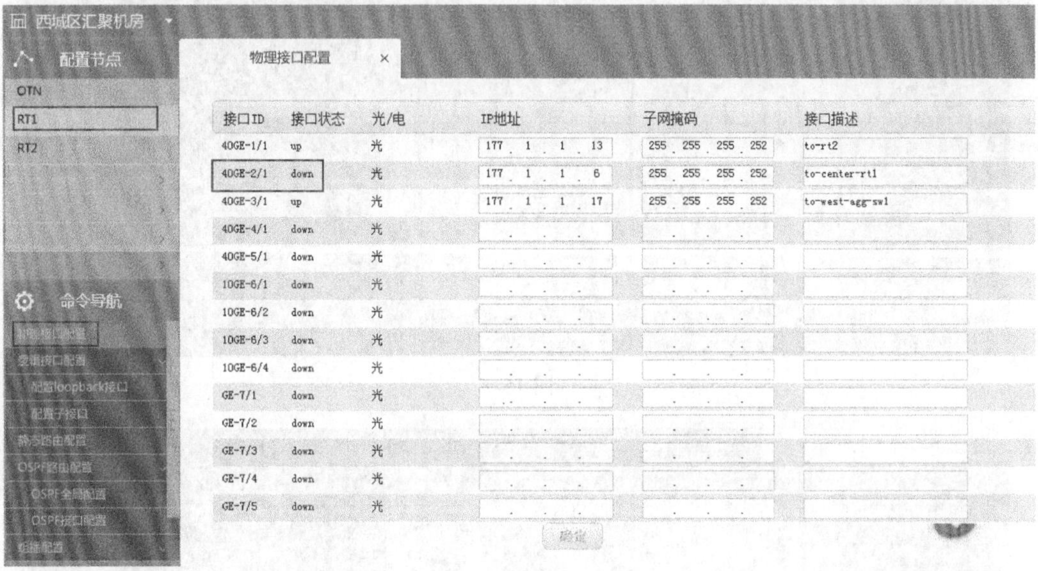
西城区汇聚机房
配置节点
OTN
RT1
RT2
物理接口配置
接口ID
接口状态
光/电
IP地址
子网掩码
接口描述
40GE-1/1 up 光 177.1.1.13 255.255.255.252 to-rt2
40GE-2/1 down 光 177.1.1.6 255.255.255.252 to-center-rt1
40GE-3/1 up 光 177.1.1.17 255.255.255.252 to-west-agg-sw1
40GE-4/1 down 光
40GE-5/1 down 光
10GE-6/1 down 光
10GE-6/2 down 光
10GE-6/3 down 光
10GE-6/4 down 光
GE-7/1 down 光
GE-7/2 down 光
GE-7/3 down 光
GE-7/4 down 光
GE-7/5 down 光
命令导航
物理接口配置
逻辑接口配置
配置loopback接口
配置子接口
静态路由配置
OSPF路由配置
OSPF全局配置
OSPF接口配置
确定

图 15-5

步骤 8：单击界面上方设备配置页签，切换至西城区汇聚机房，根据在数据配置中查询出的端口信息进行相关端口连线查看，将鼠标放至设备端口处显示对端连接的端口信息，操作结果如图 15-6 所示。

步骤 9：如图 15-7 所示，查看对端接口状态信息，发现接口速率为 10GE，速率不匹配。

步骤 10：由于 OTN 业务单板端口速率不匹配导致端口 down 状态，解决方法如图 15-8 所示，选择 OTU40GE_15 槽业务单板。

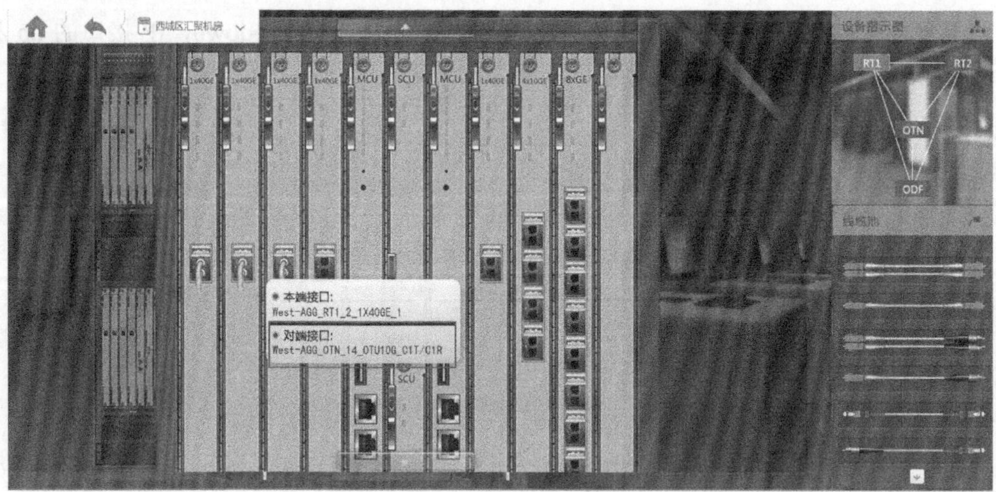

图 15-6

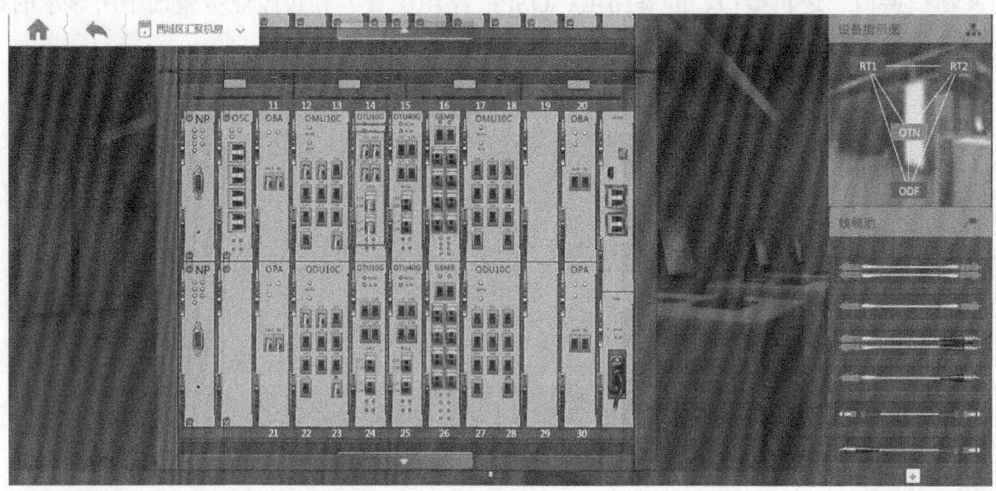

图 15-7

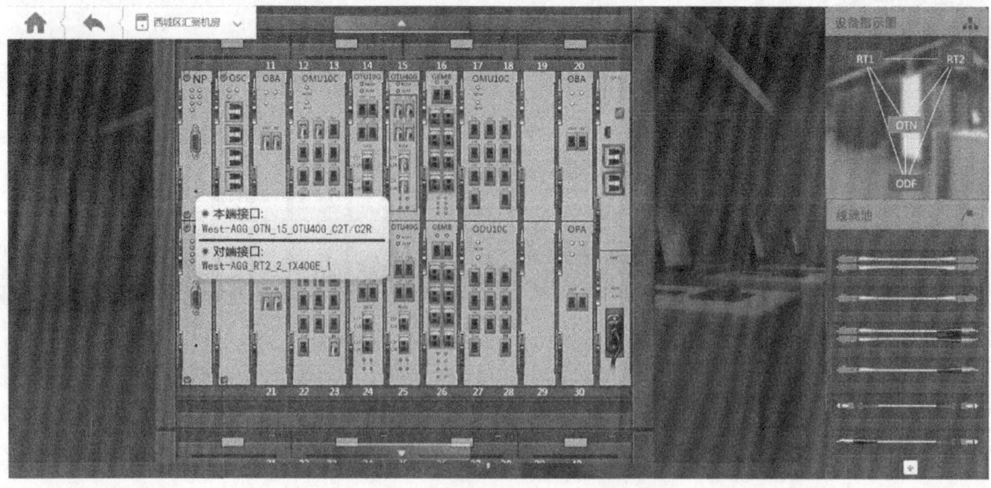

图 15-8

步骤 11：修改完设备配置后，切换数据配置模块至西城区汇聚机房，在命令导航栏中查看物理接口配置中的 40GE_2/1 接口为 up 状态，操作结果如图 15-9 所示。

图 15-9

步骤 12：单击命令导航栏中的 OSPF 路由配置，启用 OSPF 接口配置，操作结果如图 15-10 所示。

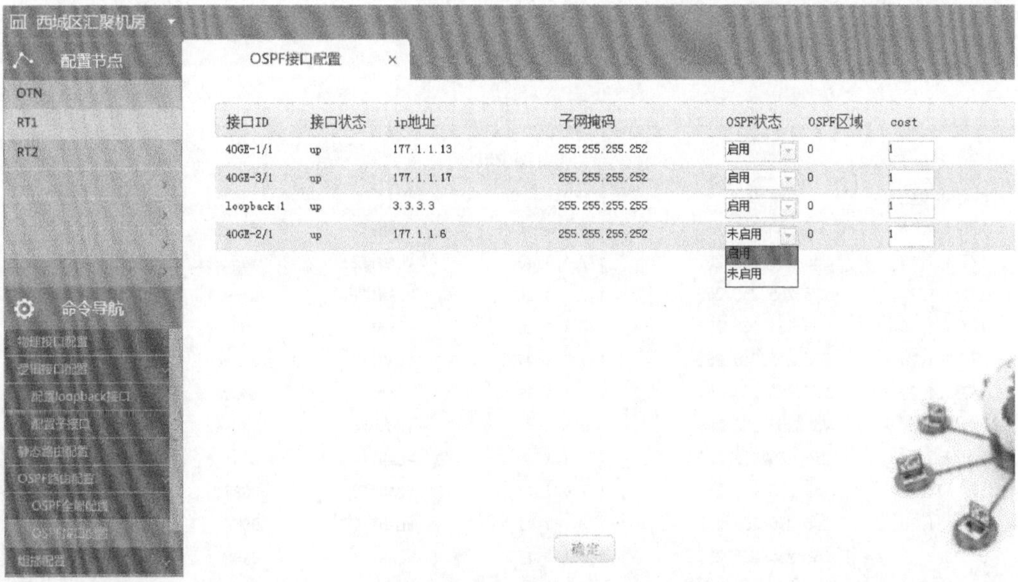

图 15-10

步骤 13：单击界面上方业务调试页签下的告警按钮，按照步骤 5 所示方法，进行相关告警的查询，已经没有西城区告警，操作结果如图 15-11 所示。

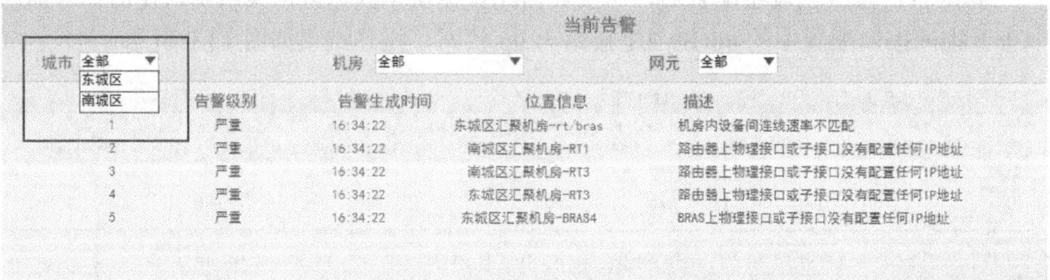

当前告警

城市 全部 ▼ 东城区 南城区　　机房 全部 ▼　　网元 全部 ▼

	告警级别	告警生成时间	位置信息	描述
1	严重	16:34:22	东城区汇聚机房-rt/bras	机房内设备间连线速率不匹配
2	严重	16:34:22	南城区汇聚机房-RT1	路由器上物理接口或子接口没有配置任何IP地址
3	严重	16:34:22	南城区汇聚机房-RT3	路由器上物理接口或子接口没有配置任何IP地址
4	严重	16:34:22	东城区汇聚机房-RT3	路由器上物理接口或子接口没有配置任何IP地址
5	严重	16:34:22	东城区汇聚机房-BRAS4	BRAS上物理接口或子接口没有配置任何IP地址

图 15-11

步骤 14：通过当前告警信息查看已无 IP 接口 down 告警，根据任务要求实现各设备 loopback 地址互通，进入业务调试界面中状态查询，分别查看 A 街区 SW 设备，西城区接入机房 SW 设备，西城区汇聚机房设备，中心机房 RT1、RT2 设备的路由表信息，操作结果如图 15-12～图 15-18（中心 RT2）所示。

路由表

目的地址	子掩码	下一跳	出接口	来源	优先级	度量值
0.0.0.0	0.0.0.0	177.1.1.29	VLAN114	static	1	0
177.1.1.28	255.255.255.252	177.1.1.30	VLAN114	direct	0	0
177.1.1.30	255.255.255.252	177.1.1.30	VLAN114	address	0	0
177.1.1.32	255.255.255.252	177.1.1.34	VLAN115	direct	0	0
177.1.1.34	255.255.255.252	177.1.1.34	VLAN115	address	0	0
7.7.7.7	255.255.255.255	7.7.7.7	loopback1	address	0	0

（街区 A）

图 15-12

路由表

目的地址	子掩码	下一跳	出接口	来源	优先级	度量值
177.1.1.16	255.255.255.252	177.1.1.18	VLAN112	direct	0	0
177.1.1.18	255.255.255.252	177.1.1.18	VLAN112	address	0	0
177.1.1.24	255.255.255.252	177.1.1.25	VLAN111	direct	0	0
177.1.1.25	255.255.255.252	177.1.1.25	VLAN111	address	0	0
177.1.1.28	255.255.255.252	177.1.1.29	VLAN114	direct	0	0
177.1.1.29	255.255.255.252	177.1.1.29	VLAN114	address	0	0
5.5.5.5	255.255.255.255	5.5.5.5	loopback1	address	0	0
7.7.7.7	255.255.255.255	177.1.1.30	VLAN114	static	1	0
177.1.1.12	255.255.255.252	177.1.1.17	VLAN112	OSPF	110	2
177.1.1.20	255.255.255.252	177.1.1.17	VLAN112	OSPF	110	3
3.3.3.3	255.255.255.255	177.1.1.17	VLAN112	OSPF	110	2
4.4.4.4	255.255.255.255	177.1.1.17	VLAN112	OSPF	110	3

（西城区接入机房 SW1）

图 15-13

路由表

目的地址	子掩码	下一跳	出接口	来源	优先级	度量值
177.1.1.20	255.255.255.252	177.1.1.22	VLAN113	direct	0	0
177.1.1.22	255.255.255.252	177.1.1.22	VLAN113	address	0	0
177.1.1.24	255.255.255.252	177.1.1.26	VLAN111	direct	0	0
177.1.1.26	255.255.255.252	177.1.1.26	VLAN111	address	0	0
177.1.1.32	255.255.255.252	177.1.1.33	VLAN115	direct	0	0
177.1.1.33	255.255.255.252	177.1.1.33	VLAN115	address	0	0
6.6.6.6	255.255.255.255	6.6.6.6	loopback1	address	0	0

（西城区接入机房 SW2）

图 15-14

路由表

目的地址	子掩码	下一跳	出接口	来源	优先级	度量值
177.1.1.12	255.255.255.252	177.1.1.13	40GE-1/1	direct	0	0
177.1.1.13	255.255.255.252	177.1.1.13	40GE-1/1	address	0	0
177.1.1.16	255.255.255.252	177.1.1.17	40GE-3/1	direct	0	0
177.1.1.17	255.255.255.252	177.1.1.17	40GE-3/1	address	0	0
177.1.1.4	255.255.255.252	177.1.1.6	40GE-2/1	direct	0	0
177.1.1.6	255.255.255.252	177.1.1.6	40GE-2/1	address	0	0
3.3.3.3	255.255.255.255	3.3.3.3	loopback1	address	0	0
177.1.1.20	255.255.255.252	177.1.1.14	40GE-1/1	OSPF	110	2
177.1.1.24	255.255.255.252	177.1.1.18	40GE-3/1	OSPF	110	2
177.1.1.28	255.255.255.252	177.1.1.18	40GE-3/1	OSPF	110	2
4.4.4.4	255.255.255.255	177.1.1.14	40GE-1/1	OSPF	110	2
5.5.5.5	255.255.255.255	177.1.1.18	40GE-3/1	OSPF	110	2

（西城区汇聚机房 RT1）

图 15-15

路由表

目的地址	子掩码	下一跳	出接口	来源	优先级	度量值
177.1.1.10	255.255.255.252	177.1.1.10	40GE-2/1	address	0	0
177.1.1.12	255.255.255.252	177.1.1.14	40GE-1/1	direct	0	0
177.1.1.14	255.255.255.252	177.1.1.14	40GE-1/1	address	0	0
177.1.1.20	255.255.255.252	177.1.1.21	40GE-3/1	direct	0	0
177.1.1.21	255.255.255.252	177.1.1.21	40GE-3/1	address	0	0
177.1.1.8	255.255.255.252	177.1.1.10	40GE-2/1	direct	0	0
4.4.4.4	255.255.255.255	4.4.4.4	loopback1	address	0	0
177.1.1.16	255.255.255.252	177.1.1.13	40GE-1/1	OSPF	110	2
177.1.1.24	255.255.255.252	177.1.1.13	40GE-1/1	OSPF	110	3
177.1.1.28	255.255.255.252	177.1.1.13	40GE-1/1	OSPF	110	3
3.3.3.3	255.255.255.255	177.1.1.13	40GE-1/1	OSPF	110	2
5.5.5.5	255.255.255.255	177.1.1.13	40GE-1/1	OSPF	110	3

（西城区汇聚机房 RT2）

图 15-16

路由表

目的地址	子掩码	下一跳	出接口	来源	优先级	度量值
1.1.1.1	255.255.255.255	1.1.1.1	loopback1	address	0	0
177.1.1.0	255.255.255.252	177.1.1.1	100GE-1/1	direct	0	0
177.1.1.1	255.255.255.252	177.1.1.1	100GE-1/1	address	0	0
177.1.1.5	255.255.255.255	177.1.1.5	40GE-6/1	address	0	0
177.1.1.8	255.255.255.252	177.1.1.2	100GE-1/1	OSPF	110	2
2.2.2.2	255.255.255.255	177.1.1.2	100GE-1/1	OSPF	110	2

（中心 RT1）

图 15-17

路由表

目的地址	子掩码	下一跳	出接口	来源	优先级	度量值
177.1.1.0	255.255.255.252	177.1.1.2	100GE-1/1	direct	0	0
177.1.1.2	255.255.255.252	177.1.1.2	100GE-1/1	address	0	0
177.1.1.8	255.255.255.252	177.1.1.9	40GE-6/1	direct	0	0
177.1.1.9	255.255.255.252	177.1.1.9	40GE-6/1	address	0	0
2.2.2.2	255.255.255.255	2.2.2.2	loopback1	address	0	0
1.1.1.1	255.255.255.255	177.1.1.1	100GE-1/1	OSPF	110	2

（中心 RT2）

图 15-18

步骤 15：通过路由表可以获得所有设备的 loopback 地址信息，从路由表中可以发现，在中心机房 RT1 和 RT2 的路由表中没有到其他机房的路由信息，且没有直连路由信息，所以判断是 OTN 光路有故障。

步骤 16：切换业务调测界面，使用光路检测工具完成中心机房到西城区汇聚机房 OTN 的光路测试，操作结果如图 15-19 和图 15-20 所示。

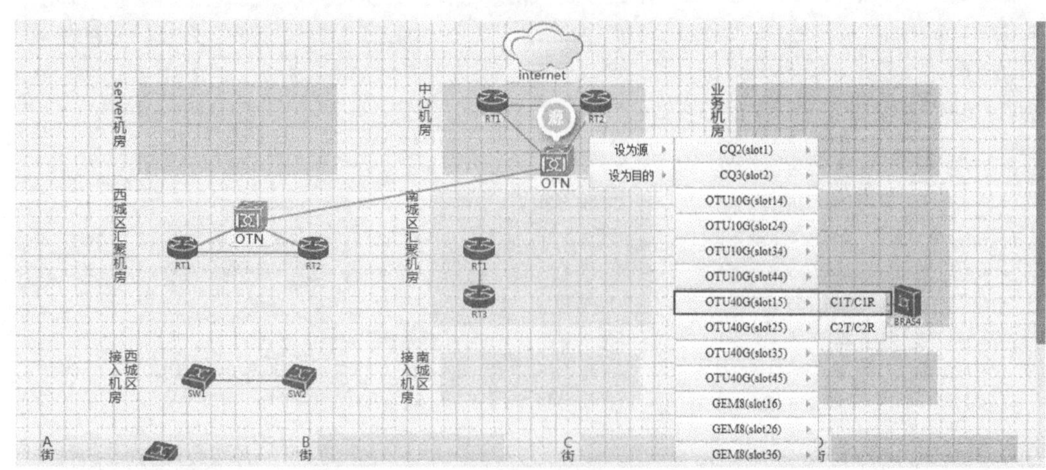

图 15-19

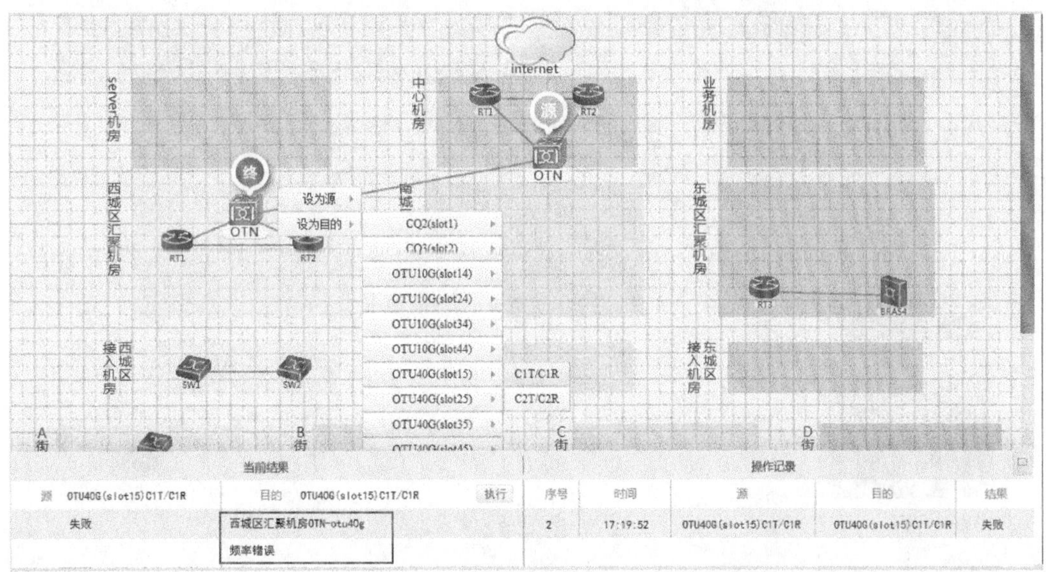

图 15-20

步骤 17：光路检测结果为西城区汇聚机房频率错误，所以判断故障点为 OTN 的数据配置或设备配置有误，切换设备配置模块至西城区汇聚机房查看 OTN 业务单板与光合波板之间的频率，操作结果如图 15-21 所示。

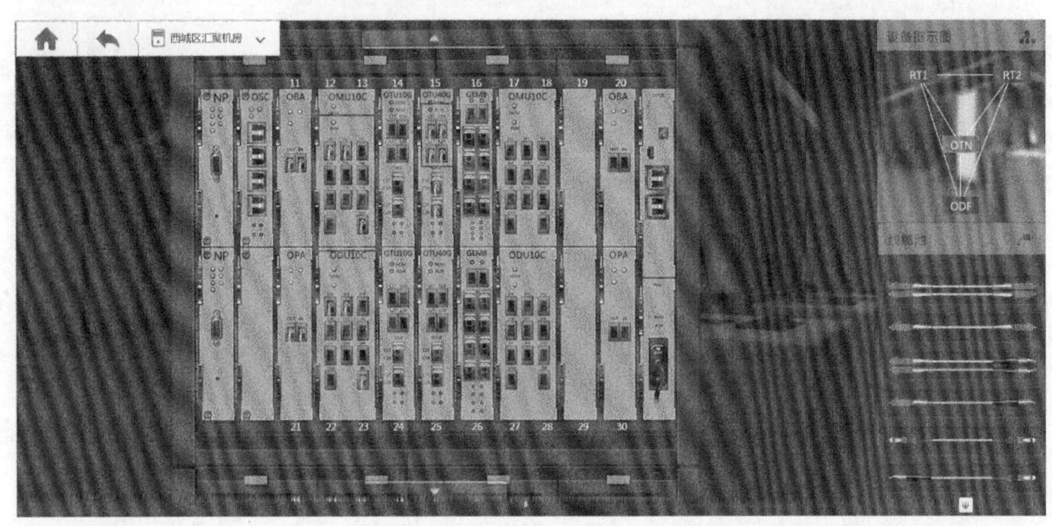

图 15-21

步骤 18：切换数据配置模块至西城区汇聚机房，查看 OTN 频率配置是否正确，操作结果如图 15-22 所示。

步骤 19：经检测，确认是 OTN 频率配置错误，应将 OTN_10GE 单板换成 OTN_40GE 单板配置，操作结果如图 15-23 所示。

步骤 20：点击业务调试界面下的状态查询按钮，再次查看中心机房路由学习情况，查询结果如图 15-24 和图 15-25 所示。

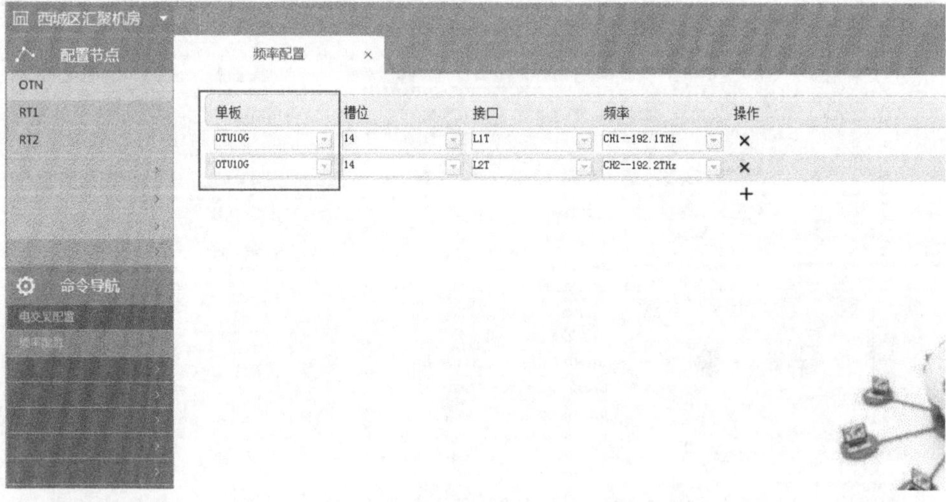

图 15-22

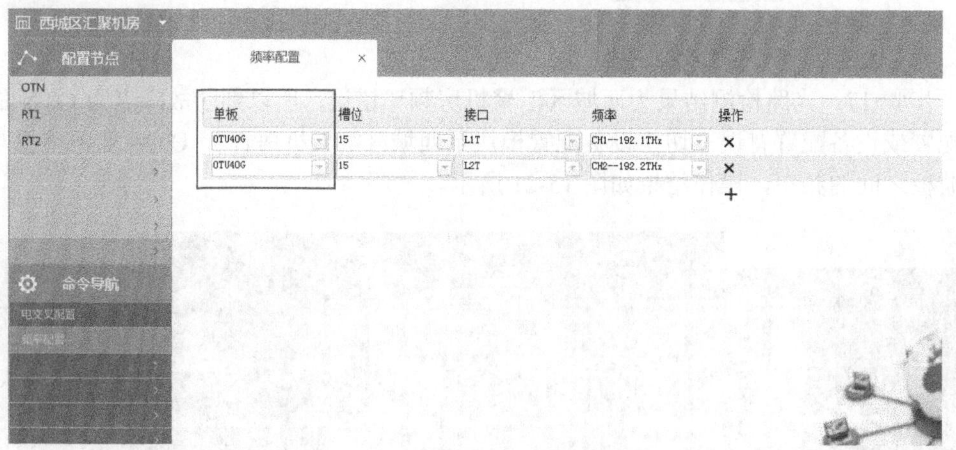

图 15-23

路由表

目的地址	子掩码	下一跳	出接口	来源	优先级	度量值
1.1.1.1	255.255.255.255	1.1.1.1	loopback1	address	0	0
177.1.1.0	255.255.255.252	177.1.1.1	100GE-1/1	direct	0	0
177.1.1.1	255.255.255.252	177.1.1.1	100GE-1/1	address	0	0
177.1.1.5	255.255.255.255	177.1.1.5	40GE-6/1	address	0	0
177.1.1.12	255.255.255.252	177.1.1.2	100GE-1/1	OSPF	110	3
177.1.1.16	255.255.255.252	177.1.1.2	100GE-1/1	OSPF	110	4
177.1.1.20	255.255.255.252	177.1.1.2	100GE-1/1	OSPF	110	3
177.1.1.24	255.255.255.252	177.1.1.2	100GE-1/1	OSPF	110	5
177.1.1.28	255.255.255.252	177.1.1.2	100GE-1/1	OSPF	110	5
177.1.1.4	255.255.255.252	177.1.1.2	100GE-1/1	OSPF	110	4
177.1.1.8	255.255.255.252	177.1.1.2	100GE-1/1	OSPF	110	2
2.2.2.2	255.255.255.255	177.1.1.2	100GE-1/1	OSPF	110	2
3.3.3.3	255.255.255.255	177.1.1.2	100GE-1/1	OSPF	110	4
4.4.4.4	255.255.255.255	177.1.1.2	100GE-1/1	OSPF	110	3
5.5.5.5	255.255.255.255	177.1.1.2	100GE-1/1	OSPF	110	5

图 15-24

路由表

目的地址	子掩码	下一跳	出接口	来源	优先级	度量值
177.1.1.2	255.255.255.252	177.1.1.2	100GE-1/1	address	0	0
177.1.1.8	255.255.255.252	177.1.1.9	40GE-6/1	direct	0	0
177.1.1.9	255.255.255.252	177.1.1.9	40GE-6/1	address	0	0
2.2.2.2	255.255.255.255	2.2.2.2	loopback1	address	0	0
1.1.1.1	255.255.255.255	177.1.1.1	100GE-1/1	OSPF	110	2
177.1.1.12	255.255.255.252	177.1.1.10	40GE-6/1	OSPF	110	2
177.1.1.16	255.255.255.252	177.1.1.10	40GE-6/1	OSPF	110	3
177.1.1.20	255.255.255.252	177.1.1.10	40GE-6/1	OSPF	110	2
177.1.1.24	255.255.255.252	177.1.1.10	40GE-6/1	OSPF	110	4
177.1.1.28	255.255.255.252	177.1.1.10	40GE-6/1	OSPF	110	4
177.1.1.5	255.255.255.255	177.1.1.1	100GE-1/1	OSPF	110	2
177.1.1.4	255.255.255.252	177.1.1.10	40GE-6/1	OSPF	110	3
3.3.3.3	255.255.255.255	177.1.1.10	40GE-6/1	OSPF	110	3
4.4.4.4	255.255.255.255	177.1.1.10	40GE-6/1	OSPF	110	2
5.5.5.5	255.255.255.255	177.1.1.10	40GE-6/1	OSPF	110	4

图 15-25

步骤 21：通过查看路由表发现虽然已启用 OSPF 协议，但仍然未通过 OSPF 协议学习到 loopback 地址 6.6.6.6 和 7.7.7.7，进入 loopback 地址为 6.6.6.6 的设备查看其设备配置，操作结果如图 15-26 所示。

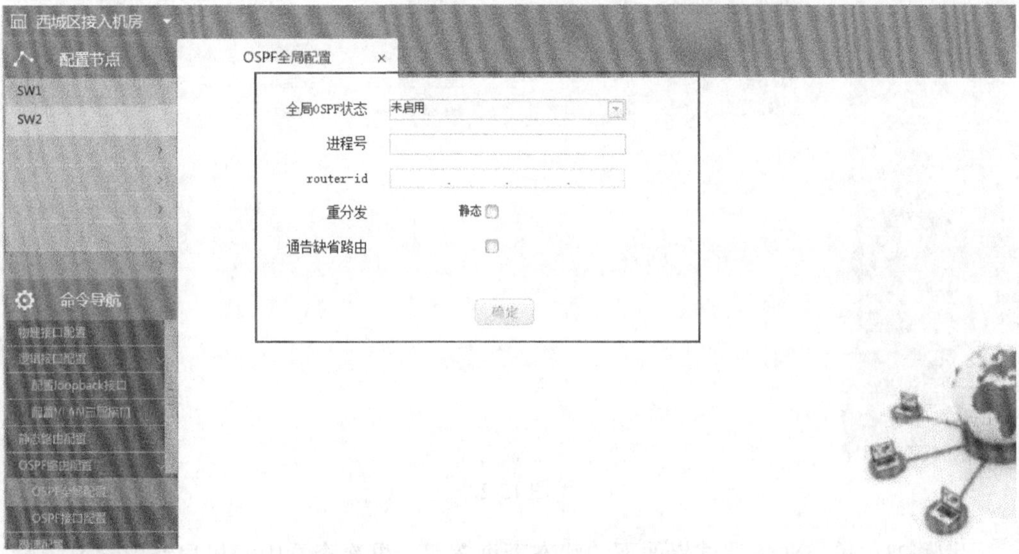

图 15-26

步骤 22：经查看物理接口配置、逻辑接口配置、静态路由配置等，发现 OSPF 全局配置未做配置，OSPF 接口配置未启用；解决方案：添加 OSPF 全局配置，启用 OSPF 接口配置，操作结果如图 15-27 和图 15-28 所示。

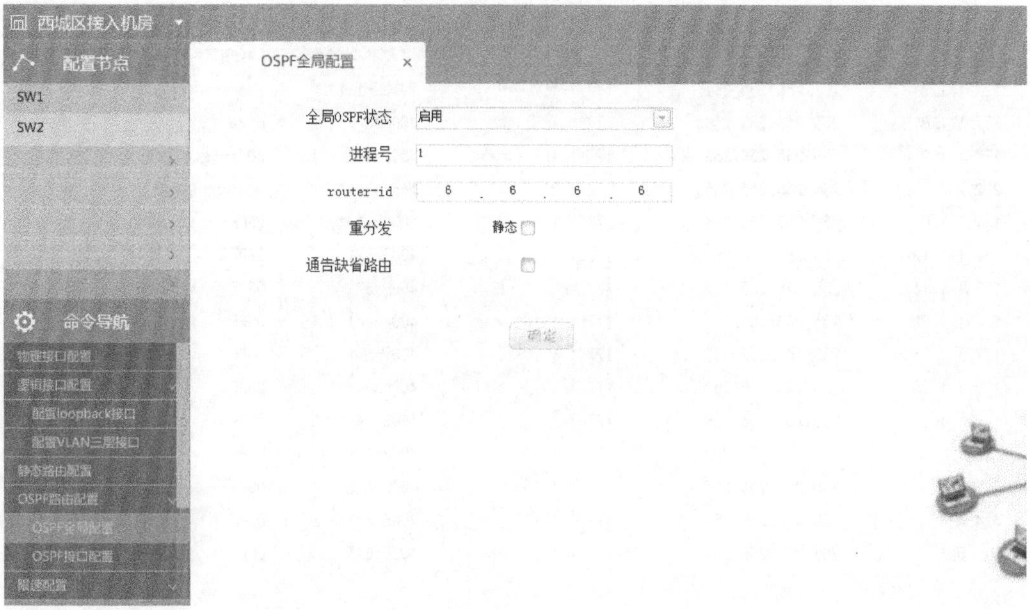

图 15-27

图 15-28

步骤 23：单击业务调试界面下的状态查询按钮，再次查看中心机房路由学习情况，发现路由表中已出现 6.6.6.6 的路由地址，查询结果如图 15-29（中心机房 RT2）所示。

步骤 24：查看步骤 21，缺失 loopback 地址为 7.7.7.7 的地址，切换至 loopback 地址为 7.7.7.7 的设备上，查看其数据配置模块配置的静态路由配置和 OSPF 接口配置，操作结果如图 15-30 所示。

路由表

目的地址	子掩码	下一跳	出接口	来源	优先级	度量值
177.1.1.9	255.255.255.252	177.1.1.9	40GE-6/1	address	0	0
2.2.2.2	255.255.255.255	2.2.2.2	loopback1	address	0	0
1.1.1.1	255.255.255.255	177.1.1.1	100GE-1/1	OSPF	110	2
177.1.1.12	255.255.255.252	177.1.1.10	40GE-6/1	OSPF	110	2
177.1.1.16	255.255.255.252	177.1.1.10	40GE-6/1	OSPF	110	3
177.1.1.20	255.255.255.252	177.1.1.10	40GE-6/1	OSPF	110	2
177.1.1.24	255.255.255.252	177.1.1.10	40GE-6/1	OSPF	110	3
177.1.1.28	255.255.255.252	177.1.1.10	40GE-6/1	OSPF	110	4
177.1.1.32	255.255.255.252	177.1.1.10	40GE-6/1	OSPF	110	3
177.1.1.5	255.255.255.255	177.1.1.1	100GE-1/1	OSPF	110	2
177.1.1.4	255.255.255.252	177.1.1.10	40GE-6/1	OSPF	110	3
3.3.3.3	255.255.255.255	177.1.1.10	40GE-6/1	OSPF	110	3
4.4.4.4	255.255.255.255	177.1.1.10	40GE-6/1	OSPF	110	2
5.5.5.5	255.255.255.255	177.1.1.10	40GE-6/1	OSPF	110	4
6.6.6.6	255.255.255.255	177.1.1.10	40GE-6/1	OSPF	110	3

图 15-29

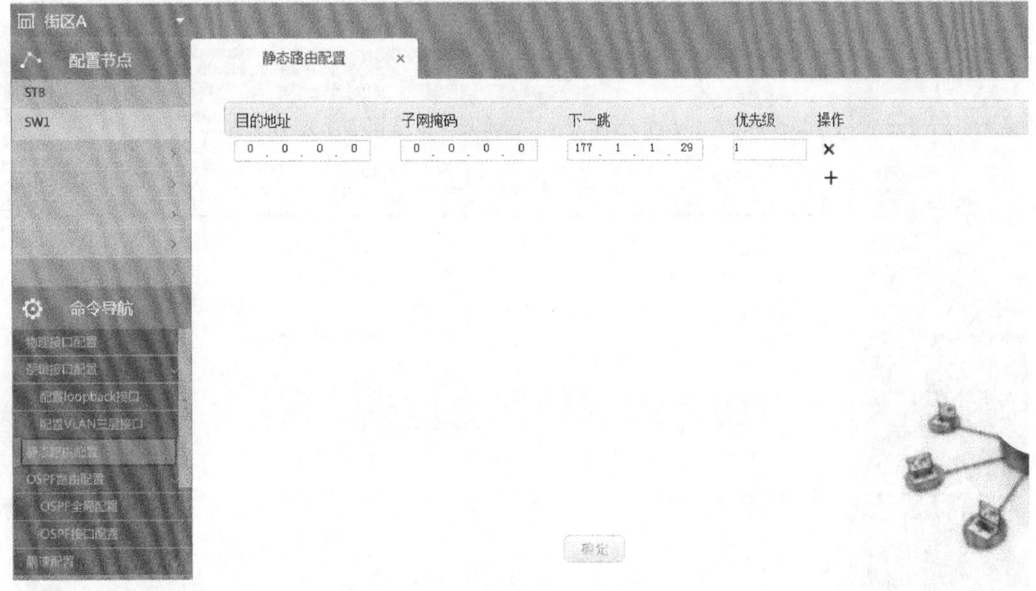

图 15-30

步骤 25：从图 15-31 可以看得出在街区 A 的 SW 设备上配置了一条缺省路由，且在 OSPF 接口配置中没有启用动态路由，所以其他机房的设备学习不到 SW1 设备的 loopback 地址。

步骤 26：切换至与街区 A 设备直连的机房，查看西城区接入机房的数据配置中有没有配置到 A 街区 SW1 设备的静态路由，操作结果如图 15-32 所示。

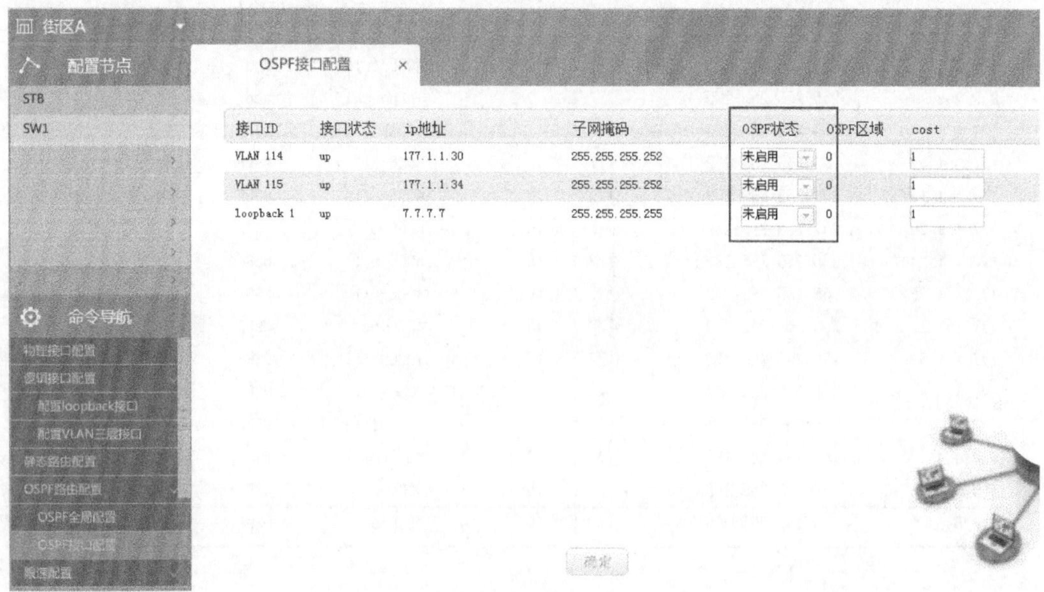

图 15-31

图 15-32

步骤 27：西城区接入机房配置了到 SW1 设备的静态路由，且配置数据正确，继续检查 OSPF 路由配置，发现在 OSPF 全局配置处没有启用静态重分发，操作结果如图 15-33 所示。

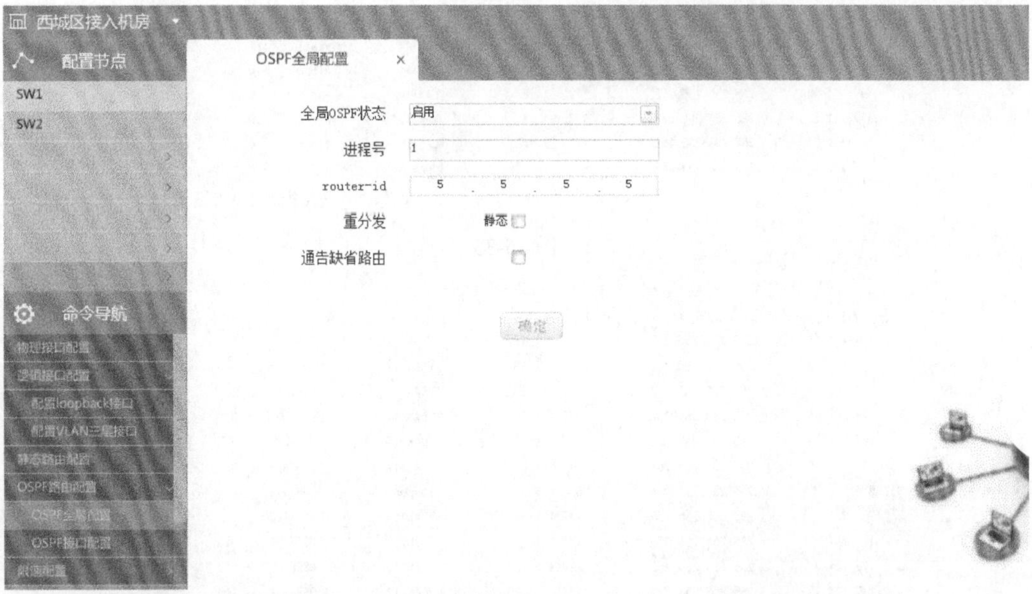

图 15-33

步骤 28：该机房启用了动态路由协议，并且配置了 A 街区 SW1 设备的 loopback 地址的静态路由，但未将此路由信息在 OSPF 中进行静态路由重分发，如图 15-34 所示，此时需进行静态路由的重分发。

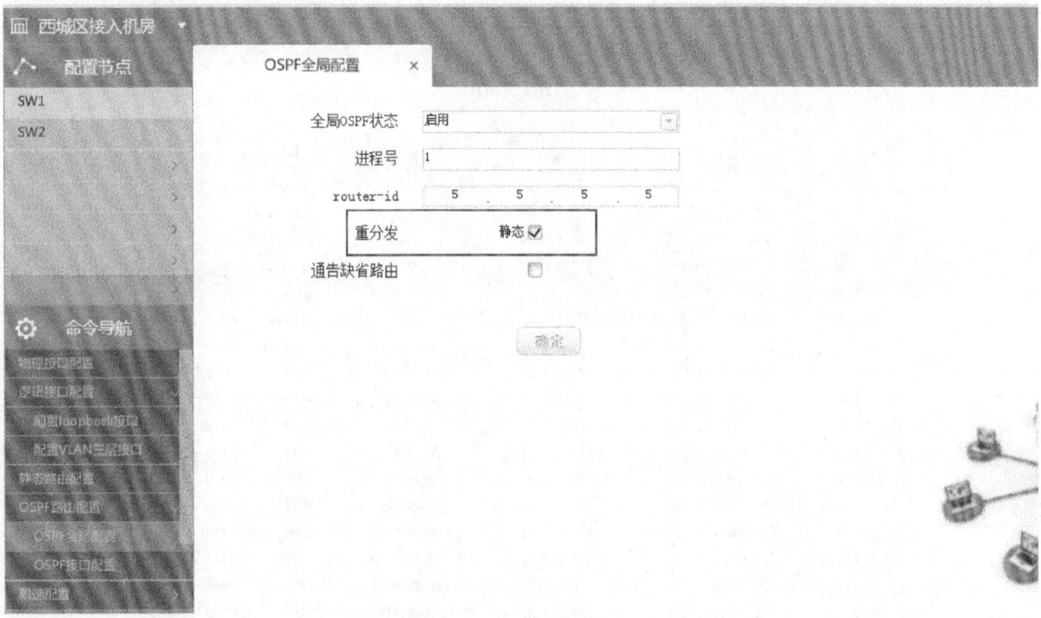

图 15-34

步骤 29：进入业务调试界面，单击状态查询按钮，查看所有路由器的路由表信息，如图 15-35～图 15-39 所示。

路由表

目的地址	子掩码	下一跳	出接口	来源	优先级	度量值
0.0.0.0	0.0.0.0	177.1.1.29	VLAN114	static	1	0
177.1.1.28	255.255.255.252	177.1.1.30	VLAN114	direct	0	0
177.1.1.30	255.255.255.252	177.1.1.30	VLAN114	address	0	0
177.1.1.32	255.255.255.252	177.1.1.34	VLAN115	direct	0	0
177.1.1.34	255.255.255.252	177.1.1.34	VLAN115	address	0	0
7.7.7.7	255.255.255.255	7.7.7.7	loopback1	address	0	0

（A 街区 SW1 设备）

图 15-35

路由表

目的地址	子掩码	下一跳	出接口	来源	优先级	度量值
177.1.1.16	255.255.255.252	177.1.1.18	VLAN112	direct	0	0
177.1.1.18	255.255.255.252	177.1.1.18	VLAN112	address	0	0
177.1.1.24	255.255.255.252	177.1.1.25	VLAN111	direct	0	0
177.1.1.25	255.255.255.252	177.1.1.25	VLAN111	address	0	0
177.1.1.28	255.255.255.252	177.1.1.29	VLAN114	direct	0	0
177.1.1.29	255.255.255.252	177.1.1.29	VLAN114	address	0	0
5.5.5.5	255.255.255.255	5.5.5.5	loopback1	address	0	0
7.7.7.7	255.255.255.255	177.1.1.30	VLAN114	static	1	0
1.1.1.1	255.255.255.255	177.1.1.17	VLAN112	OSPF	110	5
177.1.1.8	255.255.255.252	177.1.1.17	VLAN112	OSPF	110	3
177.1.1.12	255.255.255.252	177.1.1.17	VLAN112	OSPF	110	2
177.1.1.0	255.255.255.252	177.1.1.17	VLAN112	OSPF	110	4
177.1.1.20	255.255.255.252	177.1.1.26	VLAN111	OSPF	110	2
177.1.1.32	255.255.255.252	177.1.1.26	VLAN111	OSPF	110	2
177.1.1.5	255.255.255.255	177.1.1.17	VLAN112	OSPF	110	5
177.1.1.4	255.255.255.252	177.1.1.17	VLAN112	OSPF	110	2
2.2.2.2	255.255.255.255	177.1.1.17	VLAN112	OSPF	110	4
3.3.3.3	255.255.255.255	177.1.1.17	VLAN112	OSPF	110	2
4.4.4.4	255.255.255.255	177.1.1.17	VLAN112	OSPF	110	3
6.6.6.6	255.255.255.255	177.1.1.26	VLAN111	OSPF	110	2

（西接入 RT1）

图 15-36

路由表

目的地址	子掩码	下一跳	出接口	来源	优先级	度量值
177.1.1.20	255.255.255.252	177.1.1.22	VLAN113	direct	0	0
177.1.1.22	255.255.255.252	177.1.1.22	VLAN113	address	0	0
177.1.1.24	255.255.255.252	177.1.1.26	VLAN111	direct	0	0
177.1.1.26	255.255.255.252	177.1.1.26	VLAN111	address	0	0
177.1.1.32	255.255.255.252	177.1.1.33	VLAN115	direct	0	0
177.1.1.33	255.255.255.252	177.1.1.33	VLAN115	address	0	0
6.6.6.6	255.255.255.255	6.6.6.6	loopback1	address	0	0
1.1.1.1	255.255.255.255	177.1.1.21	VLAN113	OSPF	110	4
177.1.1.8	255.255.255.252	177.1.1.21	VLAN113	OSPF	110	2
177.1.1.12	255.255.255.252	177.1.1.21	VLAN113	OSPF	110	2
177.1.1.16	255.255.255.252	177.1.1.25	VLAN111	OSPF	110	2
177.1.1.0	255.255.255.252	177.1.1.21	VLAN113	OSPF	110	3
177.1.1.28	255.255.255.252	177.1.1.25	VLAN111	OSPF	110	2
177.1.1.5	255.255.255.255	177.1.1.21	VLAN113	OSPF	110	4
177.1.1.4	255.255.255.252	177.1.1.25	VLAN111	OSPF	110	3
2.2.2.2	255.255.255.255	177.1.1.21	VLAN113	OSPF	110	3
3.3.3.3	255.255.255.255	177.1.1.25	VLAN111	OSPF	110	3
4.4.4.4	255.255.255.255	177.1.1.21	VLAN113	OSPF	110	2
5.5.5.5	255.255.255.255	177.1.1.25	VLAN111	OSPF	110	2
7.7.7.7	255.255.255.255	177.1.1.25	VLAN111	OSPF	110	21

（西接入 RT2）

图 15-37

路由表

目的地址	子掩码	下一跳	出接口	来源	优先级	度量值
177.1.1.12	255.255.255.252	177.1.1.13	40GE-1/1	direct	0	0
177.1.1.13	255.255.255.252	177.1.1.13	40GE-1/1	address	0	0
177.1.1.16	255.255.255.252	177.1.1.17	40GE-3/1	direct	0	0
177.1.1.17	255.255.255.252	177.1.1.17	40GE-3/1	address	0	0
177.1.1.4	255.255.255.252	177.1.1.6	40GE-2/1	direct	0	0
177.1.1.6	255.255.255.252	177.1.1.6	40GE-2/1	address	0	0
3.3.3.3	255.255.255.255	3.3.3.3	loopback1	address	0	0
1.1.1.1	255.255.255.255	177.1.1.14	40GE-1/1	OSPF	110	4
177.1.1.8	255.255.255.252	177.1.1.14	40GE-1/1	OSPF	110	2
177.1.1.0	255.255.255.252	177.1.1.14	40GE-1/1	OSPF	110	3
177.1.1.20	255.255.255.252	177.1.1.14	40GE-1/1	OSPF	110	2
177.1.1.24	255.255.255.252	177.1.1.18	40GE-3/1	OSPF	110	2
177.1.1.28	255.255.255.252	177.1.1.18	40GE-3/1	OSPF	110	2
177.1.1.32	255.255.255.252	177.1.1.18	40GE-3/1	OSPF	110	3
177.1.1.5	255.255.255.255	177.1.1.14	40GE-1/1	OSPF	110	4
2.2.2.2	255.255.255.255	177.1.1.14	40GE-1/1	OSPF	110	3
4.4.4.4	255.255.255.255	177.1.1.14	40GE-1/1	OSPF	110	2
5.5.5.5	255.255.255.255	177.1.1.18	40GE-3/1	OSPF	110	2
6.6.6.6	255.255.255.255	177.1.1.18	40GE-3/1	OSPF	110	3
7.7.7.7	255.255.255.255	177.1.1.18	40GE-3/1	OSPF	110	21

（西汇聚 RT1）

图 15-38

路由表

目的地址	子掩码	下一跳	出接口	来源	优先级	度量值
1.1.1.1	255.255.255.255	1.1.1.1	loopback1	address	0	0
177.1.1.0	255.255.255.252	177.1.1.1	100GE-1/1	direct	0	0
177.1.1.1	255.255.255.252	177.1.1.1	100GE-1/1	address	0	0
177.1.1.5	255.255.255.255	177.1.1.5	40GE-6/1	address	0	0
177.1.1.12	255.255.255.252	177.1.1.2	100GE-1/1	OSPF	110	3
177.1.1.16	255.255.255.252	177.1.1.2	100GE-1/1	OSPF	110	4
177.1.1.20	255.255.255.252	177.1.1.2	100GE-1/1	OSPF	110	3
177.1.1.24	255.255.255.252	177.1.1.2	100GE-1/1	OSPF	110	4
177.1.1.28	255.255.255.252	177.1.1.2	100GE-1/1	OSPF	110	5
177.1.1.32	255.255.255.252	177.1.1.2	100GE-1/1	OSPF	110	4
177.1.1.4	255.255.255.252	177.1.1.2	100GE-1/1	OSPF	110	4
177.1.1.8	255.255.255.252	177.1.1.2	100GE-1/1	OSPF	110	2
2.2.2.2	255.255.255.255	177.1.1.2	100GE-1/1	OSPF	110	2
3.3.3.3	255.255.255.255	177.1.1.2	100GE-1/1	OSPF	110	4
4.4.4.4	255.255.255.255	177.1.1.2	100GE-1/1	OSPF	110	3
5.5.5.5	255.255.255.255	177.1.1.2	100GE-1/1	OSPF	110	5
6.6.6.6	255.255.255.255	177.1.1.2	100GE-1/1	OSPF	110	4
7.7.7.7	255.255.255.255	177.1.1.2	100GE-1/1	OSPF	110	24

（中心 RT1）

图 15-39

步骤 30：根据要求单击 ping 测试进行相关的测试，操作结果如图 15-40 所示。

开始时间 全部 ▼		结束时间 全部 ▼		
序号	时间	源地址	目的地址	结果
1	22:41:14	7.7.7.7	5.5.5.5	成功
2	22:41:18	7.7.7.7	6.6.6.6	成功
3	22:41:23	7.7.7.7	3.3.3.3	成功
4	22:41:27	7.7.7.7	4.4.4.4	成功
5	22:41:35	7.7.7.7	1.1.1.1	成功
6	22:41:41	7.7.7.7	2.2.2.2	成功

图 15-40

根据要求列举出本任务中的所有故障点如下：

1. 西城区汇聚机房 RT1 和 RT2 设备与 OTN 业务单板对接时端口速率不一致；
2. 西城区汇聚机房 OTN 设备频率配置错误；
3. 西城区接入机房 SW1 静态路由未进行重分发。

15.4 总结与思考

15.4.1 实习总结

在进行承载网的故障排查时，操作人员必须有清晰的思路：首先查看当前是否有告警，如果有告警先将当前告警消除，在消除当前的告警时逐步地完善拓扑中的各节点数据信息（IP 地址信息、VLAN 信息、接口信息）。接着，按照任务要求来查看相关的路由表信息，查看在相关设备路由表中是否学习到了要访问目的地的路由信息；在进行路由学习的过程中可以通过业务调试中的 ping、trace 和光路检测工具来判断故障发生点。承载网中的故障点告警信息相对来说较少，因此需要动手将拓扑中的完整数据信息在拓扑中进行标注，以便于故障的排查定位。

15.4.2 思考题

1. 在承载网中如果两个节点 IP 地址冲突在告警中是否会有相关告警？
2. 如何判断在网络中存在 IP 地址冲突？
3. 在网络中两个节点的 router-id 是否可以一样，如果一样会出现什么样的问题？